网络安全技术与项目教程

主　编　宋　健
副主编　杨美霞　侯柏苓
参　编　李　银　胡艺旋　贾　珺
　　　　孟帙颖　徐加庆

北京理工大学出版社
BEIJING INSTITUTE OF TECHNOLOGY PRESS

内 容 简 介

本教材按照高职高专培养高素质应用型人才要求，遵循"实用"和"够用"的原则，采用"项目导向、思政引入、任务驱动"的主体结构层层递进展开教学。教材深化产教融合，以职业活动为导向，以能力训练为目标，以企业真实网络安全项目为载体设计教材内容，按学生"由浅入深、由简单到复杂，由细节到整体"认知规律组织了"网络安全实验软硬件基础"、"以太网安全实验"、"互联网安全实验"、"虚拟专用网络安全实验"、"防火墙安全实验"和"网络安全综合应用实验" 6 大教学项目，每个项目包含多个教学任务，各个任务的侧重点不同，且配套的任务训练在素质目标、知识目标和能力目标方面有统一化的培养标准。

本书可作为高职院校计算机类和电气类等专业的教材，也可作为从事计算机行业的技术人员的参考用书。

图书在版编目（CIP）数据

网络安全技术与项目教程 / 宋健主编. -- 北京 ：
北京理工大学出版社，2025. 2.
ISBN 978-7-5763-5097-5

Ⅰ. TP393. 08

中国国家版本馆 CIP 数据核字第 2025W9S547 号

责任编辑：封 雪　　　　**文案编辑**：封 雪
责任校对：刘亚男　　　　**责任印制**：施胜娟

出版发行 / 北京理工大学出版社有限责任公司
社　　址 / 北京市丰台区四合庄路 6 号
邮　　编 / 100070
电　　话 / （010）68914026（教材售后服务热线）
　　　　　　（010）63726648（课件资源服务热线）
网　　址 / http://www.bitpress.com.cn

版 印 次 / 2025 年 2 月第 1 版第 1 次印刷
印　　刷 / 涿州市新华印刷有限公司
开　　本 / 787 mm×1092 mm　1/16
印　　张 / 20.5
字　　数 / 451 千字
定　　价 / 86.00 元

　　没有网络安全，就没有国家安全。网络安全成为当今互联网时代面临的主要挑战之一，网络安全威胁也呈现出日益复杂多样化的趋势。在这样的背景下，网络安全技术的研究和应用显得尤为重要。网络安全工程师越来越受到行业领域的关注与重视，技术服务和安全服务相关岗位的就业前景也变得越来越好。然而，目前网络安全相关课程在高职院校的开设不是非常普及，即使开设，也比较偏重理论知识，与企业一线工程实践相对脱节。近些年，天津现代职业技术学院与华为技术有限公司、新华三集团（H3C）、深信服科技股份有限公司等从事网络安全领域的 IT 企业建立了非常紧密的校企合作关系，依托校企共建的华为 ICT 产业学院，深度共育网络专业建设、课程标准制定、人才培养方案修订、教学进程设计、网络安全实训室建设、师资培养、虚拟仿真实训资源开发、教材建设以及 ICT 大赛，培养了一大批网络安全领域的高技能人才。

　　本教材按照高职高专培养高素质应用型人才要求，遵循"实用"和"够用"的原则，采用"项目导向、思政引入、任务驱动"的主体结构层层递进展开教学；以"双高"职业院校《构建某大学网络安全建设项目》的真实校企合作项目案例为基，由浅入深、循序渐进地引导学生掌握网络安全技术和数通网络技术的知识体系与部署方案。本教材深化产教融合，以职业活动为导向，以能力训练为目标，以校企共建华为 ICT 产业学院为抓手，以企业真实网络安全项目为载体设计教学内容，按学生"由浅入深、由简单到复杂，由细节到整体"的认知规律，组织了"网络安全实验软硬件基础""以太网安全实验""互联网安全实验""虚拟专用网络安全实验""防火墙安全实验"和"网络安全综合应用实验"6 大教学项目，26 个教学任务，各个任务的侧重点不同，且配套的任务训练在素质目标、知识目标和能力目标方面有统一化的培养标准。

　　本教材主要针对网络安全工程师、网络工程师等岗位教学使用，旨在培养华为网络安全设备选型、华为 eNSP 软件的安装与操作、Wireshark 与 eNSP 网络仿真实训平台的配置与调试、主机网络安全配置、路由器交换机网络安全配置、防火墙网络安全配置、IPS 入侵检测系统配置、网络嗅探、网络监控、流量管制、无线网络安全等相关技术技能，既可作为高职院校计算机类和电气类等专业的教材，也可作为从事计算机行业的技术人员的参考用书。

　　本教材由天津现代职业技术学院宋健主编，由杨美霞、侯柏苓担任副主编，李银、胡艺旋、贾珺、孟帙颖、嘉环科技股份有限公司徐加庆参编，全书由天津现代职业技术学院金洪勇主审。其中，宋健负责教材内容大纲、框架制定、项目内容编写以及全书统稿，副主编和参编负责六大项目 26 个任务的编写和修订，全部参编人员负责教材配套的实验手册、教案、PPT、微课等相关内容制定，嘉环科技股份有限公司网络安全专家徐加庆为本书提供了全程技术保障。

　　因编写水平有限，书中不妥之处在所难免，恳请读者批评指正和提出改进建议。如果有任何问题，欢迎发邮件至邮箱 xdxy_sj@ 163. com，将竭力为您答疑解惑。

编　者

目 录

网络安全实验软硬件基础

项目导读

　　没有网络安全，就没有国家安全。华为公司作为全球最大的电信设备供应商之一，其产品和解决方案被广泛用于电信运营商、企业和政府部门的网络基础设施中，因此，华为在确保网络安全方面扮演着重要角色。互联网的普及使网络安全成为全球性的挑战，网络威胁不分国界，而华为作为全球范围内的关键网络设备供应商，需要协助客户加强其网络安全防御，以保护重要信息资产和用户数据。华为在网络安全技术方面的重要性在于其在全球网络基础设施中的关键地位，以及在应对全球性网络威胁和维护网络安全方面的责任。它需要积极投入研发和合规性工作，以确保其产品和解决方案的安全性，以及为客户提供强大的网络安全保护。

　　eNSP（Enterprise Network Simulation Platform，企业网络仿真平台）是华为提供的网络设备仿真平台，它可以用于模拟、测试和验证华为网络设备和解决方案，对于进行华为网络安全实验和测试具有重要作用。它为网络安全专业人员、教育机构和研究人员提供了一个安全、可控、模拟真实环境的工具，有助于更好地理解和应对网络安全挑战。同时，它也有助于提高网络安全解决方案的质量和可靠性。

　　正因如此，我们迫切需要大家伫立在 IT 浪潮之巅，手持网安利剑，身披信创时代战衣，做网安人，怀匠心、塑匠身、含匠情、履匠行，更做匠人。

项目目标

1. 素质目标

◆ 培养面对新技术的破冰能力和领悟力；

◆ 培养勇于挑战的精神和团队合作意识；

◆ 培养面对新技术、新应用的思辨能力。

2. 知识目标

◆ 掌握华为 eNSP 虚拟仿真实训平台的使用方法；

◆ 掌握华为 eNSP 虚拟仿真实训平台的功能特性；

◆ 掌握华为 eNSP 虚拟仿真实训平台的 CLI（Command Line Interface 命令行界面）命令视图；

◆ 掌握 Wireshark 分析软件的工作原理；

◆ 掌握网络设备的配置方式。

3. 能力目标

◆ 具备使用 eNSP 软件设计网络拓扑的能力；

◆ 具备完成网络环境配置和调试的过程的能力；

◆ 具备解决复杂网络环境下的安全问题的能力；

◆ 具备模拟协议的操作过程的能力；

◆ 具备配置 CLI 的能力；

◆ 具备使用 Wireshark 进行抓包分析的能力；

◆ 具备网络设备的配置能力。

项目地图

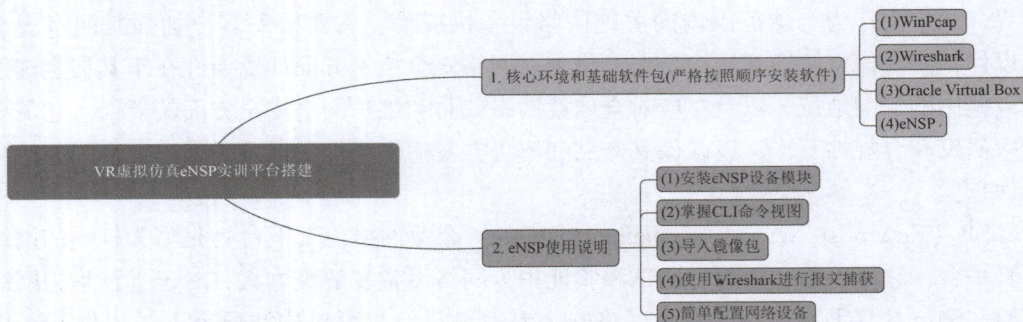

大国匠心

——点燃网安火种，华为中华有为

华为是一家全球领先的信息通信技术（Information and Communication Technology，ICT）解决方案提供商，其业务范围涵盖电信运营商网络设备、企业和消费者领域的终端设备、云服务以及网络安全解决方案等。在网络安全领域，华为积极开展了一系列项目和倡议，以保护用户和组织的网络安全和数据隐私。目前网络安全已经成为我国建设"网络强国"的必然使命，民族信创品牌华为公司提供的网络安全技术将持续为保卫祖国的网络安全事业赋能。

全球网络安全威胁：随着数字化时代的到来，网络安全威胁变得更加复杂和普遍。黑客、网络犯罪团伙和其他恶意行为者不断寻找机会入侵系统、窃取敏感数据或破坏网络基础设施。面对这些威胁，华为意识到网络安全问题的紧迫性，因此致力于保护用户和组织的数字资产和隐私。

　　全球网络基础设施的重要性：网络基础设施是现代社会的核心基石，关乎国家安全、经济发展和公民生活。任何对网络基础设施的攻击都可能导致巨大的影响，因此保护网络基础设施的安全性至关重要。华为作为全球领先的网络设备供应商，深知网络安全的重要性，积极投入网络安全项目中，提供安全可靠的解决方案。

　　数字化转型的推动：全球范围内，各个行业和组织都在进行数字化转型，加强信息技术的应用和互联互通。然而，数字化转型也带来了新的安全挑战，包括数据泄露、网络攻击和隐私侵犯等问题。华为网络安全项目就是为了帮助用户和组织在数字化转型过程中保护其网络安全，确保其数字化战略的顺利实施。

　　国际网络安全合作：网络安全是全球性的挑战，需要各国政府、企业和组织之间的合作与经验共享。华为积极参与国际网络安全合作，与各国政府、安全机构、行业组织和合作伙伴密切合作，共同应对网络安全挑战。通过开展网络安全项目，华为提供安全解决方案、安全咨询和安全培训，促进全球网络安全的发展和进步。

　　华为网络安全项目是基于全球网络安全威胁的紧迫性、对网络基础设施安全的关注、数字化转型的需求以及国际网络安全合作的重要性。华为致力于保护用户和组织的网络安全，通过提供安全解决方案和积极参与合作，推动全球网络安全的发展。

任务1　安装 eNSP 虚拟仿真实训平台

【任务工单】

任务工单1：安装 eNSP 虚拟仿真实训平台

任务名称	安装 eNSP 虚拟仿真实训平台			
组别		成员	小组成绩	
学生姓名			个人成绩	
任务情景	在网络安全岗位的实习过程中，网络安全工程师安安面临着一项重要的工作任务，这项任务不仅考验着他的技术能力，也直接关联到他未来在网络安全领域的职业发展。任务的核心在于充分利用华为 eNSP 虚拟仿真实训平台，以及 Wireshark 这一强大的网络分析工具，来校验网络技术的可靠性和安全性。 　　首先，华为 eNSP 为安安提供了一个高度模拟现实网络环境的平台，使他在不接触实际物理设备的情况下，就能够设计、配置和调试各种复杂的网络环境。这不仅极大地降低了实验成本，还提高了实验的安全性和灵活性。通过 eNSP，安安可以自由地搭建办公网、企业网、校园网及互联网等不同规模的网络架构，从而全面掌握网络构建和管理的各个环节。 　　其次，任务要求安安验证华为交换机、路由器、防火墙等网络设备的安全功能。这些设备是现代网络架构中不可或缺的安全屏障，它们的安全性能直接影响到整个网络的安全性和稳定性。通过 eNSP 平台，安安可以深入了解这些设备的配置和使用方法，掌握如何通过合理的配置来增强网络的安全性。这对于他未来在网络安全领域的工作至关重要。

任务情景	此外，任务还特别强调了结合 Wireshark 分析工具来分析网络环境。Wireshark 是一款功能强大的网络协议分析工具，它能够帮助用户捕获和分析网络上的数据包，从而深入了解网络协议的工作原理和报文格式。对于安安来说，掌握 Wireshark 的使用技巧将使他能够更准确地识别网络中的潜在威胁和异常行为，为网络安全的维护和防御提供有力支持。 综上所述，安安之所以要完成这一工作任务，是因为这不仅能够提升他的网络安全技术能力，还能够让他在实践中深入理解网络安全的核心概念和技术。通过这一任务的完成，安安将为自己在网络安全领域的职业发展打下坚实的基础。
任务目标	• 搭建 eNSP 虚拟仿真平台 • 搭建 Wireshark 抓包分析软件 • 熟练配置 eNSP 和 Wireshark 软件
任务要求	• 软件平台安装标准符合安装顺序和安装规范 • 软件配置和操作符合 eNSP 软件平台操作规范
任务实施	1. 下载 eNSP 软件安装包 2. 遵循安装向导安装 eNSP 软件 3. 阅读 eNSP 知识框架和微课视频 4. 熟悉 eNSP 画布总体功能键布局 5. 安装和配置 eNSP 虚拟仿真实训平台
实施总结	
小组评价	
任务点评	

【前导知识】

eNSP 是华为推出的一款虚拟仿真软件，用于模拟和演练企业网络环境。它提供了一个虚拟化的网络环境，用户可以在该环境中创建、配置和管理华为网络设备，以进行网络规划、测试和故障排除等操作。

eNSP 的主要特点和功能包括：

• 虚拟网络拓扑：eNSP 具有一个拓扑编辑器，可以通过拖拽和连接设备来创建虚拟网络拓扑。用户可以添加华为路由器、交换机、防火墙等设备，并在拓扑中定义链路和接口。

● 设备模拟和配置：eNSP 支持导入华为设备的镜像文件，并在虚拟环境中模拟这些设备。用户可以配置虚拟设备的各种参数，如 IP 地址、路由表、接口设置等。

● 网络连通性测试：eNSP 提供了网络连通性测试的功能，可以验证虚拟设备之间的连通性。用户可以发送 PING 命令或其他网络测试工具来测试设备之间的连通性和延迟。

● 故障排除和分析：eNSP 允许用户模拟和演练网络故障场景，并进行故障排除和分析。用户可以模拟链路故障、设备故障等情况，并通过观察网络状态和日志信息来定位和解决问题。

● 实验场景保存和恢复：eNSP 支持将创建的虚拟网络拓扑和配置保存为场景文件，以便在需要时进行恢复和再现。用户可以保存实验配置，以便后续继续实验或与他人共享。

● 多种虚拟机软件支持：eNSP 兼容多种虚拟机软件，如 VMware Workstation 和 VirtualBox。用户可以根据自己的需求选择和配置虚拟机软件。

eNSP 为网络工程师、安全工程师和网络技术学习者提供了一个实验和学习的平台。通过在虚拟网络环境中进行实验和模拟，用户可以学习和熟悉华为网络设备的配置和管理，提高网络规划、故障排除和网络安全方面的能力。

【任务内容】

（1）下载 eNSP 软件：访问华为官方网站或本教材配套 MOOC 资源包，下载适用于操作系统的 eNSP 安装包。

（2）安装 eNSP 软件：运行下载的安装包，并按照安装向导的指示完成安装过程。在安装过程中，可以选择安装路径和其他相关选项。

（3）安装虚拟机软件：eNSP 依赖虚拟机软件来创建和管理虚拟网络设备。常见的虚拟机软件包括 WinPcap、VirtualBox 等。

（4）配置虚拟机软件：打开虚拟机软件，并在其界面中创建一个新的虚拟机。根据 eNSP 的系统要求配置虚拟机的内存、硬盘和网络适配器等参数。

（5）启动 eNSP 软件：双击 eNSP 的图标启动软件。首次运行时，需要进行一些初始化设置和配置。根据向导的指示进行操作，并提供所需的信息。

（6）导入设备镜像：eNSP 支持导入华为设备的镜像文件，以创建虚拟设备并模拟真实的网络环境。在 eNSP 的界面中，选择导入镜像的选项，并提供正确的镜像文件路径。

（7）配置拓扑网络：使用 eNSP 的拓扑编辑器创建虚拟网络拓扑。添加虚拟设备，如路由器、交换机和防火墙，并连接它们以模拟实际网络。

（8）配置设备参数：对每个虚拟设备进行必要的配置，包括设备的 IP 地址、路由表、接口设置和其他相关参数。

（9）启动和测试网络：启动虚拟设备，并进行网络连通性测试和功能测试。验证网络设备之间的连接是否正常，并确保网络正常运行。

（10）进行实验和学习：使用 eNSP 创建的虚拟网络进行实验和学习。尝试不同的网络配置和场景，学习网络设备的配置和管理技术，并探索网络安全方面的实践。

【任务实施】

任务目标	安装 eNSP 软件并争取打开虚拟仿真实训平台。 微课–网络安全实验软硬件 基础——介绍华为 ENSP
实施步骤	（1）准备需要的环境和基础软件包，如图 1.1.1 所示。 WinPcap_4_1_3 Wireshark-win64-3.2.3 VirtualBox-5.2.44-139111-Win eNSP_Setup （1） （2） （3） （4） **图 1.1.1　依次安装软件包** （2）安装 WinPcap，安装路径需要全英文，不能有中文路径或者字符，如图 1.1.2 所示。 **图 1.1.2　安装 WinPcap**

实施步骤	（3）在如图1.1.3所示的画面中，单击"I Agree"按钮。 图 1.1.3　单击"I Agree"按钮 （4）单击"Install"按钮，然后执行下一步操作，如图1.1.4所示。 图 1.1.4　单击"Install"按钮

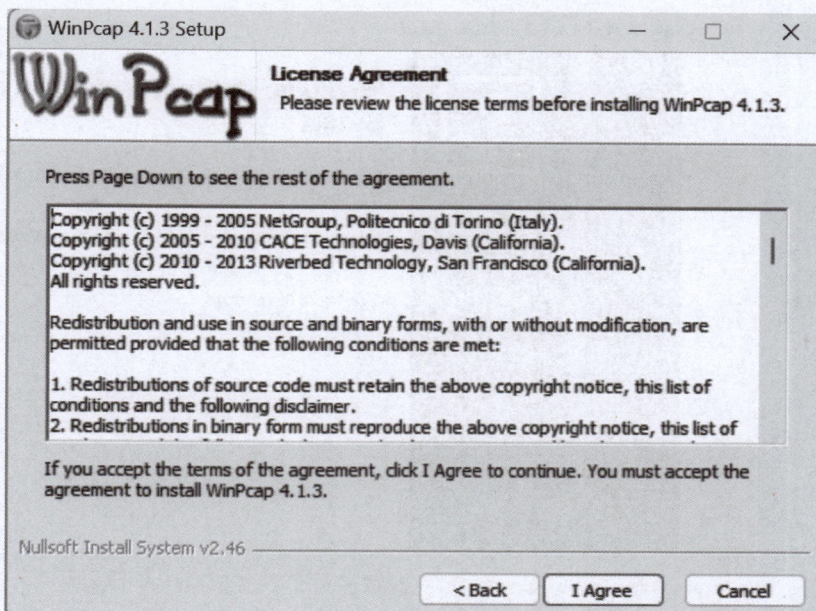

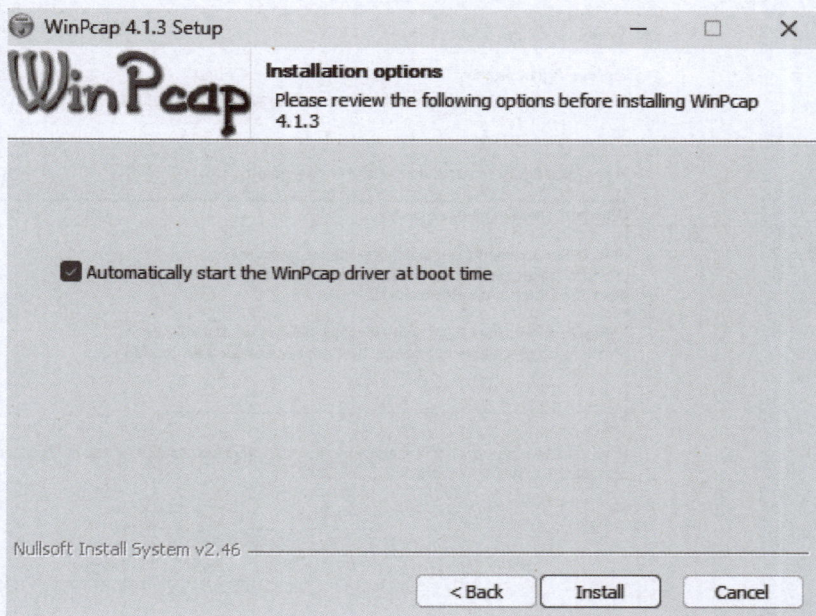

实施步骤	（5）安装 Wireshark 抓包分析软件，如图 1.1.5 所示。  图 1.1.5　单击"Next"按钮 单击"I Agree"按钮，如图 1.1.6 所示。 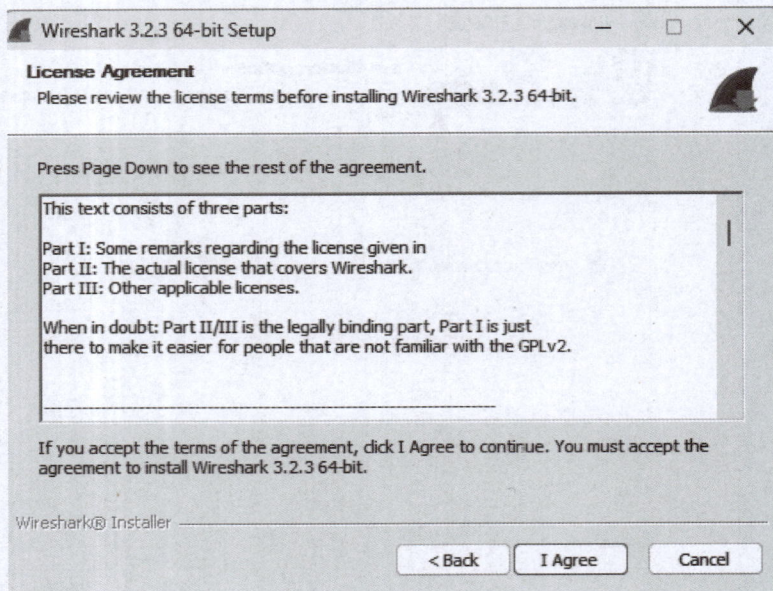 图 1.1.6　单击"I Agree"按钮

实施步骤	全部勾选，单击"Next"按钮，如图1.1.7所示。 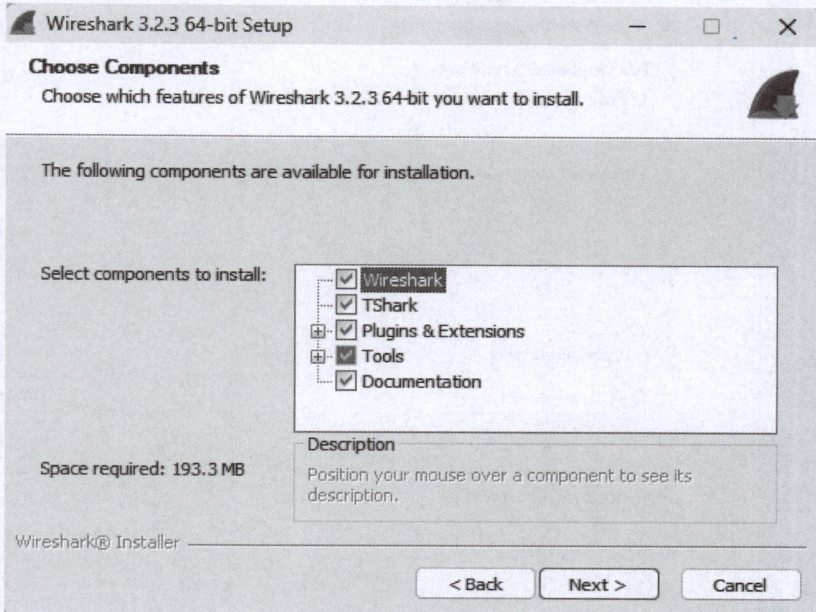 图 1.1.7　全部勾选，单击"Next"按钮 选中相应复选框，单击"Next"按钮，如图1.1.8所示。 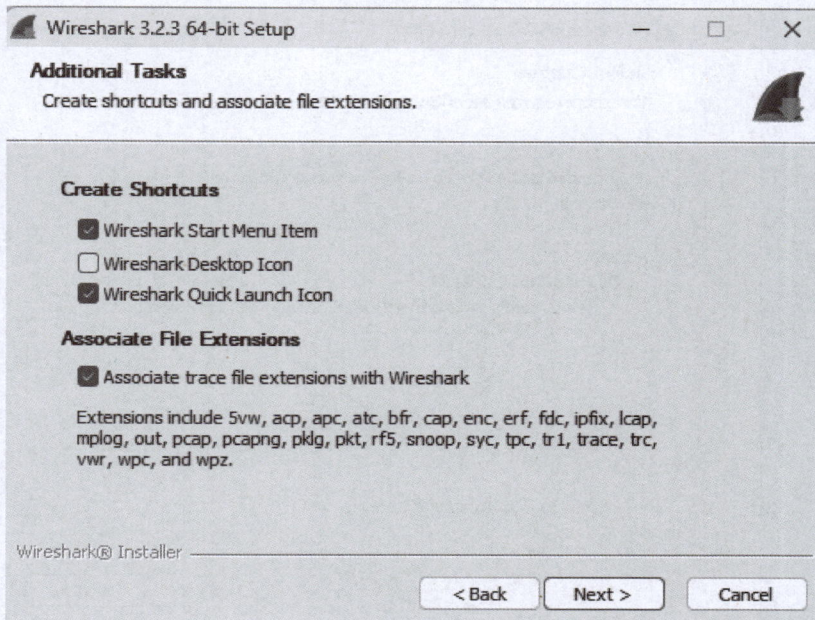 图 1.1.8　选中相应复选框，单击"Next"按钮

实施步骤	指定目录，单击"Next"按钮，如图 1.1.9 所示。 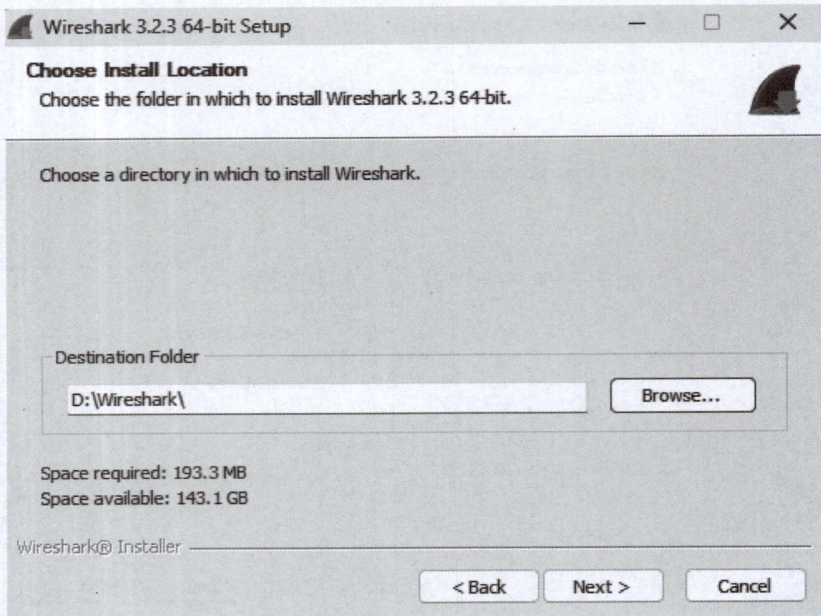 图 1.1.9　指定目录，单击"Next"按钮 安装 Npcap，单击"Next"按钮，如图 1.1.10 所示。 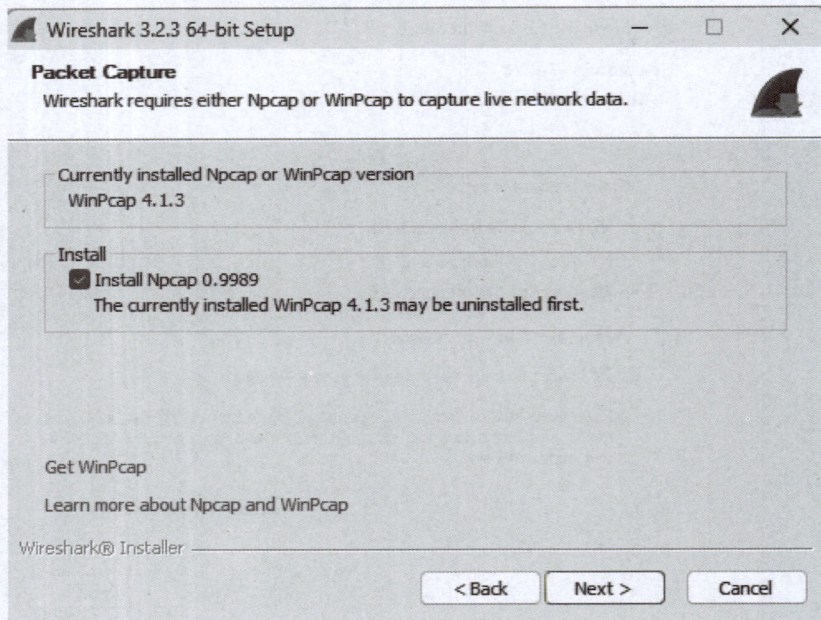 图 1.1.10　安装 Npcap，单击"Next"按钮

实施步骤	单击"Install"按钮，如图 1.1.11 所示。 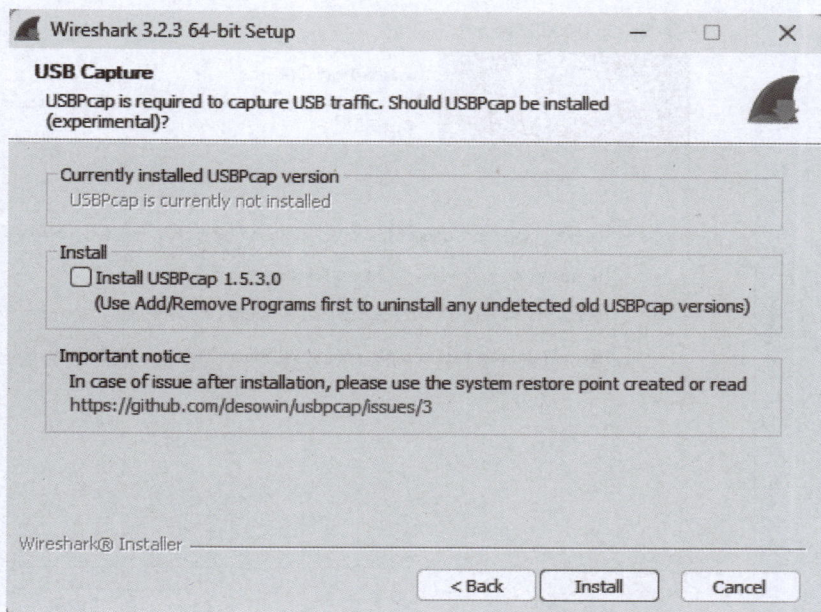 图 1.1.11　单击"Install"按钮 安装 License 授权，单击"I Agree"按钮，如图 1.1.12 所示。 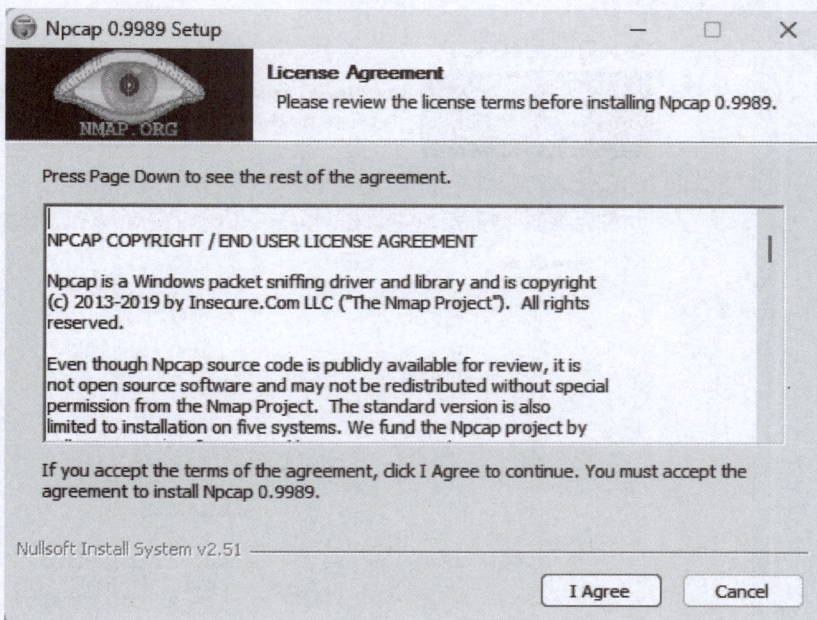 图 1.1.12　安装 License 授权

续表

实施步骤	单击"Install"按钮，如图 1.1.13 所示。 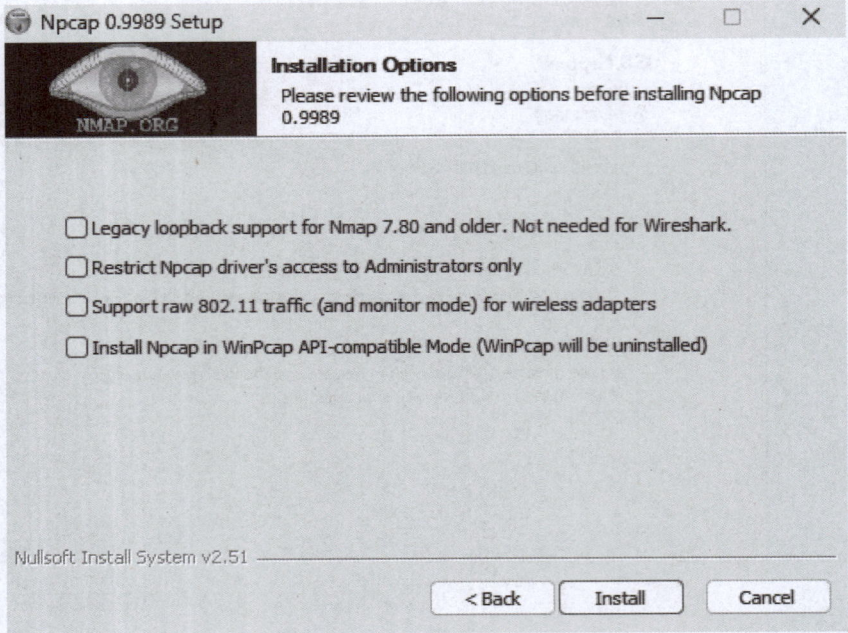 图 1.1.13　单击"Install"按钮 等待安装完毕，单击"Next"按钮，如图 1.1.14 所示。 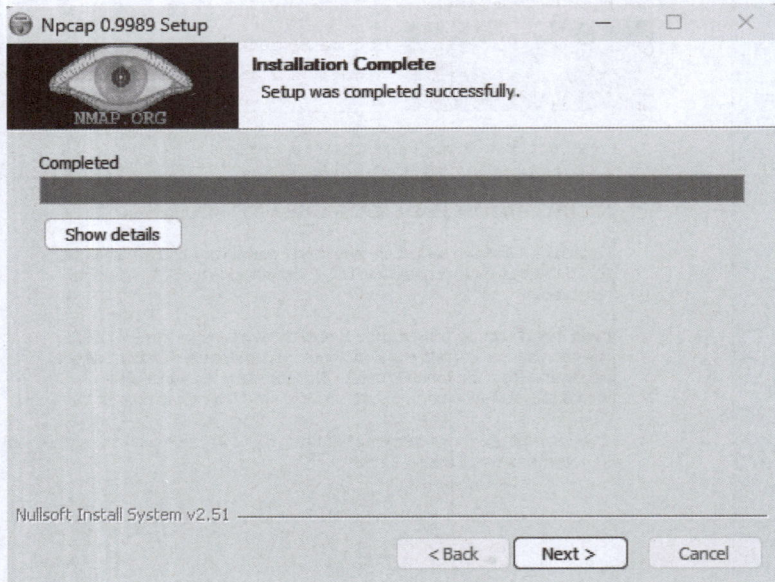 图 1.1.14　等待安装完毕

实施步骤	等待安装过程中，选择"Show details"，如图 1.1.15 所示，待安装完成后，单击"Next"按钮。

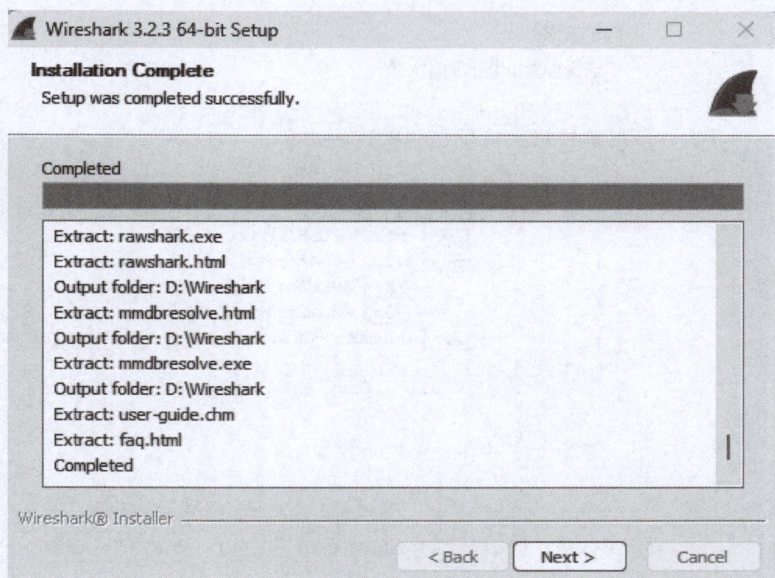

图 1.1.15　选择"Show details"

（6）安装 Oracle VM VirtualBox，选择下一步，如图 1.1.16 所示。

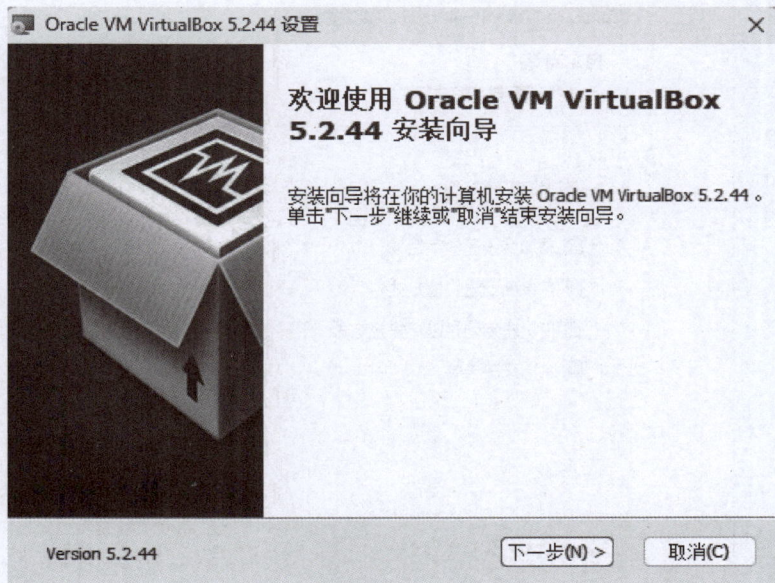

图 1.1.16　安装 Oracle VM VirtualBox

实施步骤	选择路径，执行下一步，如图 1.1.17 所示。 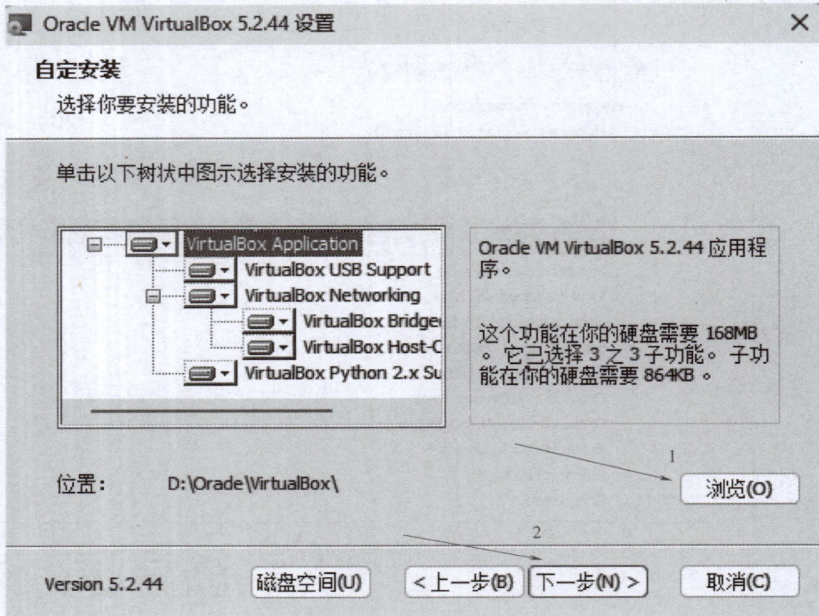 图 1.1.17　选择路径 全部选中复选框，执行下一步，如图 1.1.18 所示。 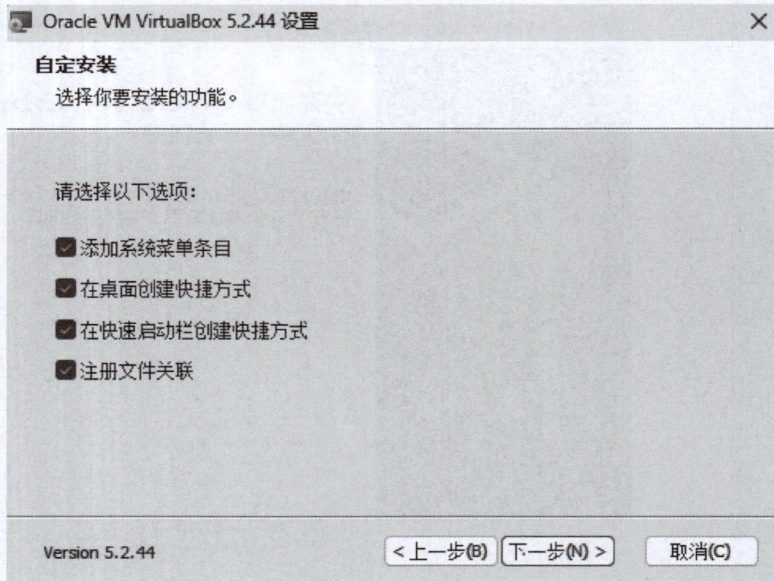 图 1.1.18　全部选中复选框

实施步骤	如图 1.1.19 所示，选择立即安装。 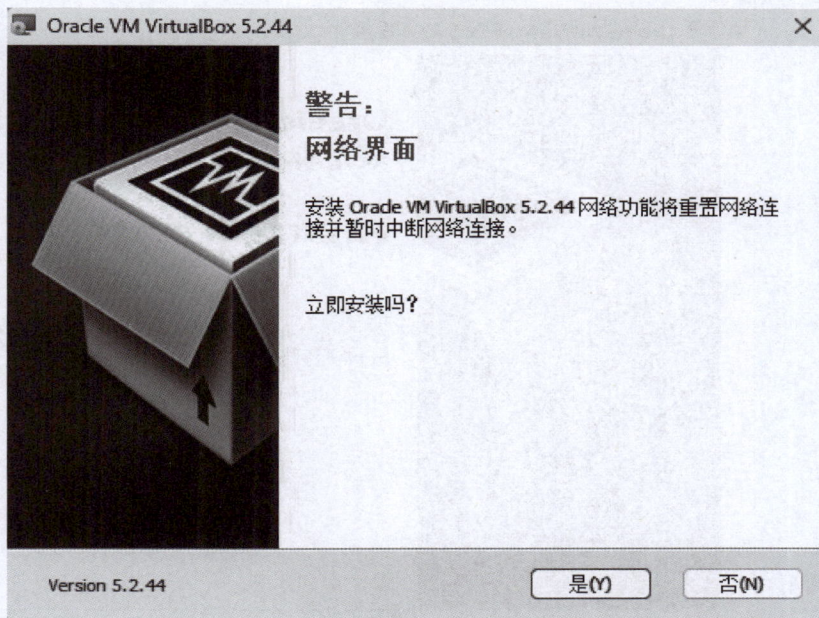 图 1.1.19　立即安装 执行安装，如图 1.1.20 所示。 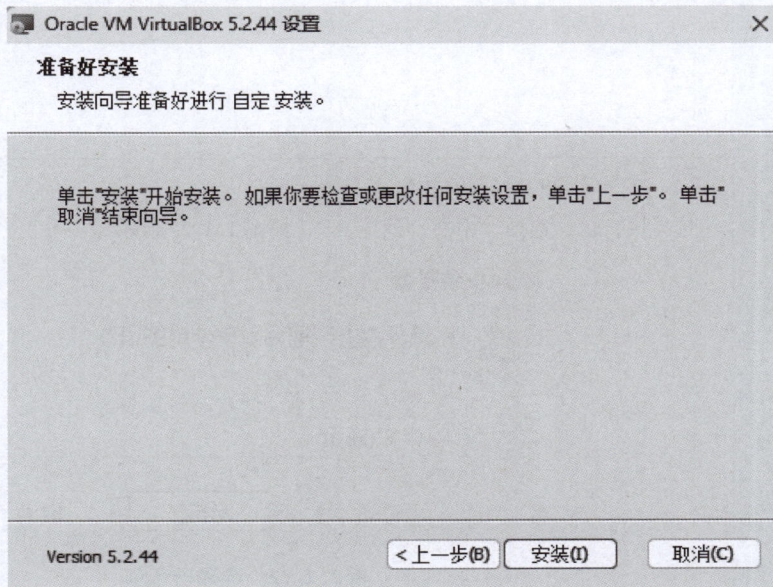 图 1.1.20　执行安装

实施步骤	安装完成，如图 1.1.21 所示。  图 1.1.21　安装完成 （7）安装 eNSP，打开安装包。 选择语言包，选择"中文（简体）"，如图 1.1.22 所示。 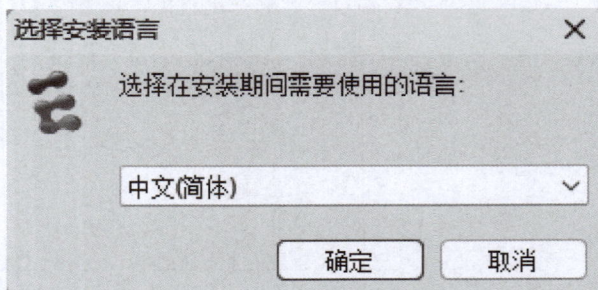 图 1.1.22　选择语言包

实施步骤	执行下一步，安装 eNSP，如图 1.1.23 所示。 图 1.1.23　执行下一步 勾选"我愿意接受此协议"，执行下一步，如图 1.1.24 所示。 图 1.1.24　接受协议，执行下一步

执行下一步，安装 eNSP，如图 1.1.23 所示。

安装 - eNSP

欢迎使用 Enterprise Network Simulation Platform (eNSP) 安装向导

现在将要把 eNSP V1.3.00.100 安装到您的电脑中。

建议在继续之前关闭其它所有正在运行的应用程序。

单击 [下一步] 继续；要退出安装，请单击 [取消]。

下一步(N) >　　取消

图 1.1.23　执行下一步

勾选"我愿意接受此协议"，执行下一步，如图 1.1.24 所示。

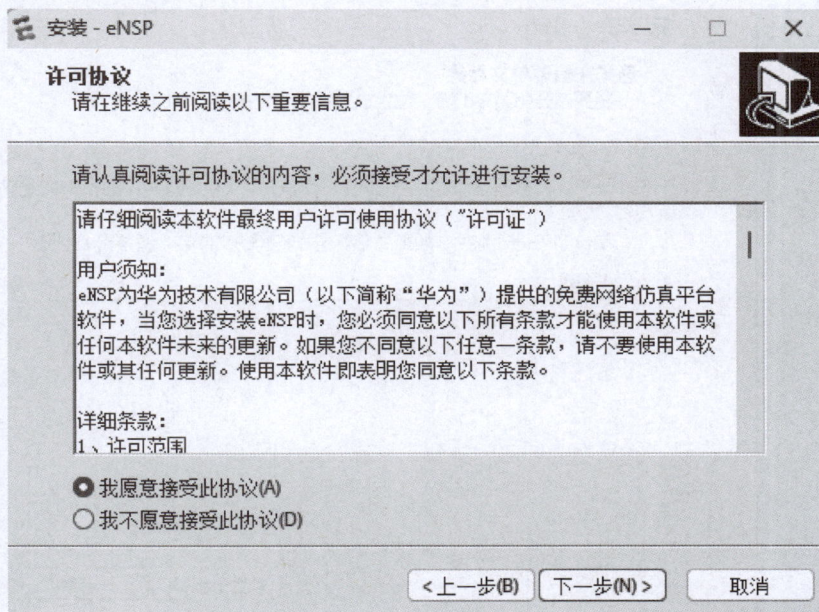

安装 - eNSP

许可协议
请在继续之前阅读以下重要信息。

请认真阅读许可协议的内容，必须接受才允许进行安装。

请仔细阅读本软件最终用户许可使用协议（"许可证"）

用户须知：
eNSP为华为技术有限公司（以下简称"华为"）提供的免费网络仿真平台软件，当您选择安装eNSP时，您必须同意以下所有条款才能使用本软件或任何本软件未来的更新。如果您不同意以下任意一条款，请不要使用本软件或其任何更新。使用本软件即表明您同意以下条款。

详细条款：
1、许可范围

◉ 我愿意接受此协议(A)
○ 我不愿意接受此协议(D)

< 上一步(B)　　下一步(N) >　　取消

图 1.1.24　接受协议，执行下一步

实施步骤	选择目录，执行下一步，如图 1.1.25 所示。 **安装 - eNSP**　　　　　　　　　　— □ × **选择目标位置** 将要把 eNSP 安装在哪里。 安装程序将要把 eNSP 安装到以下文件夹中。 单击 [下一步] 继续。如果您想要选择不同的文件夹，请单击 [浏览]。 D:\eNSP　　　　　　　　　　　浏览(R)... 完成安装至少需要 2,215.4 MB 的可用磁盘空间。 〈上一步(B)　下一步(N) 〉　取消 图 1.1.25　选择目录，执行下一步 执行下一步，如图 1.1.26 所示。 **安装 - eNSP**　　　　　　　　　　— □ × **选择开始菜单文件夹** 将要在开始菜单的哪个位置放置程序的快捷方式。 安装程序将要在以下开始菜单文件夹中创建程序的相关快捷方式。 单击 [下一步] 继续。如果您想要选择不同的文件夹，请单击 [浏览]。 eNSP　　　　　　　　　　　　浏览(R)... 〈上一步(B)　下一步(N) 〉　取消 图 1.1.26　执行下一步

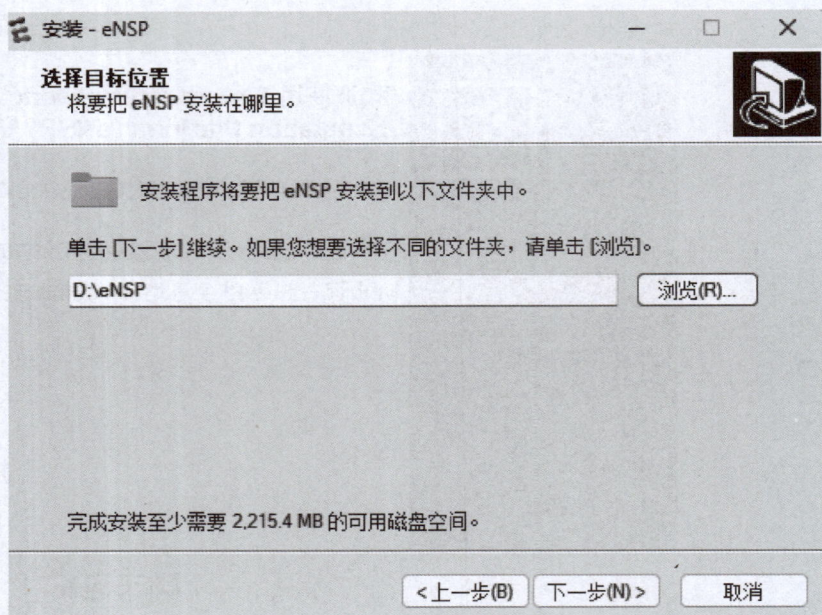

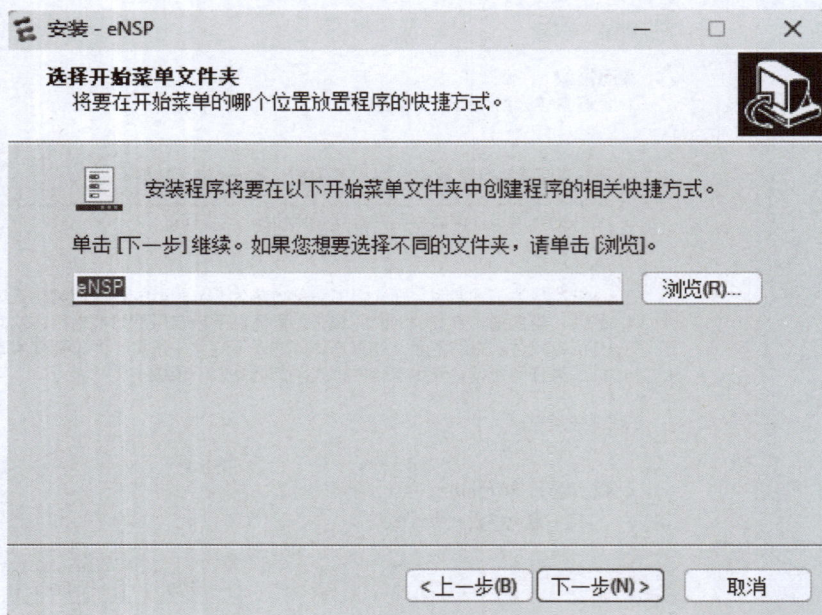

实施步骤	创建桌面快捷图标，执行下一步，如图 1.1.27 所示。 **安装 - eNSP**　　　　　　　　　－　□　× **选择附加任务** 将要安装程序执行哪些附加的任务。 请先选择好在安装 eNSP 期间，您想让安装程序执行的附加任务，然后单击 [下一步] 继续。 附加图标： ☑ 创建桌面快捷图标(D) 〈上一步(B)〉　〈下一步(N)〉　取消 **图 1.1.27　创建桌面快捷图标** 检测环境，执行下一步，如图 1.1.28 所示。 **安装 - eNSP**　　　　　　　　　－　□　× **选择安装其他程序** eNSP的使用需要WinPcap、Wireshark和VirtualBox的支持 1、系统检测到您已安装WinPcap。 2、系统检测到您已安装Wireshark。 3、系统检测到您已安装VirtualBox。 注：请不要把VirtualBox安装在包含非英文字符的目录中。 〈上一步(B)〉　〈下一步(N)〉　取消 **图 1.1.28　检测环境**

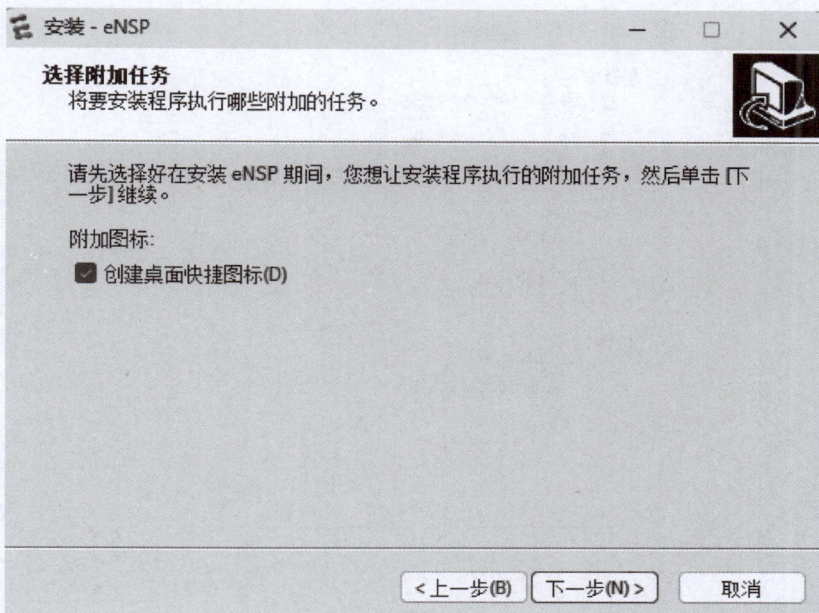

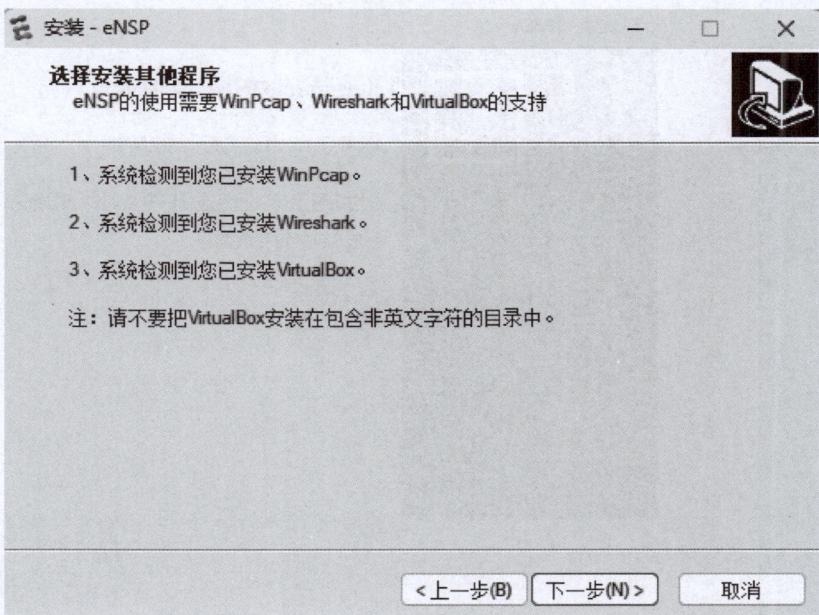

安装 eNSP，执行安装，如图 1.1.29 所示。

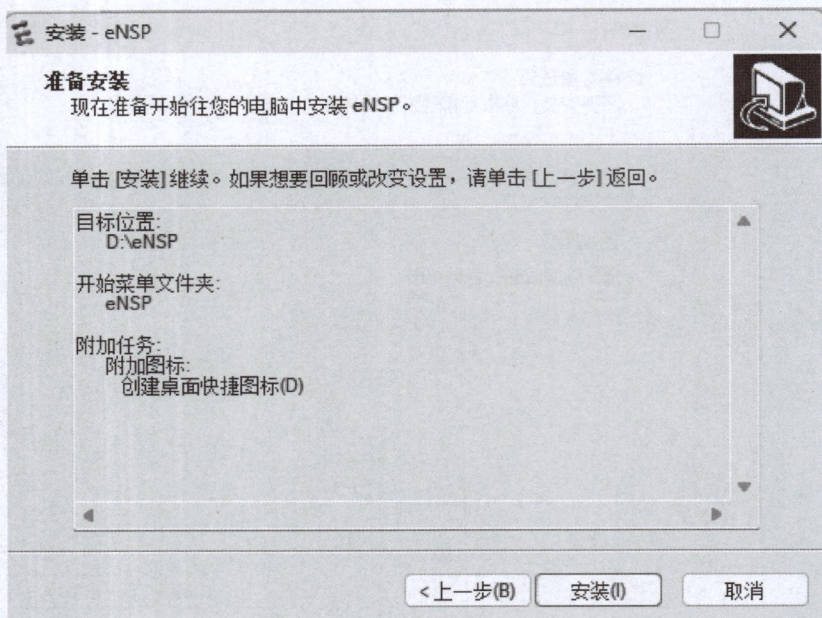

图 1.1.29　安装 eNSP

安装成功，如图 1.1.30 所示。

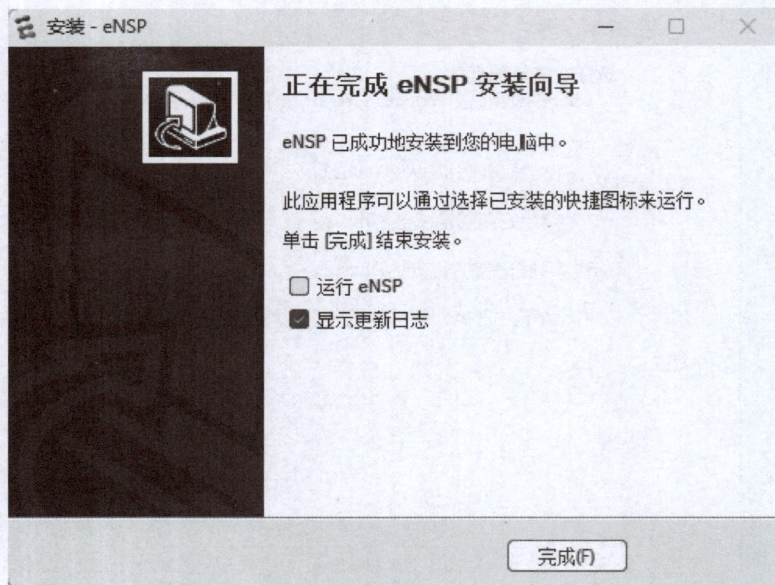

图 1.1.30　安装成功

实施步骤

实施步骤	（8）安装后测试 允许公共网络和专用网络访问，如图 1.1.31 所示。 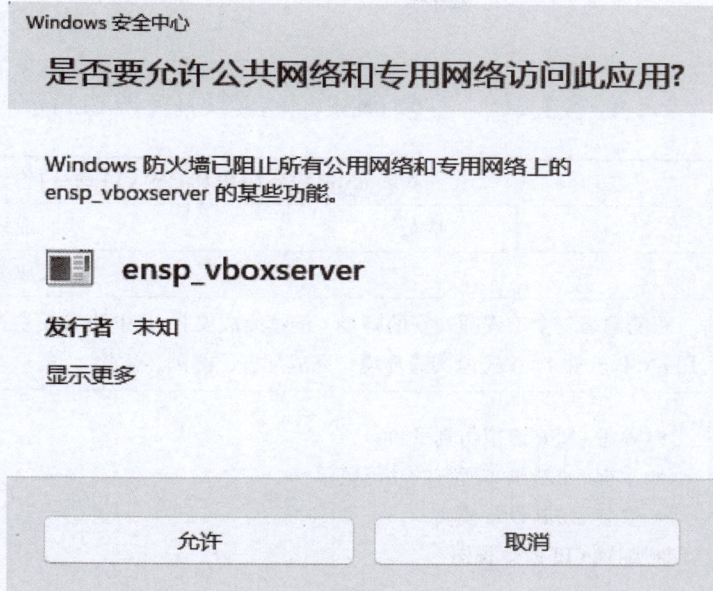 图 1.1.31　允许公共网络和专用网络访问 eNSP 成功启动，如图 1.1.32 所示。 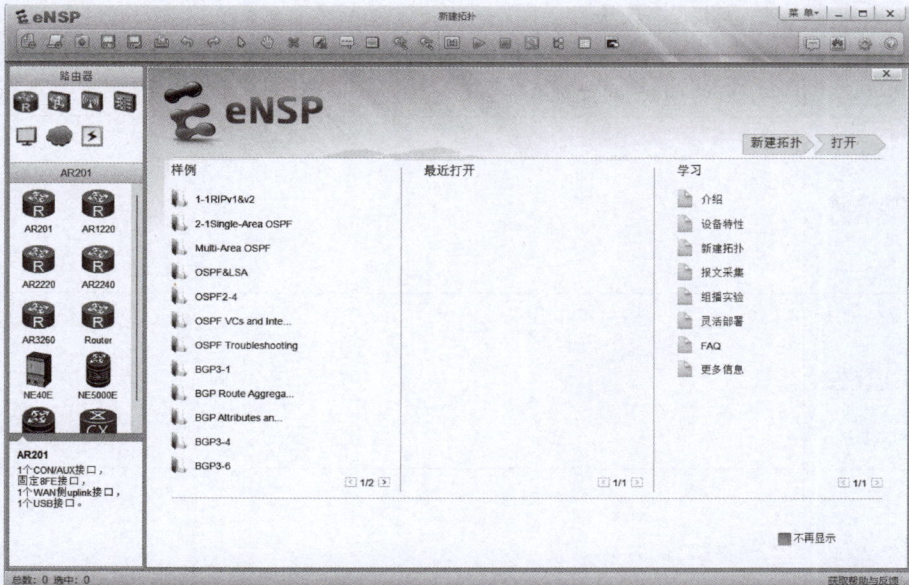 图 1.1.32　eNSP 成功启动

任务 2　安装 eNSP 设备模块及配置 CLI 命令行

【任务工单】

任务工单 2：安装 eNSP 设备模块及配置 CLI 命令行

任务名称	安装 eNSP 设备模块及配置 CLI 命令行				
组别		成员		小组成绩	
学生姓名				个人成绩	
任务情景	跟随网络安全工程师安安的脚步，继续完成安装 eNSP 设备模块及配置 CLI 命令视图，使用 eNSP 软件 1：1 还原实验环境，完成配置、测试、优化。				
任务目标	• 熟悉 eNSP 虚拟仿真平台 • 掌握 eNSP 画布所有的功能菜单 • 安装 eNSP 设备模块 • 配置 CLI 命令视图				
任务要求	• 软件平台安装标准符合安装顺序和安装规范 • 软件配置和操作符合 eNSP 软件平台操作规范				
任务实施	1. 启动 eNSP 软件 2. 安装设备模块 3. 创建画布，搭建简单网络拓扑图 4. 启动 CLI，配置简单命令				
实施总结					
小组评价					
任务点评					

【前导知识】

启动华为 eNSP 后，出现如图 1.2.1 所示的初始界面。单击"新建拓扑"按钮，弹出如图 1.2.2 所示的用户界面。用户界面分为主菜单、工具栏、网络设备区、工作区、设备接口区等。

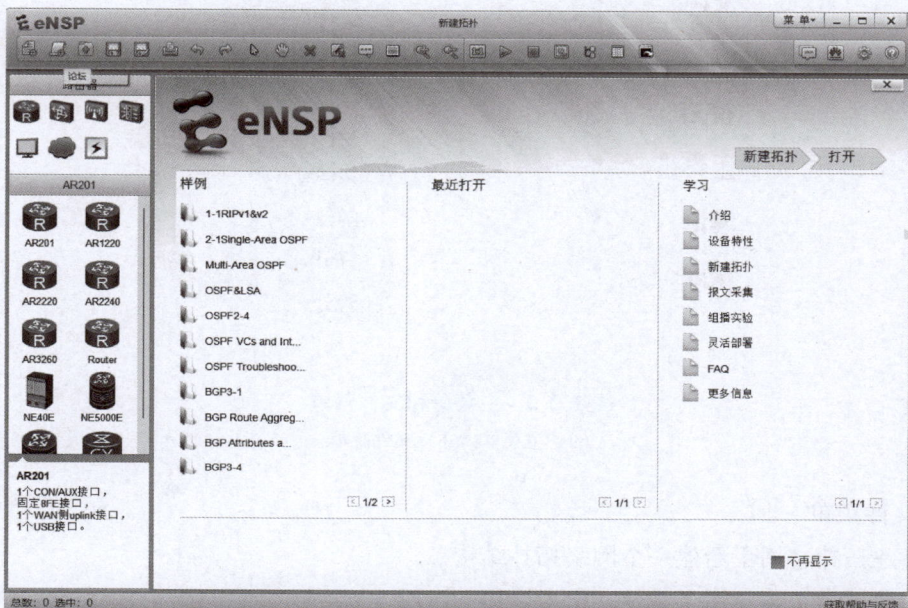

图 1.2.1　华为 eNSP 初始界面

图 1.2.2　华为 eNSP 用户界面

1. 主菜单

主菜单和文件菜单如图 1.2.3 所示，给出该软件提供的 6 个主菜单，分别是文件、编辑、视图、工具、考试和帮助。

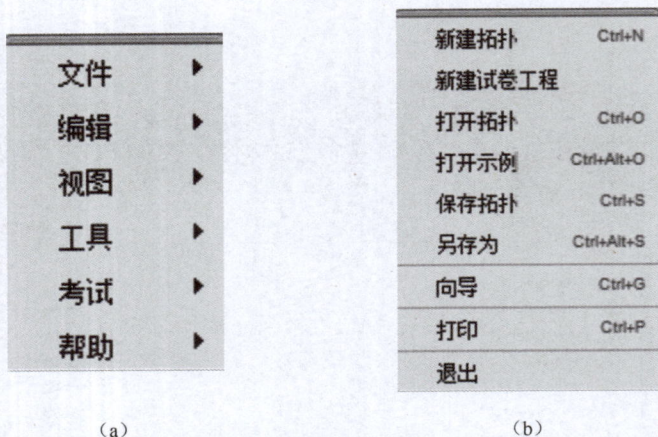

文件 ▶		新建拓扑	Ctrl+N
编辑 ▶		新建试卷工程	
视图 ▶		打开拓扑	Ctrl+O
工具 ▶		打开示例	Ctrl+Alt+O
考试 ▶		保存拓扑	Ctrl+S
帮助 ▶		另存为	Ctrl+Alt+S
		向导	Ctrl+G
		打印	Ctrl+P
		退出	

(a)　　　　　　　　　　　　(b)

图 1.2.3　主菜单和文件菜单

（a）主菜单；（b）文件菜单

1）文件菜单

- 新建拓扑：用于新建一个网络拓扑结构。
- 新建试卷工程：用于新建一份考试用的试卷。
- 打开拓扑：用于打开保存的一份拓扑文件，拓扑文件后缀是 topo。
- 打开示例：用于打开华为 eNSP 自带的作为示例的拓扑文件。
- 保存拓扑：用于保存当前工作区中的拓扑结构。
- 另存为：用于将当前工作区中的拓扑结构另存为其他拓扑文件。
- 打印：用于打印工作区中的拓扑结构。
- 最近打开：列出最近打开过的后缀为 topo 的拓扑文件。

2）编辑菜单

编辑菜单如图 1.2.4（a）所示。

- 撤销：用于撤销最近完成的操作。
- 恢复：用于恢复最近撤销的操作。
- 复制：用于复制工作区中拓扑结构的任意部分。
- 粘贴：在工作区中粘贴最近复制的工作区中拓扑结构的任意部分。

3）视图菜单

视图菜单如图 1.2.4（b）所示。

- 缩放：放大、缩小工作区中的拓扑结构，也可将工作区中的拓扑结构复位到初始大小。
- 工具栏：勾选右工具栏，显示设备接口区；勾选左工具栏，显示网络设备区。

4）工具菜单

工具菜单如图 1.2.4（c）所示。

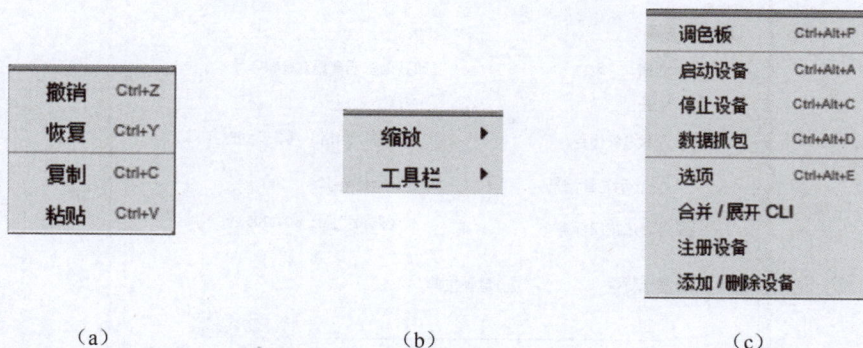

撤销	Ctrl+Z
恢复	Ctrl+Y
复制	Ctrl+C
粘贴	Ctrl+V

缩放	▶
工具栏	▶

调色板	Ctrl+Alt+P
启动设备	Ctrl+Alt+A
停止设备	Ctrl+Alt+C
数据抓包	Ctrl+Alt+D
选项	Ctrl+Alt+E
合并/展开 CLI	
注册设备	
添加/删除设备	

（a）　　　　　　　　　　　（b）　　　　　　　　　　　（c）

图 1.2.4　工具菜单

（a）编辑菜单；（b）视图菜单；（c）工具菜单

- 调色板：调色板操作界面如图 1.2.5 所示，用于设置图形的边框类型、边框粗细和填充色。

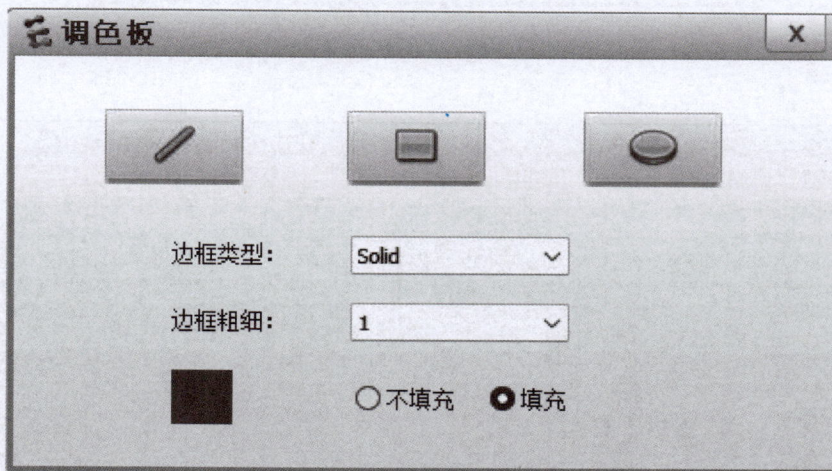

图 1.2.5　调色板操作界面

- 启动设备：启动选择的设备。只有完成设备启动过程后，才能对该设备进行配置。
- 停止设备：停止选择的设备。
- 数据抓包：启动采集数据报文过程。
- 选项：选项配置界面如图 1.2.6 所示，用于对华为 eNSP 的各种选项进行配置。
- 合并/展开 CLI：合并 CLI 可以将多个网络设备的 CLI 窗口合并为一个 CLI 窗口，如图 1.2.7 所示就是合并四个网络设备的 CLI 窗口后生成的合并 CLI 窗口。展开 CLI 可以分别为每一个网络设备生成一个展开 CLI 窗口，如图 1.2.8 所示。

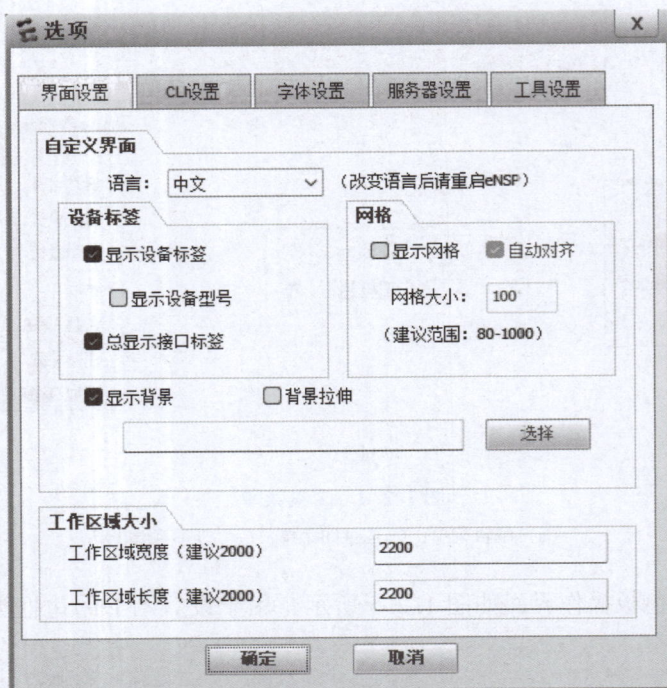

图 1.2.6 选项配置界面

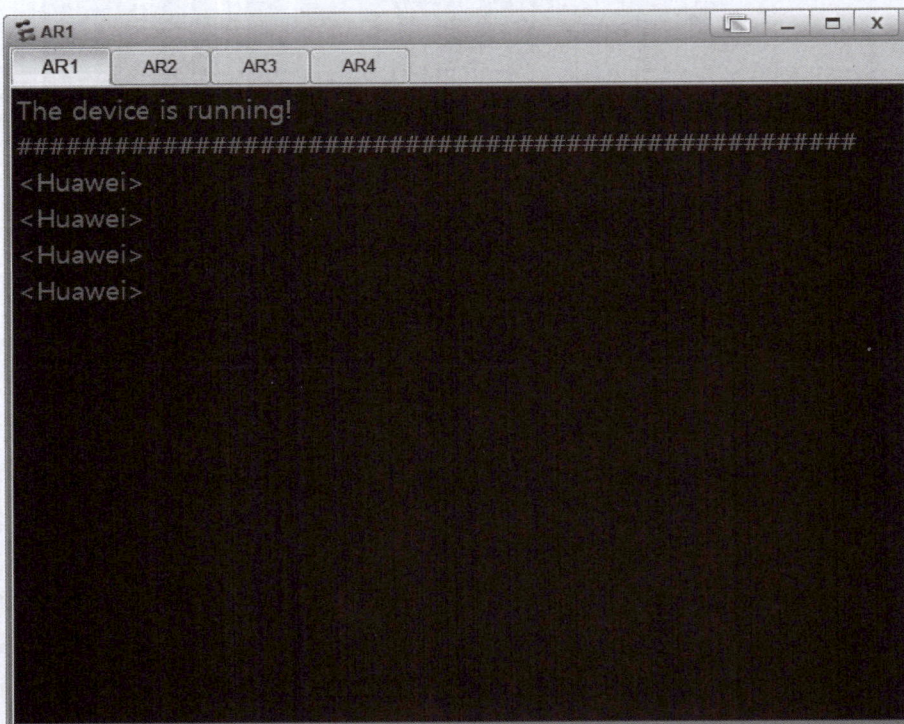

图 1.2.7 合并 CLI 窗口

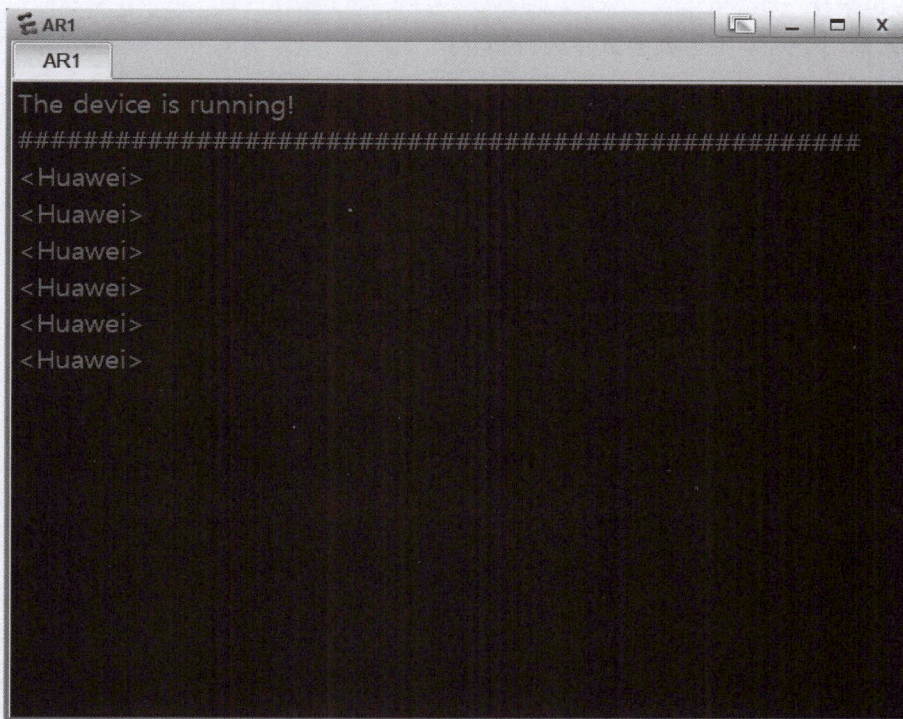

图 1.2.8　展开 CLI 窗口

- 注册设备：用于注册 AR、AC、AP 等设备。
- 添加/删除设备：用于增加一个产品型号或者删除一个产品型号。增加或删除产品型号界面如图 1.2.9 所示。

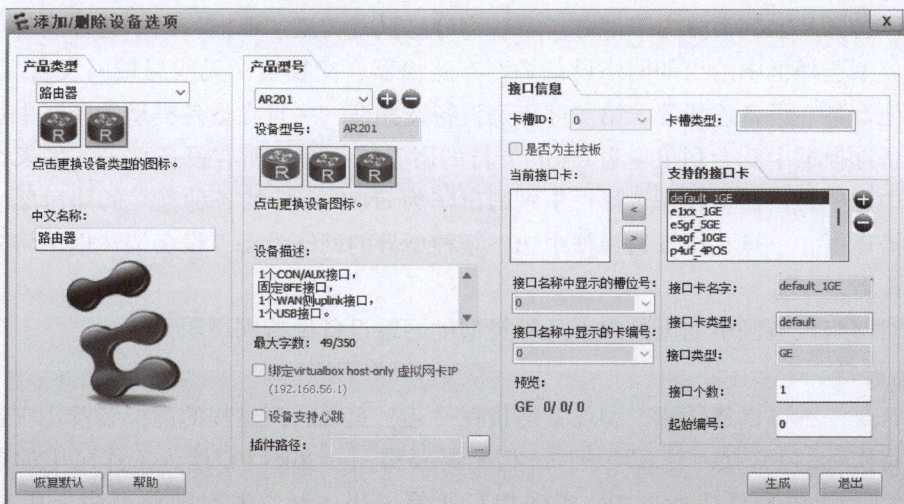

图 1.2.9　增加或删除产品型号界面

5）考试菜单

考试菜单用于对学生生成的试卷进行阅卷。

6）帮助菜单

帮助菜单如图 1.2.10 所示。

目录：给出华为 eNSP 的简要使用手册，如图 1.2.11 所示，所有初学者务必仔细阅读目录中的内容。

图 1.2.10　帮助菜单

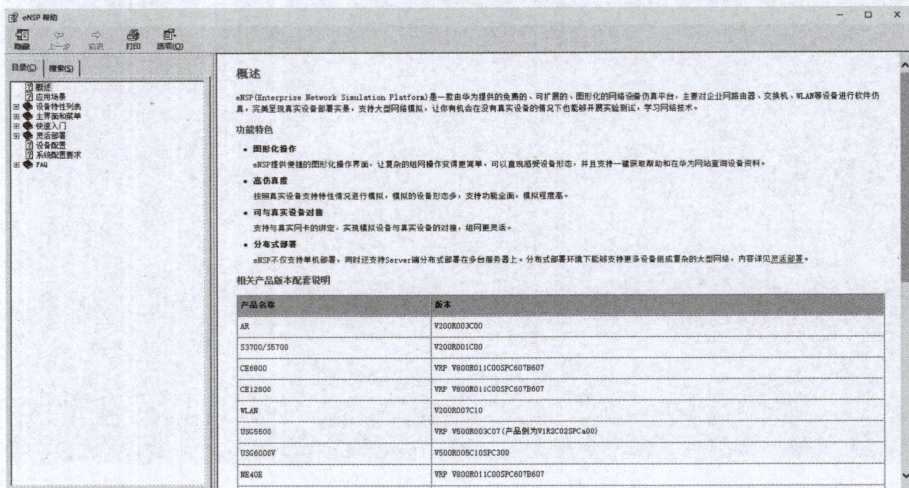

图 1.2.11　帮助目录

2. 工具栏

工具栏给出华为 eNSP 常用命令，这些命令通常包含在各个菜单中。

3. 网络设备区

网络设备区从上到下分为三部分。第一部分是设备类型选择框，用于选择网络设备的类型，设备类型选择框中给出的网络设备类型有路由器、交换机、无线局域网设备、防火墙、终端、其他设备、设备连线等。第二部分是设备选择框，一旦在设备类型选择框中选定设备类型，设备选择框中就会列出华为 eNSP 支持的属于该类型的所有设备型号。如果在设备类型选择框中选中路由器，设备选择框中则列出华为 eNSP 支持的各种型号的路由器。第三部分是设备描述框，一旦在设备选择框中选中某种型号的网络设备，设备描述框中将列出该设备的基本配置。

下面对网络设备区中列出的以下几种类型的网络设备做特别说明。

1）云设备

云设备是一种可以将任意类型设备连接在一起，实现通信过程的虚拟装置。它最大的用处是可以将实际的 PC 接入仿真环境中。假定需要将一台实际 PC 接入工作区中的拓扑结构（仿真环境），与仿真环境中的 PC 实现相互通信过程。设备类型选择框中选中"其他设备"，设备选择框中选中"云设备（Cloud）"，将其拖放到工作区中，双击该云设备，弹出如图 1.2.12 所示的云设备配置界面。绑定信息选择"无线网络连接 - IP 地址

192.168.1.100"，这是一台实际计算机的无线网络接口。将该无线网络接口添加到云设备的端口列表中，再添加一个用于连接仿真 PC 的以太网端口，建立这两个端口之间的双向通道，如图 1.2.13 所示。将一个仿真 PC（PC1）连接到工作区中的云设备上，如图 1.2.14 所示。为仿真 PC 配置如图 1.2.15 所示的 IP 地址、子网掩码和默认网关地址，完成配置过程后，单击"应用"按钮。仿真 PC 配置的 IP 地址与实际 PC 的 IP 地址必须有着相同的网络号以启动实际 PC 的命令行接口，输入命令"ping 192.168.56.56"，发现实际 PC 与仿真 PC 之间能够实现相互通信，如图 1.2.16 所示。

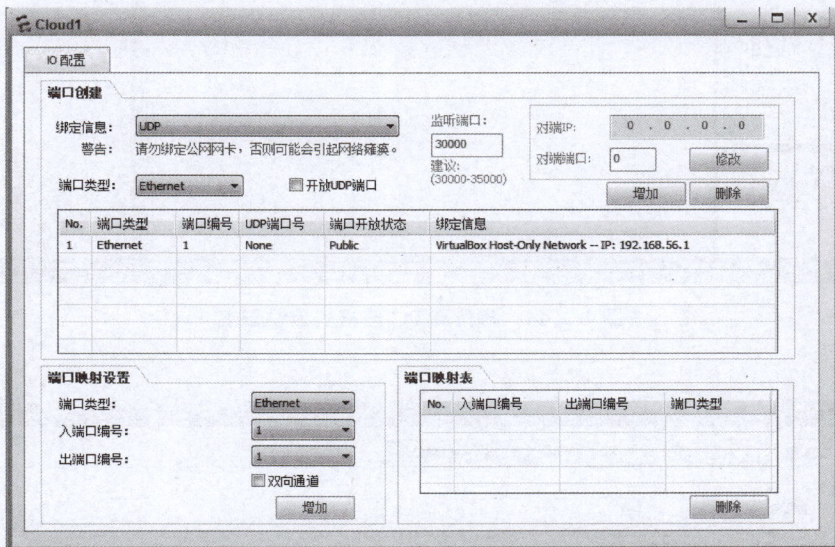

图 1.2.12　云设备配置界面

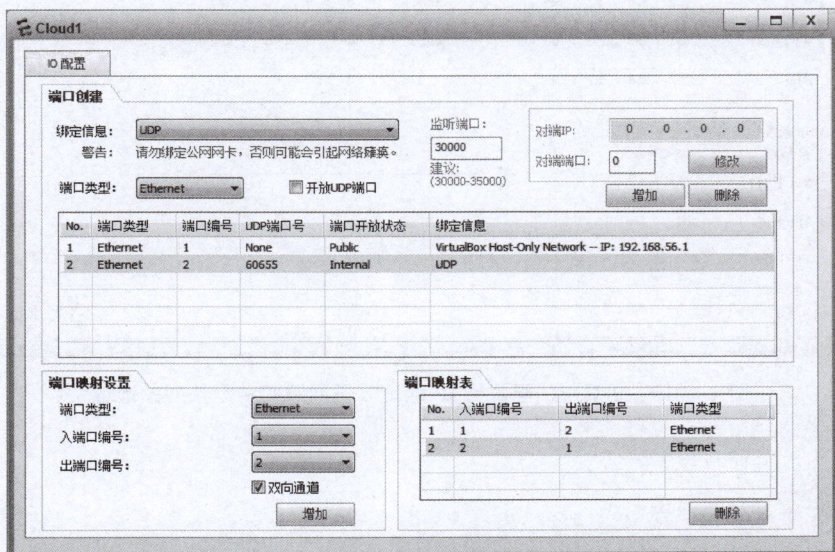

图 1.2.13　建立实际 PC 与仿真 PC 之间的双向通道

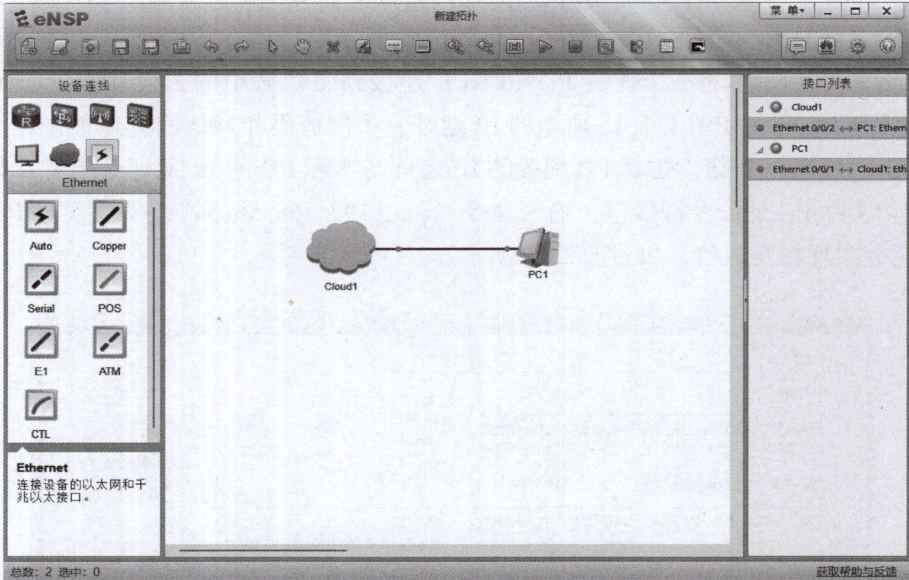

图 1.2.14　将仿真 PC 连接到云设备上

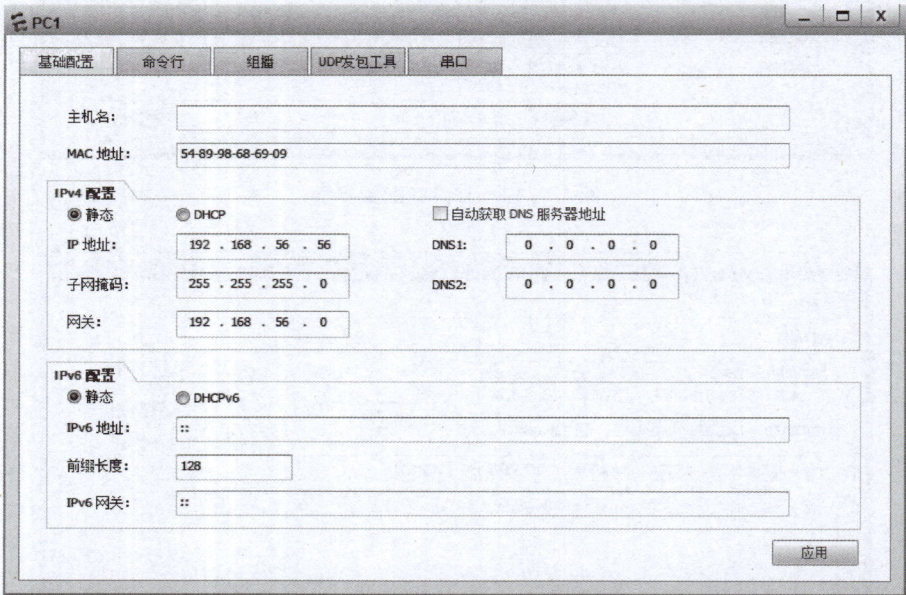

图 1.2.15　仿真 PC 配置的 IP 地址、子网掩码和默认网关地址

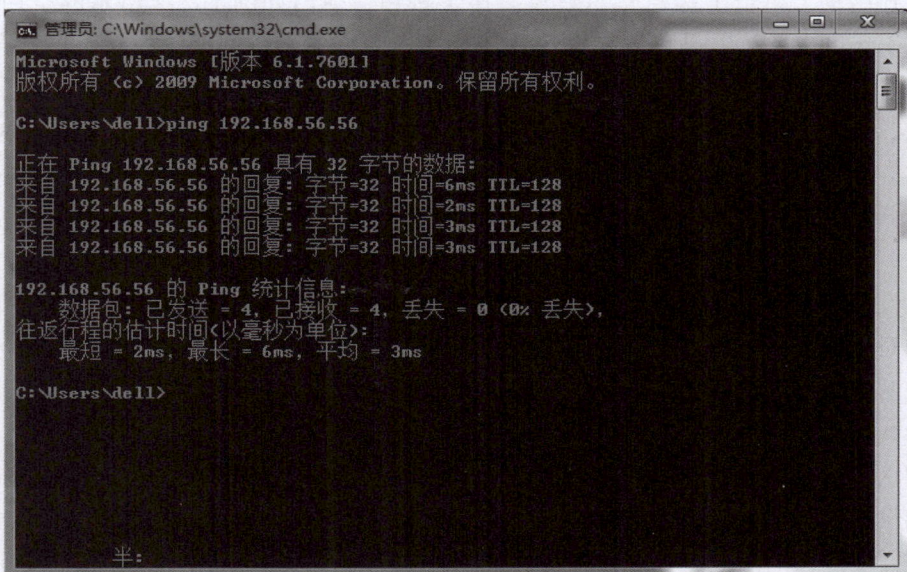

图 1.2.16　实际 PC 与仿真 PC 之间的通信过程

2）需要导入设备包的设备

防火墙、CE 系列设备（CE6800 和 CE12800）、NE 系列路由器（NE40E 和 NE5KE 等）和 CX 系列路由器等需要单独导入设备包。一旦启动这些设备，自动弹出导入设备包界面，防火墙导入设备包过程以及 NE40E 路由器导入设备包过程如图 1.2.17 所示。防火墙导入的设备包对应压缩文件 USG6000V. zip，CE 系列设备导入的设备包对应压缩文件 CE. zip，NE40E 路由器导入的设备包对应压缩文件 NE40E. zip，NE5KE 路由器导入的设备包对应压缩文件 NE5000E. zip，NE9KE 路由器导入的设备包对应压缩文件 NE9000. zip，CX 系列路由器导入的设备包对应压缩文件 CX. zip。

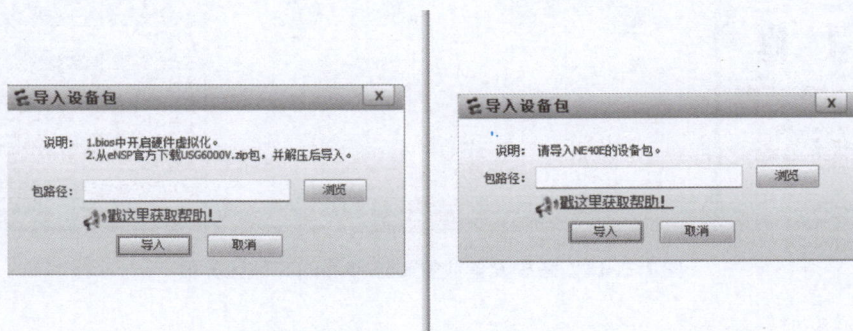

图 1.2.17　防火墙和 NE 设备导入设备包界面

4. 工作区

1）放置和连接设备

工作区用于设计网络拓扑结构、配置网络设备、检测端到端连通性等。如果需要构建一个网络拓扑结构，单击工具栏中"新建拓扑"按钮，弹出如图1.2.2所示的空白工作区。首先完成工作区设备放置过程，在设备类型选择框中选中设备类型，如路由器。在设备选择框中选中设备型号，如AR1220。将光标移到工作区，光标变为选中的设备型号，单击鼠标左键，完成一次该型号设备的放置过程，如果需要放置多个该型号设备，单击鼠标左键多次。如果放置其他型号的设备，可以重新在设备类型选择框中选中新的设备类型，在设备选择框中选中新的设备型号。如果不再放置设备，可以单击工具栏中的恢复鼠标按钮。

完成设备放置后，在设备类型选择框中选中设备连线，在设备选择框中选中正确的连接线类型。对于以太网，可以选择的连接线类型有Auto和Copper。Auto自动按照编号顺序选择连接线两端的端口，因此，一旦在设备选择框中选中Auto，将光标移到工作区后，光标变为连接线接头形状，在需要连接的两端设备上分别单击鼠标左键，完成一次连接过程。Copper需人工选择连接线两端的端口，因此，一旦在设备选择框中选中Copper，在需要连接的两端设备上分别单击鼠标左键，弹出该设备的接口列表，在接口列表中选择需要连接的接口。在需要连接的两端设备上分别选择接口后，完成一次连接过程。图1.2.18是完成设备放置和连接后的工作区界面。

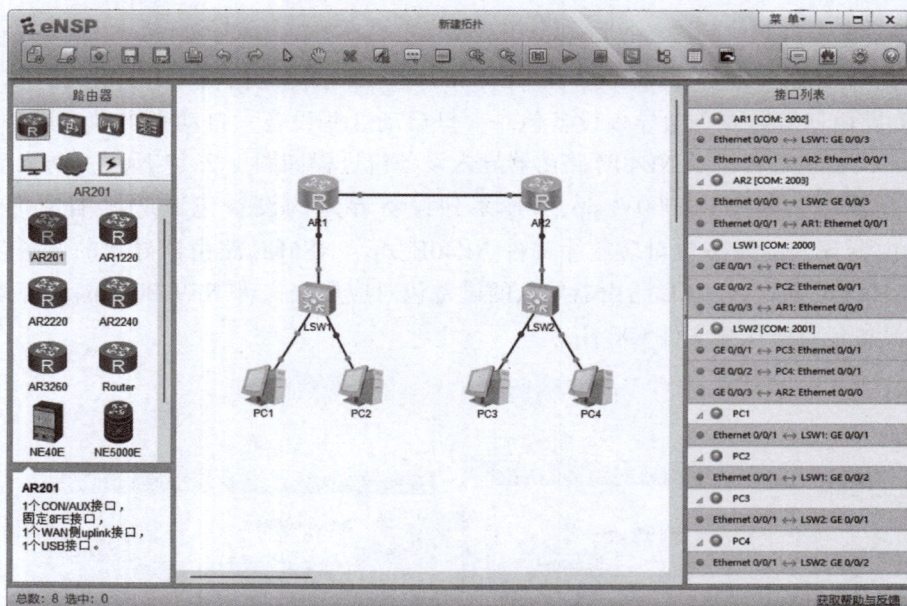

图 1.2.18　完成设备放置和连接后的工作区界面

2）启动设备

通过单击工具栏中的"恢复鼠标"按钮恢复鼠标，恢复鼠标后，通过在工作区中拖动鼠标选择需要启动的设备范围，单击工具栏中的"开启设备"按钮，开始选中设备的启动过程，直到所有连接线两端端口状态全部变绿，启动过程才真正完成。只有在完成启动过程后，才可以开始设备的配置过程。

5. 设备接口区

设备接口区用于显示拓扑结构中的设备和每一根连接线两端的设备接口。连接线两端的接口状态有三种：一种是红色，表明该接口处于关闭状态；一种是绿色，表明该接口已经成功启动；还有一种是蓝色，表明该接口正在捕获报文。图 1.2.18 所示的设备接口区和工作区中的拓扑结构是一一对应的。

【任务内容】

（1）导入设备镜像包。

（2）启动网络设备。

（3）配置网络设备。测试路由器、交换机、防火墙等设备的配置和性能。确保有相关的设备镜像文件和配置文件，以便在 eNSP 中进行模拟和测试。

【任务实施】

任务目标	1. 安装 eNSP 设备模块 2. 掌握 CLI 命令行视图
实施步骤	1. 安装设备模块 所有网络设备有着默认配置，如果默认配置无法满足应用要求，可以为该网络设备安装模块。为网络设备安装模块的过程如下，将某个网络设备放置到工作区，用鼠标选中该网络设备，单击右键，弹出如图 1.2.19 所示的菜单，选择"设置"选项，弹出如图 1.2.20 所示的安装模块界面。如果没有关闭电源，则需要先关闭电源。选中需要安装的模块，如串行接口模块（2SA），将其拖放到上面的插槽，完成模块安装的界面如图 1.2.21 所示。 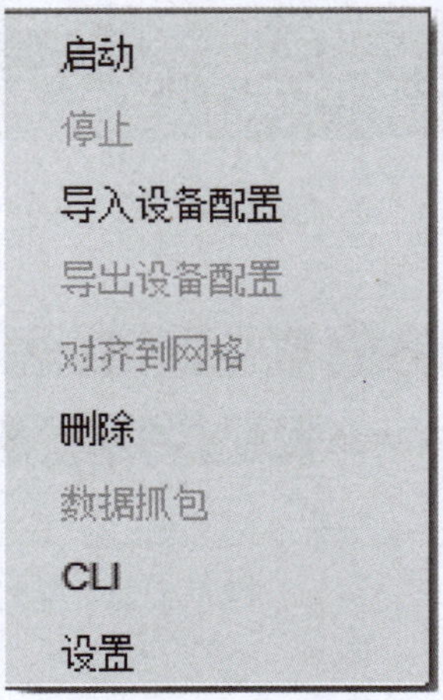 启动 停止 **导入设备配置** 导出设备配置 对齐到网格 **删除** 数据抓包 **CLI** 设置 **图 1.2.19 设置菜单**

实施步骤

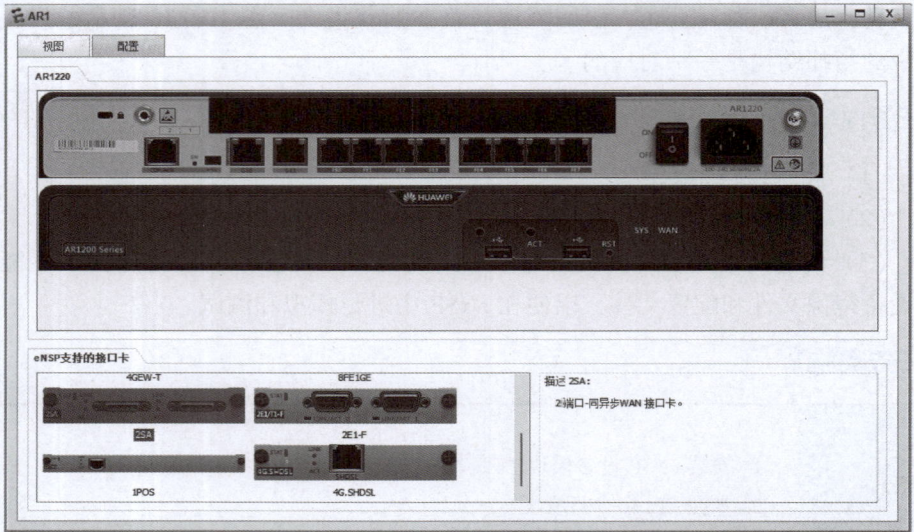

图 1. 2. 20　安装模块界面

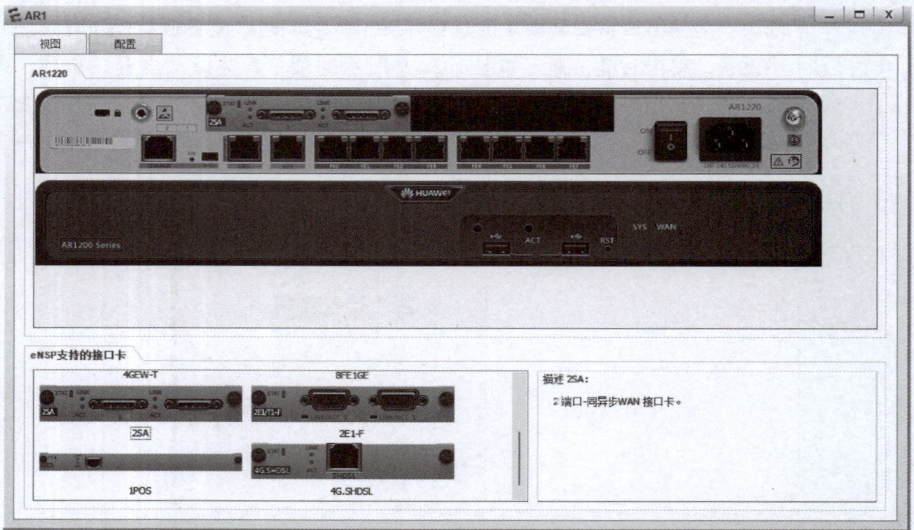

图 1. 2. 21　完成模块安装的界面

实施步骤	2. 设备启动，进入命令行配置界面
	　　工作区中的网络设备在完成启动过程后，可以通过双击该网络设备，进入该网络设备的命令行界面（CLI），如图 1.2.22 所示。
	
	图 1.2.22　网络设备的命令行界面（CLI）
	
	3. CLI 命令视图
	　　华为网络设备可以被看作专用计算机系统，同样由硬件系统和软件系统组成，CLI 是其中一种用户界面。在 CLI 下，用户通过输入命令实现对网络设备的配置和管理。为了安全，CLI 提供多种不同的视图，在不同的视图下，用户具有不同的配置和管理网络设备的权限。
	【用户视图】
	　　用户视图是权限最低的命令视图。在用户视图下，用户只能通过命令查看和修改此网络设备的状态，修改网络设备的控制信息，没有配置网络设备的权限。用户登录网络设备后，立即进入用户视图，如图 1.2.23 所示是用户视图下可以输入的部分命令列表。用户视图下的命令提示符如下。
	
	`<Huawei>`
	
	　　Huawei 是默认的设备名，系统视图下可以通过命令 sysname 修改默认的设备名。如在系统视图下（系统视图下的命令提示符为［Huawei］）输入命令 sysname routerabc 后，用户视图的命令提示符变为如下。
	
	`<routerabc>`
	
	　　在用户视图命令提示符下，用户可以输入图 1.2.23 列出的命令，命令格式和参数在以后完成具体网络实验时讨论。

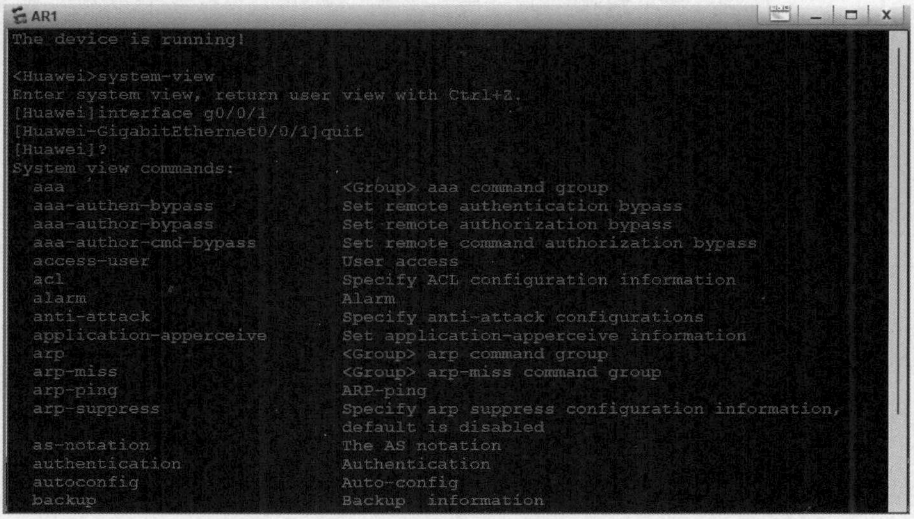

实施步骤	

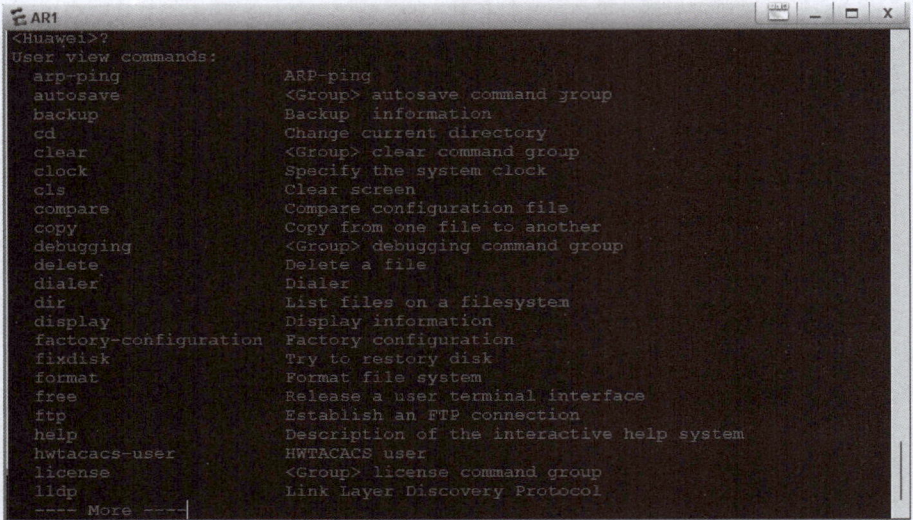

图 1.2.23　用户视图及部分命令列表

4. 系统视图

通过在用户视图命令提示符下输入命令 system-view，进入系统视图。如图 1.2.24 所示，是系统视图下可以输入的部分命令列表。系统视图下的命令提示符如下。

［Huawei］

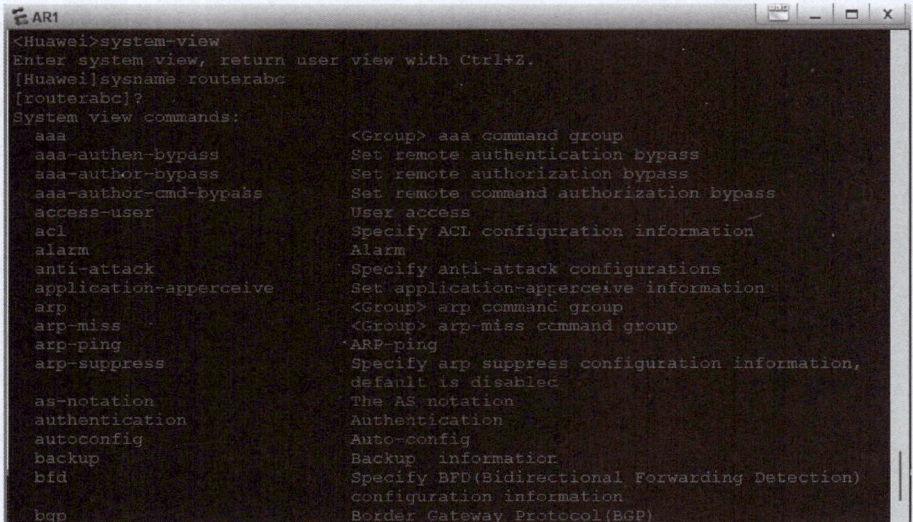

图 1.2.24　系统视图及部分命令列表

续表

实施步骤

同样，Huawei 是默认的设备名。系统视图下，用户可以查看、修改网络设备的状态和控制信息，如交换机媒体接入控制（Medium Access Control，MAC）表（MAC Table，也称交换机转发表）等，完成对整个网络设备的有效配置。如果需要完成对网络设备部分功能块的配置，如路由器某个接口的配置，需要从系统视图进入这些功能块的视图模式。从系统视图进入路由器接口 GigabitEthernet0/0/0 的接口视图需要输入的命令及路由器接口视图下的命令提示符如下。

```
[Huawei]interface GigabitEthernet0/0/0
[Huawei-GigabitEthernet0/0/0]
```

5. CLI 帮助工具

1）查找工具

如果忘记某个命令或是命令中的某个参数，可以通过输入“?”完成查找过程。在某种视图命令提示符下，通过输入“?”，界面将显示该视图下允许输入的命令列表。如图 1.2.25 所示，在系统视图命令提示符下输入“?”，界面将显示系统视图下允许输入的命令列表，如果单页显示不完，则分页显示。

在某个命令中需要输入某个参数的位置输入“?”，界面将列出该参数的所有选项。命令 interface 用于进入接口视图，如果不知道如何输入选择接口的参数，在需要输入选择接口参数的位置输入“?”，界面将列出该参数的所有选项，如图 1.2.25 所示。

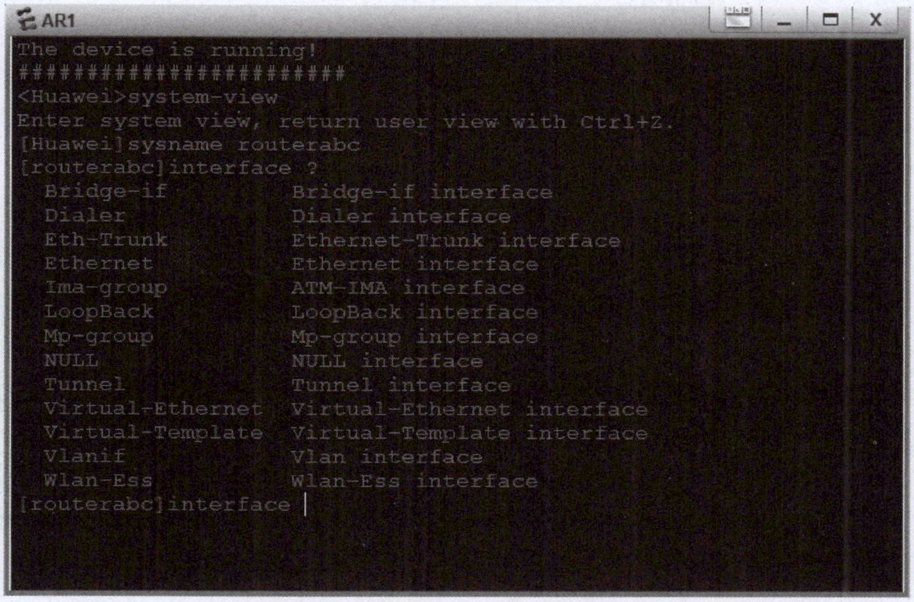

```
The device is running!
########################
<Huawei>system-view
Enter system view, return user view with Ctrl+Z.
[Huawei]sysname routerabc
[routerabc]interface ?
  Bridge-if            Bridge-if interface
  Dialer               Dialer interface
  Eth-Trunk            Ethernet-Trunk interface
  Ethernet             Ethernet interface
  Ima-group            ATM-IMA interface
  LoopBack             LoopBack interface
  Mp-group             Mp-group interface
  NULL                 NULL interface
  Tunnel               Tunnel interface
  Virtual-Ethernet     Virtual-Ethernet interface
  Virtual-Template     Virtual-Template interface
  Vlanif               Vlan interface
  Wlan-Ess             Wlan-Ess interface
[routerabc]interface
```

图 1.2.25　列出接口参数的所有选项

2）命令和参数允许输入部分字符

无论是命令还是参数，CLI 都不要求输入完整的单词，只需要输入单词中的部分字符，

| 实施步骤 | 只要这一部分字符能够在命令列表中或是参数的所有选项中唯一确定某个命令或参数选项即可。在路由器系统视图下进入接口 GigabitEthernet0/0/0 对应的接口视图的完整命令如下：

[routerabc]interface GigabitEthernet/0/0/0
[routerabc-GigabitEthernet0/0/0]

但无论是命令 interface，还是选择接口类型的参数 GigabitEthernet，都不需要输入完整的单词，而只需要输入单词中的部分字符，如下所示。

[routerabc]int g0/0/0
[routerabc- GigabitEthenet0/0/0]

由于系统视图下的命令列表中没有两个以上前三个字符是 int 的命令，因此，输入 int 已经能够唯一确定命令 interface。同样，接口类型的所有选项中没有两项以上是以字符 g 开头的，因此，输入 g 已经能够唯一确定 GigabitEthernet 选项。

3）历史命令缓存

通过【↑】键可以查找以前使用的命令，通过【←】和【→】键可以将光标移动到命令中需要修改的位置。如果某个命令需要输入多次，每次输入时，只有个别参数可能不同，无需每一次全部重新输入命令及参数，可以通过【↑】键显示上一次输入的命令，通过【←】键移动光标到需要修改的位置，对命令中需要修改的部分进行修改即可。

4）Tab 键功能

输入不完整的关键词后，按下 Tab 键，系统自动补全关键词的余下部分。如图 1.2.26 所示，输入部分关键词 dis 后，按下 Tab 键，系统自动补全关键词余下部分，给出完整关键词 display。紧接着 display 输入 ip rou 后，按下 Tab 键，系统自动补全关键词余下部分 routing-table。以此完成完整命令 display ip routing-table 的输入过程。

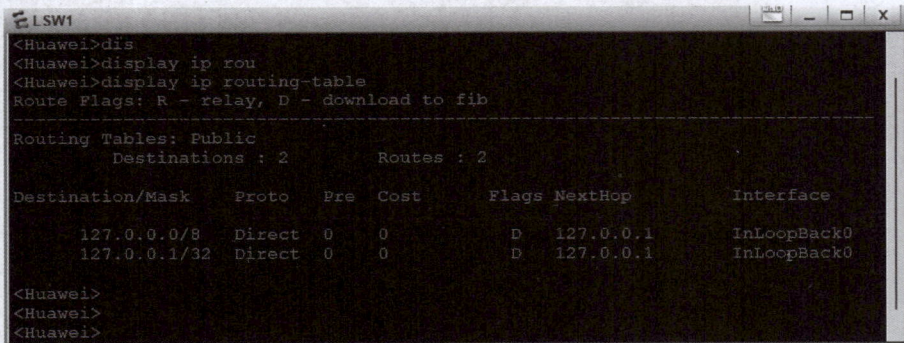

图 1.2.26 Tab 键的补齐功能 |

6. 取消命令过程

在 CLI 界面下，如果输入的命令有错，需要取消该命令，在与原命令相同的命令提示符下，输入命令："undo 需要取消的命令"。

如以下是创建编号为 10 的 vlan 的命令。

| 实施步骤 | ```
[Huawei]vlan 10
[Huawei-vlan10]
```<br><br>则以下是删除已经创建的编号为 10 的 vlan 的命令。<br><br>```
[Huawei]undo vlan 10
```<br><br>如以下是用于关闭路由器接口 GigabitEthernet0/0/1 的命令。<br><br>```
[routerabc]interface GigabitEthernet0/0/1
[routerabc-GigabitEthernet0/0/1]shutdown
```<br><br>则以下是用于开启路由器接口 GigabitEthernet0/0/1 的命令。<br><br>```
[routerabc]interface GigabitEthernet0/0/1
[routerabc-GigabitEthernet0/0/1]undo shutdown
```<br><br>如以下是用于为路由器接口 GigabitEthernet0/0/1 配置 IP 地址 192.168.1.254 和子网掩码 255.255.255.0 的命令。<br><br>```
[routerabc]interface GigabitEthernet0/0/1
[routerabc- GigabitEthernet0/0/1]ip address 192.168.1.254 24
```<br><br>则以下是取消为路由器接口 GigabitEthernet0/0/1 配置的 IP 地址和子网掩码的命令。<br><br>```
[routerabc]interface GigabitEthemet0/0/1
[routerabc- GigabitEthenet0/0/1]undo ip address 192.168.1.254 24
``` |

7. 保存网络实验拓扑

华为 eNSP 完成设备放置、连接、配置和调试过程后，在保存拓扑结构之前，需要先保存每一个设备的当前配置信息，交换机保存配置信息界面如图 1.2.27 所示，路由器保存配置信息界面如图 1.2.28 所示。在用户视图下通过输入命令 save 开始保存配置信息过程，根据提示输入配置文件名，配置文件后缀是 cfg。

图 1.2.27　交换机保存配置信息界面

续表

实施步骤	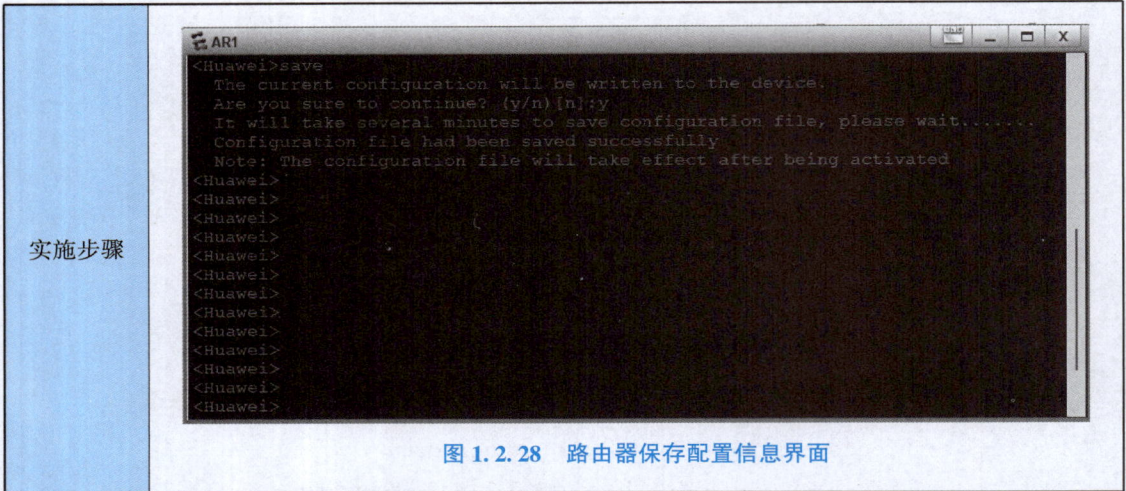

图 1.2.28　路由器保存配置信息界面

任务 3　使用 Wireshark 进行报文捕获及管理网络设备

【任务工单】

任务工单 3：使用 Wireshark 进行报文捕获及管理网络设备

任务名称	使用 Wireshark 进行报文捕获及管理网络设备				
组别		成员		小组成绩	
学生姓名				个人成绩	
任务情景	跟随网络安全工程师安安的脚步，继续完成安装 Wireshark 抓包分析软件，设置网络参数，进行报文捕获分析，以及使用简单的登录方式实现对网络设备的配置和管理，使用 eNSP 软件 1∶1 还原实验环境，配置、测试和优化。				
任务目标	参考安安的工作任务，明确以下学习目标： ● 熟悉 Wireshark 工作原理 ● 启动并配置 Wireshark ● 配置显示过滤器 ● 配置网络设备				
任务要求	● 精准配置 Wireshark 显示过滤器 ● 掌握常见关系操作符 ● 掌握常见逻辑操作符 ● 掌握常见关系表达式 ● 掌握控制台端口配置方式 ● 掌握 Telnet 配置方式				

续表

任务实施	1. 启动 Wireshark 和 eNSP 软件 2. 配置显示过滤器 3. 配置控制台端口 4. 使用 Telnet 协议实现对远端设备的远程控制和管理
实施总结	
小组评价	
任务点评	

【前导知识】

1. Wireshark 是什么？

Wireshark（前称 Ethereal）是一个网络封包分析软件。网络封包分析软件的功能是截取网络封包，并尽可能显示出最为详细的网络封包资料。Wireshark 使用 WinPCAP 作为接口，直接与网卡进行数据报文交换，常用来检测网络问题、攻击溯源，或者分析底层通信机制。

微课-网络安全实验软硬件基础——介绍 WIRESHARK

2. Wireshark 抓包原理

Wireshark 使用的环境大致分为两种，一种是电脑直连互联网的单机环境，另一种就是应用比较多的互联网环境，也就是连接交换机的情况。

单机情况，Wireshark 直接抓取本机网卡的网络流量；

交换机情况，Wireshark 通过端口镜像、ARP 欺骗等方式获取局域网中的网络流量。

• 端口镜像：利用交换机的接口，将局域网的网络流量转发到指定电脑的网卡上。

• ARP 欺骗：交换机根据 MAC 地址转发数据，伪装其他终端的 MAC 地址，从而获取局域网的网络流量。

3. Wireshark 的主界面

Wireshark 的主界面包含 6 部分。

（1）菜单栏：用于调试、配置。

（2）工具栏：常用功能的快捷方式。

（3）过滤栏：指定过滤条件，过滤数据包。

（4）数据包列表：核心区域，每一行就是一个数据包。

（5）数据包详情：数据包的详细数据。

（6）数据包字节：数据包对应的字节流，二进制。

4. Wireshark 的工作流程

（1）确定 Wireshark 的位置。如果没有一个正确的位置，启动 Wireshark 后会花费很长时间来捕获一些与自己无关的数据。

（2）选择捕获接口。一般都是选择连接到 Internet 网络的接口，这样才可以捕获到与网络相关的数据；否则，捕获到的其他数据对自己也没有任何帮助。

（3）使用捕获过滤器。通过设置捕获过滤器，可以避免产生过大的捕获文件。这样用户在分析数据时，也不会受其他数据干扰。而且，还可以为用户节约大量的时间。

（4）使用显示过滤器。通常使用捕获过滤器过滤后的数据，往往还是很复杂。为了使过滤的数据包更精准，此时使用显示过滤器进行过滤。

（5）使用着色规则。通常使用显示过滤器过滤后的数据，都是有用的数据包。如果想更加突出地显示某个会话，可以使用着色规则高亮显示。

（6）构建图表。用户如果想要更明显地看出一个网络中数据的变化情况，那么使用图表的形式可以很方便地看出数据分布情况。

（7）重组数据。Wireshark 的重组功能，可以重组一个会话中不同数据包的信息，或者是重组一个完整的图片或文件。由于传输的文件往往较大，所以信息分布在多个数据包中。为了能够查看到整个图片或文件，这时候就需要使用重组数据的方法来实现。

5. Wireshark 的使用思维导图

Wireshark 的使用思维导图如图 1.3.1 所示。

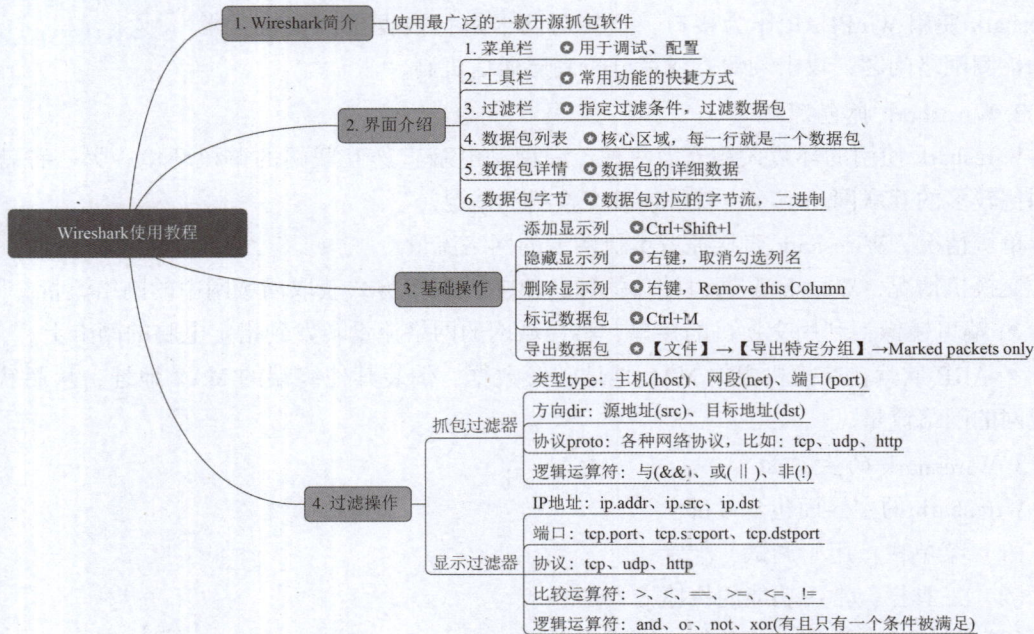

图 1.3.1　Wireshark 的使用思维导图

6. 华为 eNSP 与 Wireshark 结合

两者结合可以捕获网络设备运行过程中交换的各种类型的报文，显示报文中各个字段的值。

【任务内容】

1. Wireshark 的工作任务内容

（1）数据包捕获：Wireshark 可以捕获计算机网络上的数据包，这些数据包包含网络通信中的信息，例如从一个计算机发送到另一个计算机的数据。Wireshark 支持多种捕获方式，包括从网络接口捕获、读取存储的数据包文件等。

（2）分析数据包：Wireshark 可以解析捕获的数据包，以便用户能够查看每个数据包的详细信息，如源地址、目标地址、协议、数据大小、时间戳等。

（3）过滤数据包：Wireshark 允许用户应用过滤条件，以便只显示感兴趣的数据包。这可以帮助用户在大量数据包中筛选出特定类型的流量或特定来源/目标的通信。

（4）协议分析：Wireshark 支持多种网络协议，包括常见的以太网、IP、TCP、UDP、HTTP、DNS 等。用户可以查看每个协议的详细信息，以便识别和解决网络问题。

（5）统计信息：Wireshark 可以生成关于捕获数据包的各种统计信息，如流量分布、响应时间、数据包数量等，以帮助用户了解网络性能和使用情况。

（6）故障排除：Wireshark 可用于网络故障排除。用户可以分析捕获的数据包以查找网络问题的根本原因，例如延迟、数据包丢失、通信错误等。

（7）安全分析：Wireshark 也可用于网络安全分析，帮助检测和防止网络攻击，如嗅探、入侵、恶意软件传播等。

（8）协议开发和测试：对于网络开发人员和协议设计人员，Wireshark 可用于测试和验证新的网络协议或应用程序，以确保其与现有协议兼容。

2. Telnet 远程管理网络设备的工作任务内容

Telnet（远程终端协议）是一种用于远程管理网络设备和服务器的协议。Telnet 允许管理员通过网络连接到远程设备的命令行界面，以执行各种管理任务。Telnet 远程管理网络设备的任务内容包括以下方面：

（1）登录远程设备：使用 Telnet 客户端，管理员可以连接到目标网络设备的 Telnet 服务。通常，管理员需要提供目标设备的 IP 地址或主机名以及 Telnet 访问的端口号（默认为 23）。

（2）身份验证：在连接到远程设备后，管理员通常需要提供有效的用户名和密码进行身份验证。这确保只有授权的管理员能够访问设备。

（3）执行命令和配置：一旦成功登录到设备，管理员可以在命令行界面中执行各种命令来配置、管理和监视设备。这些任务可能包括：

- 配置网络接口参数，如 IP 地址、子网掩码、网关等；
- 创建、修改或删除用户账户和权限；
- 配置路由表和路由策略；

- 监控设备性能和资源利用情况，例如查看 CPU 和内存使用情况；
- 执行诊断命令以检查设备状态和连接性问题；
- 更新设备的固件或操作系统；
- 配置安全策略，如防火墙规则或访问控制列表（ACL）。

（4）数据传输：Telnet 允许管理员在本地计算机和远程设备之间传输文本数据。这可用于上传和下载配置文件、日志文件或其他文本文件。

（5）断开连接：当管理员完成任务后，可以通过退出或注销 Telnet 会话来断开与远程设备的连接。这有助于确保安全性，并释放设备上的资源。

（6）错误排除：如果管理员遇到连接问题、权限问题或其他错误，Telnet 也可以用于诊断和解决这些问题。管理员可以查看设备返回的错误消息或日志以获取更多信息。

需要注意的是，尽管 Telnet 在过去广泛使用，但由于其不安全的特性（通信不加密，容易受到中间人攻击），现在更安全的协议如 SSH（安全外壳协议）已经取代了 Telnet 在远程管理网络设备上的使用。SSH 提供了加密通信，以保护管理员的身份验证信息和数据隐私。因此，在实际生产环境中，更推荐使用 SSH 来远程管理网络设备。

【任务实施】

任务目标	1. 启动 Wireshark 和 eNSP 2. 配置显示过滤器 3. 配置网络设备，通过 eNSP 启动 Wireshark 4. 使用 Telnet 协议实现远程设备管理 微课-远程配置网络设备
实施步骤	1. 启动 Wireshark 　　如果已经在工作区完成设备放置和连接过程，且已经完成设备启动过程，可以通过单击工具栏中"数据抓包"按钮启动数据抓包过程。启动数据抓包过程后，弹出如图 1.3.2 所示的选择设备和接口的界面。在选择设备框中选定需要抓包的设备，在选择接口框中选定需要抓包的接口，单击"开始抓包"按钮，启动 Wireshark。由 Wireshark 完成指定接口的报文捕获过程，可以同时在多个接口上启动 Wireshark。

实施步骤	
	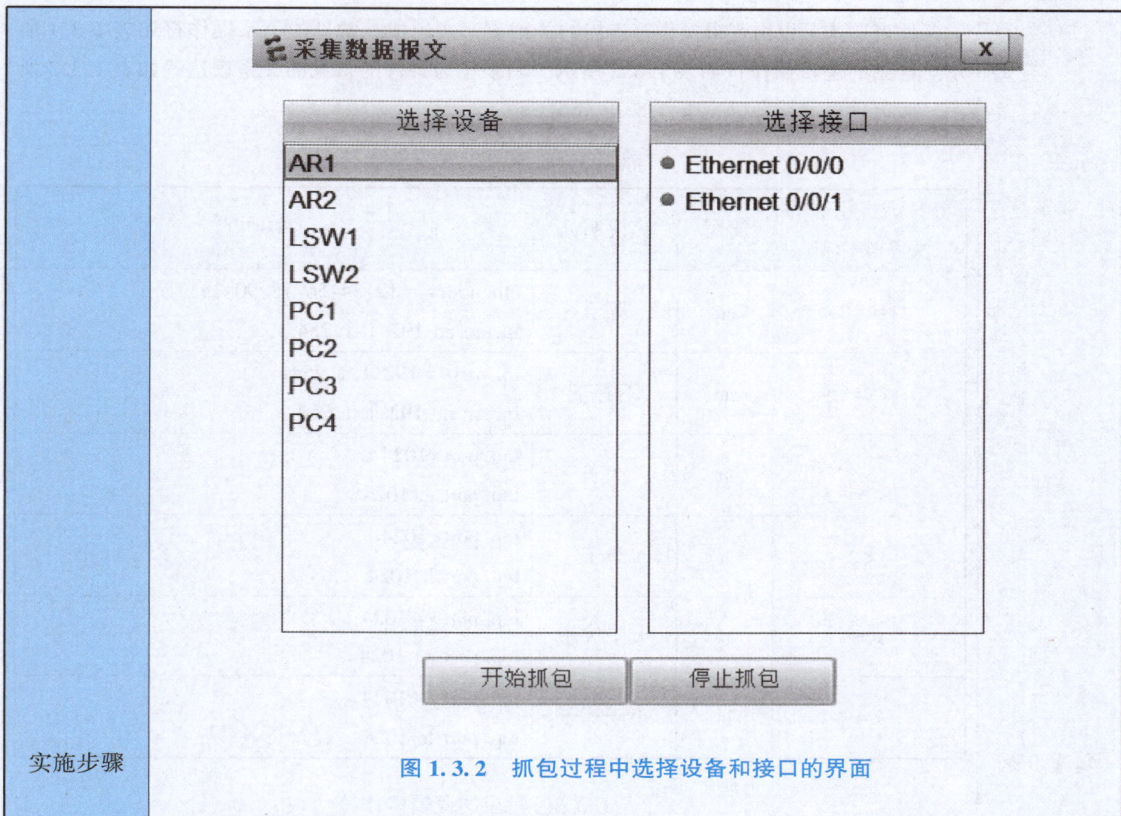

图 1.3.2　抓包过程中选择设备和接口的界面 |

2. 配置显示过滤器

在默认状态下，Wireshark 显示输入输出指定接口的全部报文。但在网络调试过程中，或者在观察某个协议运行过程中设备之间交换的报文类型和报文格式时，需要有选择地显示捕获的报文，显示过滤器用于设定显示报文的条件。

可以直接在显示过滤器（filter）框中输入用于设定显示报文条件的条件表达式，如图 1.3.3 所示。

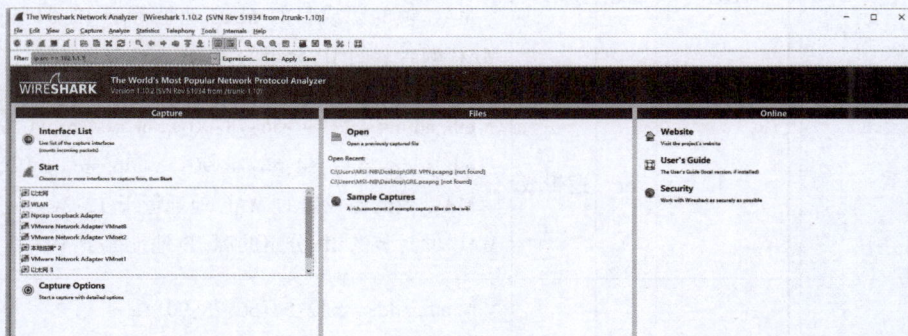

图 1.3.3　显示过滤器框中的条件表达式

续表

	条件表达式可以由逻辑操作符连接的关系表达式组成。常见的关系操作符如表 1.3.1 所示。常见的逻辑操作符如表 1.3.2 所示。用来作为条件的常见的关系表达式如表 1.3.3 所示。假定只显示符合以下条件的 IP 分组。

表 1.3.1　常见的关系操作符

与 C 语言相似的关系操作符	简写	说明	举例
= =	eq	等于	eth. addr = = 12:34:56:78:90:1a ip. src eq 192. 1. 1. 254
! =	ne	不等于	ip. src ! = 192. 1. 1. 254 ip. src ne 192. 1. 1. 254
>	gt	大于	tcp. port>1024 tep. port gt 1024
<	lt	小于	tcp. port<1024 tcp. port lt 1024
>=	ge	大于等于	tcp. port>= 1024 tep. port ge 1024
<=	le	小于等于	tcp. port<= 1024 tcp. port le 1024

实施步骤

表 1.3.2　常见的逻辑操作符

与 C 语言相似的关系操作符	简写	说明	举例
&&	and	逻辑与	eth,addr = = 12:34:56:78:90:la and ip. src eq 192. 1. 1. 254 eth. addr = = 12:34:56:78:90:1a && ip. sre eq 192. 1. 1. 254 MAC 帧的源或目的 MAC 地址等于 12:34:56:78:90:1a,且 MAC 帧封装的 IP 分组的源 IP 地址等于 192. 1. 1. 254
‖	or	逻辑或	eth. addr = = 12:34:56:78:90:la or ip. src eq 192. 1. 1. 254 eth. addr = = 12:34:56:78:90:1a ‖ ip. src eq 192. 1. 1. 254 MAC 帧的源或目的 MAC 地址等于 12:34:56:78:90:1a,或者 MAC 帧封装的 IP 分组的源 IP 地址等于 192. 1. 1. 254
!	not	逻辑非	! eth. addr = = 12:34:56:78:90:1a 或者源 MAC 地址不等于 12:34:56:78:90:1a,或者目的 MAC 地址不等于 12:34:56:78:90:1a

表 1.3.3 常见的关系表达式

关系表达式	说明
eth. addr = =<MAC 地址>	源或目的 MAC 地址等于指定 MAC 地址的 MAC 帧。MAC 地址格式为 xx:xx:xx:xx:xx:xx，其中 x 为十六进制数
eth. src = =<MAC 地址>	源 MAC 地址等于指定 MAC 地址的 MAC 帧
eth. dst = =<MAC 地址>	目的 MAC 地址等于指定 MAC 地址的 MAC 帧
eth，type = =<格式为 0xnnnn 的协议类型字段值>	协议类型字段值等于指定 4 位十六进制数的 MAC 帧
ip. addr = =<IP 地址>	源或目的 IP 地址等于指定 IP 地址的 IP 分组
ip. src = =<IP 地址>	源 IP 地址等于指定 IP 地址的 IP 分组
ip. dst = =<IP 地址>	目的 IP 地址等于指定 IP 地址的 IP 分组
ip. ttl = =<值>	ttl 字段值等于指定值的 IP 分组
ip. version = =<4/6>	版本字段值等于 4 或 6 的 IP 分组
tcp. port = =<值>	源或目的端口号等于指定值的 TCP 报文
tcp. srcport = =<值>	源端口号等于指定值的 TCP 报文
tcp. dstport = =<值>	目的端口号等于指定值的 TCP 报文
udp. port = =<值>	源或目的端口号等于指定值的 UDP 报文
udp. srcport = =<值>	源端口号等于指定值的 UDP 报文
udp. dstport = =<值>	目的端口号等于指定值的 UDP 报文

（左栏：实施步骤）

源 IP 地址等于 192.1.1.1；

封装在该 IP 分组中的报文是 TCP 报文，且目的端口号等于 80。

可以通过在显示过滤器（filter）框中输入以下条件表达式，实现只显示符合上述条件的 IP 分组的目的。

```
ip.src eq 192.1.1.1 && tcp.dstport = = 80;
```

在显示过滤器（filter）框中输入条件表达式时，如果输入部分属性名称，显示过滤器框下自动列出包含该部分属性名称的全部属性名称，如输入部分属性名称"ip."，显示过滤器框下自动弹出如图 1.3.4 所示的包含"ip."的全部属性名称的列表。

| | ```
ip.addr == 192.0.2.1
ipv6.addr == 2001:db8::1
ip.addr == 192.0.2.1 and not tcp.port in {80 25}
ip
ip.options.cipso
ip.options.eol
ip.options.ext_security
ip.options.mtu_probe
ip.options.mtu_reply
ip.options.nop
ip.options.qs
ip.options.record_route
ip.options.route
ip.options.routeralert
ip.options.sdb
ip.options.security
ip.options.sid
ip.options.source_route
ip.options.timestamp
ip.options.traceroute
```<br><br>图 1.3.4　属性名称列表 |
| 实施步骤 | 3. 配置网络设备
华为 eNSP 通过双击某个网络设备启动该设备的 CLI，但实际网络设备的配置过程肯定与此不同。目前存在多种配置实际网络设备的方式，主要有控制台端口配置方式、Telnet 配置方式、Web 界面配置方式、SNMP 配置方式和配置文件加载方式等。对于路由器和交换机，华为 eNSP 主要支持控制台端口配置方式、Telnet 配置方式和配置文件加载方式等。
1）控制台端口配置方式
　　工作原理：交换机和路由器出厂时，只有默认配置，如果需要对刚购买的交换机和路由器进行配置，最直接的配置方式是采用如图 1.3.5 所示的控制台端口配置方式，用串行口连接线互连 PC 的 RS-232 串行口和网络设备的 Console（控制台）端口，启动 PC 的超级终端程序，完成超级终端程序参数配置过程，按回车键进入网络设备的命令行接口界面。

RS-232　　　控制台端口　　　　　　RS-232　　　控制台端口
串行口连接线　　　　　　　　　　　串行口连接线
（a）　　　　　　　　　　　　　　　（b）
图 1.3.5　控制台端口的配置方式

　　一般情况下，通过控制台端口配置方式完成网络设备的基本配置，如交换机管理地址和默认网关地址，路由器各个接口的 IP 地址、静态路由项或路由协议等。其目的是建立终端与网络设备之间的传输通路，只有在建立终端与网络设备之间的传输通路后，才能通过其他配置方式对网络设备进行配置。 |

```

实施步骤	2）华为 eNSP 实现过程 图 1.3.6 是华为 eNSP 通过控制台端口配置方式完成交换机和路由器初始配置的界面。在工作区中放置终端和网络设备，选择 CTL 连接线（连接线类型是互连串行口和控制台端口的串行口连接线）互联终端与网络设备。通过双击终端（PC1 或 PC2）启动终端的配置界面，单击"串口"选项卡，弹出如图 1.3.7 所示的终端 PC1 超级终端程序参数配置界面，单击"连接"按钮，进入网络设备命令行界面。图 1.3.8 是交换机命令行界面。 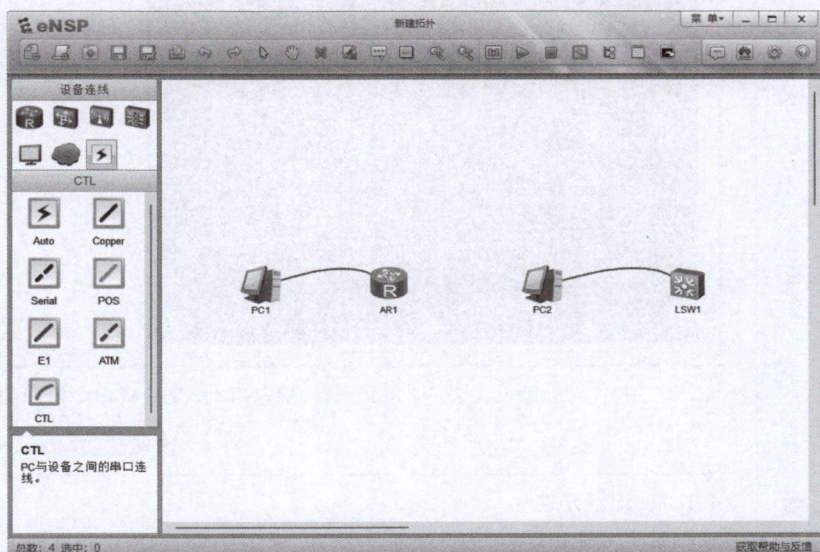 图 1.3.6　放置和连接设备后的工作区界面 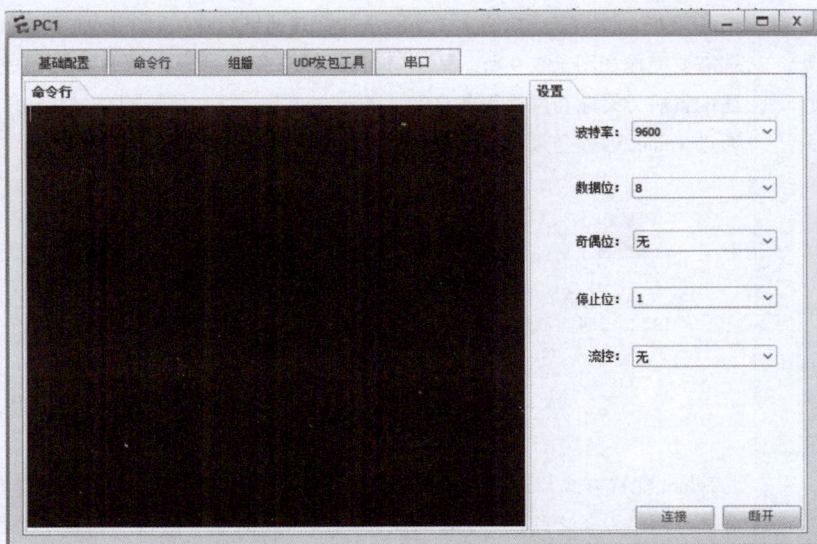 图 1.3.7　超级终端程序参数配置界面

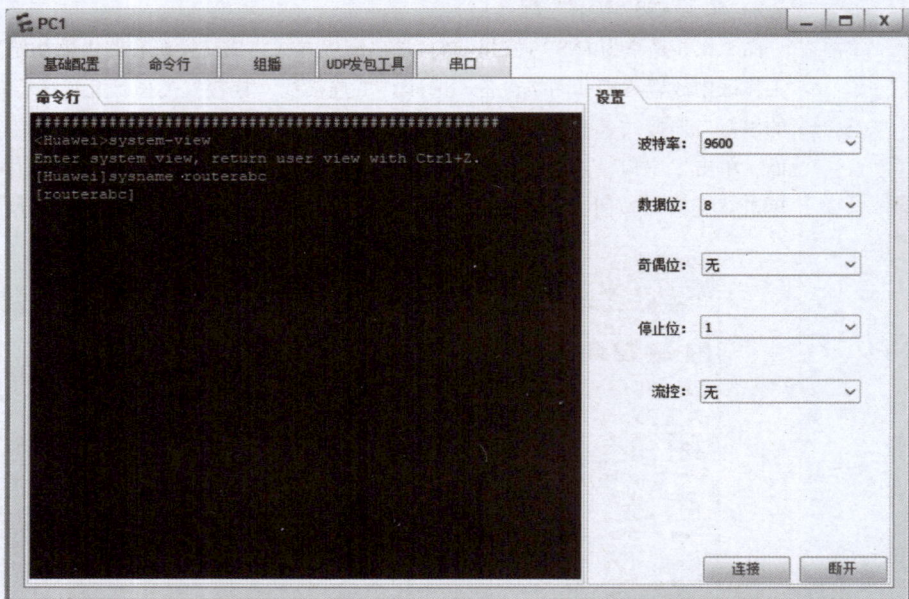

图 1.3.8　使用超级终端程序网管交换机命令行界面

实施步骤

4. Telnet 配置方式

工作原理：图 1.3.9 中的终端通过 Telnet 配置方式对网络设备实施远程配置的前提是，交换机和路由器必须完成如图 1.3.9 所示的基本配置，如路由器 R 需要完成如图 1.3.9 所示的接口 IP 地址和子网掩码配置，交换机 S1 和 S2 需要完成如图 1.3.9 所示的管理地址和默认网关地址配置，终端需要完成如图 1.3.9 所示的 IP 地址和默认网关地址配置，只有完成上述配置后，终端与网络设备之间才能建立 Telnet 报文传输通路，终端才能通过 Telnet 远程登录网络设备。

微课-远程配置
网络设备过程

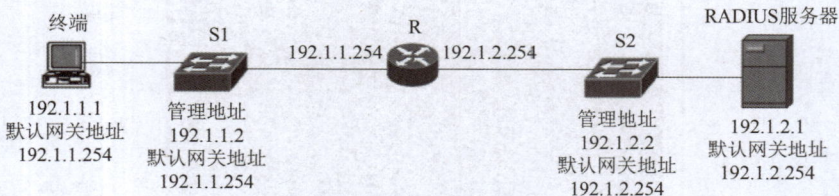

图 1.3.9　Telnet 的配置方式

Telnet 配置方式与控制台端口配置方式的最大不同在于，Telnet 配置方式必须在已经建立终端与网络设备之间的 Telnet 报文传输通路的前提下进行，而且单个终端可以通过 Telnet 配置方式对一组已经建立与终端之间的 Telnet 报文传输通路的网络设备实施远程配置。控制台端口配置方式只能对单个通过串行口连接线连接的网络设备实施配置。

5. 在 eNSP 中使用 Telnet 进行网络设备管理

图 1.3.10 是华为 eNSP 实现用 Telnet 配置方式配置网络设备的工作区界面。首先需要在工作区中放置和连接网络设备，对网络设备完成基本配置。由于华为 eNSP 中的终端并没有 Telnet 实用程序，因此，需要通过启动路由器中的 Telnet 实用程序实现对交换机的远程配置过程。为了建立终端 PC、各个网络设备之间的 Telnet 报文传输通路，需要对路由器 AR1 的接口配置 IP 地址和子网掩码，对终端 PC 配置 IP 地址、子网掩码和默认网关地址等。对实际网络设备的基本配置一般通过控制台端口配置方式完成，因此，控制台端口配置方式在网络设备的配置过程中是不可或缺的。

实施步骤

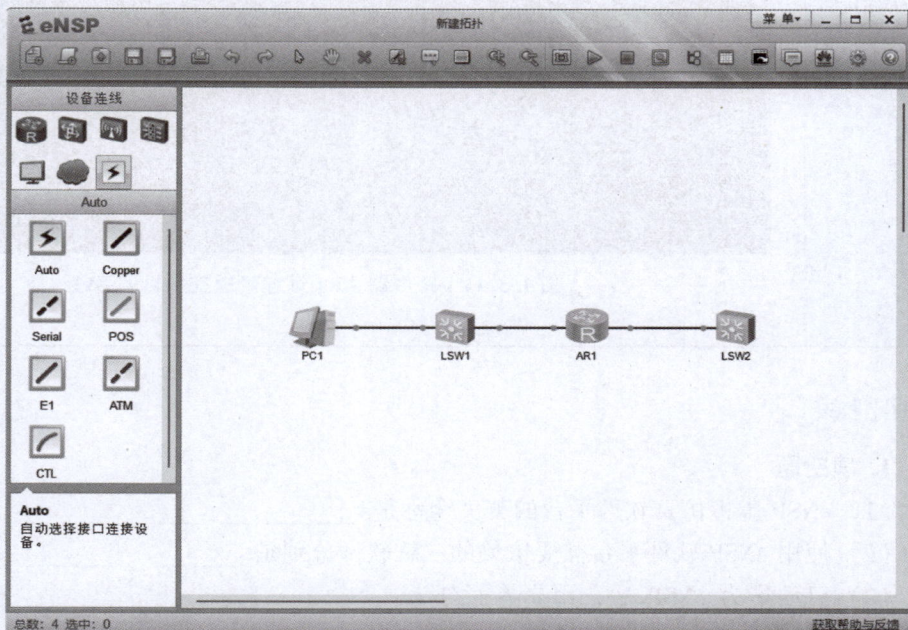

图 1.3.10　放置和连接设备后的工作区界面

在华为 eNSP 实现过程中，可以通过双击某个网络设备启动该网络设备的命令行界面，也可以通过控制台端口配置方式逐个配置网络设备。由于课程学习的重点在于掌握原理和方法，因此，在以后的实验中，通常通过双击某个网络设备启动该网络设备的命令行界面，通过命令行界面完成网络设备的配置过程。具体操作步骤和命令输入过程在以后章节中详细讨论。

一旦建立终端 PC、各个网络设备之间的 Telnet 报文传输通路，通过双击路由器 AR1 进入如图 1.3.11 所示的命令行界面，在命令提示符下，便可通过启动 Telnet 实用程序建立与交换机 LSW1 之间的 Telnet 会话，通过 Telnet 配置方式开始对交换机 LSW1 的配置过程。如图 1.3.11 所示是路由器 AR1 通过 Telnet 远程登录交换机 LSW1 后出现的交换机命令行界面。

| 实施步骤 |

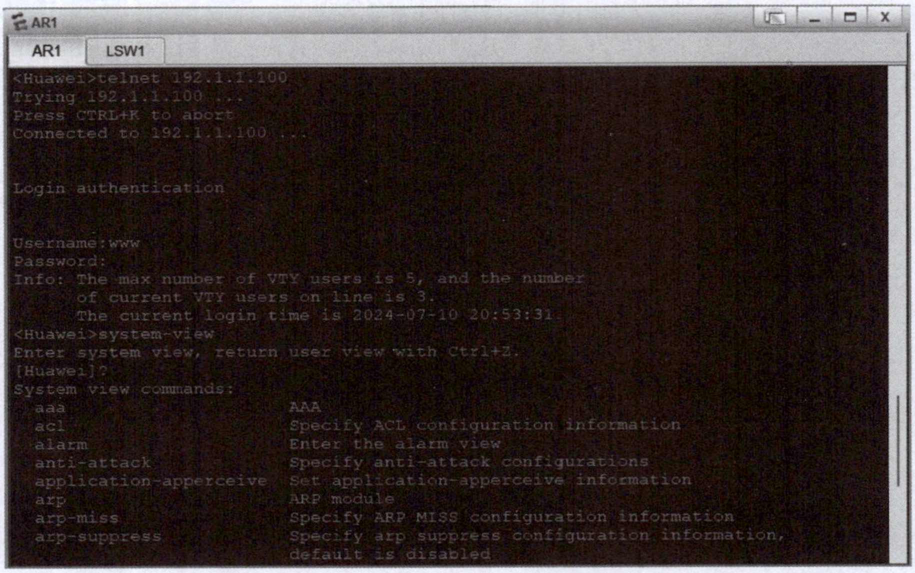

图 1.3.11　路由器 AR1 远程管理交换机 LSW1 |

【知识考核】

1. 填空题

（1）eNSP 虚拟仿真软件平台的英文全称是＿＿＿＿＿＿＿＿＿＿＿＿＿＿＿＿。

（2）使用 eNSP 软件平台需要依赖的三款软件分别是＿＿＿＿、＿＿＿＿、＿＿＿＿。

（3）启动华为 eNSP 后，用户界面分为＿＿＿＿＿、＿＿＿＿＿、＿＿＿＿＿、
＿＿＿＿＿、＿＿＿＿＿。

（4）eNSP 软件平台的网络设备区从上到下分为三部分。第一部分是＿＿＿＿，第二部
分是＿＿＿＿，第三部分是＿＿＿＿。

（5）使用 Wireshark 进行抓包分析之前，需要掌握三类常见的操作符和表达式，它们分
别是＿＿＿＿、＿＿＿＿、＿＿＿＿。

2. 选择题

（1）eNSP 的主要特点和功能包括（　　）。

A. 虚拟网络拓扑　　　　　　　　　　　B. 网络连通性测试

C. 故障排除和分析　　　　　　　　　　D. 实验场景保存和恢复

E. 多种虚拟机软件支持

（2）使用 eNSP 搭建的网络拓扑图的后缀名是（　　）。

A. exe　　　　　　　B. txt　　　　　　　C. topo　　　　　　　D. vsd

（3）使用 eNSP 软件可以实现以下哪些网络设备的模拟？（　　）

A. 路由器　　　　　　B. 交换机　　　　　　C. 防火墙　　　　　　D. AC

（4）给云主机配置 IP 地址，是在以下哪个菜单下进行配置的？（　　　）

A. 基础配置　　　　　　B. 命令行　　　　　　C. 组播　　　　　　D. 串口

（5）Telnet 协议的端口号是（　　　）。

A. 23　　　　　　　　B. 53　　　　　　　　C. 3389　　　　　　D. 8080

3. 判断题

（1）eNSP 只能模拟局域网的网络实验。（　　　）

（2）Wireshark 是目前唯一能够进行捕获报文的安全分析软件。（　　　）

（3）Telnet 协议只能实现网络设备的远程访问，不能对设备进行进一步管理和配置。（　　　）

（4）一般情况下，网络设备的管理接入都是采用有线接入的方式，绝对不会采用 Telnet 远程登录的方式。（　　　）

（5）安装 eNSP 的时候，可以不需要安装 virtual box 虚拟机，可以使用 vmware workstation 进行替换。（　　　）

4. 简答题

（1）eNSP 的安装步骤是什么？

（2）Wireshark 抓包分析的步骤是什么？

（3）配置 Wireshark 的显示过滤器需要注意哪些细则？

项 目 二

以太网安全实验

项目导读

要进行华为以太网安全实验，首先，需要使用华为网络设备和技术，如华为的交换机、防火墙、安全网关等。在实验中须遵循最佳的网络安全实践准则，并遵守法律和道德准则，以确保网络和数据的安全性。

以太网是一种常见的局域网（LAN）技术，广泛用于企业和家庭网络。理解以太网的基本工作原理和协议是进行以太网安全实验的关键。以太网中经常存在各类的网络攻击，如DDoS攻击、恶意软件、钓鱼攻击、拒绝服务攻击等。面对以太网存在的这些潜在威胁，最佳解决方案是使用常见的安全工具，比如防火墙、入侵检测系统（IDS）、入侵防御系统（IPS）以及反病毒软件等。除了常见的安全工具外，还可以通过认证和访问控制提高网络的安全性，了解如何设置和管理用户身份验证和访问控制策略，以确保仅授权用户可以访问网络资源。在数据传输层面通常也要考虑使用加密技术，以确保数据传输的机密性和隐私。

作为一名合格的网络安全工程师，还需要学习如何识别和管理以太网网络中的漏洞，以及如何采取纠正措施以加固网络。了解监控网络流量和记录事件的重要性，以及如何有效地分析网络日志以侦测潜在的威胁。制定和实施适用于以太网网络的安全策略，以确保网络的整体安全性。

项目目标

1. 素质目标

◆ 培养面对网络攻击事件的正确态度；
◆ 培养勇于守卫网络安全环境的正确价值观；
◆ 树立面对职业发展的正确专业使命、技术使命。

2. 知识目标

◆ 掌握 MAC 地址表溢出的攻击原理；
◆ 掌握安全端口与 MAC 地址欺骗的攻击原理；
◆ 掌握 DHCP 侦听与 DHCP 欺骗的攻击原理；

◆ 掌握源 IP 地址欺骗的攻击原理；
◆ 掌握 ARP 欺骗的攻击原理；
◆ 掌握生成树欺骗的攻击原理。

3. 能力目标

◆ 具备防御 MAC 表溢出的能力；
◆ 具备防御安全端口与 MAC 地址欺骗的能力；
◆ 具备防御 DHCP 侦听与 DHCP 欺骗的能力；
◆ 具备防御源 IP 地址欺骗的能力；
◆ 具备防御 ARP 欺骗的能力；
◆ 具备防御生成树欺骗的能力。

项目地图

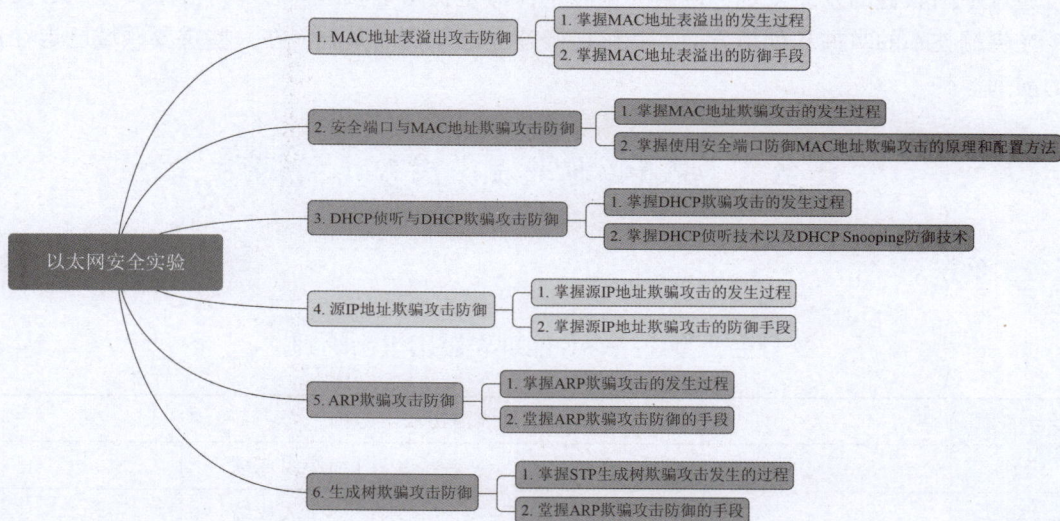

大国匠心

祖国网安点滴，滋润技术飞腾

2023 年国家网络安全宣传周在福建福州海峡国际会展中心盛大开幕。中国联通勇当网络安全现代产业链链长，积极贯彻国家网络强国战略，以"筑盾强基、护航未来"为主题精彩亮相，在大会现场面向社会各界全面展示了在安全领域取得的最新成果。

中国联通智网创新中心参展的"中国联通网络空间安全态势"项目向公众展示了中国联通在网络空间安全态势感知领域的前沿研究和创新实践。依托电信运营商基础网络、算力及数据资源禀赋，打造数据集约、网络智能、算力强大的"超大规模运营商级别安全数据平台"，将安全防护由"被动防御"转向"主动智能"，实现全局视角下实时、精准的网络空间安全威胁态势分析。平台日均处理数据超万亿条，具备提供全球范围内的攻击监测、威胁情报收集、安全态势分析和定位溯源能力，为提升安全运营水平、提高威胁处置能力提供重要充分的数据依据。

在本次展会上，中国联通网络空间安全态势大屏重点展示了针对僵尸主机、木马文件、蠕虫病毒等安全事件进行的全生命周期检测分析结果，从时间、空间、类型等方面开展多层次、多维度、多粒度的态势评估，实现从宏观到微观的全方位可视化呈现。

目前，中国联通网络空间安全态势平台已为超过2 000家联通内外部单位及系统提供了态势感知及情报能力支撑，在成都大运会、党的二十大、冬奥会等各项重大保障任务中发挥了重要作用，为各项活动的顺利进行提供了"可见、可管、可控"的网络安全性保障。

中国联通将继续深化落实大安全战略，在网络安全领域持续推进自主核心能力研发及技术积累，积极应对各种网络安全挑战，全力维护国家网络空间安全，筑盾强基，护航未来，为构建更安全、更稳定的网络环境贡献力量。

通过中国联通的发展发现，网络安全技术保障是我国互联网生态保持健康安全的必要条件，在尖端技术的掌握和创新方面，我国已经建立起坚实的基础，在一些重要领域已走在世界的前列。

任务1　MAC 地址表溢出攻击防御

【任务工单】

任务工单1：MAC 地址表溢出攻击防御

任务名称	MAC 地址表溢出攻击防御				
组别		成员		小组成绩	
学生姓名				个人成绩	
任务情景	安安在网络安全工作岗位实习中，遇到了人生第一个网络安全攻击事件，那就是MAC 地址表溢出攻击，这让他既兴奋又头疼，因为这是他第一次在现网中遇到这个麻烦。于是，为了不影响业务网络的运行，安全起见，他利用华为 eNSP 平台模拟网络环境，配置网络设备，使用 Wireshark 分析工具识别威胁。通过完成这一任务，安安可提升技术能力，为未来职业发展打下基础。				
任务目标	参考安安的工作经历，明确以下目标： ● 明晰 MAC 地址欺骗攻击的原理 ● 掌握关键的防御手段和核心配置命令				
任务要求	● 拓扑搭建符合业务逻辑规范 ● 命令配置和操作符合 eNSP 软件平台操作规范				

续表

任务实施	1. 启动 eNSP 软件 2. 搭建网络拓扑 3. 启动 CLI 进行命令行配置 4. 调试并验证实验效果
实施总结	
小组评价	
任务点评	

【前导知识】

MAC 地址表溢出是一个网络安全问题，通常出现在以太网交换机或路由器上，它可能导致网络中的数据包被不恰当地路由或转发，甚至可以被用于进行网络攻击。MAC 地址表（也称为 CAM 表，Content Addressable Memory 表）用于存储设备的 MAC 地址和与之关联的物理接口，以便在局域网中正确转发数据帧。

1. MAC 地址表溢出的原理

（1）表容量限制：每个以太网交换机或路由器的 MAC 地址表都有一定的容量限制，这是硬件的一部分。这个容量通常是有限的，通常以条目数（例如 1 000 个 MAC 地址条目）来衡量。

（2）MAC 地址学习：交换机通过监听网络中传输的数据帧来学习 MAC 地址。当它收到一个数据帧时，它会查看数据帧中的源 MAC 地址，并将其与接收该数据帧的物理接口关联起来，并将此信息存储在 MAC 地址表中。这有助于交换机以后将数据帧正确发送到目标设备。

（3）攻击者欺骗：攻击者可以伪造大量不同的 MAC 地址，并将这些伪造的 MAC 地址发送到网络中，以饱和或超出 MAC 地址表的容量。这样，当交换机尝试将新的 MAC 地址与物理接口关联时，表可能会变得过满，从而导致溢出。

（4）溢出和不恰当路由：一旦 MAC 地址表溢出，交换机可能会出现错误行为。它可能开始将数据帧广播到所有接口，或者简单地丢弃新的 MAC 地址学习请求，导致新设备无法正常连接到网络。这也可能导致数据包被不正确地路由传递，这可能是攻击者所期望的。

2. 缓解 MAC 地址表溢出风险的措施

（1）监控和警报：实时监控 MAC 地址表的使用情况，以便及时发现溢出问题，并发送警报以采取行动。

（2）限制学习速率：限制每个物理接口上 MAC 地址学习的速率，以减缓攻击者伪造 MAC 地址的速度。

（3）静态 MAC 地址配置：静态配置某些 MAC 地址，以确保它们不会被错误地移除或覆盖。

（4）网络分割：将网络分成多个虚拟局域网（VLAN），每个 VLAN 有独立的 MAC 地址表，可以减少单个表的负载。

（5）网络访问控制列表（ACL）：使用 ACL 来限制哪些设备可以连接到网络，以减少不受欢迎的 MAC 地址进入网络的可能性。

（6）定期清除老化条目：定期清除 MAC 地址表中的老化条目，以释放空间供新条目使用。

MAC 地址表溢出是一个潜在的网络安全威胁，可以通过采取适当的安全措施来减轻其风险。这些措施有助于维护网络的稳定性和安全性。

【任务内容】

1. 实验内容

MAC 表（也称转发表）溢出攻击是指通过耗尽交换机转发表的存储空间，使得交换机无法根据接收到的 MAC 帧在转发表中添加新的转发项的攻击行为。黑客终端实施 MAC 表溢出攻击的过程如图 2.1.1 所示，黑客终端不断发送源 MAC 地址变化的 MAC 帧，如发送一系列源 MAC 地址分别为 MAC 1，MAC 2，…，MAC n 的 MAC 帧，使得交换机转发表中添加 MAC 地址分别为 MAC 1，MAC 2，…，MAC n 的转发项，这些转发项耗尽交换机转发表的存储空间。当交换机接收到终端 B 发送的源 MAC 地址为 MAC B 的 MAC 帧时，由于转发表的存储空间已经耗尽，因此，无法添加新的 MAC 地址为 MAC B 的转发项，导致交换机以广播方式完成 MAC 帧终端 A 至终端 B 的传输过程，如图 2.1.1 所示。

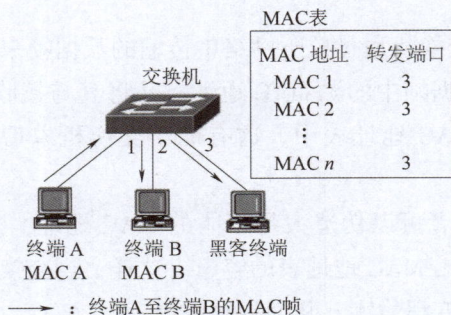

图 2.1.1 MAC 地址表溢出攻击原理

防御 MAC 表溢出攻击的方法是限制交换机端口允许学习到的 MAC 地址数，对于如图 2.1.1 所示的 MAC 表溢出攻击过程，如果限制交换机端口 3 允许学习到的 MAC 地址数，就可以防止 MAC 表溢出。

MAC 地址表溢出攻击防御原理如图 2.1.2 所示，将交换机端口 2 允许学习到的 MAC 地址数上限设定为 2，这种情况下，即使终端 B、终端 C 和终端 D 都发送了 MAC 帧，交换机 MAC 表中与端口 2 绑定的转发项只有 2 项，这 2 项转发项的 MAC 地址对应终端 B、终端 C 和终端 D 中最先发送 MAC 帧的两个终端的 MAC 地址。

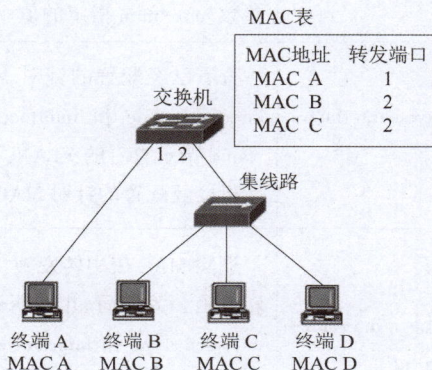

图 2.1.2 MAC 地址表溢出攻击防御原理

2. 实验原理

可以为交换机端口设置允许学习到的 MAC 地址数上限，如果将图 2.1.2 中交换机端口 2 允许学习到的 MAC 地址数上限设置为 2，在完成集线器连接的 3 个终端与其他终端之间的通信过程后，交换机 MAC 表中与端口 2 绑定的转发项只有 2 项。以此有效防止某个黑客终端通过不断发送源 MAC 地址变化的 MAC 帧耗尽交换机转发表的存储空间的情况发生。

3. 关键配置命令

1）清空 MAC 表

```
[Huawei]undo mac- address all
```

undo mac-address all 是系统视图下使用的命令，该命令的作用是清空交换机 MAC 表中的转发项。

2）设置交换机端口允许学习到的 MAC 地址数上限

（以下命令序列将交换机端口 GigabitEthernet0/0/2 允许学习到的 MAC 地址数上限设定为 2。

```
[Huawei]interface GigabitEthernet0/0/2
[Huawei- GigabitEthernet0/0/1]mac- limit maximn 2
[Huawei- GigabitEthernet0/0/1]quit
```

mac-limit maximum 2 是接口视图下使用的命令，该命令的作用是将指定交换机端口

（这里是端口 GigabitEthernet0/0/2）允许学习到的 MAC 地址数上限设定为 2。

4. 命令列表

命令列表如表 2.1.1 所示。

表 2.1.1　命令列表

命令格式	功能和参数说明
display mac-address	显示交换机 MAC 表中的转发项
mac-limit maximum max-num	将指定交换机端口允许学习到的 MAC 地址数上限设定为参数 max-num 指定的值
display mac-limit［interface-type interface-number ｜ vlan vlanid］	查看已经配置的针对 MAC 地址学习过程的限制。参数 interface-type 和 interface-number 指定查看接口，参数 vlanid 指定查看的 VLAN，省略上述参数，表示查看整个交换机已经配置的针对 MAC 地址学习过程的限制
undo mac-address［all｜dynamic］［interface-type interface-number ｜ vlan vlan-id］	删除 MAC 表中转发项，关键词 dynamic 表明只删除动态转发项，关键词 all 表明删除全部转发项。如果设置参数 interface-type 和 interface-number，只删除与该接口绑定的转发项。如果设置参数 vlan-id，只删除属于该 VLAN 的转发项

【任务实施】

任务目标	1. 验证交换机转发 MAC 帧机制 2. 验证 MAC 表（转发表）建立过程 3. 验证 MAC 表溢出攻击机制 4. 验证 MAC 表溢出攻击防御过程	微课-MAC 地址表溢出攻击防御
实施步骤	（1）启动 eNSP，按照图 2.1.2 所示的网络拓扑结构放置和连接设备，完成设备放置和连接后的 eNSP 界面如图 2.1.3 所示。启动所有设备。 （2）完成各个 PC 的 IP 地址和子网掩码配置过程，PC1～PC4 配置的 IP 地址分别是 192.168.1.1～192.168.1.4。PC1 的网卡基础配置界面如图 2.1.4 所示。 （3）为了在交换机 LSW1 的 MAC 表中建立各个 PC 的 MAC 地址对应的转发项，需要保证各个 PC 发送过经过交换机 LSW1 的 MAC 帧。分别完成 PC1 与 PC2、PC3、PC4 之间的通信过程。PC1 与 PC2 之间的通信过程如图 2.1.5 所示。 （4）查看交换机 LSW1 中的 MAC 表，MAC 表如图 2.1.6 所示。与端口 GigabitEthernet0/0/2 绑定的转发项有 3 项，端口 GigabitEthernet0/0/2 是交换机 LSW1 连接集线器 HUB1 的端口，因此，与该端口绑定的 3 项转发项的 MAC 地址分别是 PC2、PC3、PC4 的 MAC 地址。	

实施步骤

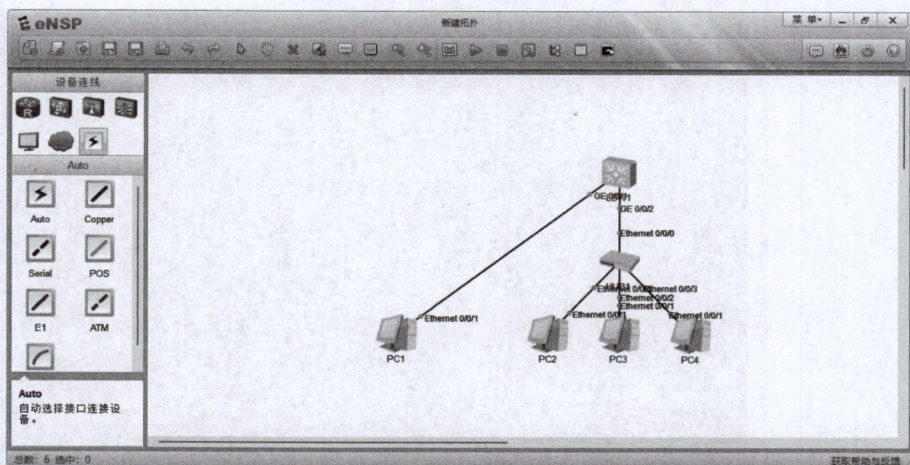

图 2.1.3 完成设备放置和连接后的 eNSP 界面

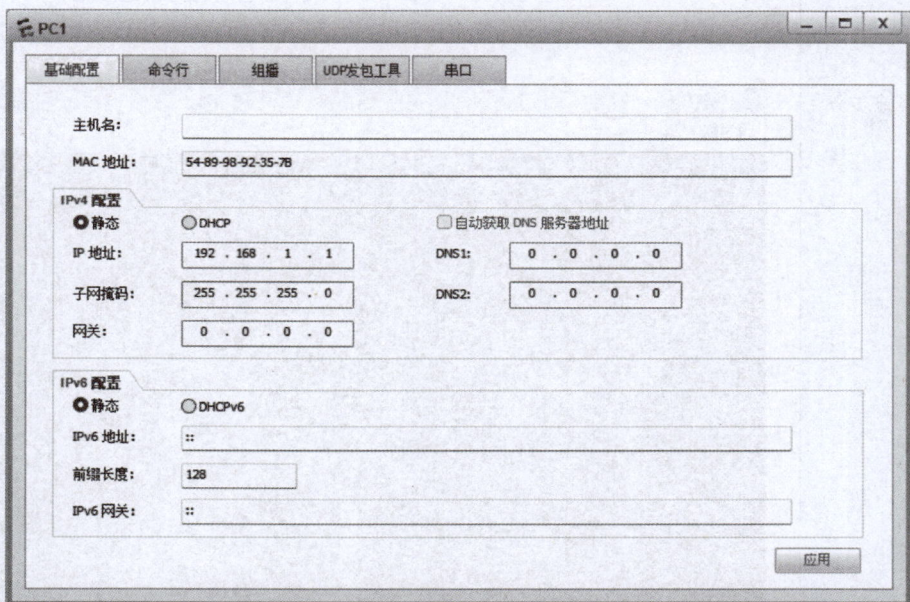

图 2.1.4 PC1 的网卡基础配置

实施步骤	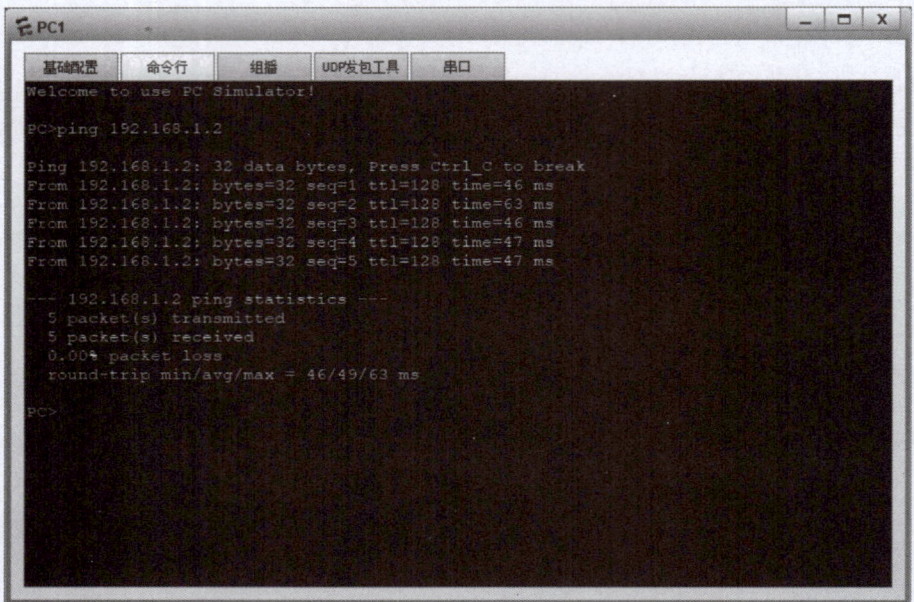 图 2.1.5 测试 PC1 和 PC2 之间的网络连通性 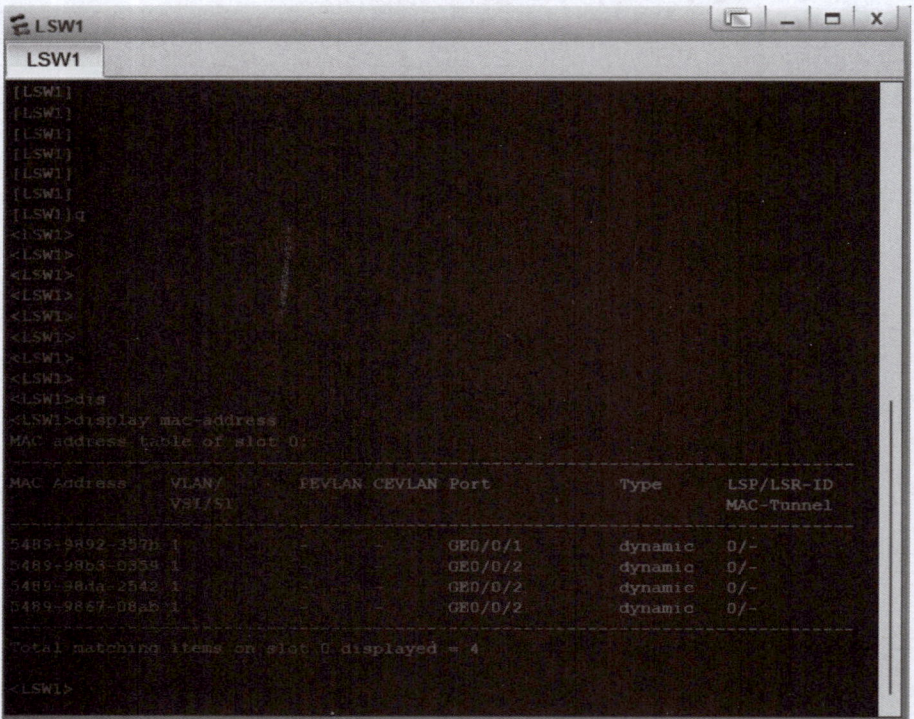 图 2.1.6 查看交换机 LSW1 的 MAC 地址表

实施步骤	（5）清空交换机 LSW1 的 MAC 表，将端口 GigabitEthernet0/0/2 允许学习到的 MAC 地址数上限设定为 2，再次完成 PC1 与 PC2、PC3、PC4 之间的通信过程。查看交换机 LSW1 的 MAC 表，MAC 表如图 2.1.7 所示，与端口 GigabitEthernet0/0/2 绑定的转发项只有 2 项，交换机 MAC 表中只能建立最早通过该端口接收到的 2 帧 MAC 帧的源 MAC 地址对应的转发项。即无论该端口接收到多少源 MAC 地址不同的 MAC 帧，交换机 MAC 表中对应该端口的转发项不能超过 2 项。 图 2.1.7　设置上限后的交换机 LSW1 的 MAC 地址表

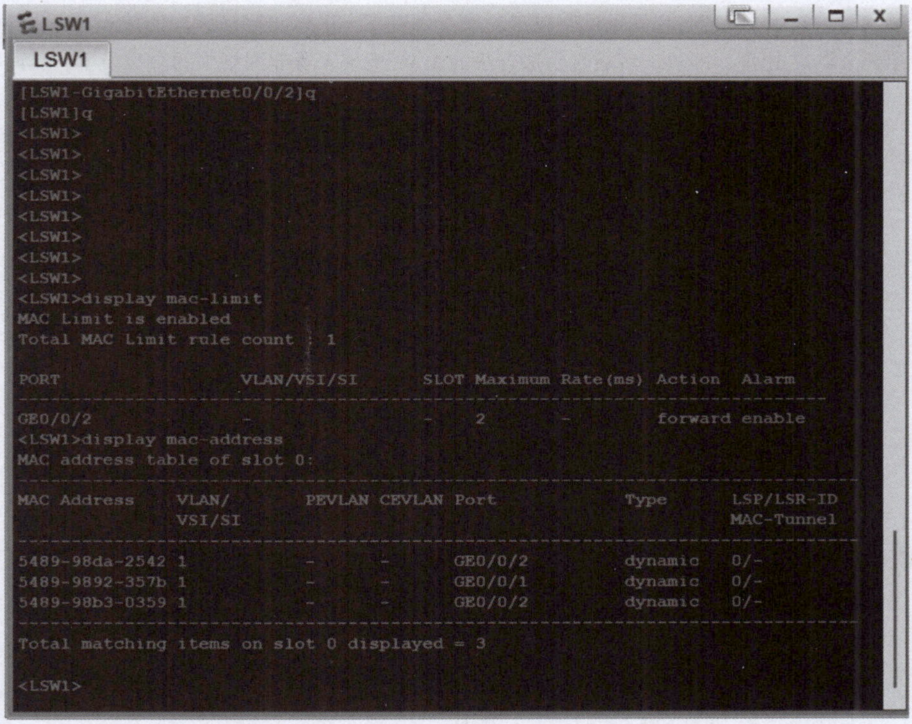

任务 2　安全端口与 MAC 地址欺骗攻击防御

【任务工单】

任务工单 2：安全端口与 MAC 地址欺骗攻击防御

任务名称	安全端口与 MAC 地址欺骗攻击防御			
组别		成员	小组成绩	
学生姓名			个人成绩	

任务情景	安安在网络安全工作岗位的实习中，遭遇了 MAC 地址欺骗攻击。为了确保业务网络的安全运行，安安决定采取行动，利用华为 eNSP 平台构建模拟网络环境，精心配置网络设备，在模拟环境中，安安首先聚焦于安全端口的配置与管理，通过启用端口安全功能，限制每个端口上可学习的 MAC 地址数量，有效防止了非法 MAC 地址的泛滥。同时，他还配置了 MAC 地址的静态绑定，确保了只有经过授权的 MAC 地址才能通过特定端口进行通信，极大增强了网络的安全性。 　　针对 MAC 地址欺骗攻击，安安采取了一系列防御措施。他深入了解了 MAC 地址欺骗的原理，即攻击者通过伪造合法的 MAC 地址来冒充网络中的合法设备，从而窃取数据或发起恶意攻击。为了应对这一威胁，安安在交换机上配置了 MAC 地址漂移检测和防御机制，一旦检测到 MAC 地址的异常迁移，立即采取阻断或告警措施，防止攻击者利用 MAC 地址欺骗进行进一步的渗透。 　　在 Wireshark 的帮助下，安安成功捕获并分析了攻击者发送的恶意数据包，进一步验证了他的防御策略的有效性。通过这次实战演练，安安不仅掌握了安全端口与 MAC 地址欺骗攻击的防御技术，还提升了自己的网络安全意识和技术能力，为未来在网络安全领域的职业发展奠定了坚实的基础。
任务目标	参考安安的工作经历，明确以下目标： ● 明晰 MAC 地址欺骗攻击的原理 ● 掌握安全端口防御此类攻击的配置方法
任务要求	● 拓扑搭建符合业务逻辑规范 ● 命令配置和操作符合 eNSP 软件平台操作规范
任务实施	1. 启动 eNSP 软件 2. 搭建网络拓扑 3. 启动 CLI，进行命令行配置
实施总结	
小组评价	
任务点评	

【前导知识】

1. 安全端口（Secure Port）

安全端口是网络交换机（Switch）上的一种配置选项，用于增强网络安全性。

当一个端口被配置为安全端口时，它只允许已知的 MAC 地址通过，而拒绝任何其他 MAC 地址的流量。这意味着只有提前在交换机上配置的设备（通常是特定计算机或设备的 MAC 地址）才能在该端口上发送和接收数据，阻止了未授权的设备接入该端口。

2. MAC 地址欺骗攻击（MAC Address Spoofing Attack）

MAC 地址欺骗攻击是一种网络攻击，攻击者试图伪装自己的设备 MAC 地址以欺骗网络交换机或其他设备。攻击者通常通过修改自己设备的 MAC 地址来模拟合法设备的地址，以绕过网络安全措施。一旦攻击者成功地伪装成合法设备，他们可以访问受限资源，绕过网络访问控制列表等，从而潜在地危害网络的安全性。

总之，安全端口的一个主要目的是防止 MAC 地址欺骗攻击。通过配置安全端口，网络管理员可以限制特定端口只允许已知的 MAC 地址通过，从而减少 MAC 地址欺骗攻击的风险。当一个端口被配置为安全端口时，它会维护一个动态的 MAC 地址表，只有表中的 MAC 地址才能在该端口上传输数据。如果有未知的 MAC 地址试图通过该端口，它将被拒绝，从而防止 MAC 地址欺骗攻击。

【任务内容】

1. 实验内容

对于如图 2.2.1 所示的以太网拓扑结构，MAC 地址欺骗攻击过程如下，在交换机建立完整转发表后，如果终端 C 将自己的 MAC 地址改为终端 A 的 MAC 地址 MAC A，且向终端 B 发送一帧 MAC 帧。这种情况下，如果终端 B 再向终端 A 发送 MAC 帧，终端 B 发送给终端 A 的 MAC 帧不是到达终端 A，而是到达终端 C。

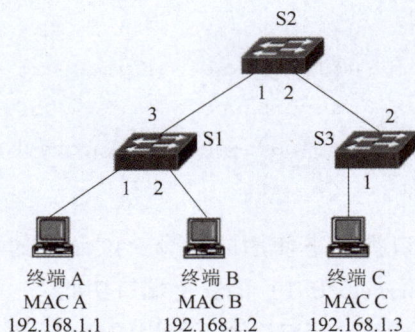

图 2.2.1　以太网拓扑结构

利用交换机安全端口功能实施防御 MAC 地址欺骗攻击的过程如下，交换机 S1 和 S3 中直接连接终端的端口启动安全端口功能，并将每一个端口对应的访问控制列表中的 MAC 地址数上限设定为 1，且该 MAC 地址通过地址学习过程获得。这种情况下，在终端 C 发送过以 MAC C 为源 MAC 地址的 MAC 帧后，如果再发送以其他 MAC 地址为源 MAC 地址的 MAC 帧，交换机 S3 连接终端 C 的端口将丢弃该 MAC 帧。

2. 实验原理

如图 2.2.2 所示，可以通过配置使得交换机 S3 端口 1 的访问控制列表中只有终端 C 的 MAC 地址 MAC C。这种情况下，如果将终端 C 的 MAC 地址改为终端 A 的 MAC 地址，以终端 A 的 MAC 地址为源 MAC 地址的 MAC 帧将被交换机 S3 丢弃，从而无法通过改变各个交换机中的 MAC 表将通往终端 C 的交换路径作为通往终端 A 的交换路径。

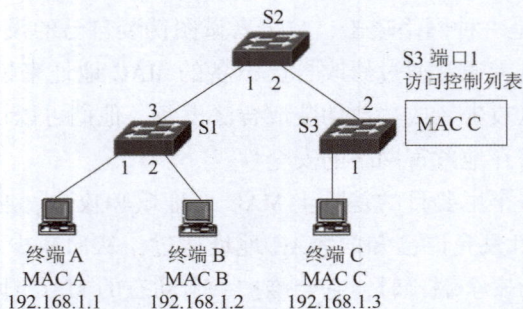

图 2.2.2 终端 C MAC 地址欺骗攻击防御原理

在将交换机 S3 端口 1 访问控制列表中的 MAC 地址数上限设定为 1 的情况下，可以有两种方式使得交换机 S3 端口 1 的访问控制列表中只有终端 C 的 MAC 地址 MAC C：一是在访问控制列表中手工添加终端 C 的 MAC 地址 MAC C；二是要求访问控制列表中的 MAC 地址通过地址学习过程获得，且使得终端 C 成为第一个发送以 MAC C 为源 MAC 地址的 MAC 帧的终端。

3. 关键配置命令

```
[Huawei]interface GigabitEthernet0/0/1
[Huawei-GigabitEthernet0/0/1]port-security enable
[Huawei-GigabitEthernet0/0/1]port-security max-mac-num 1
[Huawei-GigabitEthemet0/0/1]port-security mac- address sticky
[Huawei-GigabitEthernet0/0/1]port-security protect-action protect
[Huawei-GigabitEthernet0/0/1]quit
```

port-security enable 是接口视图下使用的命令，该命令的作用是启动当前交换机端口（这里是交换机端口 GigabitEthernet0/0/1）的安全端口功能。

port-security max-mac-num 1 是接口视图下使用的命令，该命令的作用是将当前交换机端口对应的访问控制列表中的 MAC 地址数上限设置为 1。

port-security mac-address sticky 是接口视图下使用的命令，该命令的作用是启动将当前交换机端口学习到的 MAC 地址自动添加到访问控制列表中的功能。

port-security protect-action protect 是接口视图下使用的命令，该命令的作用是指定当前交换机端口接收到违规 MAC 帧时采取的动作。动作 protect 是丢弃当前交换机端口接收到的违规的 MAC 帧。违规的 MAC 帧是指在访问控制列表中的 MAC 地址数已经达到设置的 MAC 地址数上限的情况下，当前交换机端口接收到的源 MAC 地址不在访问控制列表中的 MAC 帧。

4. 命令列表

交换机命令行配置过程中使用的命令及其功能和参数说明如表 2.2.1 所示。

表 2.2.1 命令列表

命令格式	功能和参数说明
port-security enable	启动当前交换机端口的安全端口功能
port-security max-mac-num max-number	指定访问控制列表的 MAC 地址数上限，参数 max-number 是 MAC 地址数上限
port-security mac-address sticky	启动当前交换机端口的 sticky MAC 功能。sticky MAC 功能是指将通过地址学习过程建立的转发项，或手工配置的转发项自动添加到访问控制列表中
port-security mac-address sticky mac-address vlan vlan-id	手工配置一项转发项，并将该转发项自动添加到访问控制列表中。参数 mac-address 用于指定转发项中的 MAC 地址，参数 vlan-id 用于指定该转发项对应的 VLAN
port-security protect-action ｛protect｜restrict｜shutdown｝	指定已经启动安全端口功能的交换机端口对接收到的违规 MAC 帧所采取的动作。protect 表明丢弃违规 MAC 帧；restrict 表明不仅丢弃违规 MAC 帧，且发出报警信息；shutdown 表明丢弃违规 MAC 帧，关闭当前交换机端口，发出报警信息。违规 MAC 帧是指在访问控制列表中的 MAC 地址数已经达到上限的情况下，源 MAC 地址不在访问控制列表中的 MAC 帧

【任务实施】

任务目标	1. 验证交换机安全端口功能配置过程 2. 验证访问控制列表自动添加 MAC 地址的过程 3. 验证对违规接入终端采取的各种动作的含义 4. 验证安全端口方式下的终端接入控制过程
实施步骤	（1）启动 eNSP，按照如图 2.2.1 所示的网络拓扑结构放置和连接设备，完成设备放置和连接后的 eNSP 界面如图 2.2.3 所示。启动所有设备。 （2）PC1 的基础配置界面如图 2.2.4 所示，PC3 的基础配置界面如图 2.2.5 所示，基础配置界面中给出 PC 的 MAC 地址以及为 PC 配置的 IP 地址和子网掩码。

实施步骤

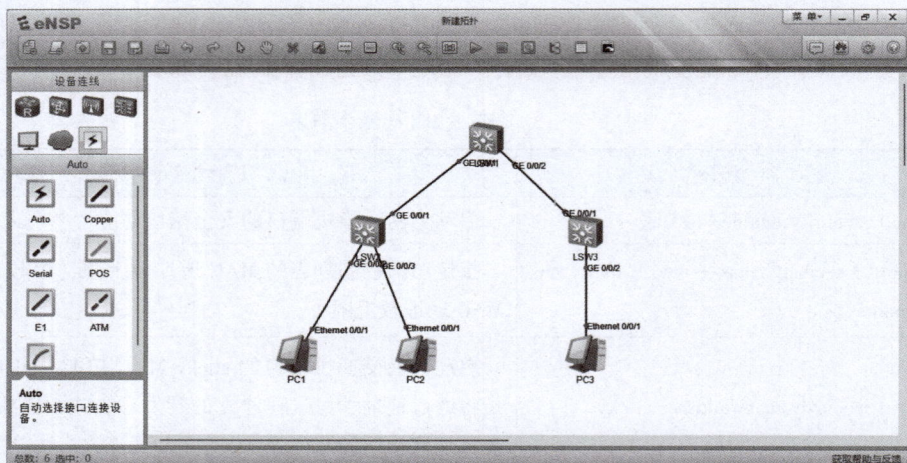

图 2.2.3　完成设备放置和连接后的 eNSP 界面

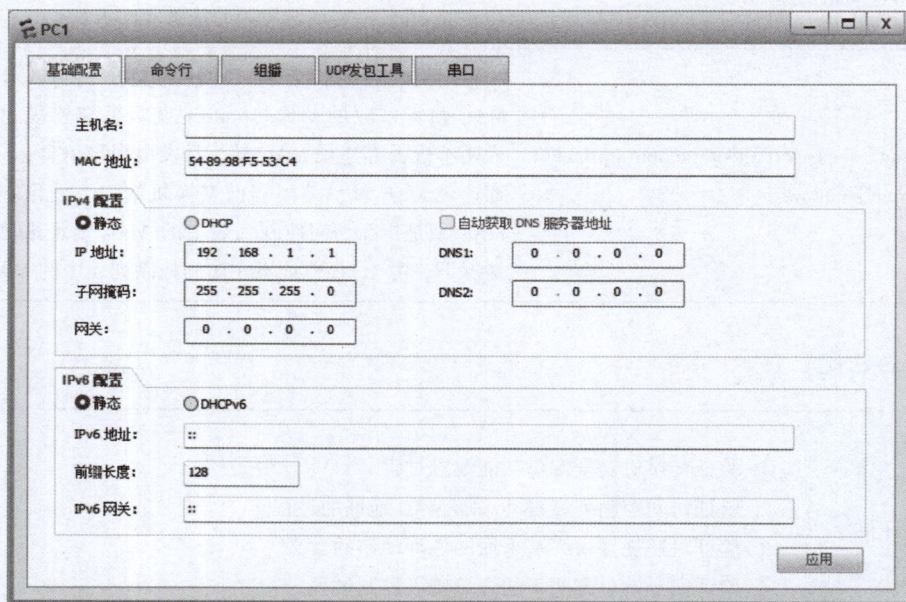

图 2.2.4　PC1 的基础配置界面

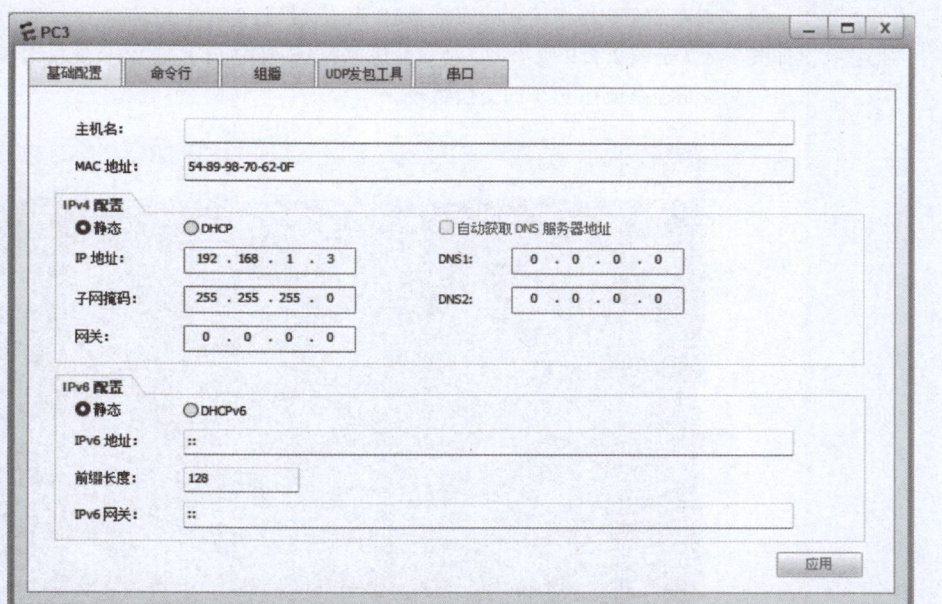

图 2.2.5　PC3 的基础配置界面

（3）为了保证三个交换机都能接收到 PC1、PC2 和 PC3 发送的 MAC 帧。为此，启动 PC1 与 PC2、PC3 之间的通信过程，PC2 与 PC3 之间的通信过程。PC1 与 PC3 之间的通信过程 如图 2.2.6 所示。

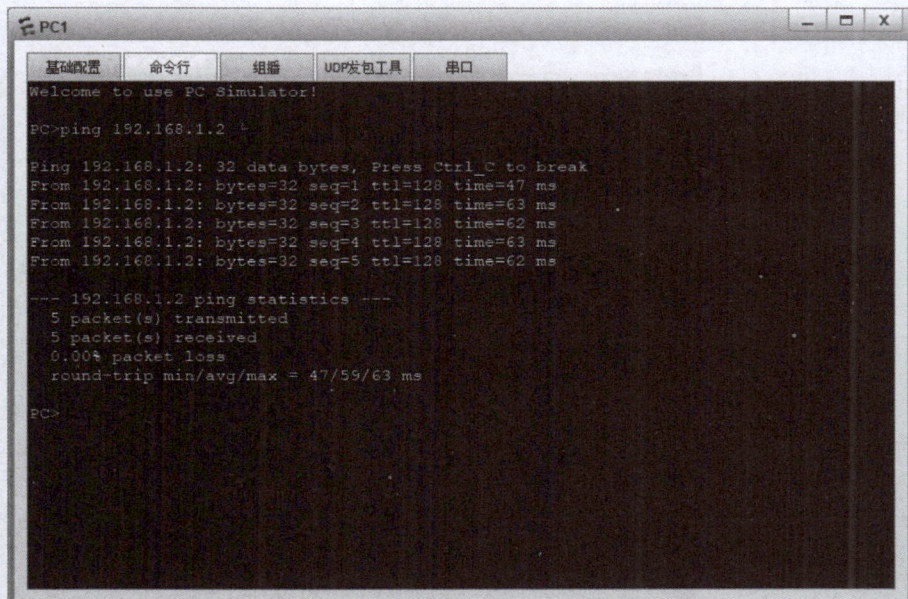

图 2.2.6　测试 PC1 和 PC3 之间的网络连通性

实施步骤

实施步骤	（4）查看三个交换机建立的完整 MAC 表，交换机 LSW1、LSW2 和 LSW3 的 MAC 表分别如图 2.2.7 至图 2.2.9 所示。三个交换机的 MAC 表中 PC1 的 MAC 地址对应的转发项所给出的交换路径是通往 PC1 的交换路径。 **图 2.2.7　交换机 LSW1 的 MAC 地址表** **图 2.2.8　交换机 LSW2 的 MAC 地址表**

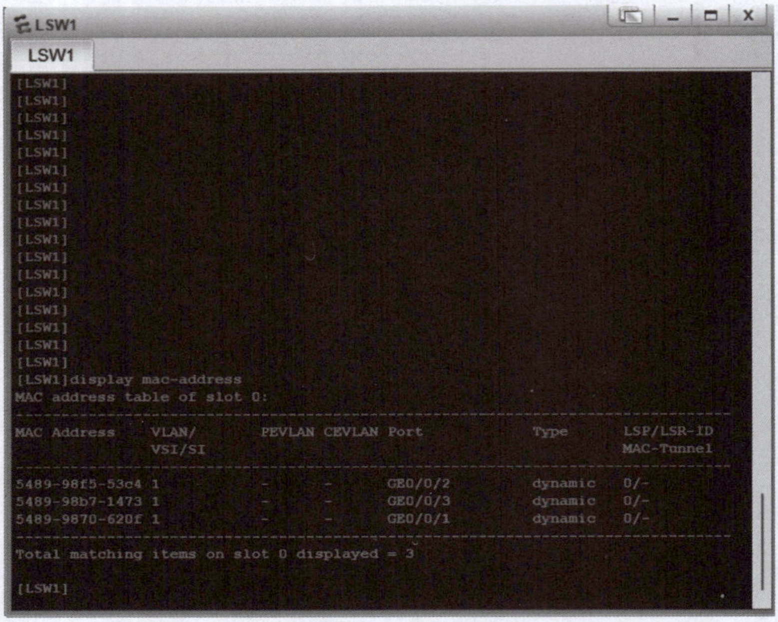

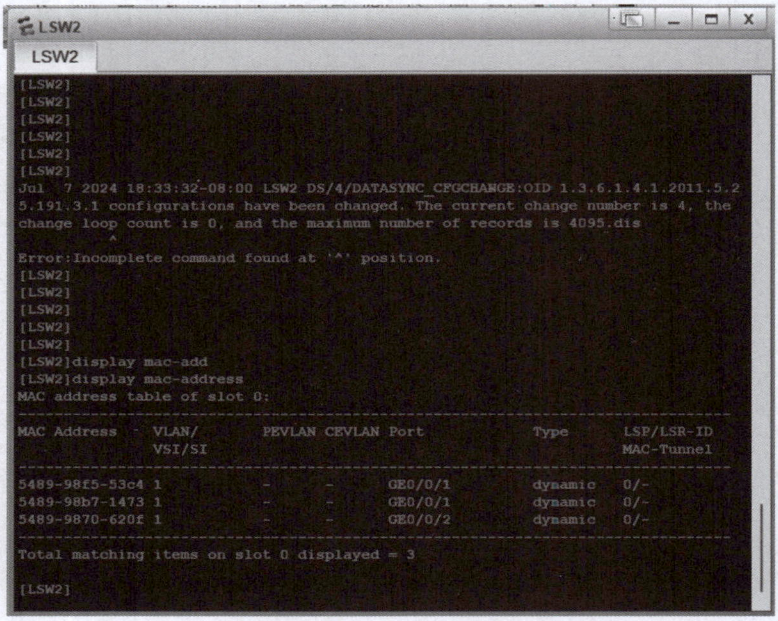

续表

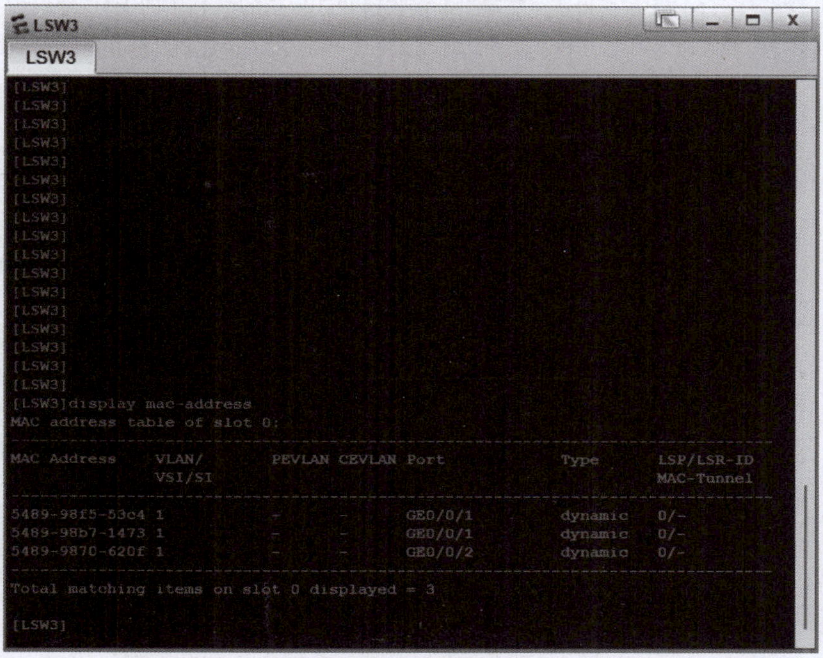

图 2.2.9 交换机 LSW3 的 MAC 地址表

实施步骤

（5）将 PC3 的 MAC 地址改为 PC1 的 MAC 地址，单击"应用"按钮，使得 PC3 启用该 MAC 地址。修改 MAC 地址后的 PC3 基础配置界面如图 2.2.10 所示。

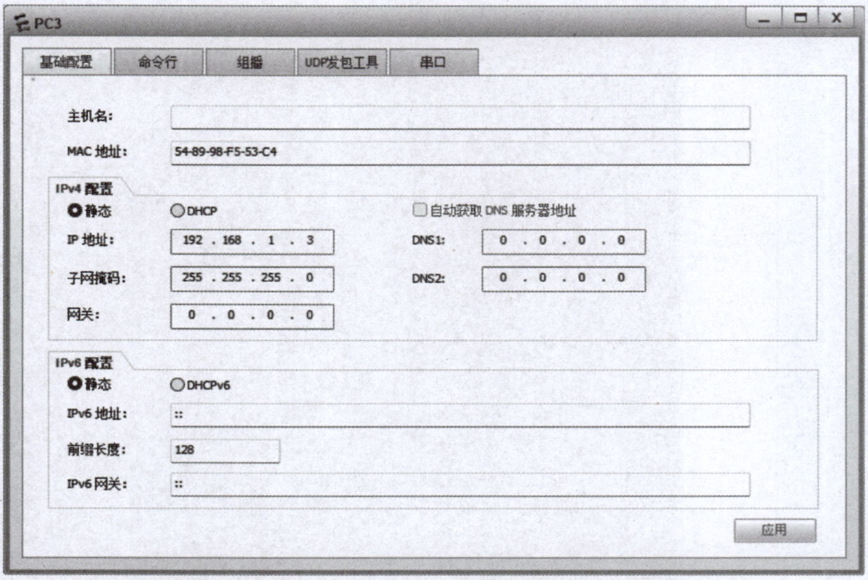

图 2.2.10 修改 MAC 地址后的 PC3 的基础配置界面

续表

（6）为了使得三个交换机都接收到 PC3 发送的以 PC1 的 MAC 地址为源 MAC 地址的 MAC 帧。PC3 启动与 PC2 之间的通信过程，PC3 执行 ping PC2 操作的界面如图 2.2.11 所示。

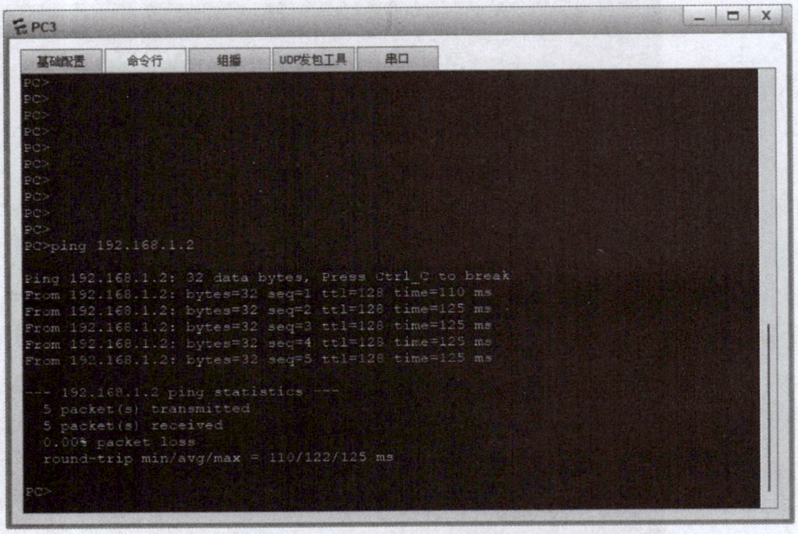

图 2.2.11　PC3 执行 ping PC2 的操作界面

（7）再次查看三个交换机建立的完整 MAC 表，交换孔 LSW1、LSW2 和 LSW3 的 MAC 表分别如图 2.2.12 至图 2.2.14 所示。三个交换机的 MAC 表中 PC1 的 MAC 地址对应的转发项所给出的交换路径是通往 PC3 的交换路径。

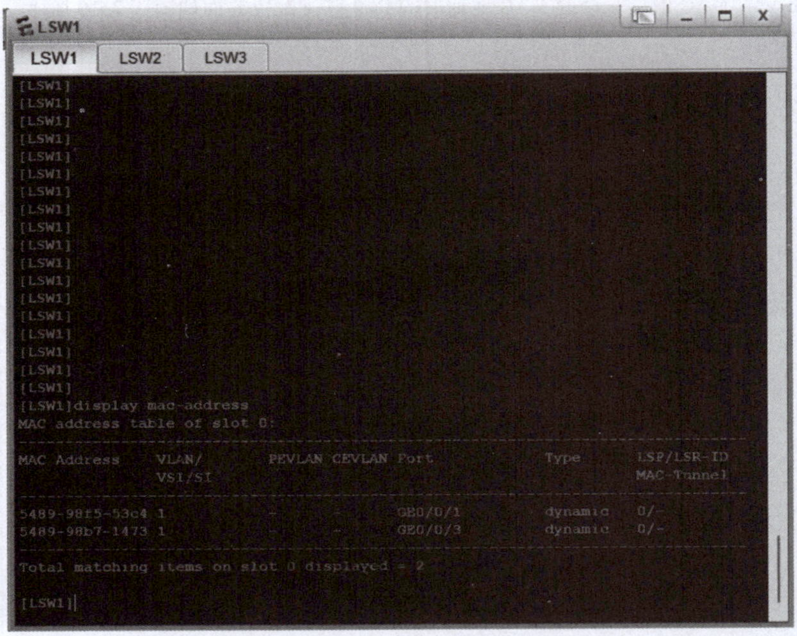

实施步骤

图 2.2.12　交换机 LSW1 的 MAC 地址表

续表

实施步骤

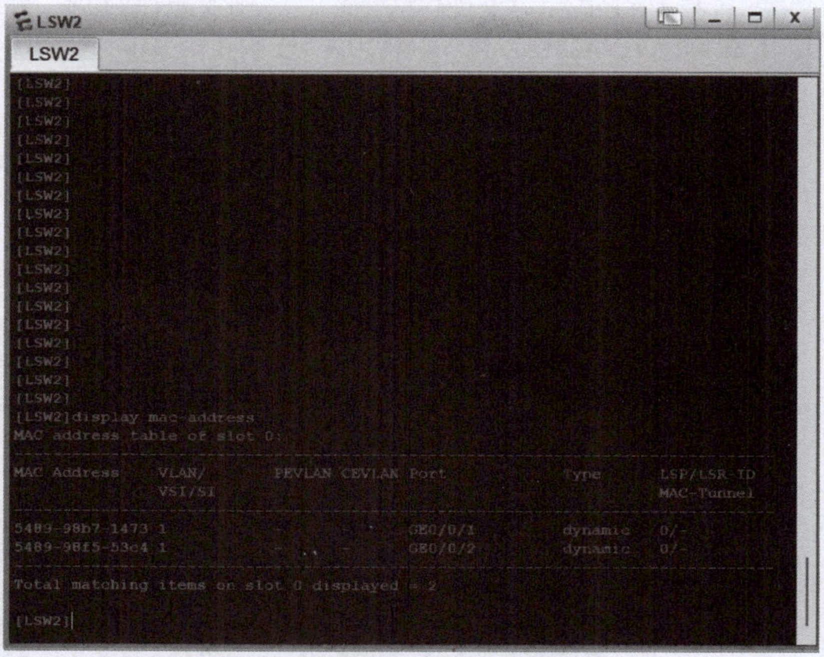

图 2. 2. 13　交换机 LSW2 的 MAC 地址表

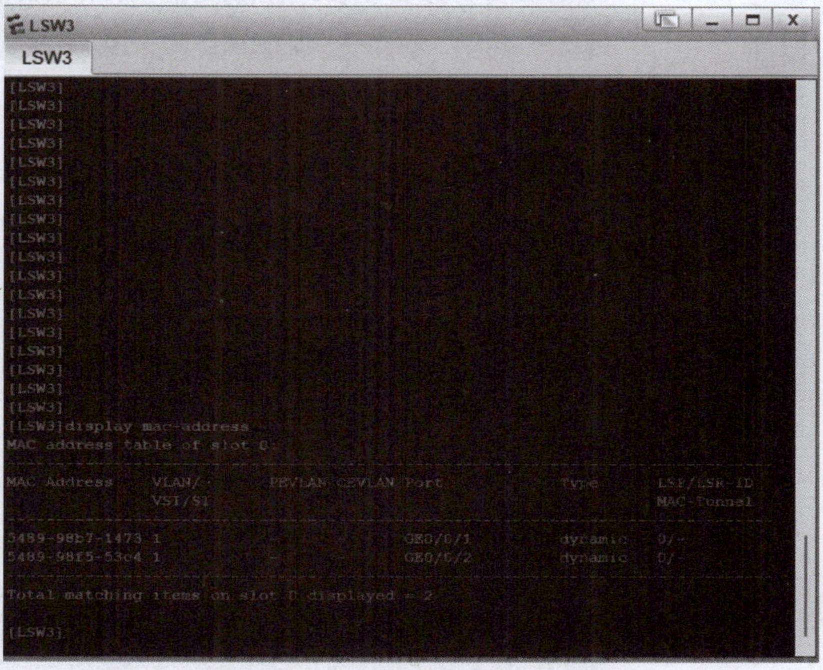

图 2. 2. 14　交换机 LSW3 的 MAC 地址表

实施步骤	（8）为了验证端口安全功能具有防御 MAC 地址欺骗攻击的功能，将 PC3 的 MAC 地址恢复为原始的 MAC 地址，清除交换机 LSW3 的 MAC 表，启动交换机 LSW3 端口 GE0/0/1 的安全端口功能，将该端口的访问控制列表中的 MAC 地址数上限设置为 1，指定通过地址学习过程获取访问控制列表中的 MAC 地址，将接收到违规 MAC 帧的动作设置为丢弃该 MAC 帧。完成上述配置过程后，再次完成 PC1 与 PC2、PC3 之间的通信过程，PC2 与 PC3 之间的通信过程。通信过程正常进行，三个交换机分别建立如图 2.2.15 至图 2.2.17 所示的 MAC 表。 图 2.2.15　交换机 LSW1 的 MAC 地址表 图 2.2.16　交换机 LSW2 的 MAC 地址表

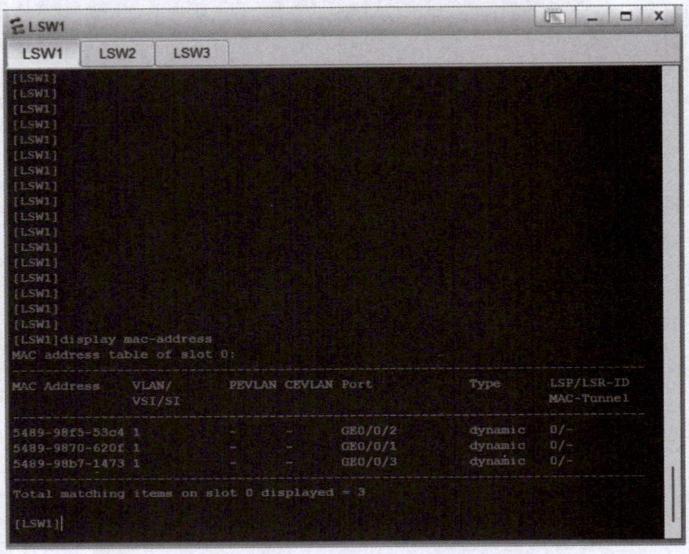

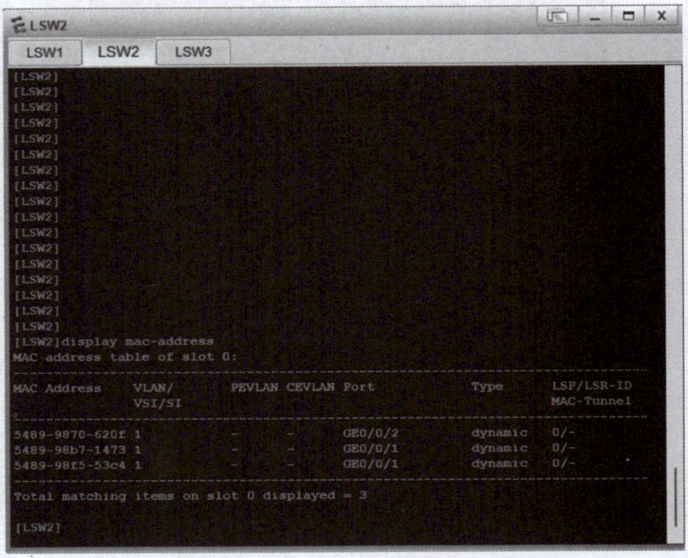

续表

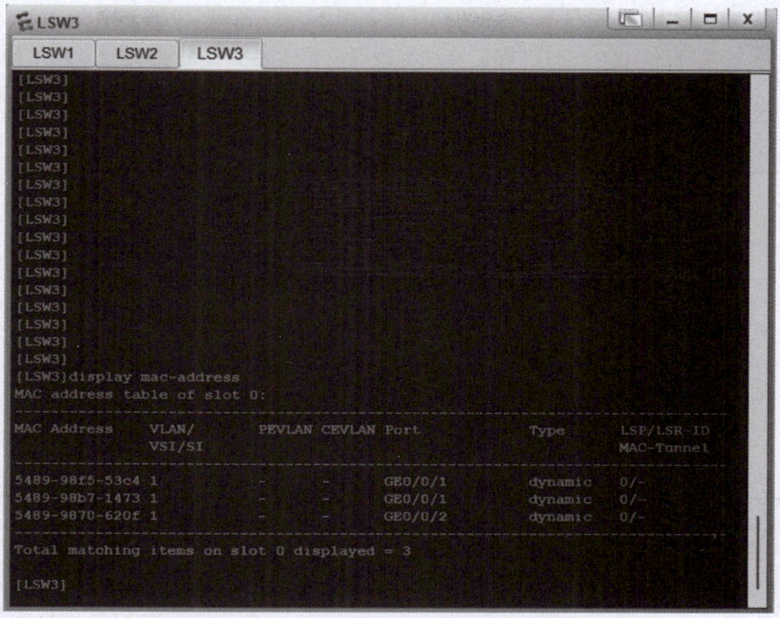

图 2.2.17 交换机 LSW3 的 MAC 地址表

（9）再次将 PC3 的 MAC 地址改为 PC1 的 MAC 地址，通过单击"应用"按钮使得 PC3 使用该 MAC 地址。启动 PC3 与 PC2 之间的通信过程，由于 PC3 发送的 MAC 帧以 PC1 的 MAC 地址为源 MAC 地址，该 MAC 地址与访问控制列表中 PC3 的 MAC 地址不同，且访问控制列表中的 MAC 地址数上限为 1。因此，交换机 LSW3 丢弃该 MAC 帧，导致 PC3 与 PC2 之间的通信过程失败，如图 2.2.18 所示。

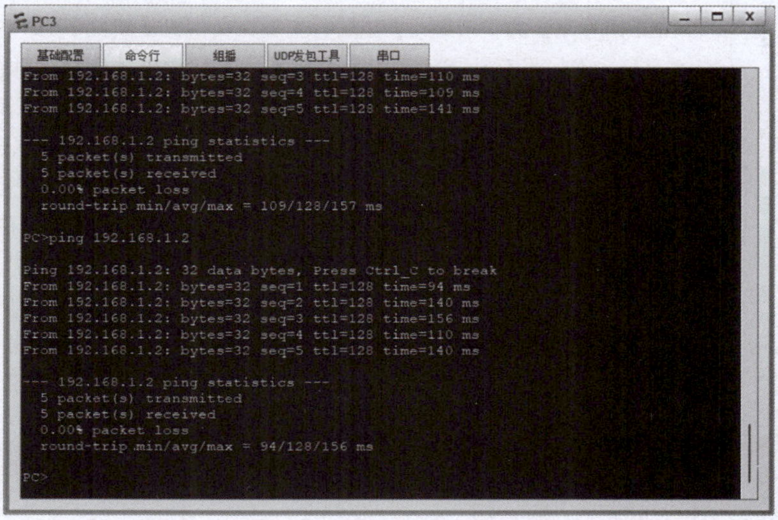

图 2.2.18 PC3 和 PC2 之间网络连通失败

实施步骤

实施步骤	（10）交换机 LSW3 的 MAC 表如图 2.2.17 所示，PC3 的初始 MAC 地址作为 sticky 类型转发项的 MAC 地址，即已经成为访问控制列表中的 MAC 地址。PC1 的 MAC 地址对应的转发项所给出的交换路径仍然是通往 PC1 的交换路径，表明无法通过 MAC 地址欺骗攻击来生成错误的交换路径。

任务 3　DHCP 侦听与 DHCP 欺骗攻击防御

【任务工单】

任务工单 3：DHCP 侦听与 DHCP 欺骗攻击防御

任务名称	DHCP 侦听与 DHCP 欺骗攻击防御				
组别		成员		小组成绩	
学生姓名				个人成绩	
任务情景	在网络安全工作岗位的实习期间，安安遇到了 DHCP 欺骗攻击的挑战。为了保障业务网络免受潜在风险，安安决定积极应对，利用华为 eNSP 平台搭建一个模拟网络环境，并细致规划网络设备的配置。在模拟环境中，安安的首要任务是加强 DHCP 服务的防护，通过启用 DHCP Snooping 功能，确保只有合法 DHCP 服务器才能为网络中的设备分配 IP 地址，有效遏制了非法 DHCP 服务器可能引发的地址冲突和欺骗攻击。 针对 DHCP 欺骗攻击，安安设计并执行了一系列防御策略。他深入研究了 DHCP 欺骗的工作原理，即攻击者通过伪造 DHCP 服务器来篡改 IP 地址分配，从而实施中间人攻击或进行其他恶意活动。为了抵御此类威胁，安安在交换机上配置了 DHCP Snooping 的信任端口和绑定表，确保只有从指定端口接收到的 DHCP 请求才会被处理，同时建立 IP 地址与 MAC 地址、交换机端口之间的绑定关系，增强了网络的安全验证机制。 此外，安安还利用 Wireshark 等网络分析工具，对潜在的攻击流量进行监控和捕获，以便及时发现并应对 DHCP 欺骗攻击。通过模拟攻击场景并验证防御措施的有效性，安安不仅加深了对 DHCP 欺骗攻击及其防御技术的理解，还显著提高了自己的网络安全防护能力和应急响应速度。 这不仅让安安掌握了 DHCP 欺骗攻击的防御技巧，还培养了他对网络安全的敏锐洞察力和实际操作能力，为他未来在网络安全领域的深入探索和发展奠定了坚实的基础。				
任务目标	参考安安的工作经历，明确以下目标： ● 明晰 DHCP 欺骗攻击的工作原理 ● 掌握 DHCP 侦听 DHCP Snooping 的防御过程				
任务要求	● 拓扑搭建符合业务逻辑规范 ● 命令配置和操作符合 eNSP 软件平台操作规范				

任务实施	1. 启动 eNSP 软件 2. 搭建网络拓扑 3. 启动 CLI，进行命令行配置
实施总结	
小组评价	
任务点评	

【前导知识】

DHCP（Dynamic Host Configuration Protocol）是一种用于动态分配 IP 地址和其他网络配置信息的网络协议。DHCP 服务器通常用于自动分配 IP 地址给网络中的计算机设备，使网络管理更加容易。然而，DHCP 也可能受到攻击，其中两种常见的攻击类型是 DHCP 侦听和 DHCP 欺骗攻击。

1. DHCP 侦听

DHCP 侦听是一种安全功能，通常在网络交换机上配置，用于防止未经授权的 DHCP 服务器在网络上分配 IP 地址。这种攻击通常发生在恶意用户在网络上设置了自己的 DHCP 服务器，试图分配虚假的 IP 地址或劫持网络流量的情况下。DHCP 侦听通过识别和阻止非授权的 DHCP 响应帮助防止这种攻击。

工作原理如下：

网络交换机会监听网络上的 DHCP 请求和响应消息。

交换机会维护一个 DHCP 绑定表，记录哪个 MAC 地址分配了哪个 IP 地址。

如果交换机收到来自未知 MAC 地址的 DHCP 响应消息，它会阻止该响应，以防止未经授权的 DHCP 服务器干扰网络。

2. DHCP 欺骗攻击

DHCP 欺骗攻击是一种攻击类型，其中攻击者发送虚假的 DHCP 响应消息到网络上的计算机设备，以欺骗它们接收虚假的网络配置。这种攻击可能导致计算机设备连接到攻击者控制的网络，从而暴露敏感信息或使攻击者能够进行中间人攻击。DHCP 欺骗攻击通常需要攻击者位于目标网络中，因为它涉及发送虚假的 DHCP 响应消息。

3. 防御 DHCP 欺骗攻击的方法

（1）使用 DHCP Snooping：在网络交换机上启用 DHCP Snooping，以防止未经授权的 DHCP 响应。

（2）使用静态 DHCP 绑定：将每个设备的 MAC 地址与特定的 IP 地址关联，这样可以防止攻击者分配虚假的 IP 地址。

（3）网络分段：将网络划分为较小的子网，减小攻击面，限制攻击者的能力。

（4）使用 802.1X 认证：要求设备在网络上进行身份验证，以防止未经授权的设备接入网络。

DHCP 侦听和 DHCP 欺骗攻击是与 DHCP 协议相关的安全问题。通过采取适当的安全措施，可以减少这些攻击对网络的威胁。

【任务内容】

1. 实验内容

搭建如图 2.3.1 所示的实施 DHCP 欺骗攻击的网络应用系统，使得终端 A 和终端 B 从伪造的 DHCP 服务器中获取网络信息，得到错误的本地域名服务器地址，从而通过伪造的 DNS 服务器完成完全合格域名 www.song.com 的解析过程，得到伪造的 Web 服务器的 IP 地址，因此导致用完全合格域名 www.song.com 访问到伪造的 Web 服务器的情况发生。

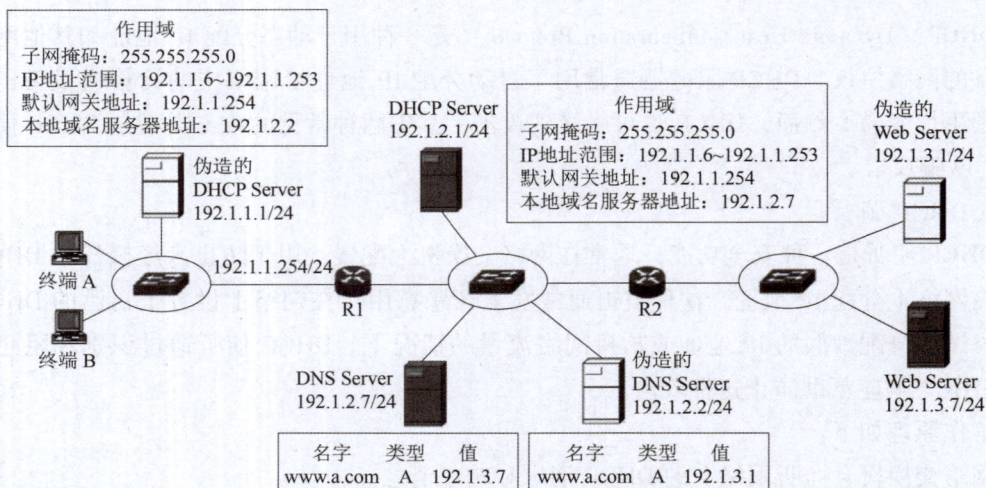

图 2.3.1 实施 DHCP 欺骗攻击的网络应用系统

完成交换机防御 DHCP 欺骗攻击功能的配置过程，使得终端 A 和终端 B 只能从 DHCP 服务器获取网络信息。

2. 实验原理

如图 2.3.1 所示，一旦终端连接的网络中接入伪造的 DHCP 服务器，终端很可能从伪造的 DHCP 服务器获取网络信息，得到伪造的域名服务器的 IP 地址 192.1.2.2，伪造的域名服务器中将完全合格域名 www. a. com 与伪造的 Web 服务器的 IP 地址 192. 1. 3. 1 绑定在一起，导致终端用完全合格域名 www. a. com 访问到伪造的 Web 服务器。

如果交换机启动防御 DHCP 欺骗攻击的功能，只有连接在信任端口的 DHCP 服务器才能为终端提供自动配置网络信息的服务。因此，对于如图 2. 3. 1 所示的实施 DHCP 欺骗攻击的网络应用系统，连接终端的以太网中，如果只将连接路由器 R1 的交换机端口设置为信任端口，将其他交换机端口设置为非信任端口，使得终端只能接收由路由器 R1 转发的 DHCP 消息，导致终端只能获取 DHCP 服务器提供的网络信息。

对于华为 eNSP，路由器 R2 兼作 DHCP Server，单独用一个路由器作为伪造的 DHCP Server。

3. 关键配置命令

1）启动 DHCP 侦听功能

```
[Huawei]dhcp enable
[Huawei]dhcp snooping enable
[Huawei]dhcp snooping enable vlan 1
```

dhcp snooping enable 是系统视图下使用的命令，该命令的作用是启动 DHCP 侦听功能。

dhcp snooping enable vlan 1 是系统视图下使用的命令，该命令的作用是启动 VLAN 1 的 DHCP 侦听功能。启动 DHCP 侦听功能的顺序是，首先启动 DHCP 功能，然后启动全局的 DHCP 侦听功能，再启动某个 VLAN 或某个接口的 DHCP 侦听功能。

命令 dhcp enable 用于启动 DHCP 功能。

2）配置信任端口

```
[Huawei]interface GigabitEthernet0/0/3
[Huawei-GigabitEthernet0/0/3]dhcp snooping trusted
[Huawei-GigabitEthernet0/0/3]quit
```

dhcp snooping trusted 是接口视图下使用的命令，该命令的作用是将当前交换机端口（这里是交换机端口 GigabitEthernet0/0/3）指定为信任端口。在启动 DHCP 侦听功能后，交换机只转发从信任端口接收的 DHCP 提供和确认消息。

4. 命令列表

交换机命令行配置过程使用的命令及其功能和参数说明如表 2. 3. 1 所示。

表 2. 3. 1　命令列表

命令格式	功能和参数说明
dhcp snooping enable［ipv4 | ipv6］	启动 DHCP 侦听功能。指定 ipv4，表示只启动 DHCPv4 侦听功能；指定 ipv6，表示只启动 DHCPv6 侦听功能
dhcp snooping enable vlan {vlanid 1［to vlanid2］}	在指定 VLAN 中启动 DHCP 侦听功能，参数 vlanid1 是起始 VLAN 标识符，参数 vlanid2 是结束 VLAN 标识符。如果只有参数 vlanid1，则只指定唯一 VLAN

命令格式	功能和参数说明
dhcp snooping trusted	将当前交换机端口指定为信任端口
display dhcp snooping configuration	显示与 DHCP 侦听有关的配置信息

【任务实施】

任务目标	1. 验证 DHCP 服务器配置过程 2. 验证 DNS 服务器配置过程 3. 验证终端用完全合格域名访问 Web 服务器的过程 4. 验证 DHCP 欺骗攻击过程 5. 验证钓鱼网站欺骗攻击过程 6. 验证交换机防御 DHCP 欺骗攻击功能的配置过程 动画－DHCP 欺骗攻击 微课－DHCP 欺骗攻击
实施步骤	为了实施 DHCP 欺骗攻击，将伪造的 DHCP 服务器（forged DHCP Server）接入交换机 LSW1，在伪造的 DHCP 服务器中，将本地域名服务器地址设置为伪造的域名服务器（forged DNS Server）的 IP 地址 192.1.2.2，在伪造的域名服务器中，建立完全合格域名 www.a.com 与伪造的 Web 服务器的 IP 地址 192.1.3.1 之间的绑定。实施 DHCP 欺骗攻击的拓扑结构如图 2.3.2 所示。这种情况下，PC1 很可能从伪造的 DHCP 服务器中获取网络信息，得到伪造的本地域名服务器的 IP 地址，如图 2.3.3 所示。从而用完全合格域名 www.a.com 访问到伪造的 Web 服务器，如图 2.3.4 所示。交换机 LSW1 有关 DHCP 侦听功能的配置信息如图 2.3.5 所示。 图 2.3.2　实施 DHCP 欺骗攻击的拓扑结构

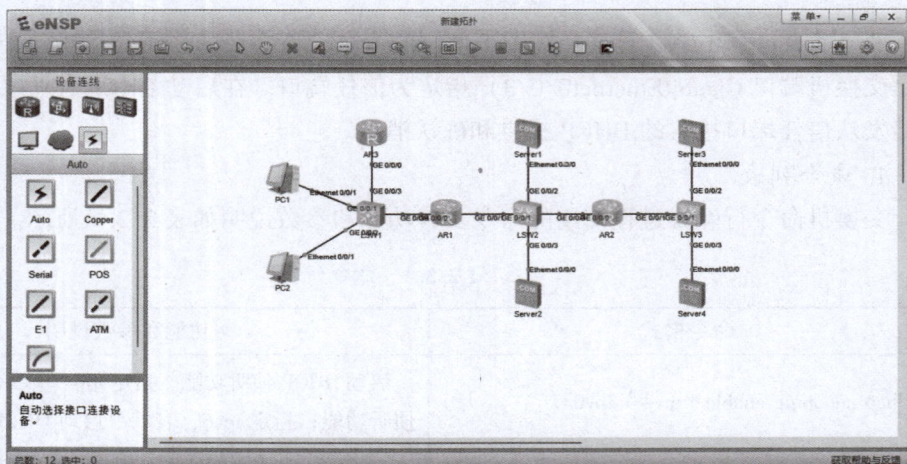

续表

实施步骤

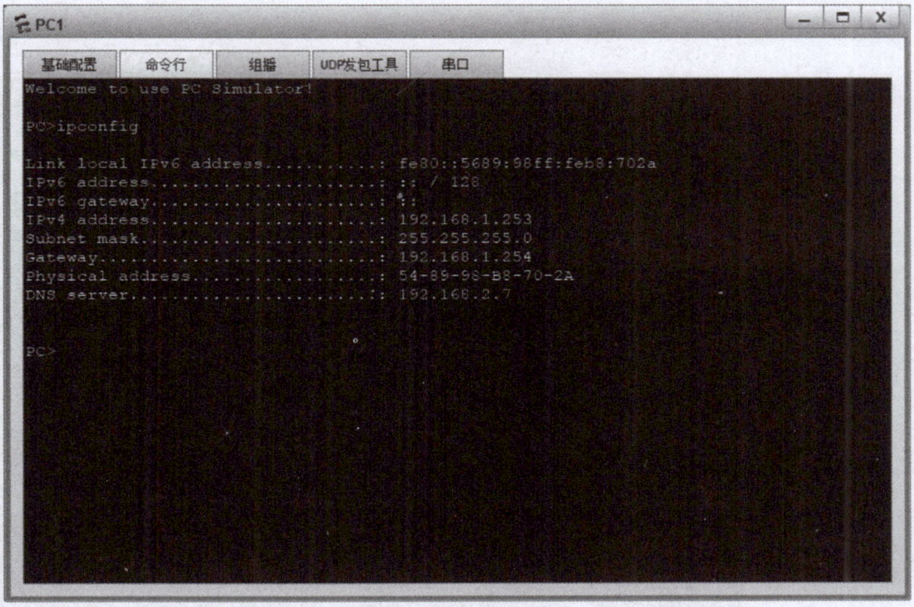

图 2.3.3　PC1 从伪造的 DHCP 服务器中获取的网络信息

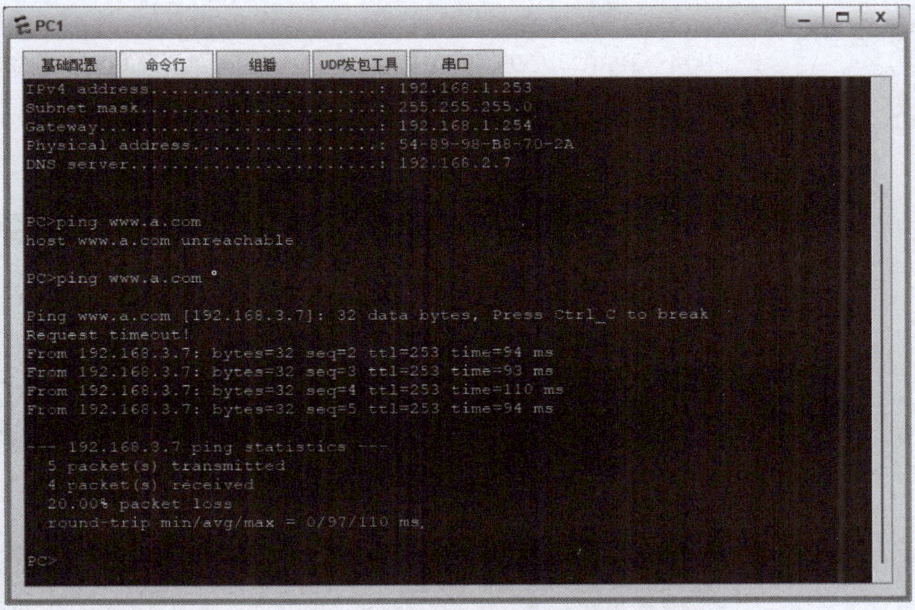

图 2.3.4　PC1 用完全合格域名 www.a.com 访问伪造的 Web 服务器的过程

续表

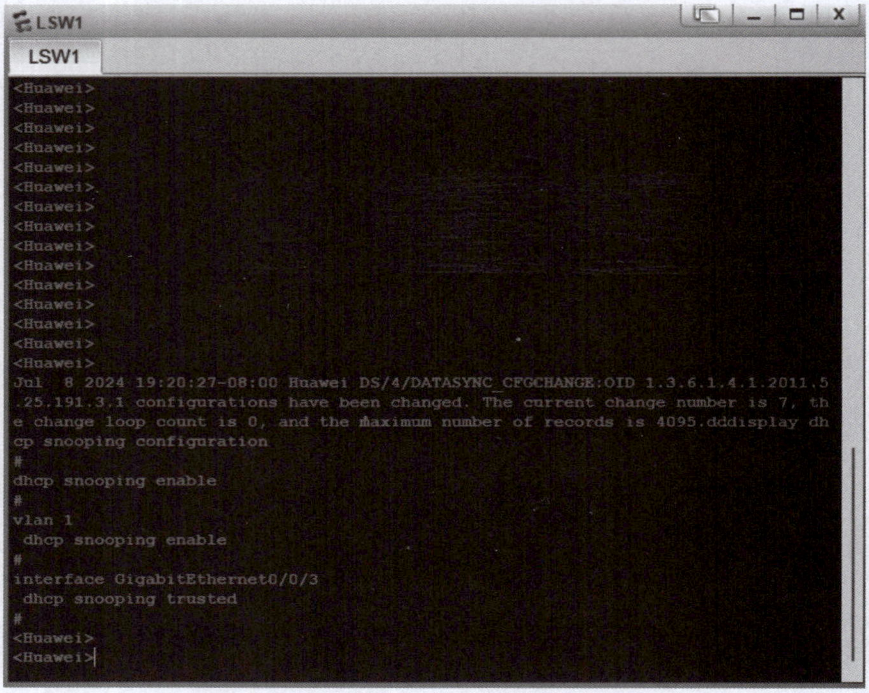

图 2.3.5　交换机 LSW1 有关 DHCP 侦听功能的配置信息

实施步骤

PC1 从路由器 AR2 中获取的网络信息如图 2.3.6 所示，PC1 用完全合格域名 www.a.com 访问 Web 服务器的过程如图 2.3.7 所示。

图 2.3.6　PC1 从路由器 AR2 中获取的网络信息

实施步骤	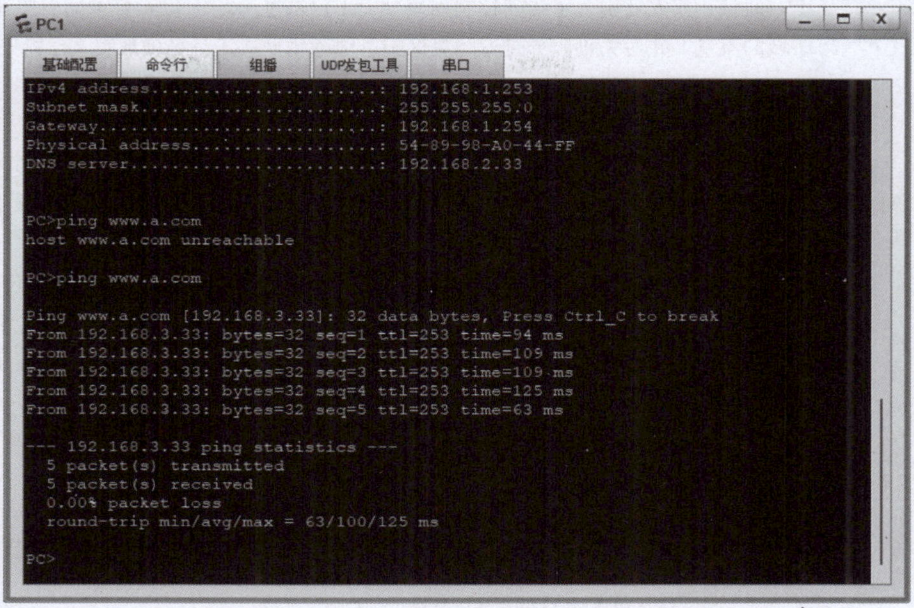

图 2.3.7　PC1 用完全合格域名 www.a.com 访问 Web 服务器的过程

任务 4　源 IP 地址欺骗攻击防御

【任务工单】

任务工单 4：源 IP 地址欺骗攻击防御

任务名称	源 IP 地址欺骗攻击防御				
组别		成员		小组成绩	
学生姓名				个人成绩	
任务情景	安安遭遇了源 IP 地址欺骗攻击的考验。为了加固业务系统的防御线，安安决定采取积极行动，利用先进的网络仿真工具构建了一个贴近实际的测试环境。在这个模拟的网络战场中，安安的首要任务是强化针对源 IP 地址欺骗攻击的防御措施。 　　他深入研究了源 IP 地址欺骗的原理，即攻击者通过伪造 IP 数据包中的源地址来绕过安全机制，进行未授权访问、拒绝服务攻击或数据窃取等恶意行为。为了有效抵御这类攻击，安安实施了一系列精心设计的防御策略。 　　首先，安安在核心网络设备上部署了 IP 源地址验证（如 IP Source Guard 或 uRPF）技术，通过检查数据包的源 IP 地址是否与预期相符，从而过滤掉伪造源地址的数据包。这种机制极大地增强了网络对欺骗攻击的防御能力。					

任务情景	此外，安安还引入了访问控制列表（ACL）来进一步细化安全策略，限制来自非信任区域的流量，并对关键服务进行隔离保护。他利用这些工具精确地定义了哪些 IP 地址或地址范围是允许或拒绝访问的，从而构建了一个多层次的防御体系。 为了实时监控和快速响应潜在的源 IP 地址欺骗攻击，安安还集成了入侵检测系统（IDS）和网络流量分析工具。这些系统能够实时监控网络流量，分析异常行为模式，并在发现可疑活动时立即发出警报。通过定期审查和更新安全策略，安安确保了这些工具始终能够有效应对不断演变的威胁。 通过这次实战演练，安安不仅掌握了源 IP 地址欺骗攻击的防御精髓，还积累了丰富的网络安全防护经验。他学会了如何综合运用多种技术手段来构建坚固的安全防线，并在面对复杂攻击时保持冷静和果断。这段经历无疑为安安在网络安全领域的职业生涯增添了宝贵的财富。
任务目标	跟随安安的步伐，明确以下目标： • 明晰源 IP 地址欺骗攻击的产生过程 • 掌握静态绑定项等安全防御技术手段的配置方法和关键命令
任务要求	• 拓扑搭建符合业务逻辑规范 • 命令配置和操作符合 eNSP 软件平台操作规范
任务实施	1. 启动 eNSP 软件 2. 搭建网络拓扑 3. 启动 CLI，进行命令行配置
实施总结	
小组评价	
任务点评	

【前导知识】

源 IP 地址欺骗攻击，通常称为 IP 地址欺骗或 IP 地址伪造，是一种网络攻击技术，旨在欺骗目标系统或网络设备，使其认为攻击源的 IP 地址是合法可信的，从而绕过网络安全措施或隐藏攻击者的真实身份。

这种攻击通常涉及伪造 IP 数据包中的源 IP 地址字段，使其看起来是来自另一个信任的主机或网络。攻击者可能会使用伪造的源 IP 地址来隐藏其真实位置或身份，或者用于发起其他类型的攻击，如拒绝服务攻击（DDoS）。

1. 可能导致源 IP 地址欺骗攻击的情景

（1）欺骗身份：攻击者可能伪造源 IP 地址以隐藏其真实身份或位置，使其更难以被追踪和检测。

（2）规避防御：攻击者可能会使用伪造的源 IP 地址规避网络安全措施，例如防火墙或入侵检测系统，从而达到其攻击目的。

（3）反射攻击：攻击者可以利用伪造的源 IP 地址来发起反射攻击，其中攻击流量被重定向到第三方系统，使其成为攻击目标的代理。

（4）干扰通信：通过伪造源 IP 地址，攻击者可能干扰网络通信，导致混淆、数据泄露或信息损坏。

2. 防范源 IP 地址欺骗攻击的方法

（1）包过滤和验证：使用网络设备和防火墙来检查和验证传入和传出的数据包，确保源 IP 地址合法和正确。

（2）使用加密和身份验证：使用加密通信和强制身份验证，以确保通信的机密性和真实性。

（3）网络监控和分析：使用网络监控工具和分析技术，定期审查网络流量和检测异常活动，以及及时响应可能的攻击。

【任务内容】

1. 实验内容

网络拓扑结构如图 2.4.1 所示，内部网络是一个安全性要求很高的网络，需要严格控制终端接入内部网络过程，因此，将终端的 IP 地址、MAC 地址和连接终端的交换机端口绑定

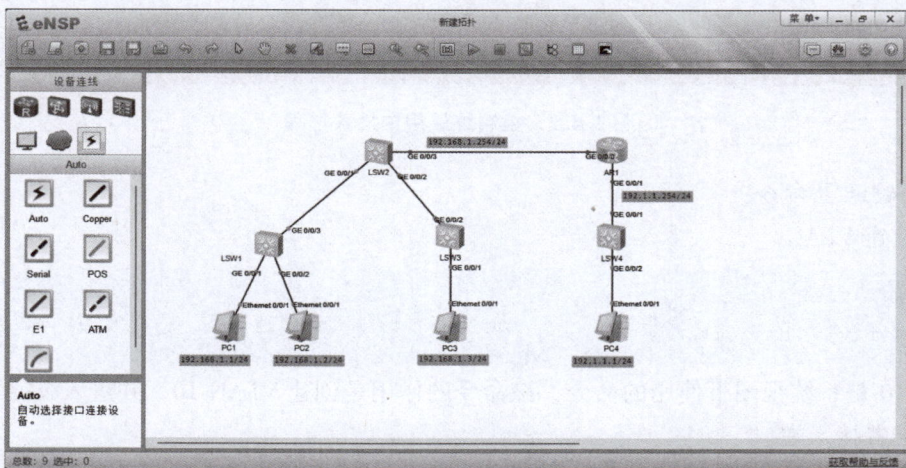

图 2.4.1   网络拓扑结构

在一起。即允许接入内部网络的终端只能使用固定分配给它的 IP 地址，只能连接在固定分配给它的交换机端口。这种情况下，不允许接入内部网络的终端无论接入哪一个交换机端口，无论分配哪一个 IP 地址，都无法正常访问网络。允许接入内部网络的终端，一旦改变接入的交换机端口，或者改变分配的 IP 地址都将无法正常访问网络。本实验假定终端 A 和终端 B 是允许接入内部网络的终端，终端 C 是不允许接入内部网络的终端。

2. 实验原理

控制用户终端接入过程如图 2.4.2 所示，如果交换机 S1 允许接入如图所示的终端 A 和终端 B，需要在交换机 S1 中创建如图所示的用户绑定表，用户绑定表中列出接入终端的 IP 地址、MAC 地址、终端所属的 VLAN 及终端连接的交换机端口。当交换机 S1 接收到净荷为 IP 分组的 MAC 帧时，只有在该 MAC 帧的源 MAC 地址、IP 分组的源 IP 地址、MAC 帧所属的 VLAN 以及接收该 MAC 帧的交换机端口等与用户绑定表中其中一项绑定项的所有项目都相符的情况下，该 MAC 帧才能被交换机 S1 接收和转发。这种情况下，如果终端 C 想接入交换机 S3 端口 1，且以如图 2.4.2 所示的 IP 地址、MAC 地址访问网络，必须在交换机 S3 的用户绑定表中添加一项绑定项，绑定项中的 IP 地址 = 192.168.1.3、MAC 地址 = MAC C、VLAN = 10、交换机端口 = 端口 1；否则，终端 C 将无法接入内部网络。

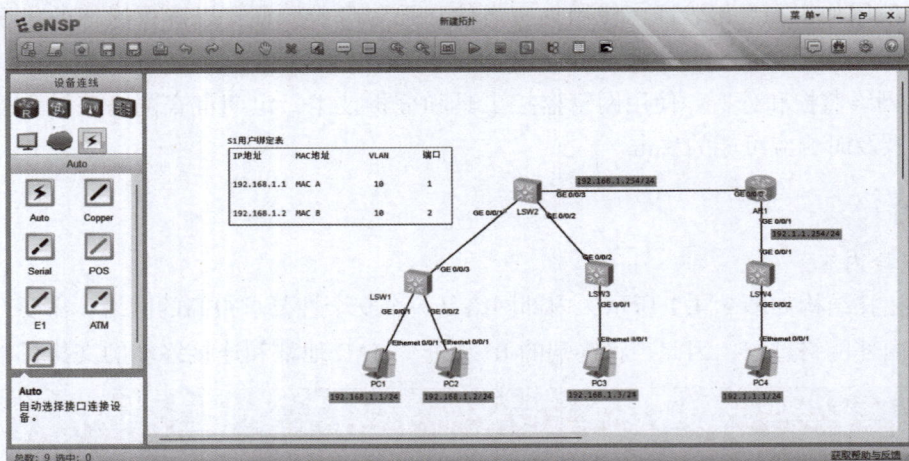

图 2.4.2　控制终端用户接入过程

3. 关键配置命令

1）创建 VLAN

```
[Huawei]vlan 10
[Huawei-vlan10]quit
```

vlan 10 是系统视图下使用的命令，该命令的作用是创建 VLAN 10，并进入 VLAN 视图。

2）配置接入端口

以下命令序列实现将交换机端口 GigabitEthernet6/0/0 作为接入端口分配给 VLAN 10 的功能。

```
[Huawei]interface GigabitEthernet6/0/0
[Huawei-GigabitEthernet6/0 /0]port link-type access
[Huawei-GigabitEthernet6/0/0]port default vlan 10
[Huawei-GigabitEthernet6/0/0]quit
```

port link-type access 是接口视图下使用的命令，该命令的作用是将指定端口（这里是端口 GigabitEthernet6/0/0）的类型定义为接入端口（access）。

port default vlan 10 是接口视图下使用的命令，该命令的作用是将指定端口（这里是端口 GigabitEthernet6/0/0）作为接入端口分配给 VLAN 10，同时将 VLAN 10 作为指定端口的默认 VLAN。

3）定义 IP 接口

以下命令序列用于创建一个 VLAN 10 对应的 IP 接口，并为该 IP 接口配置 IP 地址 192.168.1.254 和子网掩码 255.255.255.0（24 位网络前缀）。

```
[Huawei]interface vlanif 10
[Huawei-vlanif10]ip adress 192.168.1.254 24
[Huawei-vlanif10]quit
```

interface vlanif 10 是系统视图下使用的命令，该命令的作用是创建 VLAN 10 对应的 IP 接口，并进入 IP 接口视图。

4）配置静态用户绑定项

```
[Huawei] user-bind static ip-adiress 192.168.1.1 mac-address 5489- 984F-1262
interface GigabitEthernet6/0/0 vlan 10
```

user-bind static ip-address 192.168.1.1 mac-address 5489-984F-1262 interface GigabitEthernet6/0/0 vlan 10 是系统视图下使用的命令，该命令的作用是添加一项静态用户绑定项，该绑定项的 IP 地址 = 192.168.1.1，MAC 地址 = 5489 - 984F - 1262、终端连接的交换机端口 = GigabitEthernet6/0/0、终端所属的 VLAN = vlan 10。

5）启动源 IP 地址检测功能

```
[Huawei]vlan 10
[huawei-vlan10]ip source check user- bind enable
[huawei-vlan10]quit
```

ip source check user-bind enable 是 VLAN 视图下使用的命令，该命令的作用是在所有属于当前 VLAN（这里是 VLAN 10）的交换机端口中启动源 IP 地址检测功能，一旦在某个端口启动源 IP 地址检测功能，通过该端口接收到净荷是 IP 分组的 MAC 帧时，只有在该 MAC 帧的源 MAC 地址、IP 分组的源 IP 地址、MAC 帧所属的 VLAN 以及接收该 MAC 帧的交换机端口等与用户绑定表中其中一项绑定项的所有项目都相符的情况下，该 MAC 帧才能被该交换机端口接收和转发。

4. 命令列表

交换机命令行配置过程中使用的命令格式、功能和参数说明如表 2.4.1 所示。

表 2.4.1　命令列表

命令格式	功能和参数说明
vlan vlanid	创建一个编号为 vlanid 的 VLAN，并进入 VLAN 视图
port link-type {access | hybrid | trunk}	指定交换机端口类型。access 表明是接入端口，trunk 表明是主干端口（共享端口），hybrid 表明是混合端口
port default vlan vlanid	将指定交换机端口作为接入端口分配给编号为 vlanid 的 VLAN，并将该 VLAN 作为指定交换机端口的默认 VLAN
interface vlanif vlanid	创建编号为 vlanid 的 VLAN 对应的 IP 接口，并进入 IP 接口视图
user-bind static ip-address mac-address interface interface-type interface-number vlan vlanid	配置一项静态用户绑定项，参数 ip-address 用于指定 IP 地址、参数 mac-address 用于指定 MAC 地址参数 interface-type 和 interface-number 一起用于指定终端连接的交换机端口，参数 vlanid 用于指定终端所属的 VLAN
ip source check user-bind enable	在指定 VLAN 或接口中启动源 IP 地址检测功能
display vlan [vlanid]	显示指定 VLAN 或所有 VLAN 的相关信息，如 VLAN 端口组成等。参数 vlanid 用于指定 VLAN
display dhcp static user-bind all	显示所有静态用户绑定项

【任务实施】

任务目标	1. 验证终端接入控制过程 2. 验证源 IP 地址欺骗攻击过程 3. 验证防御源 IP 地址欺骗攻击的机制 4. 验证 DHCP 侦听与源 IP 地址欺骗攻击防御机制之间的关系 微课-源 IP 地址欺骗攻击防御
实施步骤	由于 eNSP 指定的交换机并不支持源 IP 地址检测功能，因此，交换机 S1、S2 和 S3 通过在路由器 AR2220 中安装 24GE 模块代替。路由器 AR2220 安装 24GE 模块的过程如图 2.4.3 所示。24GE 模块是拥有 24 个千兆以太网端口，且同时支持二层交换和三层路由功能的模块。

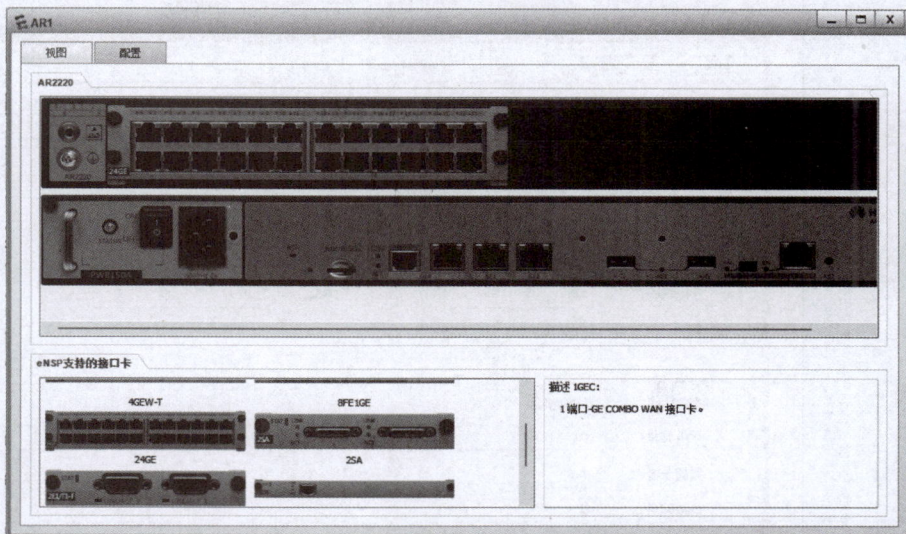

图 2.4.3　路由器 AR2220 安装 24GE 模块

实施步骤

启动 eNSP，按照如图 2.4.4 所示的网络拓扑结构放置和连接设备，完成设备放置和连接后的 eNSP 界面如图 2.4.4 所示。终端 PC1、PC2 和 PC3 直接连接在路由器 AR1 安装的 24GE 模块上。启动所有设备。

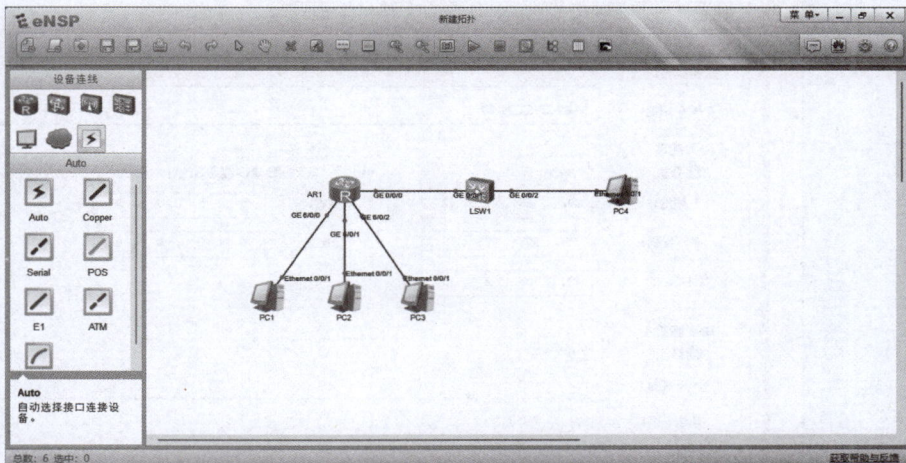

图 2.4.4　搭建网络拓扑图

完成各个 PC IP 地址、子网掩码和默认网关地址配置过程，PC1 和 PC2 的基础配置界面分别如图 2.4.5 和图 2.4.6 所示。

在路由器 AR1 中创建 VLAN 10，将连接 PC1、PC2 和 PC3 的端口作为接入端口分配给 VLAN 10，VLAN 10 的端口组成如图 2.4.7 所示。

实施步骤

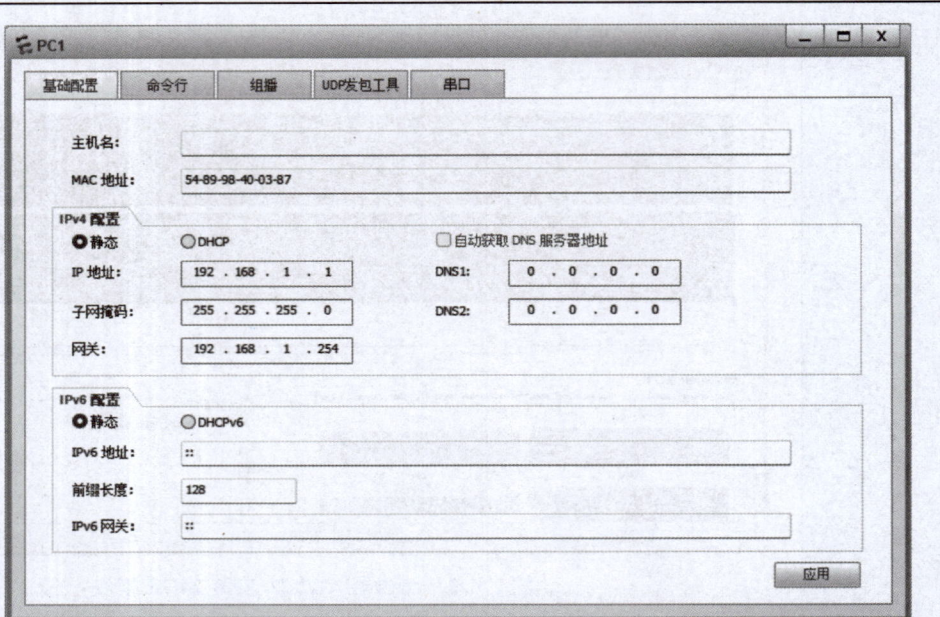

图 2. 4. 5 PC1 的基础配置

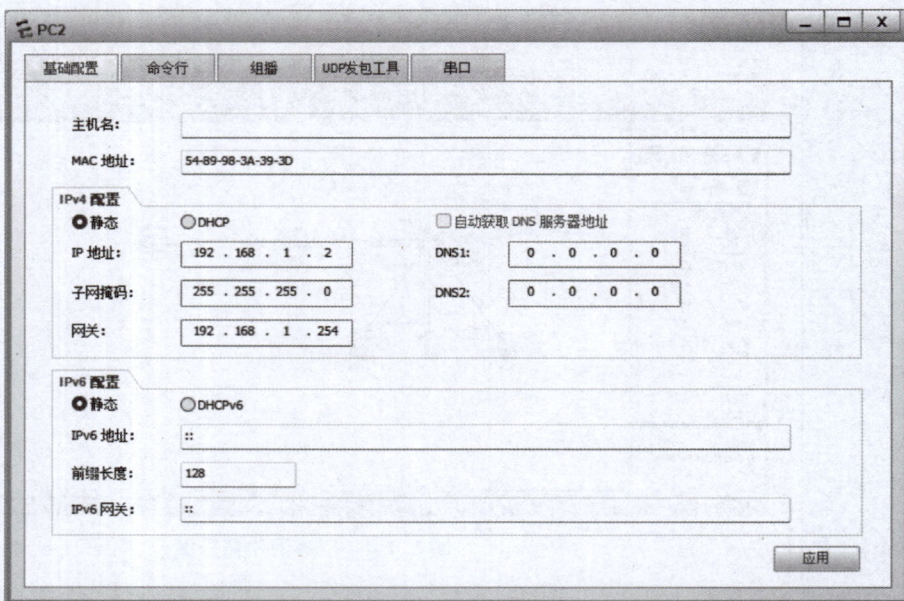

图 2. 4. 6 PC2 的基础配置

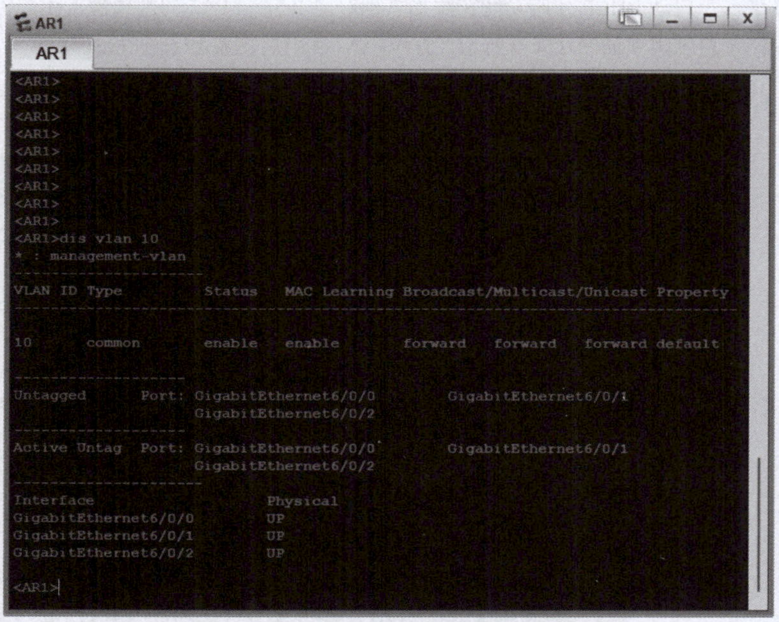

图 2.4.7　VLAN 10 的端口组成

定义 VLAN 10 对应的 IP 接口，为该 IP 接口分配 IP 地址和子网掩码。为连接交换机 LSW1 的路由器接口分配 IP 地址和子网掩码，路由器各个接口分配的 IP 地址和子网掩码如图 2.4.8 所示。

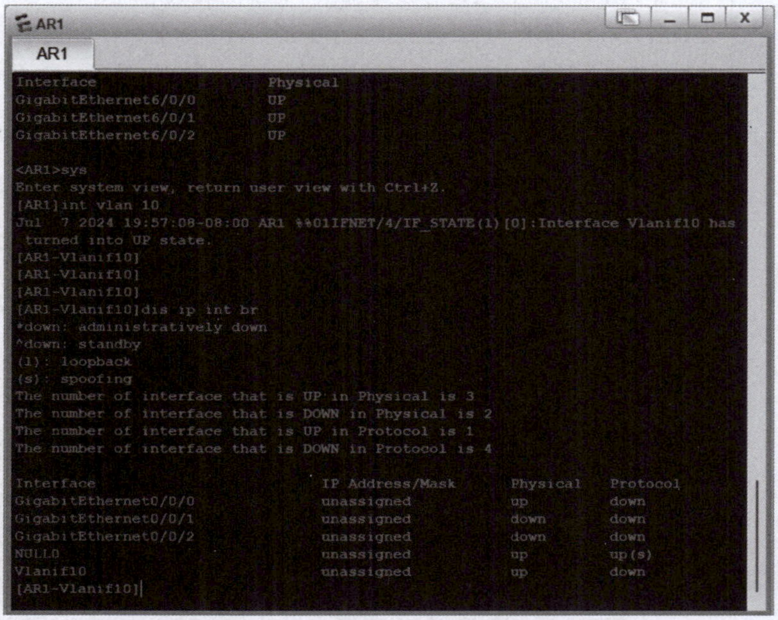

实施步骤

图 2.4.8　路由器各个接口分配的 IP 地址和子网掩码

实施步骤	启动 DHCP 侦听功能，添加分别对应 PC1 和 PC2 的两项静态用户绑定项，添加的静态用户绑定项如图 2.4.9 所示。在 VLAN 10 中启动源 IP 地址检测功能。 图 2.4.9　添加的静态用户绑定项 允许 PC1 和 PC2 以指定的 IP 地址、MAC 地址接入内部网络，PC1 与 PC4 之间的通信过程如图 2.4.10 所示，PC2 与 PC1 之间的通信过程如图 2.4.11 所示。PC3 无法与网络中的其他终端进行通信，PC3 与 PC2 之间通信失败的界面如图 2.4.12 所示。 图 2.4.10　PC1 与 PC4 之间的通信过程

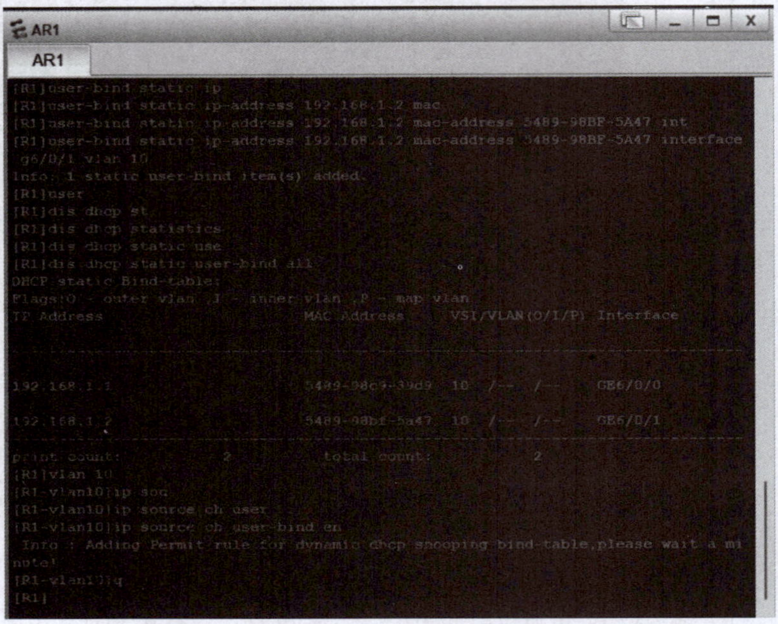

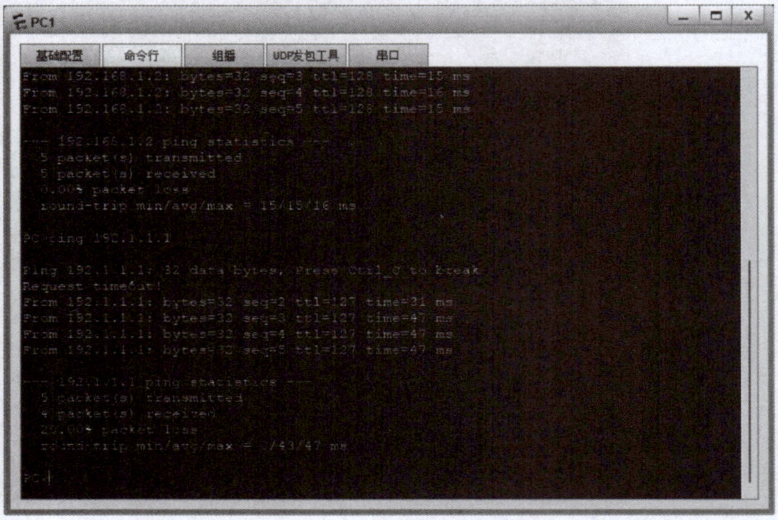

续表

实施步骤

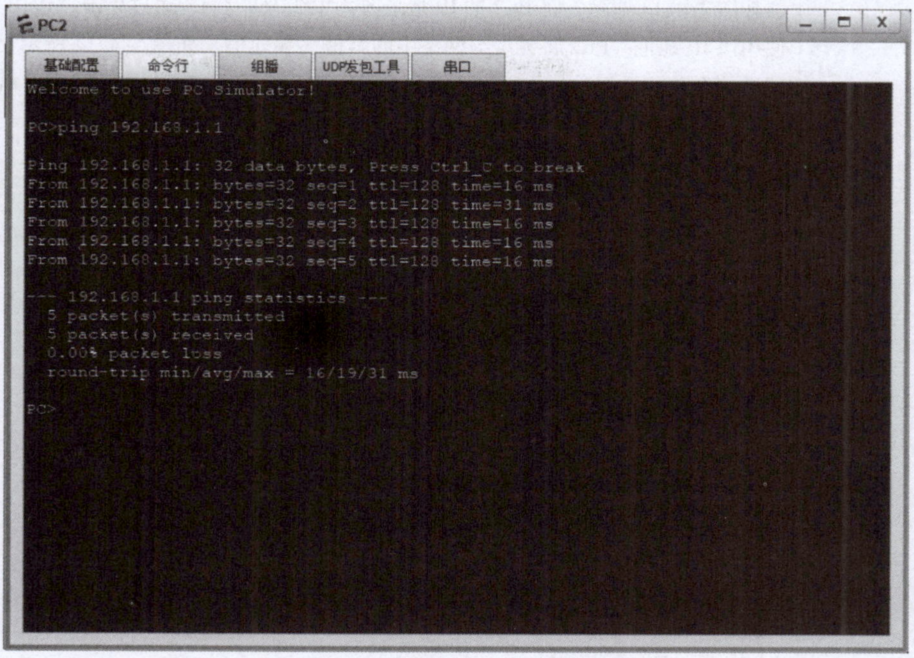

图 2.4.11　PC2 与 PC1 之间的通信过程

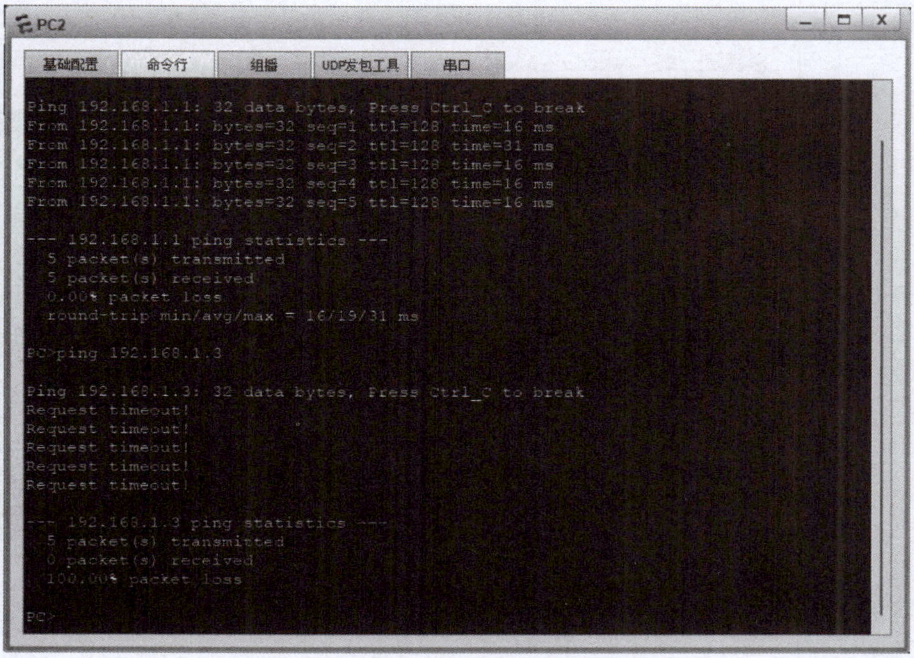

图 2.4.12　PC3 与 PC2 之间通信失败的界面

如图 2.4.13 所示，将 PC2 的 IP 地址改为 192.168.1.4，通过单击"应用"按钮使得 PC2 使用该 IP 地址，PC2 将无法与网络中的其他终端通信，如图 2.4.14 所示是 PC2 与 PC1 之间通信失败的界面。由此说明，接入内部网络的终端无法通过冒用其他终端的 IP 地址访问网络。

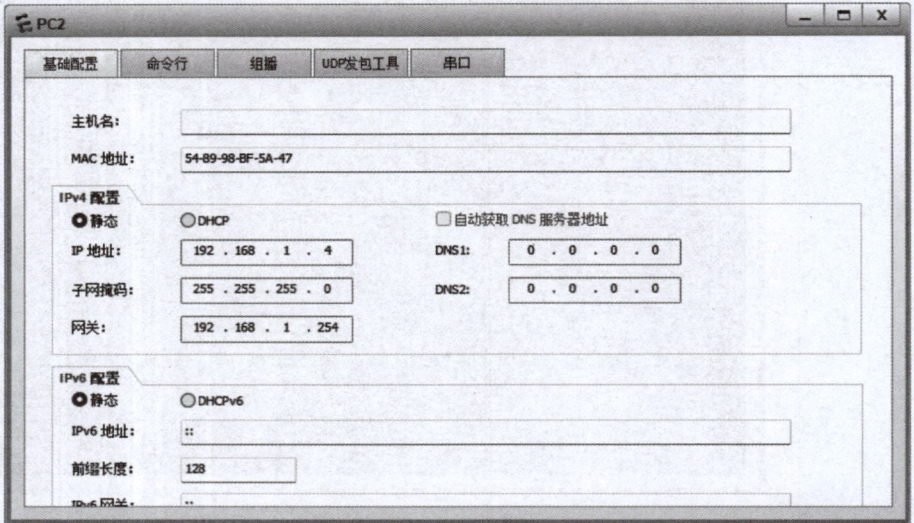

图 2.4.13　将 PC2 的 IP 地址改为 192.168.1.4

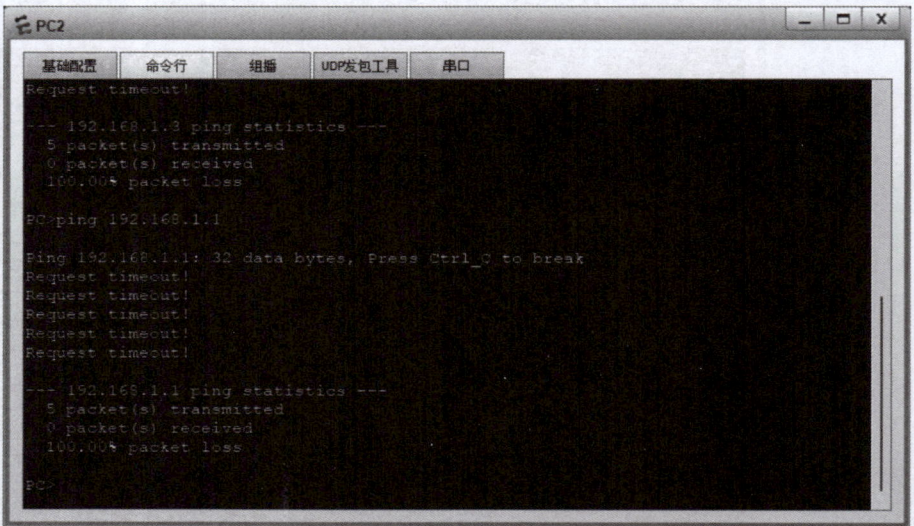

图 2.4.14　PC2 与 PC1 之间通信失败的界面

实施步骤

任务 5   ARP 欺骗攻击防御

【任务工单】

任务工单 5：ARP 欺骗攻击防御

任务名称	ARP 欺骗攻击防御			
组别		成员	小组成绩	
学生姓名			个人成绩	
任务情景	当面临 ARP 欺骗攻击的威胁时，安安迅速行动，决心加强其业务网络的安全屏障。为了更有效地应对这一挑战，他利用先进的网络模拟技术搭建了一个高度仿真的测试环境，以便在实战前进行充分的防御策略演练。 首先，安安深入剖析了 ARP 欺骗的运作机制，即攻击者通过发送伪造的 ARP 数据包，篡改局域网内的 ARP 缓存表，从而误导目标设备将本应发送给合法主机的数据包发送给攻击者。了解这一原理后，他开始规划并实施一系列有针对性的防御措施。 在防御策略中，安安首先聚焦于网络基础设施的加固。他在关键的网络设备上启用了 ARP 动态绑定和静态绑定功能，确保 ARP 表项的准确性，防止被恶意篡改。同时，他还配置了 ARP 检查机制，对网络中的 ARP 请求和响应进行监控，及时发现并阻断异常的 ARP 流量。 为了进一步提升防御效果，安安引入了 VLAN（虚拟局域网）技术来划分网络区域，限制不同区域间的通信，减少 ARP 欺骗攻击的影响范围。此外，他还利用访问控制列表（ACL）来细化网络访问策略，阻止未经授权的 ARP 数据包在网络中传播。 为了实现对 ARP 欺骗攻击的实时监控和快速响应，安安集成了入侵防御系统（IPS）和网络流量分析软件。这些工具能够实时监测网络流量中的异常 ARP 活动，并在发现攻击行为时立即采取阻断措施，同时向管理员发送警报通知。 通过这一系列精心设计的防御措施和实战演练，安安不仅成功抵御了 ARP 欺骗攻击的威胁，还积累了丰富的网络安全防护经验。他深刻认识到，网络安全是一个持续的过程，需要不断学习和更新知识，以适应不断变化的威胁环境。这段经历无疑为他在网络安全领域的职业发展奠定了坚实的基础。			
任务目标	跟着安安的工作流程，明确以下目标： • 明晰 ARP 欺骗攻击原理的发生过程 • 熟练掌握 DAI 技术防御 ARP 欺骗攻击的技术原理和配置方法			
任务要求	• 拓扑搭建符合业务逻辑规范 • 命令配置和操作符合 eNSP 软件平台操作规范			

续表

任务实施	1. 启动 eNSP 软件 2. 搭建网络拓扑 3. 启动 CLI，进行命令行配置
实施总结	
小组评价	
任务点评	

【前导知识】

ARP（Address Resolution Protocol）欺骗攻击是一种网络攻击，它利用了 ARP 协议的弱点来欺骗网络中的计算机或设备，使得它们将网络流量发送到错误的目标。

在正常的网络通信中，计算机会使用 ARP 协议将 IP 地址映射到 MAC 地址，以便在局域网内正确地传输数据包。然而，ARP 协议本身并没有验证请求的真实性，这使得它容易受到欺骗。

ARP 欺骗攻击的主要目的是欺骗目标设备，使其相信攻击者的 MAC 地址是与特定 IP 地址关联的正确 MAC 地址。攻击者可以发送虚假的 ARP 响应，告诉目标设备特定 IP 地址对应的 MAC 地址是攻击者的 MAC 地址，从而导致目标设备将网络流量发送到攻击者而不是正确的目标。

攻击者可以利用 ARP 欺骗来实施多种恶意活动，包括中间人攻击（Man-in-the-Middle，MitM）、网络嗅探、数据篡改和会话劫持等。这种攻击可能导致信息泄露、数据窃取、网络瘫痪和其他安全风险。

防御 ARP 欺骗攻击的方法包括使用网络设备上的 ARP 防护机制、使用加密通信以保护数据完整性和隐私性、定期检查网络流量以检测异常活动、限制物理访问和实施网络安全最佳实践等。

【任务内容】

1. 实验内容

网络拓扑结构如图 2.5.1 所示，终端 C 为了截获路由器 R 转发给终端 A 的 MAC，发送一个将自己的 MAC 地址与终端 A 的 IP 地址绑定的 ARP 请求报文，使得路由器 R 的 ARP

缓冲区中建立终端 A 的 IP 地址与终端 C 的 MAC 地址绑定在一起的 ARP 表项。

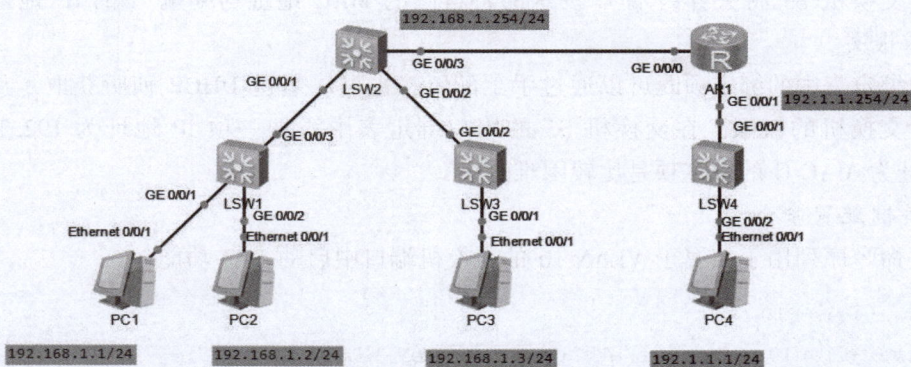

图 2.5.1　网络拓扑结构图

　　解决这一问题的其中一种方法是在交换机中建立用户绑定表，绑定表中给出终端 IP 地址、MAC 地址、终端连接的交换机端口及终端所属的 VLAN 之间的关联，当交换机接收到 ARP 请求报文时，ARP 请求报文中建立关联的 IP 地址与 MAC 地址必须与用户绑定表中其中一项绑定项中的 IP 地址和 MAC 地址一致，否则交换机将丢弃该 ARP 请求报文。这种情况下，除非交换机 S3 的用户绑定表中存在建立终端 A 的 IP 地址与终端 C 的 MAC 地址之间关联的绑定项，否则，用户 C 发送的将自己的 MAC 地址与终端 A 的 IP 地址绑定的 ARP 请求报文将被交换机 S3 丢弃，无法到达路由器 R。

　　2. 实验原理

　　动态 ARP 检测过程如图 2.5.2 所示，如果在交换机 S1 中建立如图所示的用户绑定表，当终端 A 发送如图所示的 ARP 请求报文时，由于 ARP 请求报文中建立关联的 IP 地址192.168.1.1 和 MAC 地址 MAC A 与用户绑定表中其中一项绑定项中的 IP 地址和 MAC 地址一致，因此，交换机 S1 将接收、转发该 ARP 请求报文。

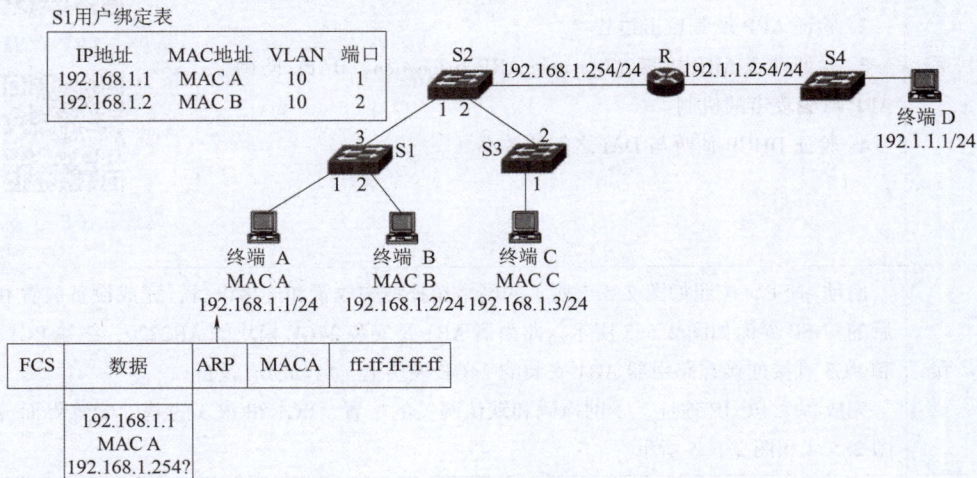

图 2.5.2　动态 ARP 检测过程

只要交换机 S3 的用户绑定表中不存在 IP 地址为 192.161.1.1、MAC 地址为 MAC C 的绑定项，交换机 S3 将丢弃终端 C 发送的将自己的 MAC 地址与终端 A 的 IP 地址绑定的 ARP 请求报文。

用户绑定表中的绑定项既可以通过手工配置，也可以通过 DHCP 侦听获取。只要黑客没有配置交换机的权限，在交换机 S3 的用户绑定表中添加一项 IP 地址为 192.168.1.1、MAC 地址为 MAC C 的绑定项是比较困难的。

3. 关键配置命令

以下命令序列用于在属于 VLAN 10 的交换机端口中启动 DAI 功能：

```
[Huawei]vlan 10
[Huawei-vlan10] arp anti-attack check user-bind enable
[Huawei-vlan10] quit
```

arp anti-attack check user-bind enable 是 VLAN 视图下使用的命令，该命令的作用是在所有属于当前 VLAN（这里是 VLAN 10）的交换机端口中启动 DAI 功能。

4. 命令列表

交换机命令行配置过程中使用的命令格式功能和参数说明如表 2.5.1 所示。

表 2.5.1　命令列表

命令格式	功能和参数说明
arp anti-attack check user-bind enable	在指定 VLAN 或接口中启动动态 ARP 检测（DAI）功能

【任务实施】

任务目标	1. 验证用户绑定表建立过程 2. 验证 APP 欺骗攻击过程 3. 验证动态 ARP 检测（Dynamic ARP Inspection，DAI）防御 APP 欺骗攻击的机制 4. 验证 DHCP 侦听与 DAI 之间的关系 动画-ARP 欺骗攻击 微课-APP 欺骗攻击
实施步骤	启动 eNSP，按照如图 2.5.1 所示的网络拓扑结构放置和连接设备，完成设备放置和连接后的 eNSP 界面如图 2.5.3 所示。路由器 AR1 是安装 24GE 模块的 AR2220，终端 PC1、PC2 和 PC3 直接连接在路由器 AR1 安装的 24GE 模块上，启动所有设备。 　　完成各个 PC IP 地址、子网掩码和默认网关的配置，PC1 和 PC3 的基础配置界面分别如图 2.5.4 和图 2.5.5 所示。

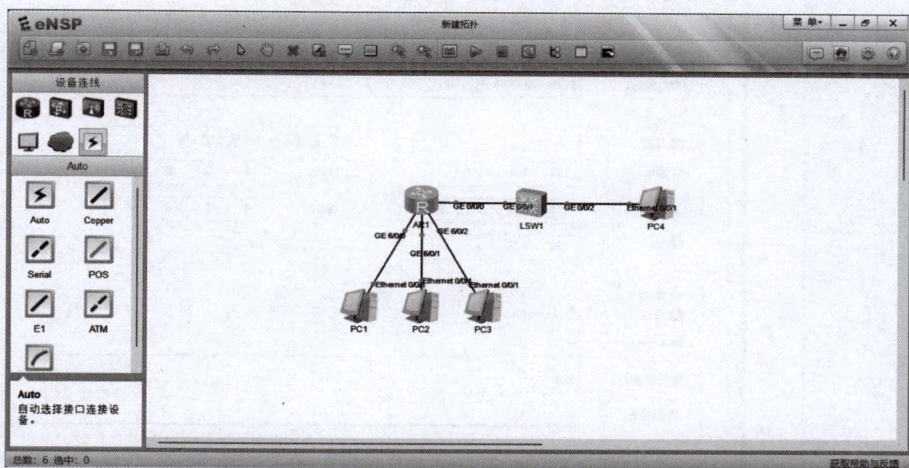

图 2.5.3　完成设备放置和连接后的 eNSP 界面

实施步骤

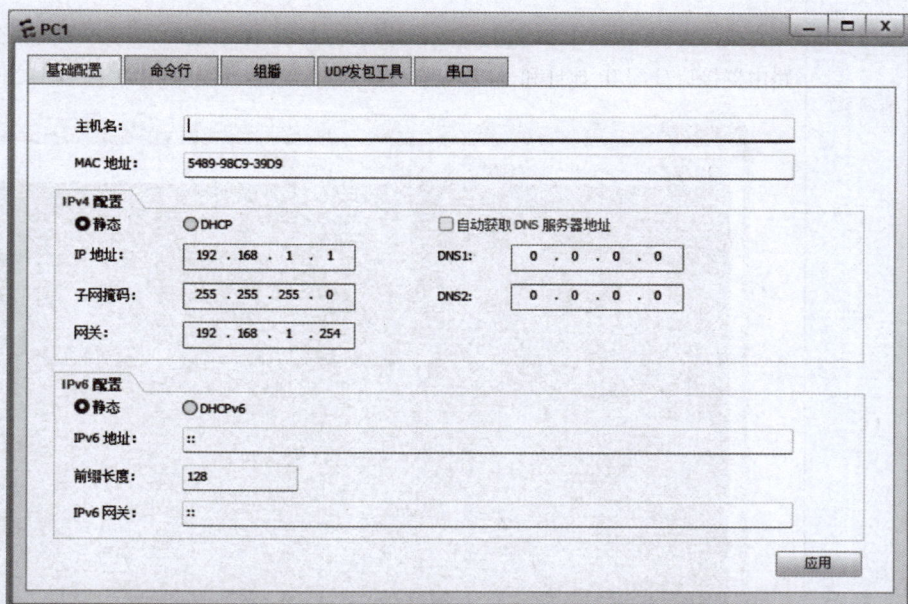

图 2.5.4　PC1 的基础配置

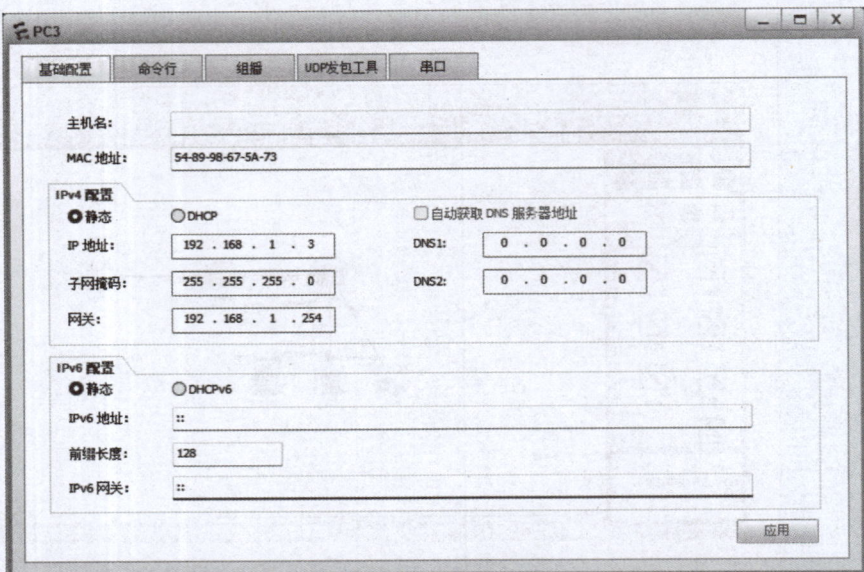

图 2.5.5　PC3 的基础配置

完成路由器 AR1 VLAN 配置过程，分别为 VLAN 10 对应的 IP 接口和连接交换机 LSW1 的路由器接口分配 IP 地址和子网掩码。启动如图 2.5.6 所示的 PC4 与 PC1 之间的通信过程。

实施步骤

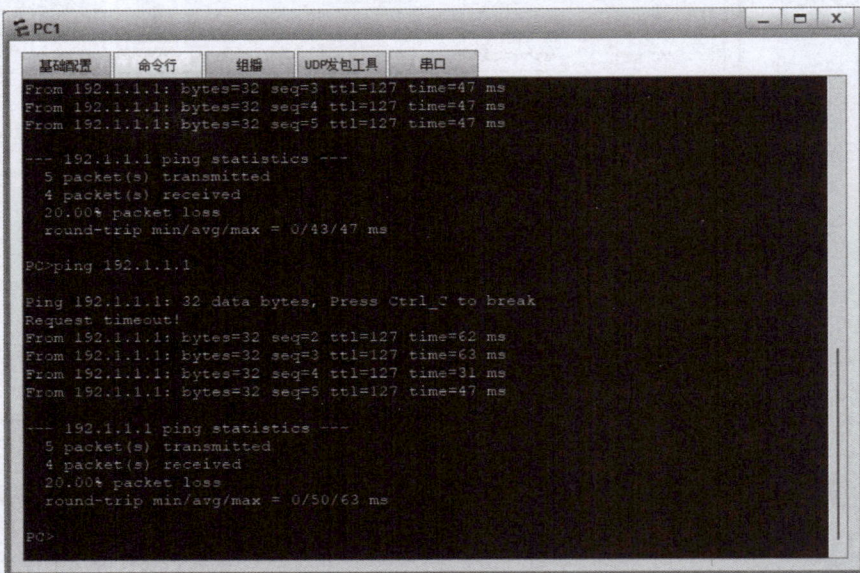

图 2.5.6　PC4 与 PC1 之间的通信过程

查看路由器 AR1 ARP 缓冲区中的 ARP 表项，如图 2.5.7 所示，存在建立 PC1 的 IP 地址与 PC1 的 MAC 地址之间关联的 ARP 表项。

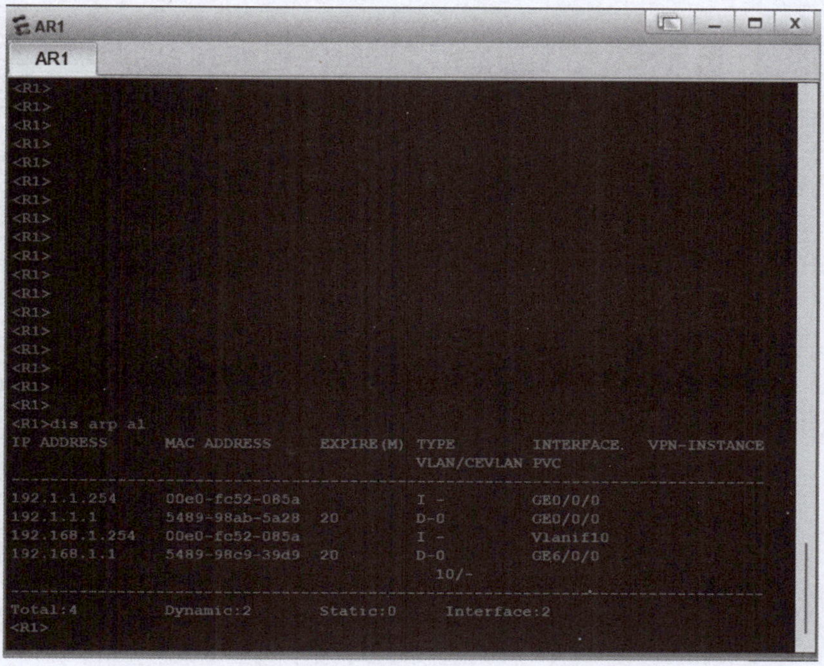

图 2.5.7 建立 PC1 的 IP 地址与 PC1 的 MAC 地址之间关联的 ARP 表项

实施步骤 　　将 PC3 的 IP 地址改为 PC1 的 IP 地址，启动如图 2.5.8 所示的 PC3 与路由器 AR1 VLAN 10 对应的 IP 接口之间的通信过程。再次查看路由器 AR1 ARP 缓冲区中的 ARP 表项，如图 2.5.9 所示，存在建立 PC1 的 IP 地址与 PC3 的 MAC 地址之间关联的 ARP 表项。

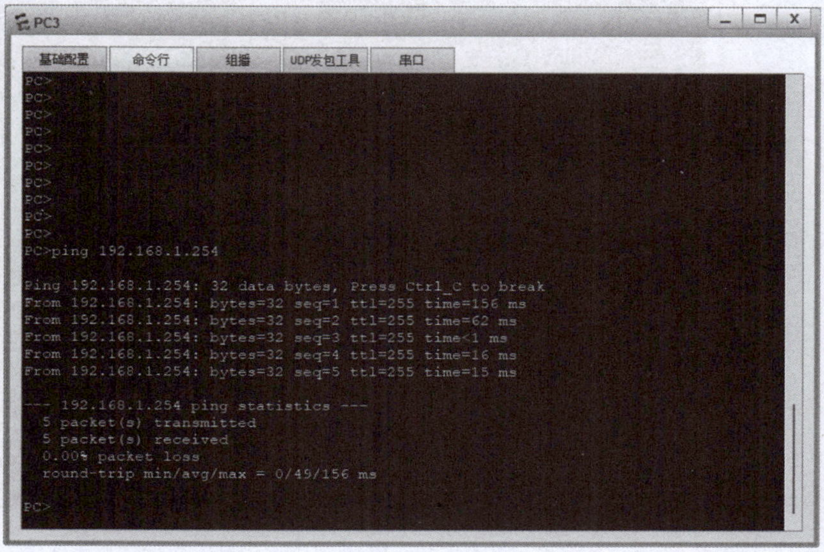

图 2.5.8 PC3 与路由器 AR1 VLAN 10 对应的 IP 接口之间的通信过程

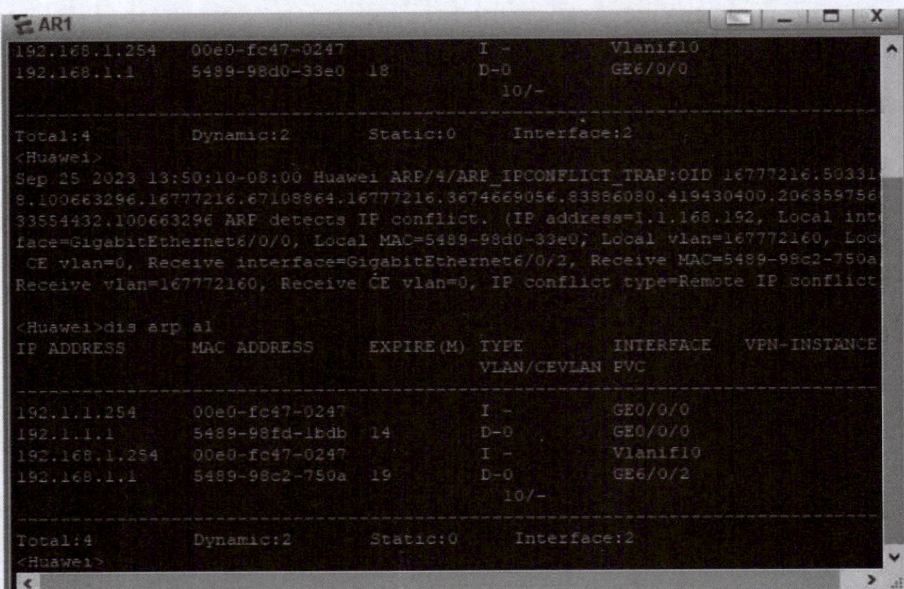

图 2.5.9　建立 PC1 的 IP 地址与 PC3 的 MAC 地址之间关联的 ARP 表项

实施步骤

将 PC3 的 IP 地址重新改为 192.168.1.3，启动 PC4 与 PC1 之间的通信过程，PC4 与 PC1 之间无法进行正常通信，如图 2.5.10 所示。

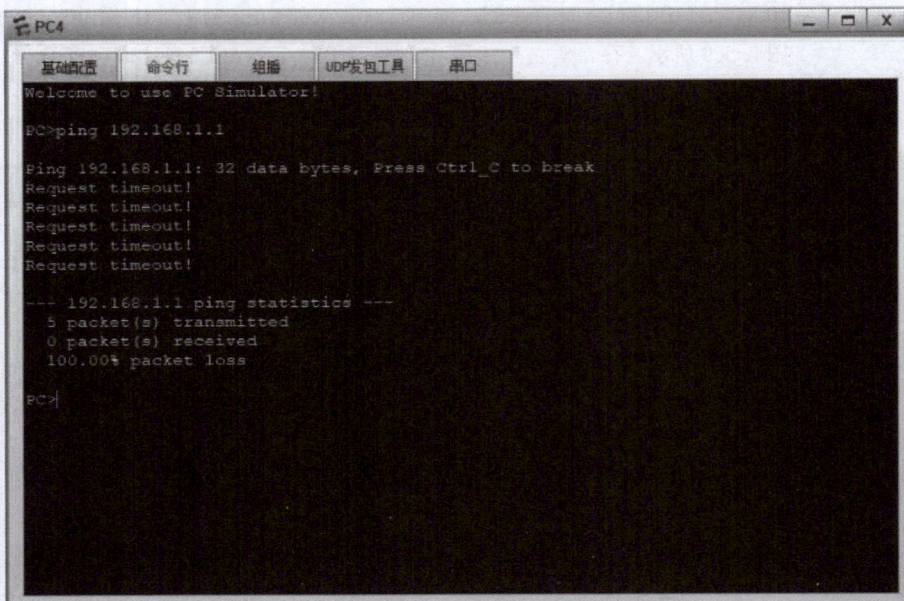

图 2.5.10　PC4 与 PC1 之间无法进行正常通信

续表

实施步骤	启动 DHCP 侦听功能，添加分别对应 PC1 和 PC2 的两项静态用户绑定项，添加的静态用户绑定项如图 2.5.11 所示。在 VLAN 10 中启动动态 ARP 检测（DAI）功能。 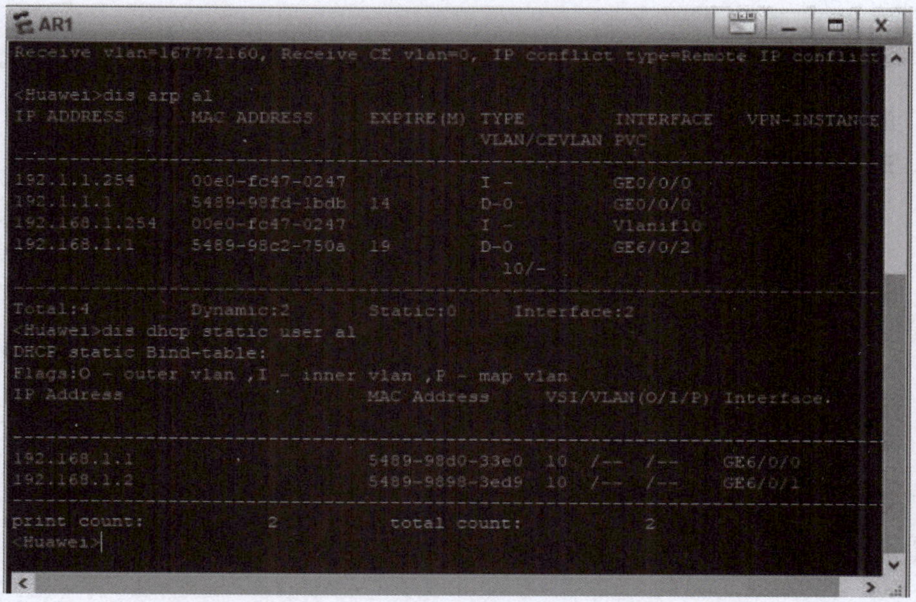 图 2.5.11　添加的静态用户绑定项

```
AR1
Receive vlan=167772160, Receive CE vlan=0, IP conflict type=Remote IP conflict

<Huawei>dis arp al
IP ADDRESS      MAC ADDRESS     EXPIRE(M) TYPE          INTERFACE   VPN-INSTANCE
                                          VLAN/CEVLAN PVC
------------------------------------------------------------------------------
192.1.1.254     00e0-fc47-0247            I -           GE0/0/0
192.1.1.1       5489-98fd-1bdb  14        D-0           GE0/0/0
192.168.1.254   00e0-fc47-0247            I -           Vlanif10
192.168.1.1     5489-98c2-750a  19        D-0           GE6/0/2
                                            10/-
------------------------------------------------------------------------------
Total:4         Dynamic:2       Static:0     Interface:2
<Huawei>dis dhcp static user al
DHCP static Bind-table:
Flags:O - outer vlan ,I - inner vlan ,P - map vlan
IP Address                      MAC Address     VSI/VLAN(O/I/P) Interface.

------------------------------------------------------------------------------
192.168.1.1                     5489-98d0-33e0  10  /--  /--    GE6/0/0
192.168.1.2                     5489-9898-3ed9  10  /--  /--    GE6/0/1
------------------------------------------------------------------------------
print count:           2         total count:          2
<Huawei>
```

任务 6　生成树欺骗攻击防御

【任务工单】

任务工单 6：生成树欺骗攻击防御

任务名称	生成树欺骗攻击防御				
组别		成员		小组成绩	
学生姓名				个人成绩	
任务情景	在应对生成树欺骗攻击的挑战中，安安踏上了强化其网络架构安全性的征途。为了筑起坚不可摧的防御壁垒，他巧妙地运用了一系列前沿技术与方法，模拟了一个高度仿真的网络环境进行实战演练。 他深刻剖析了生成树欺骗攻击的本质，即攻击者利用生成树协议（STP）的漏洞，恶意篡改网络拓扑结构，导致网络环路、服务中断乃至数据泄露等严重后果。为了有效抵御此类威胁，安安精心策划并实施了一系列防御策略。				

任务情景	首要之举，是在网络基础设施中集成生成树协议的保护机制，如 STP Root Guard、BPDU Guard 等。这些机制能够防止非法设备成为生成树的根桥或接收桥协议数据单元（BPDU），从而遏制攻击者操控网络拓扑的企图。通过严格配置这些保护措施，安安确保了网络结构的稳定性和安全性。 此外，他还部署了先进的网络监控与异常检测系统。这些系统能够实时监测网络流量和 STP 协议行为，迅速识别并报告任何异常或可疑活动。结合智能分析算法，安安能够迅速定位攻击源并采取相应的隔离措施，防止攻击扩散和损害扩大。 为了构建更加完善的防御体系，安安还引入了网络访问控制（NAC）和防火墙技术。通过严格限制网络访问权限和过滤不必要的流量，安安进一步降低了网络遭受生成树欺骗攻击的风险。同时，他还加强了网络设备的物理安全和身份认证机制，确保只有授权用户才能访问网络设备和管理界面。 通过一系列精心策划和实施的防御措施，安安成功构建了一个高效、可靠的网络安全防御体系。他不仅在实战演练中积累了宝贵的经验，还为公司的网络安全建设树立了新的标杆。这段经历不仅提升了他在网络安全领域的专业能力，更为他未来的职业发展奠定了坚实的基础。
任务目标	参考安安的工作经历，明确以下目标： • 明晰 STP 生成树欺骗攻击产生的场景和工作原理 • 掌握 STP 边缘端口和 BPDU 保护相关防御技术和配置方法
任务要求	• 拓扑搭建符合业务逻辑规范 • 命令配置和操作符合 eNSP 软件平台操作规范
任务实施	1. 启动 eNSP 软件 2. 搭建网络拓扑 3. 启动 CLI，进行命令行配置
实施总结	
小组评价	
任务点评	

【前导知识】

生成树欺骗攻击［Spanning Tree Protocol（STP）Manipulation Attack］是针对计算机网络中使用生成树协议（如 STP、RSTP、MSTP 等）的一种攻击手法。生成树协议用于确保网络拓扑中没有循环，并选择最佳路径以避免数据包的无限循环。

攻击者利用生成树协议的设计漏洞或不安全配置来干扰生成树的正常运行，从而对网络进行攻击。这种攻击可能导致网络拓扑异常、网络拥堵、数据包丢失、服务中断等问题。

1. 攻击者可以执行以下方式进行生成树欺骗攻击

（1）根桥欺骗（Root Bridge Spoofing）：攻击者发送伪造的生成树协议 BPDU（Bridge Protocol Data Units）来欺骗网络设备，使其误认为攻击者控制的交换机是生成树的根桥，从而改变生成树拓扑结构。

（2）BPDU 修改（BPDU Manipulation）：攻击者可以修改、篡改或删除生成树协议 BPDU，以影响生成树的计算，导致网络选择不同的路径或形成循环。

（3）伪造优先级（Forge Priority）：攻击者可以伪造生成树协议中交换机的优先级，以影响生成树的计算，使得攻击者控制的交换机成为生成树的根桥。

2. 为了防御生成树欺骗攻击，可以采取以下措施

（1）网络安全策略：实施严格的网络安全策略，限制物理访问，并仅授权可信人员访问网络设备。

（2）BPDU 协议保护：启用生成树协议的保护机制，防止未经授权的设备发送、修改或删除 BPDU。

（3）端口安全措施：使用端口安全特性，限制每个端口接收的 MAC 地址数量，防止 MAC 地址泛洪攻击。

（4）网络监控和检测：定期监控网络流量，检测异常 BPDU 活动，及时发现潜在的生成树欺骗攻击。

（5）更新和补丁：定期更新网络设备的固件和软件，应用最新的安全补丁以修复已知漏洞。

【任务内容】

1. 实验内容

如图 2.6.1 所示，用交换机仿真黑客终端。首先将仿黑客终端的交换机的优先级设置为最高，使得该交换机成为根交换机，导致终端 A 和终端 B、终端 C 之间传输的数据经过该交换机。然后将交换机 S1 和 S3 连接仿黑客终端的交换机的端口设置为网桥协议数据单元（Bridge Protocol Data Unit，BPDU）防护端口。某个交换机端口如果设置为 BPDU 防护端口，一旦接收到 BPDU，将立即关闭。因此，仿黑客终端的交换机不再为生成树的一部分，终端之间传输的数据不再经过该交换机。

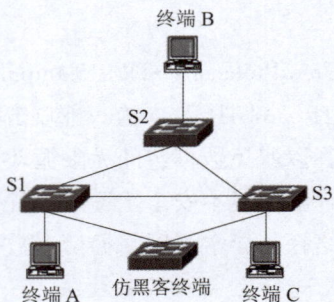

图 2.6.1　网络拓扑结构图

2. 实验原理

将仿黑客终端的交换机的优先级设置为最高后，根据如图 2.6.1 所示的以太网网络拓扑结构构建的生成树如图 2.6.2（a）所示，仿黑客终端的交换机成为根交换机，终端 A 和终端 B、终端 C 之间传输的数据经过仿黑客终端的交换机。

将交换机 S1 和 S3 连接仿黑客终端的交换机的端口设置为 BPDU 防护端口后，仿黑客终端的交换机一旦发送 BPDU，交换机 S1 和 S3 将关闭连接仿黑客终端的交换机的端口，导致仿黑客终端的交换机不再与网络相连，仿黑客终端的交换机不再为如图 2.6.2（b）所示的重新构建的生成树的一部分，终端之间传输的数据不再经过仿黑客终端的交换机。

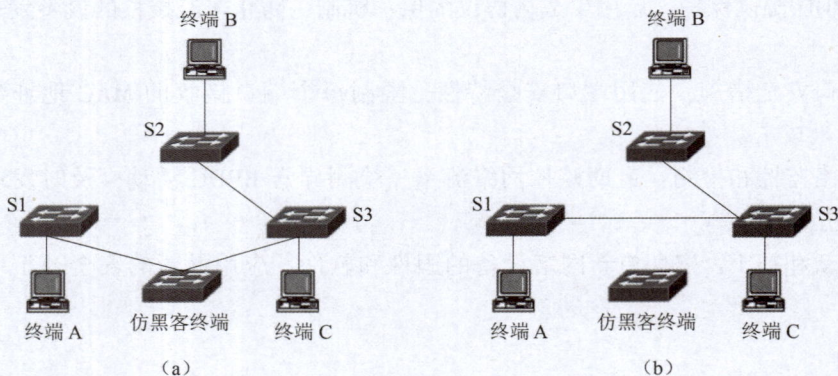

图 2.6.2　生成树欺骗攻击与防御

（a）以仿黑客终端的交换机为根的生成树；（b）配置 BPDU 防护端口后的生成树

3. 关键配置命令

1）STP 基本配置命令

```
[Huawei]stp mode stp
[Huawei]stp root primary
[Huawei]stp enable
```

stp mode stp 是系统视图下使用的命令，该命令的作用是将 stp 模式设定为 stp。可以选择的 stp 模式有 stp、rstp 和 mstp，分别对应三种生成树协议 STP、RSTP 和 MSTP。

stp root primary 是系统视图下使用的命令，该命令的作用是将交换机设定为根网桥，由于优先级最高的网桥成为根网桥，且优先级值越小，优先级越高，因此，该命令的作用是将交换机的优先级值设定为一个远小于默认值的值。

stp enable 是系统视图下使用的命令，该命令的作用是启动交换机的 STP 功能。

2）BPDU 保护端口配置命令

```
[Huawei]interface GigabitEthernet0/0/4
[Huawei-GigabitEthernet0/0/4]stp edged-port enable
[Huawei-GigabitEthernet0/0/4]quit
[Huawei]stp bpdu-protection
```

stp edged-port enable 是接口视图下使用的命令，该命令的作用是将当前交换机端口（这里是端口 GigabitEthernet0/0/4）指定为边缘端口。某个交换机端口一旦被指定为边缘端口，将不再参与构建生成树过程。

stp bpdu-protection 是系统视图下使用的命令，该命令的作用是启动设备的 BPDU 保护功能。某个设备启动 BPDU 保护功能后，如果属于该设备的边缘端口接收到 BPDU，将关闭该边缘端口。

4. 命令列表

交换机命令行配置过程中使用的命令格式、功能和参数说明如表 2.6.1 所示。

表 2.6.1　命令列表

命令格式	功能和参数说明
stp mode（mstp｜rstp｜stp）	配置交换机生成树协议工作模式，mstp、rstp 和 stp 是三种工作模式
stp root（primary secondary）	将交换机指定为根交换机（primary），或者指定为备份根交换机（secondary）
stp enable	启动交换机 stp 功能
stp edged-port enable	将当前交换机端口设置为边缘端口，边缘端口不再参与构建生成树过程
stp bpdu-protection	启动设备的 BPDU 保护功能
display stp brief	显示生成树相关信息摘要

【任务实施】

任务目标	1. 验证交换机优先级对构建的生成树的影响 2. 验证生成树欺骗攻击过程 3. 验证防生成树欺骗攻击原理 4. 验证防生成树欺骗攻击实现过程	微课-生成树欺骗攻击防御

续表

启动 eNSP，按照如图 2.6.1 所示的网络拓扑结构放置和连接设备，完成设备放置和连接后的 eNSP 界面如图 2.6.3 所示。

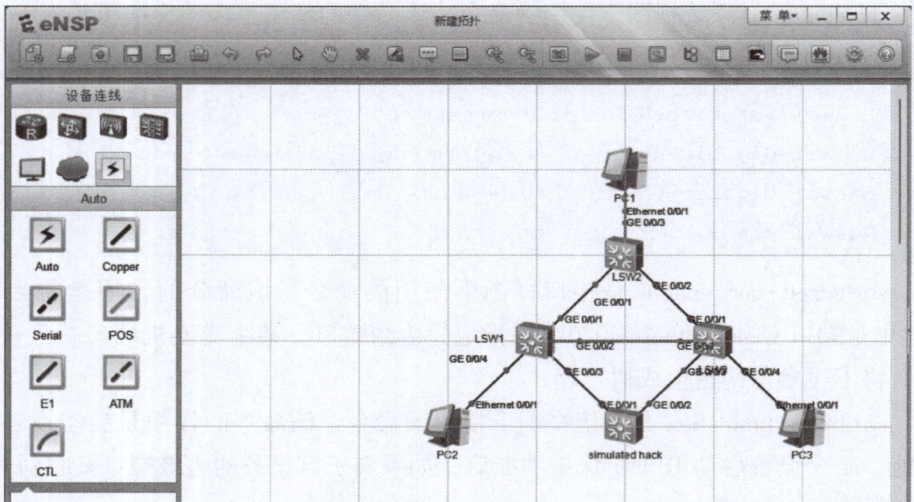

图 2.6.3　完成设备放置和连接后的 eNSP 界面

实施步骤

完成各个交换机 STP 相关配置过程，将仿黑客终端的交换机（simulated hack）设置为根交换机。成功构建生成树后，仿黑客终端的交换机成为根交换机，两个端口都是处于转发状态的指定端口。交换机 LSW1 连接仿黑客终端的交换机的端口成为根端口。仿黑客终端的交换机（simulated hack）和交换机 LSW1 的端口状态分别如图 2.6.4 和图 2.6.5 所示。

```
The device is running!

<Huawei>sys
Enter system view, return user view with Ctrl+Z.
[Huawei]
[Huawei]stp ro pr
[Huawei]dis stp br
Sep 25 2023 14:06:25-08:00 Huawei DS/4/DATASYNC_CFGCHANGE:OID 1.3.6.1.4.1.2011.5
.25.191.3.1 configurations have been changed. The current change number is 4, th
e change loop count is 0, and the maximum number of records is 4095.
 MSTID  Port                        Role  STP State    Protection
   0    GigabitEthernet0/0/1        DESI  FORWARDING      NONE
   0    GigabitEthernet0/0/2        DESI  FORWARDING      NONE
[Huawei]
```

图 2.6.4　仿黑客终端的交换机（simulated hack）端口状态

续表

图 2.6.5　交换机 LSW1 的端口状态

完成各个终端 IP 地址和子网掩码配置过程，PC1～PC3 分别配置 IP 地址 192.1.1.1～192.1.1.3。PC1 的基础配置界面如图 2.6.6 所示。

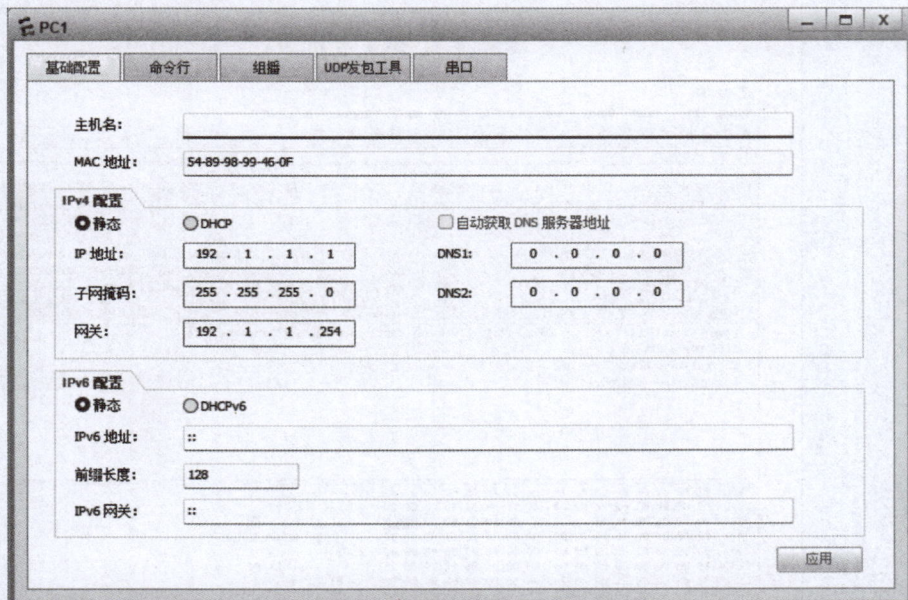

图 2.6.6　PC1 的基础配置界面

（左栏）实施步骤

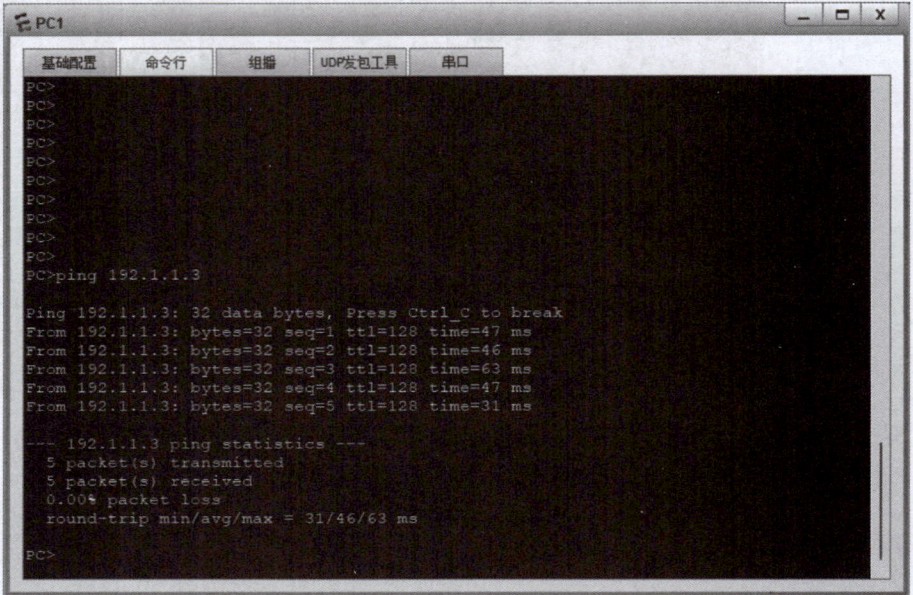

实施步骤	为了验证 PC1 与 PC3 之间交换的 ICMP 报文经过仿黑客终端的交换机，在仿黑客终端的交换机连接交换机 LSW1 的端口（GigabitEthernet0/0/1）上启动捕获报文功能。 启动 PC1 与 PC3 之间的通信过程，PC1 执行如图 2.6.7 所示的 ping 操作时，仿黑客终端的交换机连接交换机 LSW1 的端口捕获的报文序列如图 2.6.8 所示，PC1 与 PC3 之间交换的 ICMP 报文全部经过该端口。 图 2.6.7　PC1 与 PC3 之间的通信过程 图 2.6.8　仿黑客终端的交换机连接交换机 LSW1 的端口捕获的报文序列

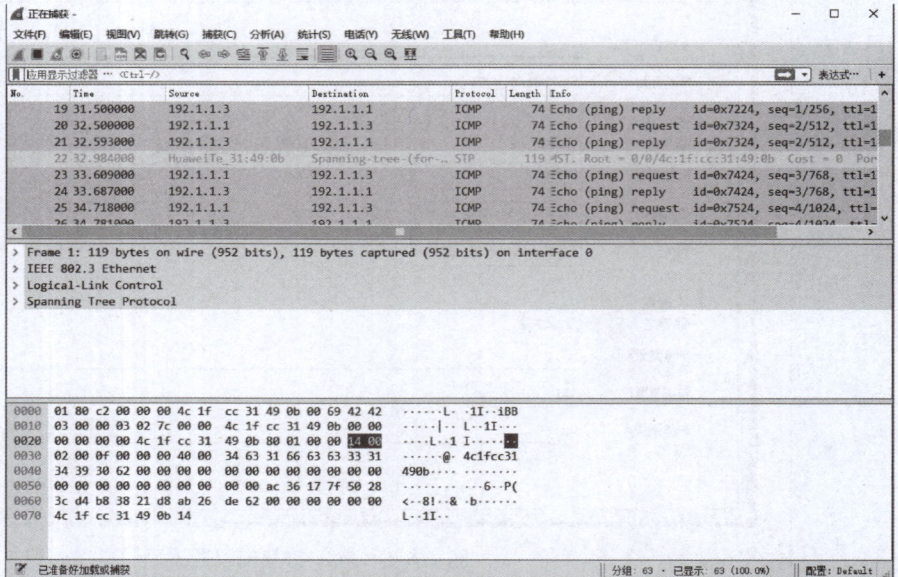

实施步骤	将交换机 LSW1 和 LSW3 连接仿黑客终端的交换机的端口设置为边缘端口，启动这两台交换机的 BPDU 保护功能。重新构建生成树后，交换机 LSW1 和 LSW3 连接仿黑客终端的交换机的端口被关闭，仿黑客终端的交换机不再为重新构建的生成树的一部分。仿黑客终端的交换机和交换机 LSW1 的端口状态分别如图 2.6.9 和图 2.6.10 所示。仿黑客终端的交换机连接交换机 LSW1 和 LSW3 的两个端口不再属于生成树的端口。同样，交换机 LSW1 连接仿黑客终端的交换机的端口也不再属于生成树的端口。 ![simulated hack 窗口] 图 2.6.9　仿黑客终端的交换机的端口状态 ![LSW1 窗口] 图 2.6.10　交换机 LSW1 的端口状态

图 2.6.9 窗口内容：

```
simulated hack
The device is running!

<Huawei>sys
Enter system view, return user view with Ctrl+Z.
[Huawei]
[Huawei]stp ro pr
[Huawei]dis stp br
Sep 25 2023 14:06:25-08:00 Huawei DS/4/DATASYNC_CFGCHANGE:OID 1.3.6.1.4.1.2011.5
.25.191.3.1 configurations have been changed. The current change number is 4, the
 change loop count is 0, and the maximum number of records is 4095.
 MSTID  Port                        Role  STP State   Protection
   0    GigabitEthernet0/0/1        DESI  FORWARDING    NONE
   0    GigabitEthernet0/0/2        DESI  FORWARDING    NONE
[Huawei]dis stp br
 MSTID  Port                        Role  STP State   Protection
   0    GigabitEthernet0/0/1        DESI  FORWARDING    NONE
   0    GigabitEthernet0/0/2        DESI  FORWARDING    NONE
[Huawei]
```

图 2.6.9　仿黑客终端的交换机的端口状态

图 2.6.10 窗口内容：

```
LSW1
[Huawei-GigabitEthernet0/0/3]
[Huawei-GigabitEthernet0/0/3]
[Huawei-GigabitEthernet0/0/3]
[Huawei-GigabitEthernet0/0/3]
[Huawei-GigabitEthernet0/0/3]
[Huawei-GigabitEthernet0/0/3]
[Huawei-GigabitEthernet0/0/3]
[Huawei-GigabitEthernet0/0/3]
[Huawei-GigabitEthernet0/0/3]
[Huawei-GigabitEthernet0/0/3]
[Huawei-GigabitEthernet0/0/3]
[Huawei-GigabitEthernet0/0/3]
[Huawei-GigabitEthernet0/0/3]
[Huawei-GigabitEthernet0/0/3]
[Huawei-GigabitEthernet0/0/3]
[Huawei-GigabitEthernet0/0/3]
[Huawei-GigabitEthernet0/0/3]dis stp br
 MSTID  Port                        Role  STP State    Protection
   0    GigabitEthernet0/0/1        ALTE  DISCARDING    NONE
   0    GigabitEthernet0/0/2        ROOT  FORWARDING    NONE
   0    GigabitEthernet0/0/3        DESI  FORWARDING    NONE
   0    GigabitEthernet0/0/4        DESI  FORWARDING    NONE
[Huawei-GigabitEthernet0/0/3]
```

图 2.6.10　交换机 LSW1 的端口状态

【知识考核】

1. 选择题

（1）MAC 地址欺骗攻击主要通过哪种机制进行？（　　　）

A. 路由器的 IP 路由表

B. 交换机的 MAC 地址学习机制

C. 防火墙的过滤规则

D. 终端设备的操作系统

（2）MAC 地址欺骗攻击的后果不包括以下哪一项？（　　　）

A. 交换机学习到错误的 MAC 地址与 IP 地址的映射关系

B. 交换机发送给正确目的地的数据被发送给攻击者

C. 攻击者可以绕过防火墙的安全策略

D. 终端设备的操作系统被篡改

（3）IP 欺骗攻击中，攻击者常利用的技术手段是（　　　）。

A. 加密传输数据

B. 伪造源 IP 地址

C. 篡改 DNS 记录

D. 劫持网络路由

（4）哪种技术可以有效防止 IP 地址欺骗攻击？（　　　）

A. 防火墙规则设置

B. 单播反向路径转发（uRPF）

C. SSL 加密通信

D. 访问控制列表（ACL）配置为仅允许特定 IP 访问

（5）ARP 欺骗攻击是一种（　　　）攻击。

A. 缓冲区溢出

B. 网络监听

C. 拒绝服务

D. 假消息

2. 简答题

（1）请简述 DHCP 欺骗攻击的有效防御手段。

（2）请描述 STP 欺骗攻击发生的典型应用场景。

项目三

互联网安全实验

项目导读

网络层安全实验旨在研究和实践保护网络层（第三层）免受各种安全威胁的方法。网络层安全涉及防止未经授权的访问、保护路由协议、抵御拒绝服务攻击等。通常在项目实施的环节中，着重关注以下几个方面的管理。

（1）路由器安全配置：配置路由器以确保只有授权的用户才可以访问管理界面，使用安全密码和 SSH 等安全协议进行管理。

（2）路由协议的安全配置：针对常用的路由协议（如 RIP、OSPF、BGP 等），实施安全配置，包括鉴权、加密、更新频率控制等，以保护路由协议免受攻击。

（3）防火墙配置：使用防火墙配置网络层访问控制，限制不必要的流量进入网络，并允许只有特定 IP 地址或 IP 范围的流量。

（4）抗拒绝服务攻击：模拟和实施拒绝服务攻击（如 DDoS 攻击），并配置路由器以对抗这些攻击，例如通过配置 ACL、启用合适的防护功能等。

（5）网络监控与分析：使用 Wireshark 或其他网络分析工具监控网络流量，分析可能的攻击行为，并实施防御措施。

（6）实验报告：撰写实验报告，包括实验目标、步骤、实施过程、实验结果和总结。要求对实验中遇到的问题、解决方法和改进措施进行描述。

路由层网络安全的重要性不可忽视，它直接影响到整个网络的稳定性、安全性和可用性。以下是一些突显路由层网络安全项目重要性的关键方面。

（1）网络稳定性：路由层网络安全确保路由协议的正常运行，避免不必要的路由更新、错误路由信息或路由循环，从而维护网络的稳定性。

（2）防止路由篡改：路由层安全措施可以防止恶意攻击者篡改路由信息，确保路由表的准确性和完整性，防止数据流量被重定向到恶意目的地。

（3）保障数据的安全传输：通过确保正确的路由信息，路由层网络安全有助于保障数据按照预期路径传输，避免数据流量被劫持、窃取或篡改。

（4）防范中间人攻击：在路由层采取安全措施可以有效防范中间人攻击，确保网络中的数据流量在传输过程中不受未经授权的篡改或监听。

（5）防御拒绝服务攻击：通过在路由层实施防护措施，可以帮助抵御拒绝服务攻击，确保网络服务的可用性，避免服务不可用对业务造成的严重影响。

（6）保护隐私和敏感信息：通过网络层的安全机制，可以防止未经授权的访问者进入网络，确保隐私和敏感信息的安全，避免信息泄露。

（7）维护业务连续性：路由层网络安全有助于确保业务的连续性，避免网络故障或攻击导致的业务中断，保障组织的正常运营。

（8）符合法律和合规要求：实施路由层网络安全项目是符合法律法规和行业合规要求的一种方式，以保护组织免受法律责任和罚款。

综合来看，路由层网络安全项目对于构建一个安全、稳定、高效的网络架构至关重要。通过采取适当的安全措施和实施安全项目，可以最大限度地保障网络及其相关数据的安全。

作为一名合格的网络安全工程师，需要学习如何识别和管理网络互联层的安全漏洞，以及如何加固网络。制定和实施适用于网络层的安全策略，以确保网络的整体安全性。

项目目标

1. 素质目标
◆ 培养树立面对网络攻击事件的正确态度；
◆ 培养勇于守卫网络安全环境的正确价值观；
◆ 培养面对职业发展的正确专业使命、技术使命。

2. 知识目标
◆ 掌握 RIP 路由项欺骗攻击原理；
◆ 掌握 OSPF 路由项欺骗攻击原理；
◆ 掌握单播逆向路径转发的原理；
◆ 掌握路由项过滤原理；
◆ 掌握流量管制的原理；
◆ 掌握 PAT 的工作原理；
◆ 掌握 NAT 的工作原理；
◆ 掌握 VRRP 的工作原理。

3. 能力目标
◆ 具备防御 RIP 路由项欺骗攻击的能力；
◆ 具备防御 OSPF 路由项欺骗攻击的能力；
◆ 具备防御单播逆向路径转发的能力；
◆ 具备路由项过滤的能力；
◆ 具备流量管制的能力；
◆ 具备正确配置 PAT 的能力；
◆ 具备正确配置 NAT 的能力；
◆ 具备正确配置 VRRP 的能力。

项目地图

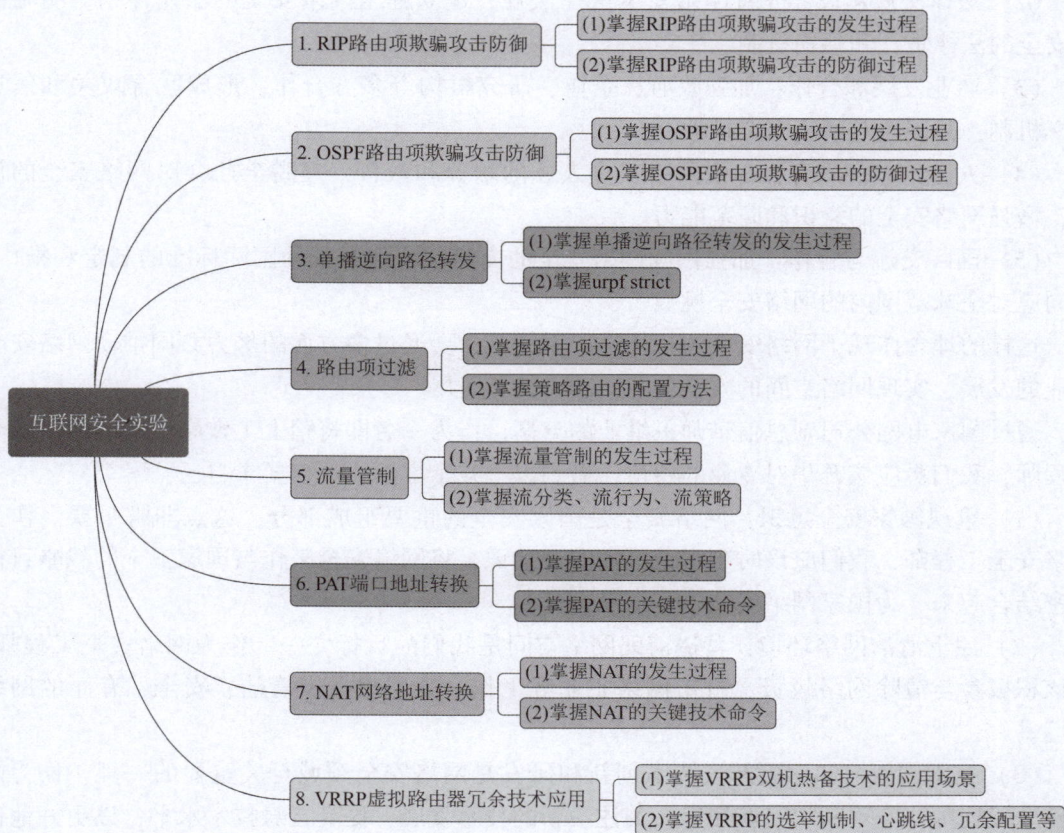

```
                              ┌─ 1. RIP路由项欺骗攻击防御 ─┬─ (1)掌握RIP路由项欺骗攻击的发生过程
                              │                           └─ (2)掌握RIP路由项欺骗攻击的防御过程
                              │
                              ├─ 2. OSPF路由项欺骗攻击防御 ─┬─ (1)掌握OSPF路由项欺骗攻击的发生过程
                              │                            └─ (2)掌握OSPF路由项欺骗攻击的防御过程
                              │
                              ├─ 3. 单播逆向路径转发 ─┬─ (1)掌握单播逆向路径转发的发生过程
                              │                      └─ (2)掌握urpf strict
                              │
                              ├─ 4. 路由项过滤 ─┬─ (1)掌握路由项过滤的发生过程
                              │                 └─ (2)掌握策略路由的配置方法
   互联网安全实验 ────────────┤
                              ├─ 5. 流量管制 ─┬─ (1)掌握流量管制的发生过程
                              │               └─ (2)掌握流分类、流行为、流策略
                              │
                              ├─ 6. PAT端口地址转换 ─┬─ (1)掌握PAT的发生过程
                              │                     └─ (2)掌握PAT的关键技术命令
                              │
                              ├─ 7. NAT网络地址转换 ─┬─ (1)掌握NAT的发生过程
                              │                     └─ (2)掌握NAT的关键技术命令
                              │
                              └─ 8. VRRP虚拟路由器冗余技术应用 ─┬─ (1)掌握VRRP双机热备技术的应用场景
                                                               └─ (2)掌握VRRP的选举机制、心跳线、冗余配置等
```

大国匠心

——共建网络强国、营造清朗空间

共建网络强国、营造清朗空间是国家电网公司副总信息师王继业在网络安全领域的表述，这一理念旨在倡导全社会共同努力，加强网络安全建设，创造一个安全、健康、繁荣的网络空间。

共建网络强国：强调了网络安全是国家安全的重要组成部分，强国意味着国家在网络安全领域的实力、防御能力和国际影响力都能得到提升。通过共建网络强国，国家能够更好地应对来自网络空间的各种威胁和挑战，保障国家信息基础设施的安全和稳定。

营造清朗空间：强调要构建一个清洁、安全、有序的网络空间，营造一个没有恶意攻击、网络犯罪和违法行为的良好网络环境。通过营造清朗空间，可以保护用户的隐私、防止信息泄露和侵犯，促进网络社会的良好发展。

实现路径：

（1）技术创新和研发：加大网络安全技术研究和创新投入，推动网络安全技术的突破和创新，提高网络安全的防护能力。

（2）法律法规建设：完善网络安全法律法规，建立健全网络安全的法律体系，明确网络安全的法律责任和惩罚机制。

（3）产业发展和合作：加强政府、企业、研究机构等多方合作，形成联合攻关和信息共享机制，共同应对网络安全挑战。

（4）人才培养和教育：加强网络安全人才的培养和教育，提高全社会对网络安全的认知，增强网络安全的意识和防范能力。

（5）国际交流与合作：加强国际网络安全的交流与合作，推动国际标准的制定和推广，共同应对全球范围内的网络安全挑战。

这样的理念体现了网络安全的整体性、系统性，要通过多方面的努力共同推动网络安全事业的发展，实现网络空间的安全、清洁和可持续发展。

通过国家电网公司副总信息师王继业的分享，作为一名即将踏上工作岗位的准网络安全工程师，我们更应该升华对专业的感悟，做到以下几个方面，严格要求自己：

（1）重视国家安全意识：网络安全是国家安全的重要组成部分，这点非常重要。作为网络安全工程师，我们应该时刻牢记国家安全意识，将网络安全工作与国家安全的战略目标紧密结合起来，为国家网络安全事业贡献力量。

（2）注重清洁网络环境：营造清朗网络空间是我们的目标之一。作为网络安全工程师，应该积极参与清除网络垃圾、打击网络犯罪等工作，为用户提供清洁、安全、有序的网络环境。

（3）技术创新与知识更新：技术创新和研发是网络安全领域至关重要的一环。作为网络安全工程师，应不断学习新知识、关注最新的技术发展，提高自身技术水平，以更好地保障网络的安全。

（4）合作与国际交流：合作和国际交流是推动网络安全事业发展的关键。在全球化背景下，网络安全问题需要跨国合作解决。作为网络安全工程师，应积极参与国际交流，借鉴其他国家的经验，共同应对全球范围内的网络安全挑战。

总的来说，要深刻感悟网络安全工程师的责任和使命，以及网络安全工程师在共建网络强国、营造清朗空间过程中的重要性。应当认真对待这些责任，不断提升自身技能，为网络安全贡献自己的一份力量。

任务 1　RIP 路由项欺骗攻击防御

【任务工单】

任务工单 1：RIP 路由项欺骗攻击防御

任务名称	RIP 路由项欺骗攻击防御			
组别		成员	小组成绩	
学生姓名			个人成绩	
任务情景	在抵御 RIP 路由欺骗攻击的战役中，安安踏上了加固其网络防线的征途。为了构建一个坚不可摧的网络安全堡垒，他深入研究了 RIP（路由信息协议）的运作机制及其潜在漏洞，并设计了一套综合性的防御策略。 他深知 RIP 路由欺骗攻击的核心在于攻击者通过伪造或篡改 RIP 路由更新信息，误导网络中的路由器选择错误的路径，进而引发网络延迟、服务中断甚至数据窃取等严重后果。为了有效应对这一威胁，安安采取了多层次的防御措施。 首先，他加强了 RIP 路由信息的验证机制。通过配置 RIP 认证功能，确保只有经过身份验证的路由器才能参与 RIP 路由信息的交换。同时，他还设置了合理的 RIP 版本和定时器参数，防止攻击者利用 RIP 协议的缺陷进行欺骗攻击。 其次，安安部署了先进的网络监控和入侵检测系统。这些系统能够实时监控网络中的 RIP 路由更新信息，通过智能分析算法识别并阻断任何异常或可疑的路由更新请求。一旦检测到潜在的 RIP 路由欺骗攻击，系统将立即触发警报并采取相应的应急响应措施。 通过这一系列精心策划和实施的防御措施，安安成功构建了一个强大的网络安全防护网。他不仅在实战中验证了这些措施的有效性，还为公司的网络安全建设贡献了宝贵的经验和智慧。这段经历不仅提升了他在网络安全领域的专业技能，更为他未来的职业发展铺平了道路。			
任务目标	参考安安的学习和工作路径，明确以下目标： • 明晰 RIP 路由项欺骗攻击的技术原理 • 掌握 RIP 路由项欺骗攻击的认证防御手段和关键配置命令			
任务要求	• 拓扑搭建符合业务逻辑规范 • 命令配置和操作符合 eNSP 软件平台操作规范			
任务实施	1. 启动 eNSP 软件 2. 搭建网络拓扑 3. 启动 CLI，进行命令行配置			

实施总结	
小组评价	
任务点评	

【前导知识】

路由信息协议（Routing Information Protocol，RIP）路由项欺骗攻击是一种网络攻击，利用 RIP 协议的弱点，欺骗网络中的路由器，使其接收虚假的路由更新信息，从而改变网络路由表，导致数据流量被重定向到攻击者指定的路径上。

攻击者通常会发送包含虚假路由信息的 RIP 路由更新报文，这些信息可能会指定攻击者控制的路由器为更优的路径，或者将某些网络路径置为不可达。这样一来，受害的路由器会根据错误的路由信息调整其路由表，导致网络数据包被发送到错误的目的地。

以下是一些防御 RIP 路由项欺骗攻击的常见方法：

（1）认证和加密：使用 RIP 认证机制或对 RIP 报文进行加密，确保只有授权的路由器能够发送和接收 RIP 报文，防止攻击者伪造或篡改路由信息。

（2）路由过滤：对 RIP 协议的入口点进行路由过滤，只允许来自受信任的源地址的 RIP 报文进入网络，防止恶意 RIP 报文进入网络。

（3）定期监测和检查路由表：定期检查网络设备的路由表，及时发现异常或不正常的路由信息，并迅速采取恢复措施，将路由表恢复到正常状态。

（4）路由器安全配置：确保路由器的安全配置，包括限制对路由器的物理和逻辑访问、设置强密码、定期更改密码，以减少未经授权访问的风险。

（5）网络监控和日志记录：部署网络监控系统，监测网络流量和路由表的变化，并进行实时日志记录。及时发现异常活动，及时采取反制措施。

通过综合使用这些防御方法，可以有效减轻或避免 RIP 路由项欺骗攻击可能造成的影响，提高网络的安全性和稳定性。

【任务内容】

1. 实验内容

构建如图 3.1.1 所示的由三个路由器互联四个网络而成的互联网，通过路由信息协议（Routing Information Protocol，RIP）生成终端 A 至终端 B 的 IP 传输路径，实现 IP 分组终端 A 至终端 B 的传输过程。然后在网络地址为 192.1.2.0/24 的以太网上接入入侵路由器，由入侵路由器伪造与网络 192.1.4.0/24 直接连接的路由项，用伪造的路由项改变终端 A 至终端 B 的 IP 传输路径，使得终端 A 传输给终端 B 的 IP 分组被路由器 R1 错误地转发给入侵路由器。

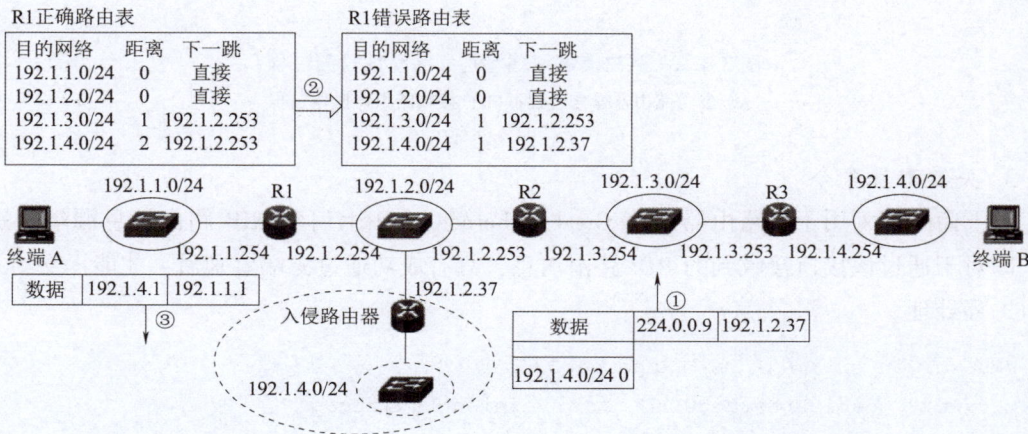

图 3.1.1　RIP 路由项欺骗攻击

在路由器 R1 和 R2 连接网络 192.1.2.0/24 的接口上启动路由项源端鉴别功能，使得入侵路由器发送的伪造路由项因为无法通过路由器 R1 的源端鉴别而不被采用，以此保证路由器 R1 路由表的正确性。

2. 实验原理

构建如图 3.1.1 所示的由三个路由器互联四个网络而成的互联网，完成路由器 RIP 配置过程，路由器 R1 生成如图 3.1.1 所示的路由器 R1 正确路由表，路由表中的路由项<192.1.4.0/24，2，192.1.2.253>表明路由器 R1 通往网络 192.1.4.0/24 的传输路径上的下一跳是路由器 R2，以此保证终端 A 至终端 B 的 IP 传输路径是正确的。如果有入侵路由器接入网络 192.1.2.0/24，并发送了伪造的表示与网络 192.1.4.0/24 直接连接的路由消息<192.1.4.0/24，0>，路由器 R1 接收到该路由消息后，如果认可该路由消息，将通往网络 192.1.4.0/24 的传输路径上的下一跳由路由器 R2 改为入侵路由器。导致终端 A 至终端 B 的 IP 传输路径发生错误。发生上述错误的根本原因在于，路由器 R1 没有对接收到的路由消息进行源端鉴别，即没有对发送路由消息的路由器的身份进行鉴别。如果每一个路由器只接收、处理授权路由器发送的路由消息，就能够防御上述路由项欺骗攻击。

实现路由消息源端鉴别的基础是在相邻路由器中配置相同的共享密钥，相互交换的路由消息携带由共享密钥生成的消息鉴别码（Message Authentication Code，MAC），通过消息鉴别码实现路由消息的源端鉴别和完整性检测，整个过程如图 3.1.2 所示。

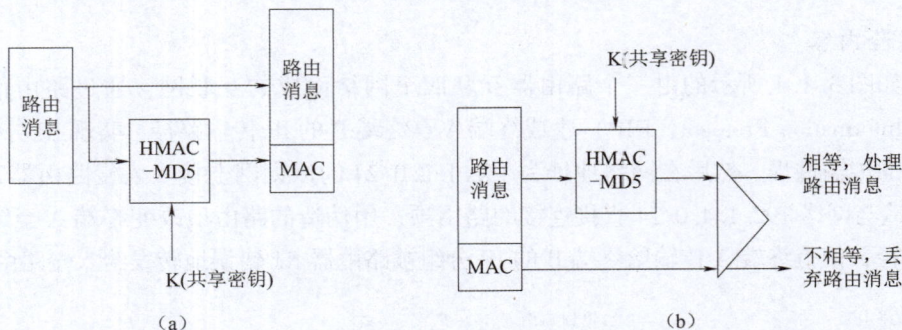

图 3.1.2 路由消息源端鉴别和完整性检测过程

（a）发送路由器操作过程；（b）接收路由器操作过程

3. 关键配置命令

以下命令序列用于在路由器接口 GigabitEthernet0/0/1 上启动 RIP 路由消息源端鉴别功能，即对于通过该接口接收到的 RIP 路由消息，只有成功通过源端鉴别后，才能提交给 RIP 路由进程处理。

```
[Huawei]interface GigabitEthernet0/0/1
[Huawei-GigabitEthernet0/0/1]rip version 2 multicast
[Huawei-GigabitEthernet0/0/1]rip authentication-mode hmac-sha256 cipher 12345678 255
[Huawei-GigabitEthernet0/0/1]quit
```

rip version 2 multicast 是接口视图下使用的命令，该命令的作用是将当前接口（这里是接口 GigabitEthernet0/0/1）的 RIP 版本指定为 2，并指定以组播方式发送 RIPv2 路由消息。

rip authentication-mode hmac-sha256 cipher 12345678 255 是接口视图下使用的命令，该命令的作用是启动当前接口（这里是接口 GigabitEthernet0/0/1）RIPv2 路由消息的源端鉴别功能，通过 hmac-sha256 生成鉴别码，密钥是 12345678，以密文方式存储密钥，密钥标识符是 255。

4. 命令列表

路由器命令行配置过程中使用的命令及功能和参数说明如表 3.1.1 所示。

表 3.1.1 命令列表

命令格式	功能和参数说明
rip version {1 | 2 [broadcast | multicast]}	该命令的作用是将当前接口的 RIP 版本指定为 1 或 2，并指定以广播方式（broadcast）或组播方式（multicast）发送 RIP 路由消息
rip authentication-mode hmac-sha256 {plain plaintext | [cipher] password-key} keyid	启动当前接口 RIPv2 路由消息的源端鉴别功能，hmac-sha256 是鉴别算法，参数 plaintext 是明文方式（plain），参数 password-key 是密文方式存储的密钥（cipher）。参数 keyid 是密钥标识符

【任务实施】

任务目标	1. 验证 RIP 的安全缺陷 2. 验证利用 RIP 实施路由项欺骗攻击的过程 3. 验证入侵路由器截获 IP 分组的过程 4. 验证 RIP 源端鉴别功能的配置过程 5. 验证 RIP 防御路由项欺骗攻击过程 微课–RIP 路由项欺骗攻击
实施步骤	完成入侵路由器（intrusion）接入后的网络拓扑结构如图 3.1.3 所示。完成入侵路由器 RIP 配置过程后，路由器 AR1 的完整路由表如图 3.1.4 所示，路由器 AR1 通往网络 192.1.4.0/24 的传输路径上的下一跳变为入侵路由器。 图 3.1.3　完成入侵路由器（intrusion）接入后的网络拓扑结构 图 3.1.4　路由器 AR1 的完整路由表

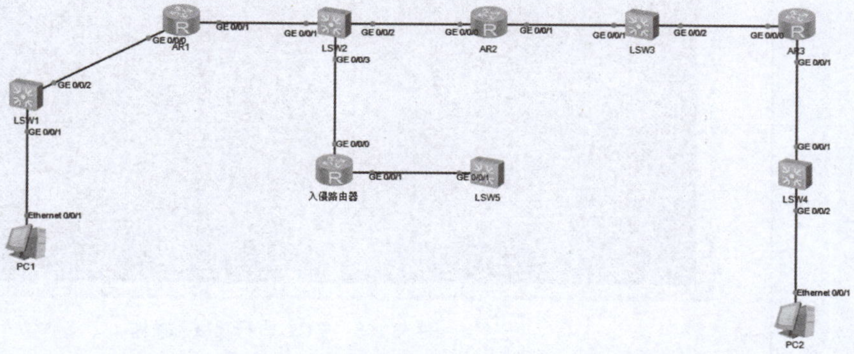

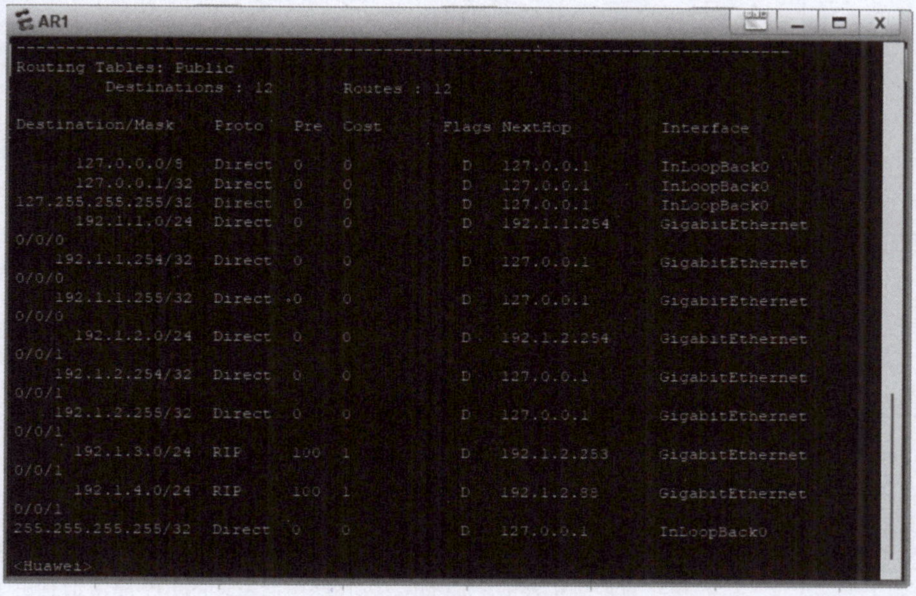

PC1 至 PC2 的 IP 分组被入侵路由器拦截，无法成功到达 PC2，图 3.1.5 所示是 PC1 执行 ping 操作的界面。图 3.1.6 所示是 PC1 执行如图 3.1.5 所示的 ping 操作时，入侵路由器连接网络 192.1.2.0/24 的接口捕获的报文序列。

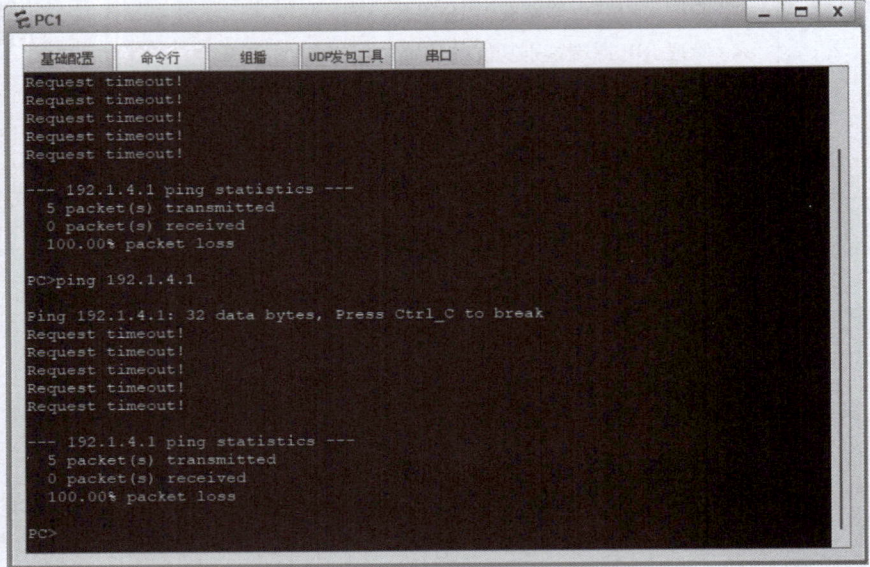

图 3.1.5　PC1 执行 ping 操作

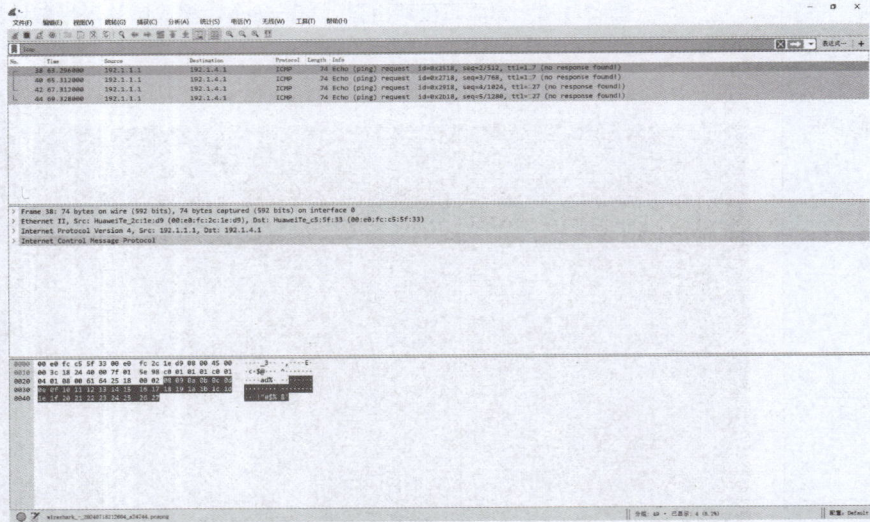

图 3.1.6　PC1 执行 ping 操作时捕获的报文序列

在路由器 AR1 和 AR2 连接网络 192.1.2.0/24 的接口上启动 RIPv2 路由消息源端鉴别功能，配置相同的鉴别算法和鉴别密钥。入侵路由器发送的 RIP 路由消息由于无法通过路由器 AR1 的源端鉴别，从而无法对路由器 AR1 生成路由项的过程产生影响，路由器 AR1 完

实施步骤

整路由表恢复接入入侵路由器之前的状态，如图 3.1.7 所示，路由器 AR1 通往网络 192.1.4.0/24 的传输路径上的下一跳重新变为路由器 AR2。PC1 与 PC2 之间恢复正常通信过程，如图 3.1.8 所示。

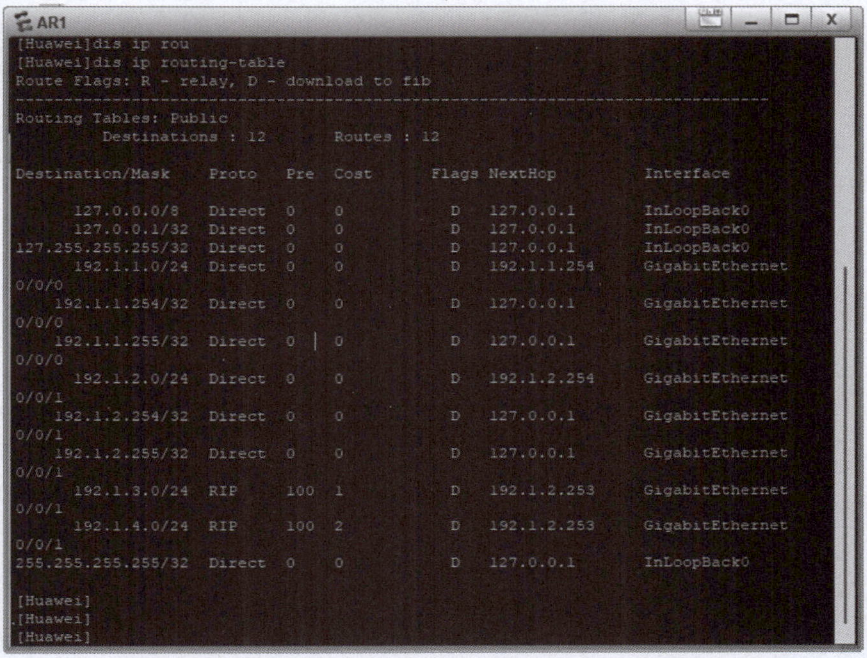

实施步骤

图 3.1.7　路由器 AR1 通往网络 192.1.4.0/24 的下一跳重新变为路由器 AR2

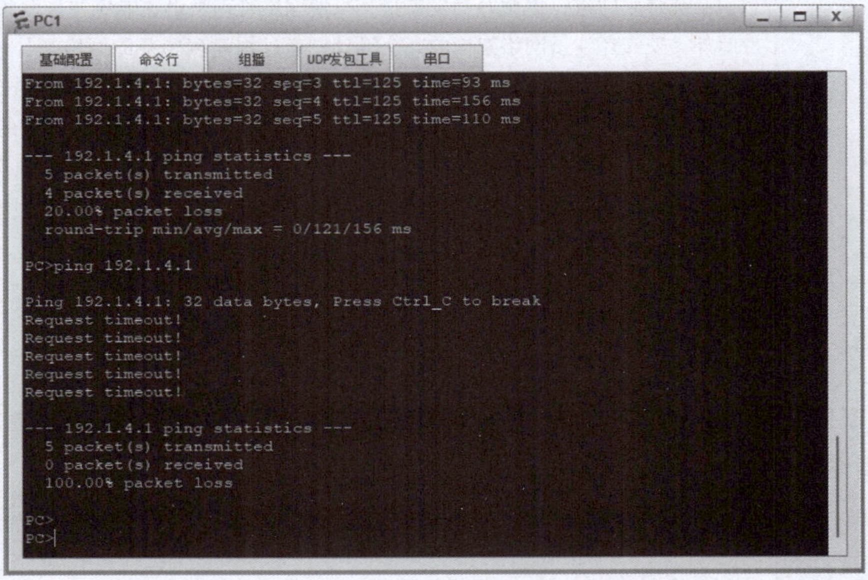

图 3.1.8　PC1 与 PC2 之间恢复正常通信过程

任务 2　OSPF 路由项欺骗攻击防御

【任务工单】

任务工单 2：OSPF 路由项欺骗攻击防御

任务名称	OSPF 路由项欺骗攻击防御			
组别		成员	小组成绩	
学生姓名			个人成绩	
任务情景	在防范 OSPF（开放最短路径优先）路由欺骗攻击的征途上，安安踏上了加固其网络防线的道路。为了筑起一道坚不可摧的网络安全防线，他深入钻研了 OSPF 协议的复杂机制及其潜在的安全漏洞，并精心策划了一套全方位的防御策略。 　　他深知 OSPF 路由项欺骗攻击的危害性，攻击者可以通过伪造或篡改 LSA（链路状态通告）信息，误导网络中的路由器做出错误的路径选择，进而引发网络瘫痪、服务中断及数据泄露等严重后果。为了有效抵御这一威胁，安安采取了以下几项关键防御措施。 　　首先，他强化了 OSPF 的认证机制。通过启用区域认证和链路认证功能，确保只有经过授权的路由器才能参与 OSPF 区域的通信和 LSA 的交换。这不仅防止了未授权设备的接入，还增加了攻击者伪造 LSA 的难度。 　　其次，安安部署了先进的网络监控和入侵防御系统。这些系统能够实时监控网络中的 OSPF 流量，利用先进的算法分析 LSA 的合法性和一致性。一旦发现异常或可疑的 LSA 信息，系统将立即进行拦截并触发警报，以便网络管理员迅速响应并采取相应的防御措施。 　　此外，安安还注重网络架构的冗余设计。通过构建多路径的网络拓扑结构，即使部分路径受到 OSPF 路由欺骗攻击的影响，网络也能通过其他路径保持通信的畅通无阻。这种设计不仅提高了网络的可靠性，还降低了攻击者对整个网络造成重大损害的风险。 　　通过这些精心策划和实施的防御措施，安安成功地为网络筑起了一道坚实的防护墙。他的努力不仅保障了网络的稳定运行，也为公司的业务连续性提供了有力的支持。这段经历不仅提升了他在网络安全领域的专业素养，更为他未来的职业发展奠定了坚实的基础。			
任务目标	参考安安的工作经历，明确以下目标： ● 明晰 OSPF 路由项欺骗攻击的产生背景和技术原理 ● 掌握 OSPF 认证机制，以加强网络安全防护的技术原理和配置方法			
任务要求	● 拓扑搭建符合业务逻辑规范 ● 命令配置和操作符合 eNSP 软件平台操作规范			
任务实施	1. 启动 eNSP 软件 2. 搭建网络拓扑 3. 启动 CLI，进行命令行配置			

实施总结	
小组评价	
任务点评	

【前导知识】

开放最短路径优先（Open Shortest Path First，OSPF）路由项欺骗攻击是一种网络攻击，目的是欺骗网络中的路由器，使其接收虚假的 OSPF 路由更新信息，从而改变网络路由表，导致数据流量被重定向到攻击者指定的路径上。这种攻击可能导致网络数据被发送到错误的目的地，造成安全风险和服务中断。

以下是防御 OSPF 路由项欺骗攻击的常见方法：

（1）区域设计和认证：合理划分网络拓扑为不同的区域，将 OSPF 邻居关系的建立限制在特定区域内。此外，使用 OSPF 认证机制，确保只有授权的路由器能够发送和接收 OSPF 路由信息。

（2）MD5 认证：使用 OSPF MD5 认证对 OSPF 邻居间的路由信息进行认证，确保邻居关系的安全和路由信息的完整性。

（3）路由过滤：在网络边界或关键路由器上配置路由过滤，限制特定路由信息的传播，只允许受信任的路由器发送有效的路由信息。

（4）定期监测和检查路由表：定期检查网络设备的路由表，特别关注路由信息的变化和异常。及时发现错误或虚假的路由信息，采取恢复措施并通告网络管理员。

（5）安全设备和防火墙：部署网络安全设备和防火墙，对流量进行深度检查和过滤，识别和拦截可能的恶意 OSPF 路由信息。

（6）网络监控和日志记录：部署网络监控系统，监测网络流量、OSPF 邻居关系和路由表的变化，并进行实时日志记录。及时发现异常活动，迅速采取应对措施。

通过综合使用这些防御方法，可以有效减轻或避免 OSPF 路由项欺骗攻击可能造成的影响，提高网络的安全性和稳定性。

【任务内容】

1. 实验内容

构建如图 3.2.1 所示的由三个路由器互联四个网络而成的互联网，通过开放最短路径优先（Open Shortest Path First，OSPF）生成终端 A 至终端 B 的 IP 传输路径，实现 IP 分组终端 A 至终端 B 的传输过程。然后在网络地址为 192.1.2.0/24 的以太网上接入入侵路由器，由入侵路由器伪造与网络 192.1.4.0/24 直接连接的链路状态通告（LSA），用伪造的 LSA 改变终端 A 至终端 B 的 IP 传输路径，使得终端 A 传输给终端 B 的 IP 分组被路由器 R1 错误地转发给入侵路由器。

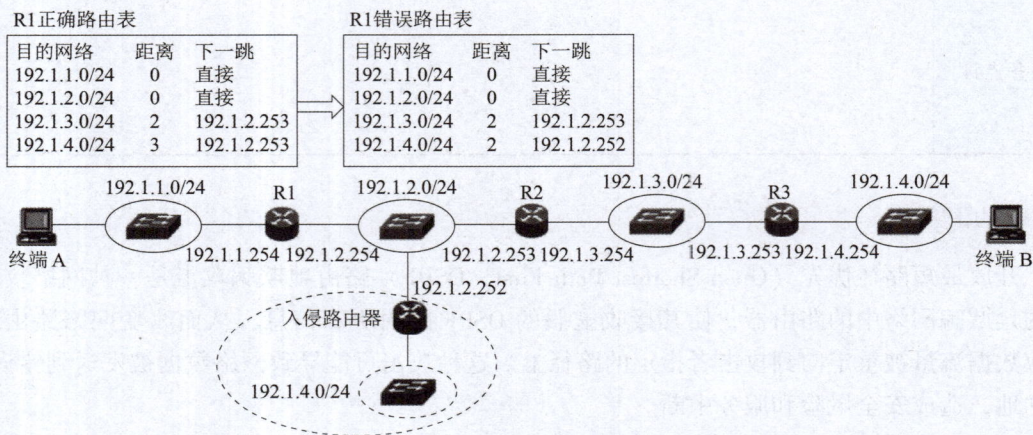

图 3.2.1 OSPF 路由项欺骗攻击防御过程

启动路由器 R1、R2 和 R3 的 OSPF 报文源端鉴别功能，要求路由器 R1、R2 和 R3 发送的 OSPF 报文携带消息鉴别码（MAC），配置相应路由器接口之间的共享密钥，使得路由器 R1 不再接收和处理入侵路由器发送的 OSPF 报文，从而使路由器 R1 的路由表恢复正常。

2. 实验原理

路由项欺骗攻击防御过程如图 3.2.1 所示，入侵路由器伪造了和网络 192.1.4.0/24 直接相连的链路状态信息，导致路由器 R1 通过 OSPF 生成的动态路由项发生错误，如图 3.2.1 中 R1 错误路由表所示。解决路由项欺骗攻击问题的关键有三点：一是对建立邻接关系的路由器的身份进行鉴别，只和授权路由器建立邻接关系；二是对相互交换的链路状态信息进行完整性检测，只接收和处理通过完整性检测的链路状态信息；三是通过链路状态信息中携带的序号确定该链路状态信息不是黑客截获后重放的链路状态信息。实现上述功能的基础是在相邻路由器中配置相同的共享密钥，相互交换的链路状态信息和 Hello 报文携带由共享密钥加密的序号和由共享密钥生成的消息鉴别码（MAC），通过消息鉴别码实现 OSPF 报文的源端鉴别和完整性检测。

3. 关键配置命令

1）OSPF 配置过程

以下命令序列用于完成 OSPF 相关信息的配置过程：

```
[Huawei] ospf 1
[Huawei-ospf-1]area 1
[Huawei-ospf-1-area-0.0.0.1]network 192.1.1.0 0.0.0.255
[Huawei-osof-1-area-0.0.0.1]network 192.1.2.0 0.0.0.255
[Huawei-ospf-1-area-0.0.0.1]quit
[Huawei-ospf-1] quit
```

ospf 1 是系统视图下使用的命令，该命令的作用是启动编号为 1 的 ospf 进程，并进入 ospf 视图。

area 1 是 ospf 视图下使用的命令，该命令的作用是创建编号为 1 的 ospf 区域，并进入编号为 1 的 ospf 区域视图。

network 192.1.1.0 0.0.0.255 是 ospf 区域视图下使用的命令，该命令的作用是指定属于特定区域（这里是区域 1）的路由器接口和直接连接的网络。所有接口 IP 地址属于 CIDR 地址块 192.1.1.0/24 的路由器接口均参与指定区域（这里是区域 1）内 OSPF 创建动态路由项的过程。确定参与 OSPF 创建动态路由项过程的路由器接口将接收和发送 OSPF 报文。直接连接的网络中，所有网络地址属于 CIDR 地址块 192.1.1.0/24 的网络均参与 OSPF 创建动态路由项的过程。其他路由器创建的动态路由项中包含用于指明通往确定参与 OSPF 创建动态路由项过程的网络的传输路径的动态路由项。192.1.1.0 0.0.0.255 用于指定 CIDR 地址块 192.1.1.0/24，0.0.0.255 是子网掩码 255.255.255.0 的反码，其作用等同于子网掩码 255.255.255.0。

2）OSPF 接口鉴别方式配置过程

```
[Huawei]interface GigabitEthernet0/0/1
[Huawei-GigabitEthernet0/0/1]ospf authentication-mode hmac-md5 1 cipher
1234567aa1234567
[Huawei-GigabitEthernet0/0/1]quit
```

ospf authentication-mode hmac-md5 1 cipher 1234567aal234567 是接口视图下使用的命令，该命令的作用是指定当前接口（这里是接口 GigabitEthernet0/0/1）采用的鉴别方式和鉴别密钥。指定的鉴别方式是在 OSPF 路由消息中设置通过算法 hmac-md5 计算出的消息鉴别码（MAC），指定的密钥是 1234567aa1234567，密钥编号为 1，并以加密方式存储密钥。实现相邻路由器互连的两个接口必须配置相同的鉴别方式、鉴别密钥和密钥编号。

4. 命令列表

路由器命令行配置过程中使用的命令格式功能和参数说明如表 3.2.1 所示。

表 3.2.1　命令列表

命令格式	功能和参数说明
ospf［process-id］	启动 ospf 进程，并进入 ospf 视图，在 ospf 视图下完成 ospf 相关参数的配置过程。参数 process-id 是 OSPF 进程编号，默认值是 1

续表

命令格式	功能和参数说明
area area-id	创建编号为 area-id 的 ospf 区域，并进入 ospf 区域视图
network network-address wildcard-mask	指定参与 ospf 创建动态路由项过程的路由器接口和直接连接的网络。参数 network-address 是网络地址，参数 wildcard-mask 是反掩码，其值是子网掩码的反码
ospf authentication-mode｛md5｜hmac-md5｜hmac-sha256｝［keyid｛plain plaintext｜［cipher］cipher-text｝]	配置接口鉴别方式和鉴别密钥，参数 keyid 是密钥编号，参数 plaintext 是明文方式（plain）的密钥，参数 cipher-text 是密文方式（cipher）的密钥。md5、hmac-md5 和 hmac-sha256 是消息鉴别码（MAC）生成算法

【任务实施】

任务目标	1. 验证路由器 OSPF 配置过程 2. 验证 OSPF 建立动态路由项过程 3. 验证 OSPF 路由项欺骗攻击过程 4. 验证 OSPF 源端鉴别功能的配置过程 5. 验证 OSPF 防路由项欺骗攻击功能的实现过程　　微课–OSPF 路由项 欺骗攻击防御
实施步骤	启动 eNSP，按照图 3.2.1 中未接入入侵路由器时的网络拓扑结构放置和连接设备，完成设备放置和连接后的 eNSP 界面如图 3.2.2 所示。启动所有设备。 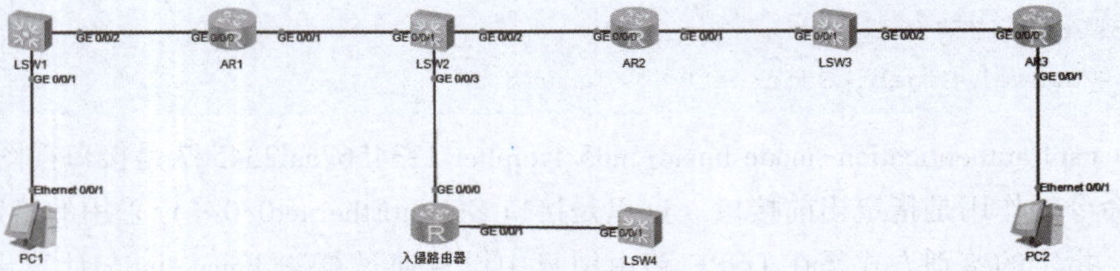 **图 3.2.2　完成设备放置和连接后的 eNSP 界面** 　　完成路由器 AR1、AR2 和 AR3 各个接口的 IP 地址和子网掩码配置过程，路由器 AR1 和 AR2 的接口状态分别如图 3.2.3 和图 3.2.4 所示。完成路由器 AR1、AR2 和 AR3 的 OSPF 配置过程。路由器 AR1、AR2 和 AR3 成功建立完整路由表。路由器 AR1 的完整路由表如图 3.2.5 所示，路由器 AR1 通往网络 192.1.4.0/24 传输路径上的下一跳是路由器 AR2。 　　完成各个 PC IP 地址、子网掩码和默认网关地址配置过程，PC1 配置的网络信息如图 3.2.6 所示。验证 PC1 与 PC2 之间可以相互通信，图 3.2.7 所示是 PC1 执行 ping 操作的界面。

续表

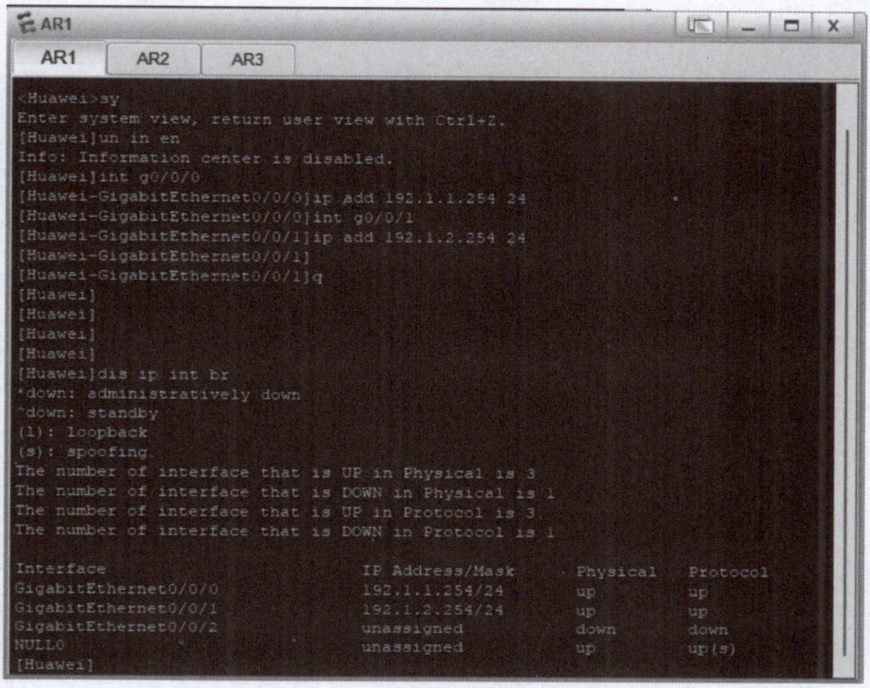

图 3.2.3　路由器 AR1 的接口状态

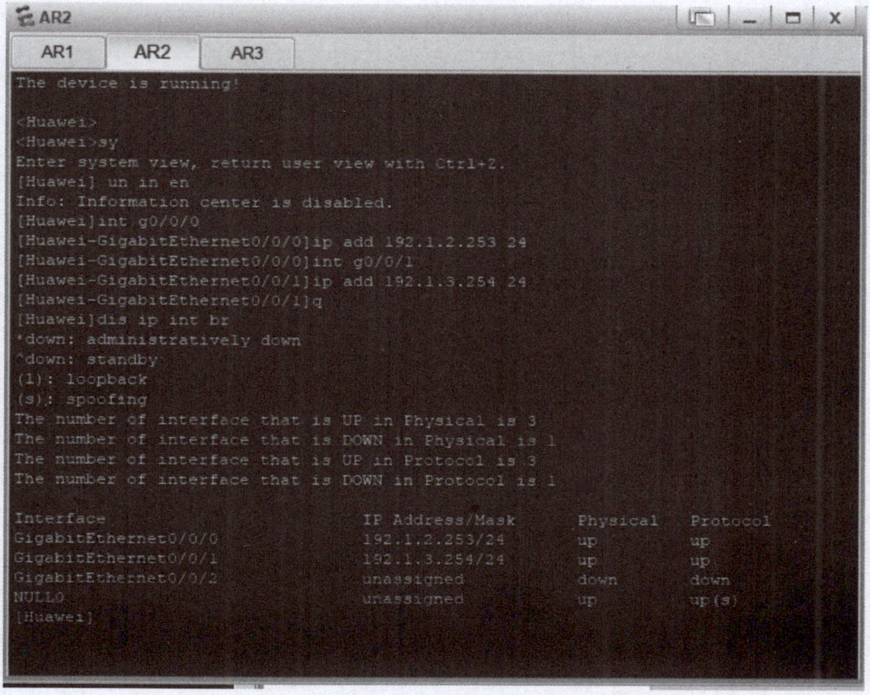

实施步骤

图 3.2.4　路由器 AR2 的接口状态

实施步骤

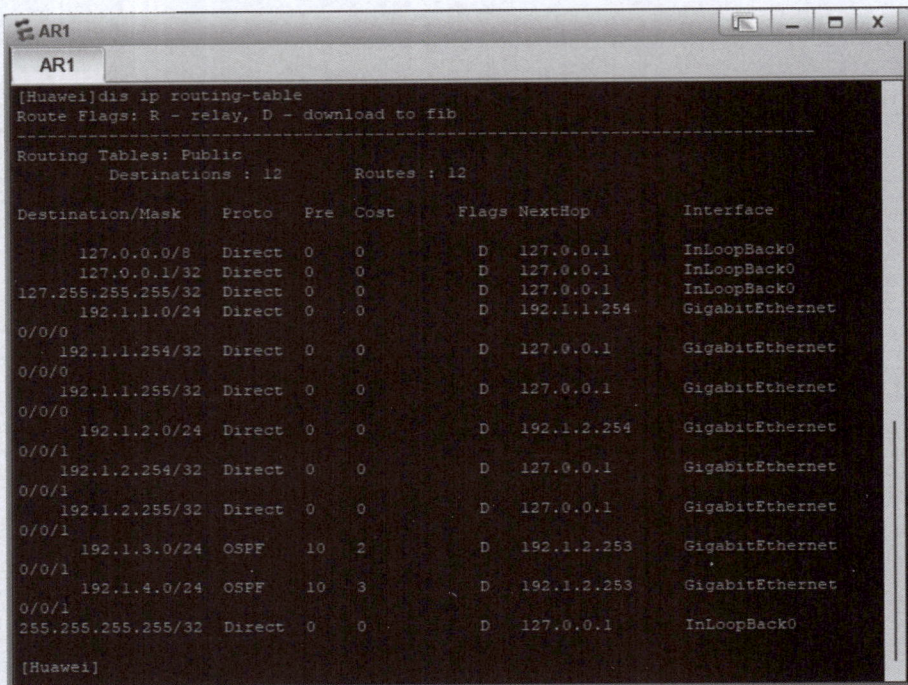

图 3.2.5　路由器 AR1 的完整路由表

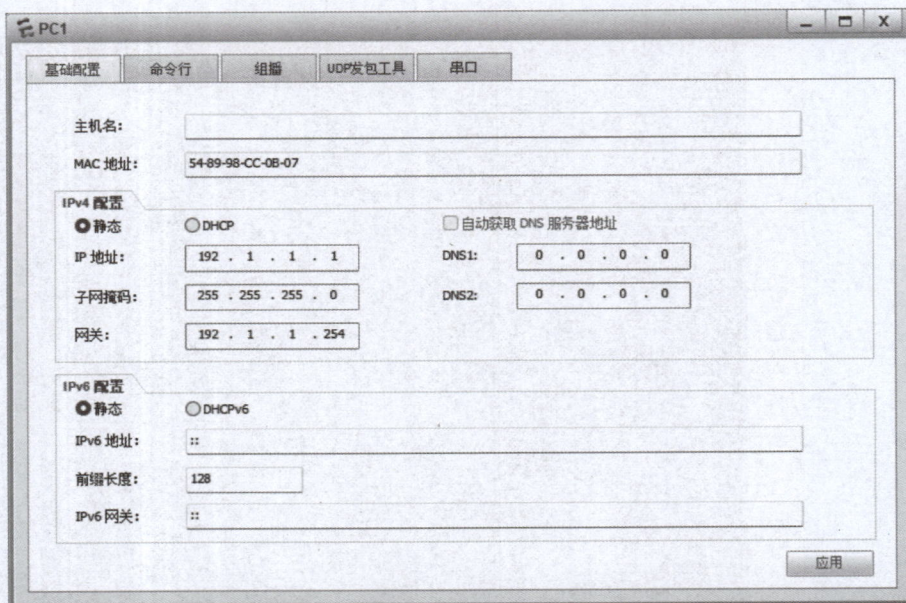

图 3.2.6　PC1 配置的网络信息

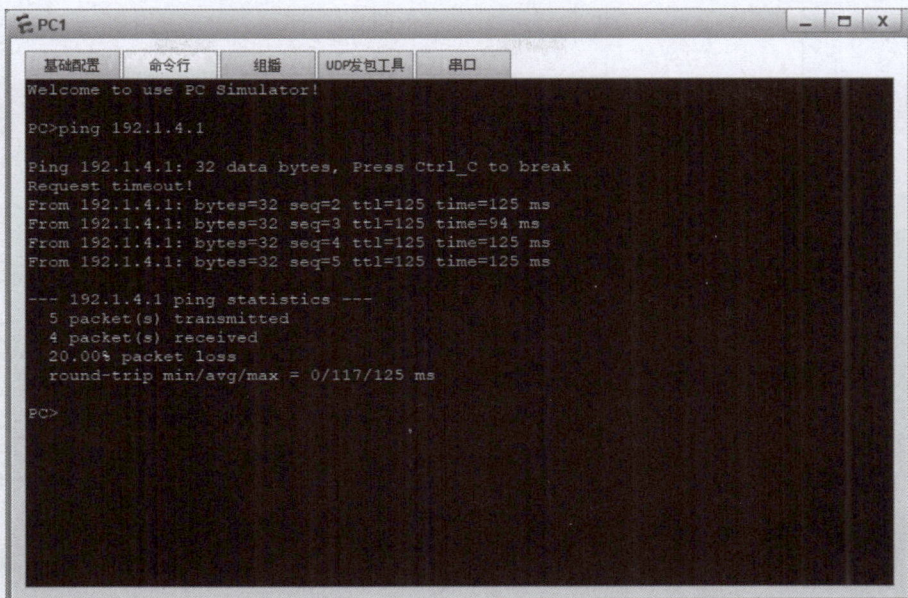

图 3.2.7　PC1 执行 ping 操作的界面

实施步骤

接入入侵路由器（intrusion），完成入侵路由器接入后的网络拓扑结构如图 3.2.8 所示。分别为入侵路由器的两个接口配置属于网络地址 192.1.2.0/24 和 192.1.4.0/24 的 IP 地址 192.1.2.252 和 192.1.4.253，以此伪造与网络 192.1.4.0/24 直接相连的直连路由项。入侵路由器各个接口的状态如图 3.2.9 所示。完成入侵路由器 OSPF 配置过程后，路由器 AR1 的完整路由表如图 3.2.10 所示，路由器 AR1 通往网络 192.1.4.0/24 的传输路径上的下一跳变为入侵路由器。

PC1 至 PC2 的 IP 分组被入侵路由器拦截，无法成功到达 PC2，图 3.2.11 所示是 PC1 执行 ping 操作的界面。图 3.2.12 所示是 PC1 执行如图 3.2.10 所示的 ping 操作时，入侵路由器连接网络 192.1.2.0/24 的接口捕获的报文序列。

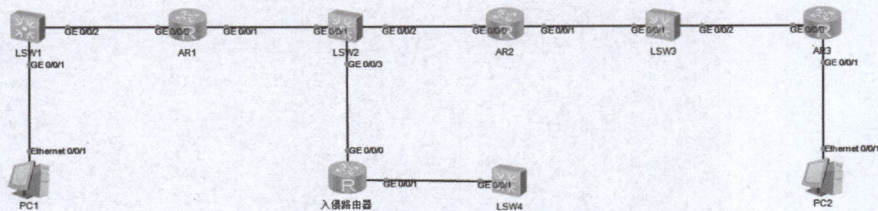

图 3.2.8　完成入侵路由器接入后的网络拓扑结构

续表

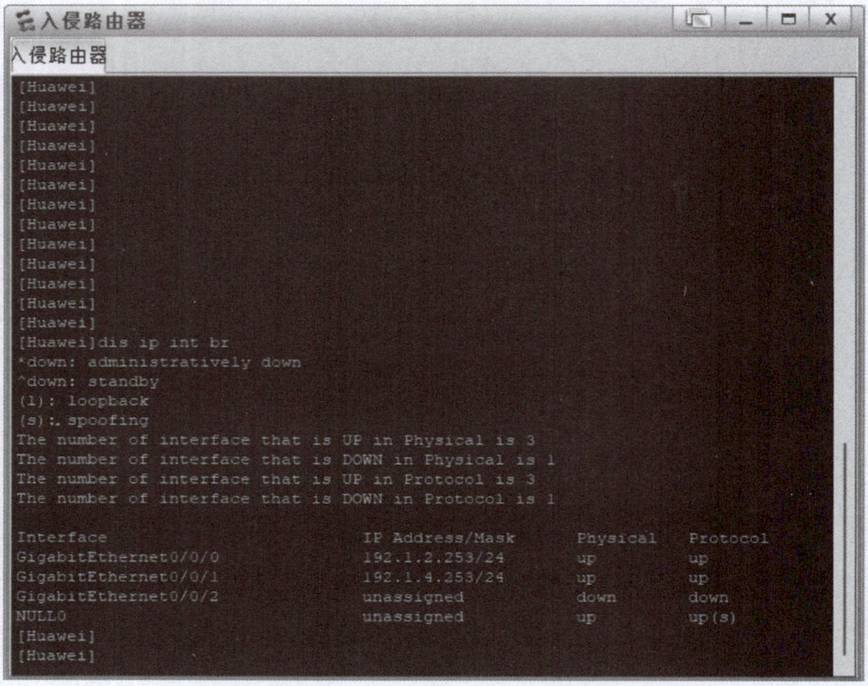

图 3.2.9　入侵路由器各个接口的状态

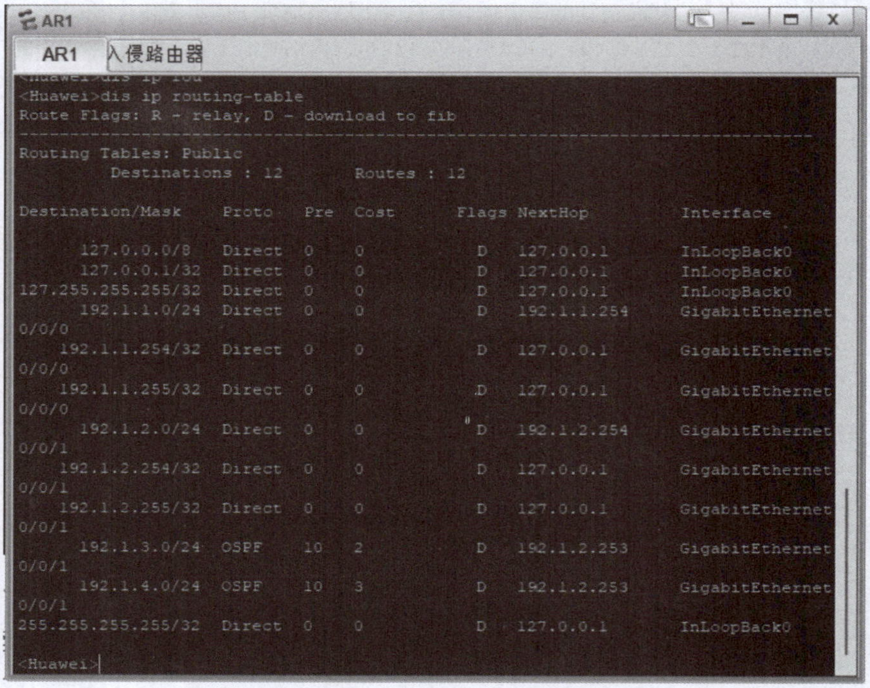

实施步骤

图 3.2.10　路由器 AR1 的完整路由表

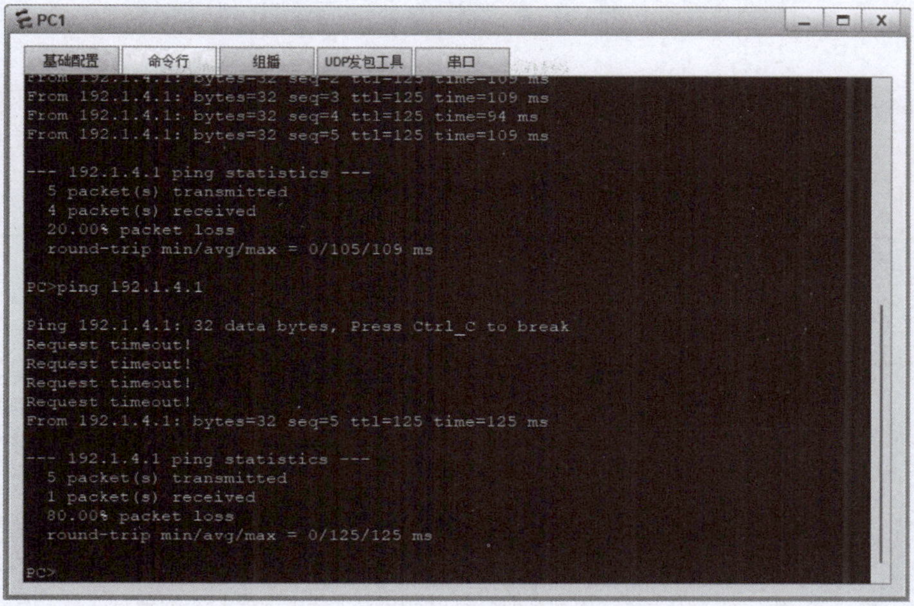

图 3.2.11　PC1 执行 ping 操作的界面

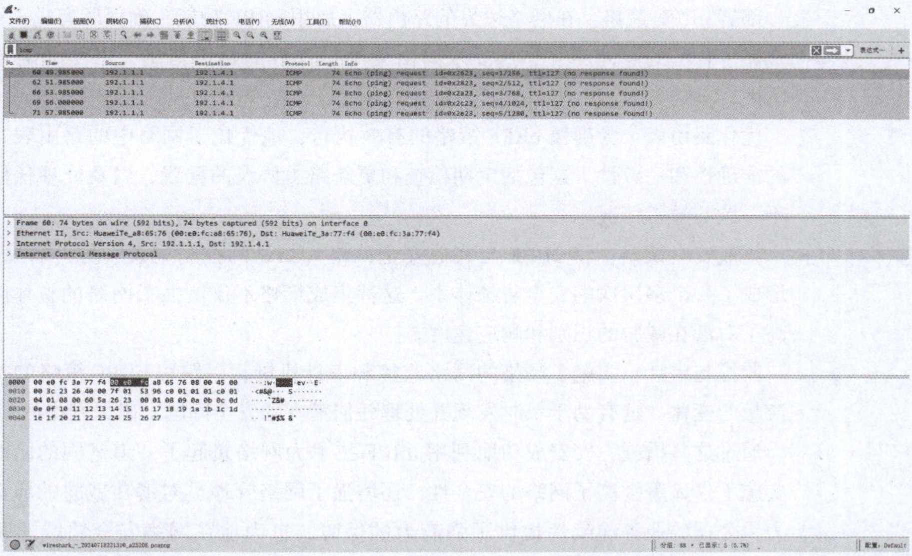

实施步骤

图 3.2.12　PC1 执行 ping 操作时捕获的报文序列

　　在路由器 AR1 和 AR2 连接网络 192.1.2.0/24 的接口上启动 OSPF 报文源端鉴别功能，配置相同的鉴别算法和鉴别密钥。入侵路由器发送的 OSPF 报文由于无法通过路由器 AR1 的源端鉴别，无法对路由器 AR1 生成路由项的过程产生影响，路由器 AR1 的完整路由表恢复如图 3.2.5 所示的接入入侵路由器之前的状态，路由器 AR1 通往网络 192.1.4.0/24 的传输路径上的下一跳重新变为路由器 AR2。PC1 与 PC2 之间恢复正常通信过程。

任务 3 单播逆向路径转发

【任务工单】

任务工单 3：单播逆向路径转发

任务名称	单播逆向路径转发				
组别		成员		小组成绩	
学生姓名				个人成绩	
任务情景	单播逆向路径转发（Unicast Reverse Path Forwarding，uRPF）成为一道坚实的防线，用以抵御路由欺骗的侵袭。安安在提升网络安全的征途上，特别关注并采用了 uRPF 技术，以加固其网络结构的稳固性。 他首先深入理解了 uRPF 的工作原理：该技术通过检查数据包的接入口是否与其路由表中的最佳逆向路径相匹配，从而有效防止源地址欺骗和数据包的非法路由。在 OSPF 环境中，这尤为关键，因为它能有效识别并阻止基于伪造 LSA 的路由欺骗企图。 为了实施 uRPF 策略，安安采取了以下几步行动： 部署 uRPF 策略：在网络边界的路由器上启用 uRPF 功能，确保所有进入网络的数据包都遵循了合法的逆向路径。这要求路由器维护详尽的路由信息，以便准确判断数据包的合法性。 优化路由表：为确保 uRPF 策略的有效执行，他优化了网络中的路由表，确保路由信息的准确性和一致性。这包括定期检查和更新路由协议的配置，以及处理任何可能导致路由不一致的异常情况。 集成安全策略：将 uRPF 与其他安全策略（如访问控制列表、防火墙规则等）相结合，形成了一个多层次的安全防护体系。这种集成策略不仅增强了网络的整体防御能力，还提高了对潜在威胁的识别和响应速度。 监控与审计：实施了严格的网络监控和审计机制，以跟踪 uRPF 策略的执行情况和网络流量的变化。这有助于及时发现并处理任何潜在的安全问题，确保网络的持续稳定运行。 通过这些措施，安安成功地利用 uRPF 技术为网络筑起了一道坚固的防线。这一策略的实施不仅显著提高了网络的安全性，还增强了网络管理员对潜在威胁的应对能力。他的努力为公司的业务连续性提供了强有力的保障，也为他在网络安全领域的职业发展增添了光彩。
任务目标	参考安安的工作方法，明确以下目标： • 明晰单播逆向路径转发的工作原理 • 掌握 uRPF 的工作机制和配置命令
任务要求	• 拓扑搭建符合业务逻辑规范 • 命令配置和操作符合 eNSP 软件平台操作规范

续表

任务实施	1. 启动 eNSP 软件 2. 搭建网络拓扑 3. 启动 CLI，进行命令行配置
实施总结	
小组评价	
任务点评	

【前导知识】

单播逆向路径转发是一种网络通信方式，通常用于网络中的某个设备（例如路由器）向其网络上的其他设备发送数据包时的一种路径选择策略。在单播通信中，数据包从源设备传输到目标设备，逆向路径转发则是选择数据包传输的最优反向路径，以最小化网络延迟或最快到达目标。基本原理如下：

（1）选择最短路径：源设备发送数据包到目标设备时，路由器会选择网络上最短的路径，以确保数据包能够快速到达目标设备。

（2）路由表查找：路由器会查找自身的路由表，找到到达目标设备的最短路径。

（3）反向转发：路由器根据最短路径中的下一跳信息，将数据包沿着反向路径转发到目标设备。

单播逆向路径转发通常采用最短路径优先算法，如用 Dijkstra 算法，来选择最短路径。这种转发方式可以最大限度地降低网络传输时延，提高通信效率。

在网络设计和路由协议选择方面，单播逆向路径转发可以帮助网络管理员优化网络路径选择，提高网络性能，确保数据包能够快速、准确地到达目标设备。

【任务内容】

1. 实验内容

网络互联拓扑结构如图 3.3.1 所示，当终端 A 发送一个源 IP 地址为 192.1.5.1、目的 IP 地址为 192.1.4.1 的 IP 分组，且将该 IP 分组封装成以广播地址为目的 MAC 地址的 MAC 帧时，该 IP 分组将到达路由器 R1，并经过逐跳转发后，到达终端 B。

R1路由表

目的网络	距离	下一跳
192.1.1.0/24	0	直接
192.1.2.0/24	0	直接
192.1.3.0/24	2	192.1.2.253
192.1.4.0/24	3	192.1.2.253

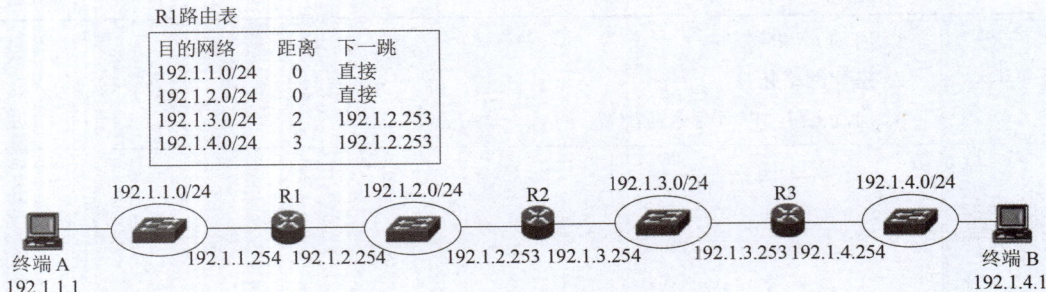

图 3.3.1　网络互联拓扑结构图

在路由器 R1 连接网络 192.1.10/24 的接口启动单播逆向路径转发（单播逆向路径转发，乌尔普夫）功能后，终端 A 再次发送一个源 IP 地址为 192.1.5.1、目的 IP 地址为 192.1.4.1 的 IP 分组该 IP 分组，被路由器 R1 丢弃。

2. 实验原理

终端 A 通过伪造自己的 IP 地址实施攻击过程的行为称为源 IP 地址欺骗攻击。发生源 IP 地址欺骗攻击的原因是，路由器逐跳转发 IP 分组时，不对 IP 分组的源 IP 地址进行检测。事实上，路由器可以通过 uRPF 防御源 IP 地址欺骗攻击。如果在图 3.3.1 中的路由器 R1 连接网络 192.1.1.0/24 的接口上启动 uRPF 功能，当通过该接口接收到终端 A 发送的源 IP 地址为 192.1.5.1 的 IP 分组时，路由器将在路由表中检测与源 IP 地址 192.1.5.1 匹配的路由项，如果发现路由表中没有与该源 IP 地址匹配的路由项，或者虽然路由表中存在与该源 IP 地址匹配的路由项，但路由项的输出接口不是接收该 IP 分组的接口时，路由器 R1 将丢弃该 IP 分组。由于图 3.3.1 中路由器 R1 的路由表中没有与源 IP 地址 192.1.5.1 匹配的路由项，路由器 R1 将丢弃源 IP 地址为 192.1.5.1 的 IP 分组使得终端 A 无法实施源 IP 地址欺骗攻击。

3. 关键配置命令

```
[Huawei]interface GigabitEthernet0/0/0
[Huawei-GigabitEthernet0/0/0]urpf strict
[Huawei-GigabitEthernet0/0/0]quit
```

urpf strict 是接口视图下使用的命令，该命令的作用是在当前接口（这里是接口 GigabitEthernet0/0/0）启动 uRPF 功能，且使得 uRPF 功能的执行模式是严格。严格执行 uRPF 功能是指，当路由器通过当前接口接收到 IP 分组时，路由器将在路由表中检测与该 IP 分组的源 IP 地址匹配的路由项，如果发现路由表中没有与该源 IP 地址匹配的路由项，或者虽然路由表中存在与该源 IP 地址匹配的路由项，但路由项的输出接口不是接收该 IP 分组的接口时，路由器丢弃该 IP 分组。

4. 命令列表

路由器命令行配置过程中使用的命令及功能和参数说明如表 3.3.1 所示。

表 3.3.1   命令列表

命令格式	功能和参数说明
urpf{loose｜strict}［allow－default－route］［acl acl-number］	启动接口 uRPF 功能。loose 表明宽松执行 uRPF 功能，即只有在路由表中没有发现与 IP 分组的源 IP 地址匹配的路由项时，才丢弃该 IP 分组。strict 表明严格执行 uRPF 功能，即在路由表中没有发现与 IP 分组的源 IP 地址匹配的路由项时，或者虽然路由表中存在与 IP 分组的源 IP 地址匹配的路由项，但路由项中的输出接口不是接收该 IP 分组的接口时，丢弃该 IP 分组。如果选择 allow－default－route，增加对默认路由项的处理过程，即确定丢弃或转发 IP 分组时，考虑默认路由项的因素。在 loose 方式下，如果路由表中存在默认路由项，允许转发该 IP 分组。在 strict 方式下只有当路由表中存在默认路由项，且默认路由项的输出接口与接收该 IP 分组的接口相同时，才允许转发该 IP 分组。如果选择 acl-number，只对编号为 acl-number 的分组过滤器允许通过的 IP 分组实施 uRPF 功能

【任务实施】

任务目标	1. 验证逐跳转发过程 2. 验证源 IP 地址欺骗攻击过程 3. 验证 uRPF 防御源 IP 地址欺骗攻击的机制 4. 验证 uRPF 配置过程	 微课－单播逆向路径转发
实施步骤	【启动 eNSP 搭建网络拓扑图并实现 CLI 命令行配置】 　　启动 eNSP，按照如图 3.3.1 所示的网络拓扑结构放置和连接设备，完成设备放置和连接后的 eNSP 界面如图 3.3.2 所示。启动所有设备。 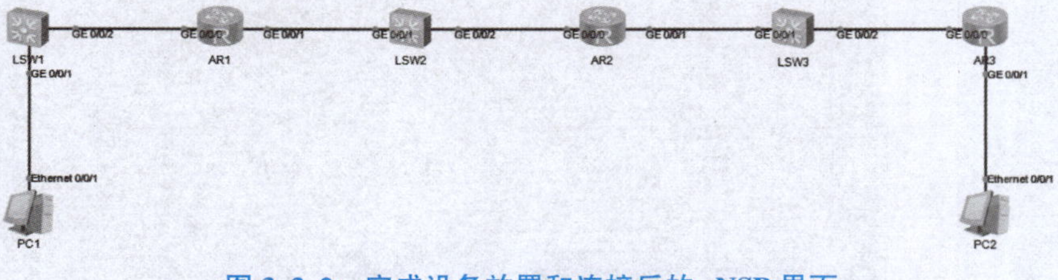 图 3.3.2 完成设备放置和连接后的 eNSP 界面 　　完成路由器 AR1、AR2 和 AR3 各个接口的 IP 地址和子网掩码配置过程，路由器 AR1 的接口状态如图 3.3.3 所示。完成路由器 AR1、AR2 和 AR3 OSPF 配置过程。路由器 AR1、AR2 和 AR3 成功建立完整路由表。路由器 AR1 的完整路由表如图 3.3.4 所示。	

续表

实施步骤

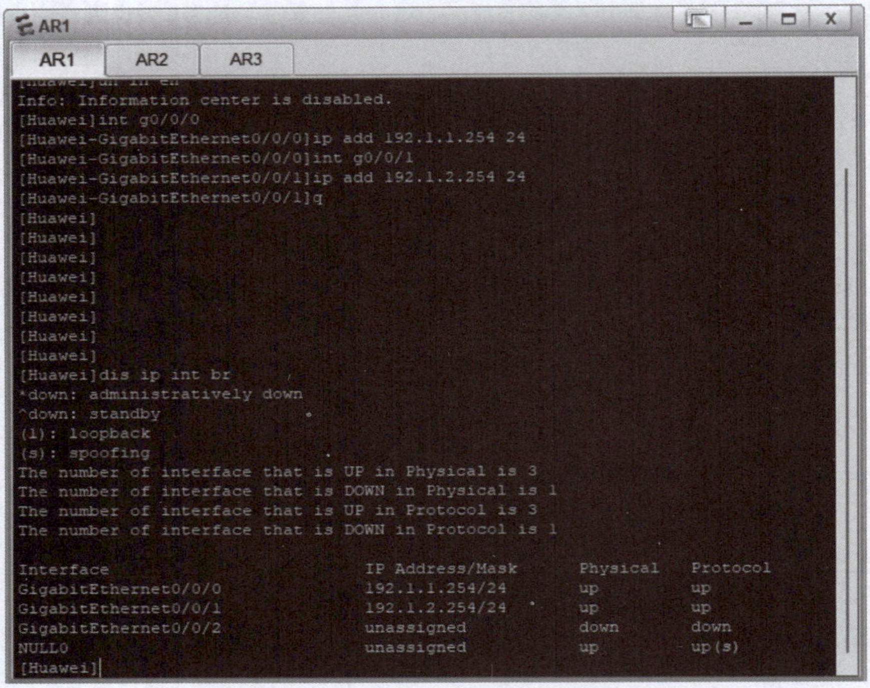

图 3.3.3 路由器 AR1 的接口状态

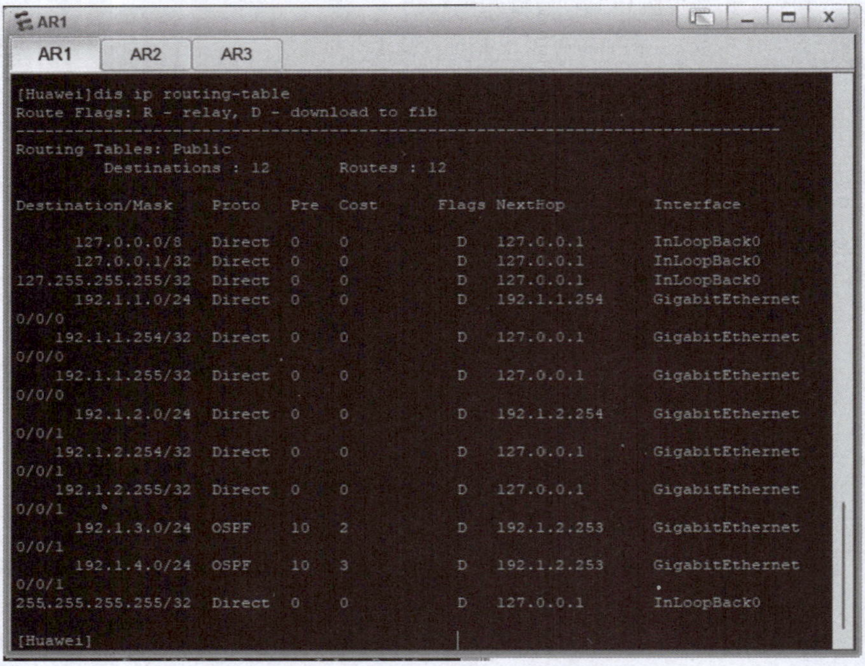

图 3.3.4 路由器 AR1 的完整路由表

实施步骤

　　为了仿真 PC1 实施源 IP 地址欺骗攻击的过程，打开如图 3.3.5 所示的 PC1 "UDP 发包工具"选项卡，目的 MAC 地址采用广播地址，以便路由器 AR1 能够接收到封装该 UDP 报文的 IP 分组。目的 IP 地址是 PC2 的 IP 地址 192.1.4.1，源 IP 地址是伪造的 IP 地址 192.1.5.1（PC1 实际的 IP 地址必须是属于网络地址 192.1.1.0/24 的 IP 地址）。每次单击"发送"按钮，都完成一次 UDP 报文发送过程。

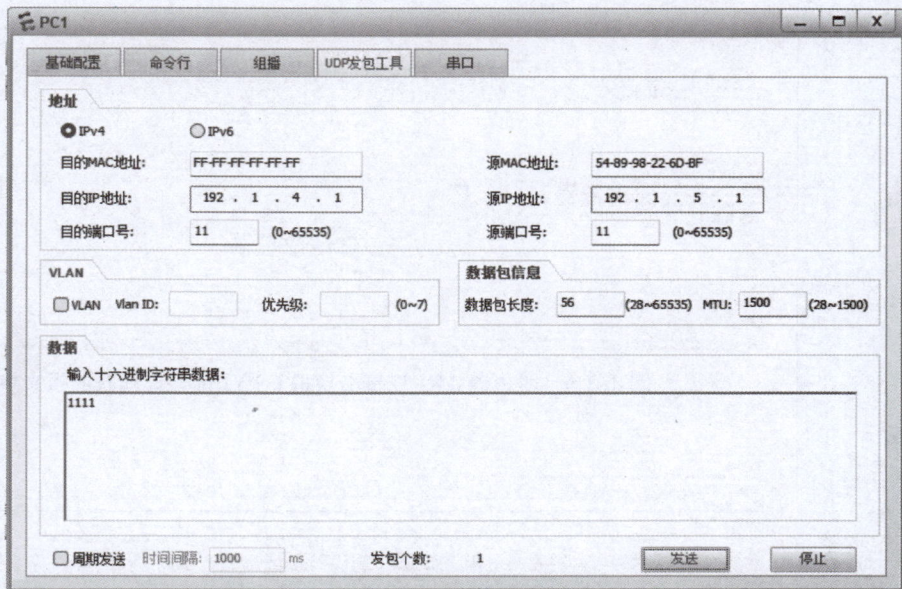

图 3.3.5　PC1 的 "UDP 发包工具" 选项卡

　　为了观察 UDP 报文传输过程，分别在路由器 AR1 连接交换机 LSW1 的接口和路由器 AR2 连接交换机 LSW2 的接口启动捕获报文的功能。按照如图 3.3.5 所示的 "UDP 发包工具" 选项卡配置，通过两次单击"发送"按钮，发送两个 UDP 报文。路由器 AR1 连接交换机 LSW1 的接口和路由器 AR2 连接交换机 LSW2 的接口捕获的报文序列分别如图 3.3.6 和图 3.3.7 所示。这两个接口都接收到封装 UDP 报文生成的源 IP 地址为 192.1.5.1、目的 IP 地址为 192.1.4.1 的 IP 分组，表明路由器 AR1 转发了这两个 IP 分组。

　　在路由器 AR1 连接交换机 LSW1 的接口启动 URPF 功能，且使得 uRPF 功能的执行模式是严格。再次按照图 3.3.5 所示的 "UDP 发包工具" 选项卡配置，通过单击 3 次"发送"按钮，发送 3 个 UDP 报文。路由器 AR1 连接交换机 LSW1 的接口捕获的报文序列如图 3.3.8 所示，表明该接口接收到封装这 3 个 UDP 报文生成的 IP 分组。但路由器 AR2 连接交换机 LSW2 的接口捕获的报文序列依然如图 3.3.7 所示，表明路由器 AR1 丢弃了这 3 个 IP 分组，uRPF 功能得到执行。

实施步骤

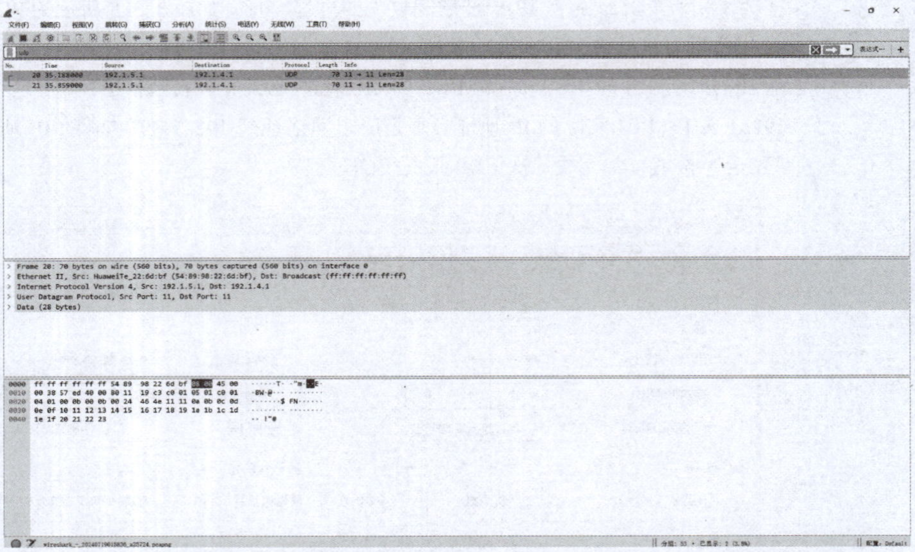

图 3.3.6　路由器 AR1 连接交换机 LSW1 的接口捕获的报文序列

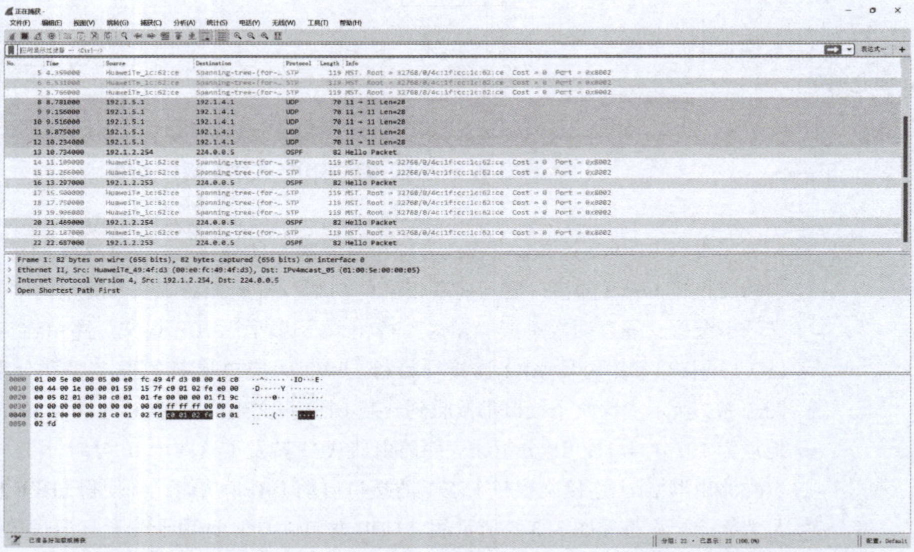

图 3.3.7　路由器 AR2 连接交换机 LSW2 的接口捕获的报文序列

续表

实施步骤	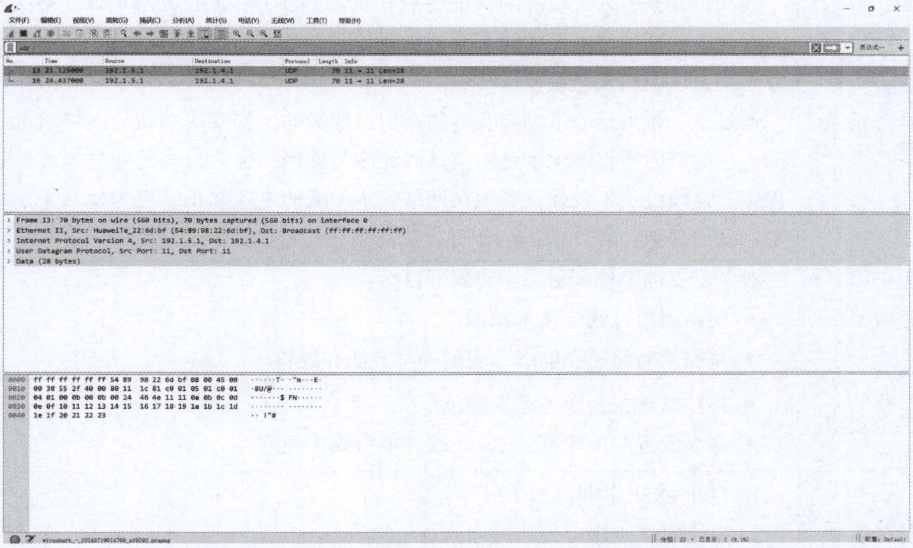

图 3.3.8　路由器 AR1 连接交换机 LSW1 的接口捕获的报文序列

任务 4　路由项过滤

【任务工单】

任务工单 4：路由项过滤

任务名称	路由项过滤			
组别		成员		小组成绩	
学生姓名			·	个人成绩	
任务情景	在构建坚不可摧的 OSPF（开放最短路径优先）路由安全体系中，安安踏上了优化与防护的征途。为了精准应对 OSPF 路由过滤的挑战，他深入剖析了协议的运作原理及其面临的潜在威胁，并精心设计了一套高效的路由过滤策略。 安安深知 OSPF 路由过滤的重要性，它关乎网络路由信息的纯净性与准确性。攻击者可能通过注入虚假 LSA（链路状态通告）来干扰路由决策，导致流量被错误引导，进而威胁网络稳定与数据安全。为了有效抵御此类攻击，安安采取了以下几项核心策略： 首先，他强化了路由过滤规则。通过精心配置路由策略，明确哪些 LSA 信息应当被接收，哪些应当被拒绝。这不仅保证了路由信息的合法性与准确性，还大大减少了被恶意 LSA 误导的风险。

续表

任务情景	其次，安安引入了精细的认证与授权机制。在 OSPF 区域内实施严格的身份验证，确保只有经过验证的路由器才能参与 LSA 的交换。同时，他还限制了 LSA 的传播范围，防止将敏感信息泄露给未经授权的节点。 通过这一系列精心策划与实施的路由过滤策略，安安成功地为网络筑起了一道安全的屏障。他的努力不仅确保了路由信息的纯净与准确，也为公司的业务连续性提供了强有力的保障。这段经历不仅强化了他在网络安全领域的专业知识，更为他未来的职业发展开辟了更广阔的天地。
任务目标	参考安安的工作经历，明确以下目标： ● 明晰路由过滤的技术原理 ● 掌握策略路由和前缀列表的书写方法和逻辑
任务要求	● 拓扑搭建符合业务逻辑规范 ● 命令配置和操作符合 eNSP 软件平台操作规范
任务实施	1. 启动 eNSP 软件 2. 搭建网络拓扑 3. 启动 CLI，进行命令行配置
实施总结	
小组评价	
任务点评	

【前导知识】

路由项过滤是一种网络安全措施，旨在限制或控制路由器接收、处理或转发特定路由信息，以确保网络安全、稳定和有效运行。通过对路由表中的路由项进行过滤，可以避免恶意或错误的路由信息对网络造成不良影响。

以下是一些常见的路由项过滤方法和技术：

（1）路由过滤器（Route Filter）：使用路由过滤器来限制路由信息的传播，可以基于路由表中的路由项进行过滤，阻止特定的路由信息进入或离开网络。

（2）前缀列表（Prefix List）：前缀列表是一种基于前缀的路由项过滤机制，允许或拒绝特定 IP 前缀的路由信息。

（3）访问控制列表（Access Control List，ACL）：使用 ACL 可以基于源 IP 地址、目标 IP 地址、协议类型等条件来过滤路由信息，允许或拒绝特定的路由。

（4）路由策略：定义明确的路由策略，规定哪些路由信息应该被接收、拒绝或优先级如何排列，以确保网络的安全和有效路由。

（5）自治系统边界路由过滤（AS Border Filtering）：在自治系统边界处进行路由信息过滤，阻止不必要的或潜在恶意的路由信息进入自治系统。

（6）路由验证和认证：使用数字签名、MD5 认证等技术对接收到的路由信息进行验证和认证，确保路由信息的完整性和真实性。

（7）路由聚合：将多个具有相同目标网络前缀的路由信息聚合成一个更大的前缀，减少路由表中的条目数，简化管理并提高网络效率。

（8）定期路由检查：定期检查网络中的路由表，发现并清除错误、冗余或过时的路由信息，保持路由表的整洁和准确。

这些路由项过滤方法和技术可以根据网络的特定需求和安全要求进行选择和组合，以提高网络的安全性、稳定性和性能。

【任务内容】

1. 实验内容

网络互联拓扑结构如图 3.4.1 所示，路由器 R4 连接公共网络，具有用于指明通往公共网络中各个子网的传输路径的路由项。限制内部网络中各个路由器建立的用于指明通往公共网络中子网的传输路径的路由项。只允许路由器 R2 和 R3 建立用于指明通往公共网络中子网 172.1.17.0/24，172.1.18.0/24 和 172.1.19.0/24 的传输路径的路由项。只允许路由器 R1 建立用于指明通往公共网络中子网 172.1.18.0/24 的传输路径的路由项。

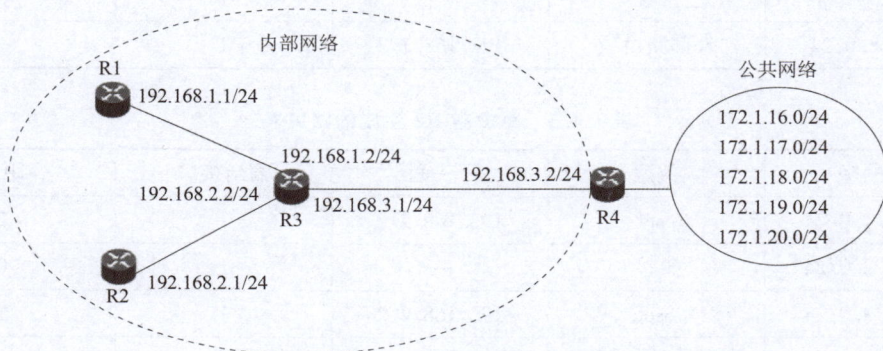

图 3.4.1　网络互联拓扑结构图

2. 实验原理

图 3.4.1 中的内部网络作为一个独立的自治系统，采用路由协议 OSPF。路由器 R4 是自治系统边界路由器（Autonomous System Boundary Router，ASBR），通过外部路由协议获得

用于指明通往公共网络中各个子网的传输路径的路由项，并将这些路由项引入内部网络中。因此，在没有实施路由项过滤的情况下，内部网络中的各个路由器生成用于指明通往内部网络中各个子网的传输路径的路由项和用于指明通往公共网络中各个子网的传输路径的路由项。表 3.4.1 所示为路由器 R1 的完整路由表。

表 3.4.1　路由器 R1 的完整路由表

目的网络	类型	下一跳	输出接口	距离
192.168.1.0/24	直接	—	1	0
192.168.2.0/24	ospf	192.168.1.2	1	2
192.168.3.0/24	ospf	192.168.1.2	1	2
172.1.16.0/24	外部路由项	192.168.1.2	1	—
172.1.17.0/24	外部路由项	192.168.1.2	1	—
172.1.18.0/24	外部路由项	192.168.1.2	1	—
172.1.19.0/24	外部路由项	192.168.1.2	1	—
172.1.20.0/24	外部路由项	192.168.1.2	1	—

为了实施路由项过滤，要求路由器 R4 只向内部网络引入用于指明通往公共网络中子网 172.1.17.0/24、172.1.18.0/24 和 172.1.19.0/24 的传输路径的路由项。要求路由器 R1 只接收用于指明通往公共网络中子网 172.1.18.0/24 的传输路径的路由项。这种情况下，路由器 R1 生成的路由表如表 3.4.2 所示。路由器 R2 生成的路由表如表 3.4.3 所示。

表 3.4.2　路由器 R1 生成的路由表

目的网络	类型	下一跳	输出接口	距离
192.168.1.0/24	直接	—	1	0
172.1.18.0/24	外部路由项	192.168.1.2	1	—

表 3.4.3　路由器 R2 生成的路由表

目的网络	类型	下一跳	输出接口	距离
192.168.1.0/24	ospf	192.168.2.2	1	2
192.168.2.0/24	直接	—	1	0
192.168.3.0/24	ospf	192.168.2.2	1	2
172.1.17.0/24	外部路由项	192.168.2.2	1	—
172.1.18.0/24	外部路由项	192.168.2.2	1	—
172.1.19.0/24	外部路由项	192.168.2.2	1	—

将路由器在发布、接收和引入路由项时所采取的策略称为路由策略。因此，路由项过滤是通过路由策略实现的。

3. 关键配置命令
1）配置静态路由项

```
[Huawei]ip route- static 172.1.16.0 24 null 0
```

ip route-static 172. 1. 16. 0 24 null 0 是系统视图下使用的命令，该命令的作用是添加静态路由项，其中 172. 1. 16. 0 24 用于表明目的网络 172. 1. 16. 0/24，null 0 是输出接口。null 0 是一个特殊的接口，所有发送给该接口的 IP 分组都被丢弃，因此，该项静态路由项只是用于引入一项目的网络为 172. 1. 16. 0/24 的静态路由项，并没有真正指明通往目的网络 172. 1. 16. 0/24 的传输路径。

2）配置 OSPF 进程的引入路由项

```
[Huawei ]ospf 4
[Huawei-ospf-4]import-route static
[Huawei-ospf-4]quit
```

import-route static 是 OSPF 视图下使用的命令，该命令的作用是指定静态路由项作为编号为 4 的 OSPF 进程的引入路由项。

3）配置地址前缀列表

```
[Huawei]ip ip-prefix aa index 10 permit 172.1.17.0 24
[Huawei]ip ip-prefix aa index 20 permit 172.1.18.0 24
[Huawei]ip ip-prefix aa index 30 permit 172.1.19.0 24
```

ip ip-prefix aa index 10 permit 172. 1. 17. 0 24 是系统视图下使用的命令，该命令的作用是在名为 aa 的地址前缀列表中增加 IP 地址范围 172. 1. 17. 0/24。permit 表明匹配模式是允许，即属于 IP 地址范围 172. 1. 17. 0/24 的 IP 地址是匹配的 IP 地址。10 是索引值，索引值确定增加的 IP 地址范围在地址前缀列表中的匹配顺序。

4）配置引入路由项的输出策略

```
[Huawei ] ospf 4
[Huawei-ospf-4] filter-policy ip-prefix aa export static
[Huawei-ospf-4] quit
```

filter-policy ip-prefix aa export static 是 OSPF 视图下使用的命令，该命令的作用是指定引入路由项的输出策略。这里 static 表明引入路由项是手工配置的静态路由项，aa 是地址前缀列表名称。该输出策略表明引入的静态路由项中，编号为 4 的 ospf 进程只发布目的网终地址与名为 aa 的地址前缀列表匹配的路由项。

5）配置接收策略

```
[Huawei ] ospf 1
[Huawei-ospf-1]filter- policy ip-prefix in import
[Huawei-ospf-1]quit
```

filter-policy ip-prefix in import 是 OSPF 视图下使用的命令，该命令的作用是指定过滤策略。只有通过过滤策略的路由项才被添加到路由表中。这里 in 是地址前缀列表，该过滤策略表明编号为 1 的 ospf 进程计算出的路由项中，只有目的网络地址与名为 in 的地址前缀列表匹配的路由项才会被添加到路由表中。

4. 命令列表

路由器 CLI 配置过程中使用的命令格式、功能和参数说明如表 3.4.4 所示。

表 3.4.4　命令列表

命令格式	功能和参数说明
ip route－static ipaddress {mask mask－length}{nexthop－address | interface－type interface-number}	配置静态路由项。其中参数 ipaddress 是目的网络地址，参数 mask 是目的网络的子网掩码，参数 mask-length 是目的网络的网络前缀长度，子网掩码和网络前缀长度二者选一。参数 nexthop-address 是下一跳地址。参数 interface-type 是接口类型，参数 interface-number 是接口编号，接口类型和接口编号一起用于指定输出接口。下一跳地址和输出接口二者选一
import-route {bgp | direct | rip [process-id-rip] | static}	配置引入路由项。bgp 表明引入 bgp 生成的外部路由项。direct 表明引入类型为 direct 的路由项。rip 表明引入 RIP 生成的路由项，其中参数 process-id-rip 是 RIP 进程编号，默认值为 1。static 表明引入类型为 static 的路由项
ip ip－prefix ip－prefix－name [index index－number]{permit | deny} ipv4－address mask-length	创建一个地址前缀列表，或者在已经创建的地址前缀列表中增加一项表项。参数 ip-prefix-name 是地址前缀列表名称。参数 index-number 是索引值，不同表项有着不同的索引值，根据索引值大小确定匹配顺序。permit 表明属于地址前缀列表指定的 IP 地址范围的 IP 地址为地址前缀列表匹配的 IP 地址。deny 表明不属于地址前缀列表指定的 IP 地址范围的 IP 地址为地址前缀列表匹配的 IP 地址。参数 ipv4-address 是 IP 地址，参数 mask-length 是网络前缀长度，两者一起确定该表项的 IP 地址范围
filter－policy ip－prefix ip－prefix－name export[protocol[process-id]]	对 OSPF 发布的引入路由项进行过滤。参数 ip-prefix-name 是地址前缀列表名称，参数 protocol 是生成引入路由项的路由协议，可以选择的值包括 direct、rip、bgp 和 static 等，参数 process-id 是指定路由协议运行进程编号。对于由指定路由协议（direct、rip、bgp 和 static 等）生成的引入路由项，OSPF 只发布目的网络地址与指定的地址前缀列表（名为 ip-prefix-name 的地址前缀列表）匹配的路由项

续表

命令格式	功能和参数说明
filter – policy ip – prefix ip – prefix – name import	对 OSPF 接收的路由项进行过滤。参数 ip-prefix-name 是地址前缀列表名称。OSPF 在计算出的路由项中，只向路由表添加目的网络地址与指定的地址前缀列表（名为 ip-prefix-name 的地址前缀列表）匹配的路由项

【任务实施】

任务目标	1. 验证路由项建立过程 2. 验证路由项在转发 IP 分组中的作用 3. 验证路由项过滤（也称路由策略）实现机制 4. 验证路由项过滤配置过程 5. 验证路由项过滤实施过程 微课-路由项过滤
实施步骤	启动 eNSP，按照如图 3.4.1 所示的网络拓扑结构放置和连接设备，完成设备放置和连接后的 eNSP 界面如图 3.4.2 所示。启动所有设备。 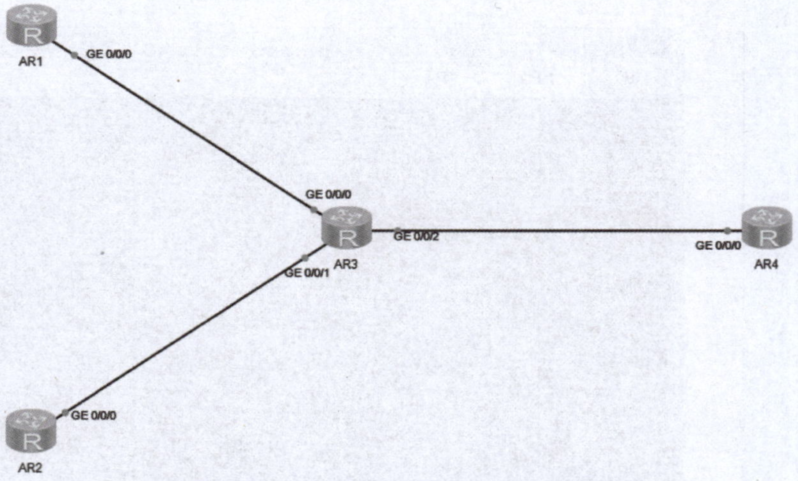 图 3.4.2 完成设备放置和连接后的 eNSP 界面 完成 4 个路由器各个接口的 IP 地址和子网掩码配置过程，4 个路由器的接口状态分别如图 3.4.3~图 3.4.6 所示。

续表

实施步骤

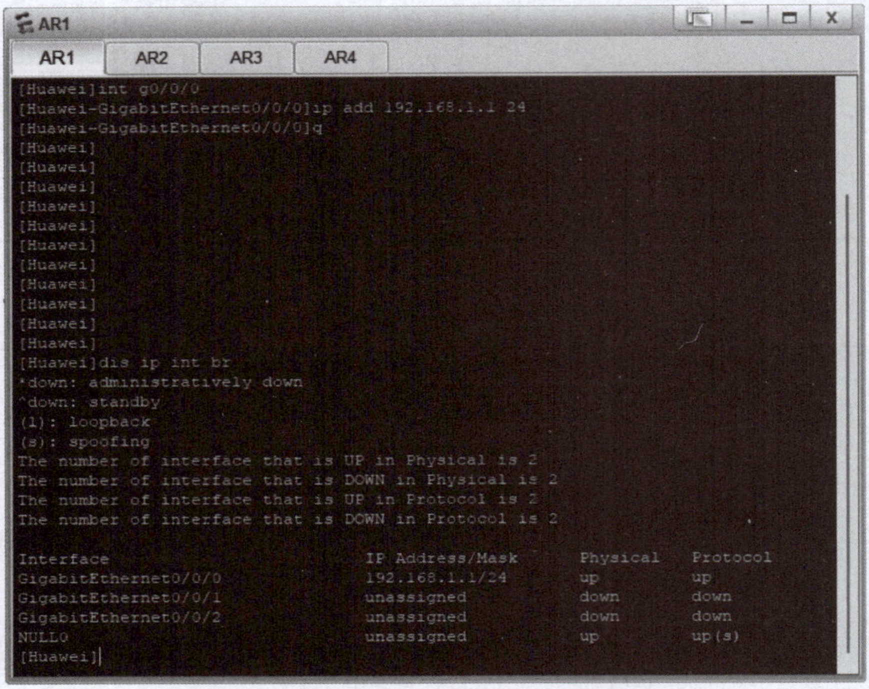

图 3.4.3　路由器 AR1 的接口状态

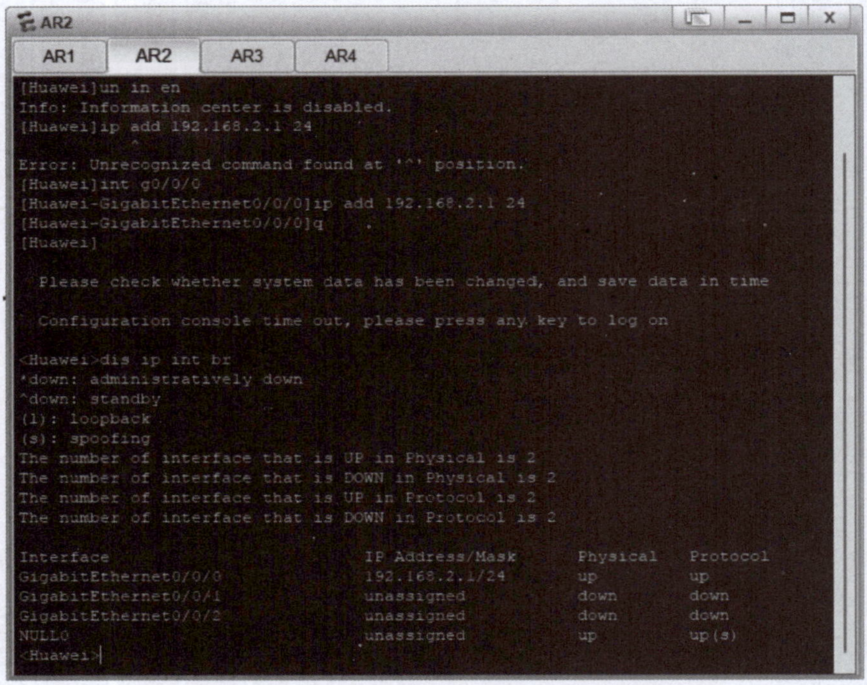

图 3.4.4　路由器 AR2 的接口状态

续表

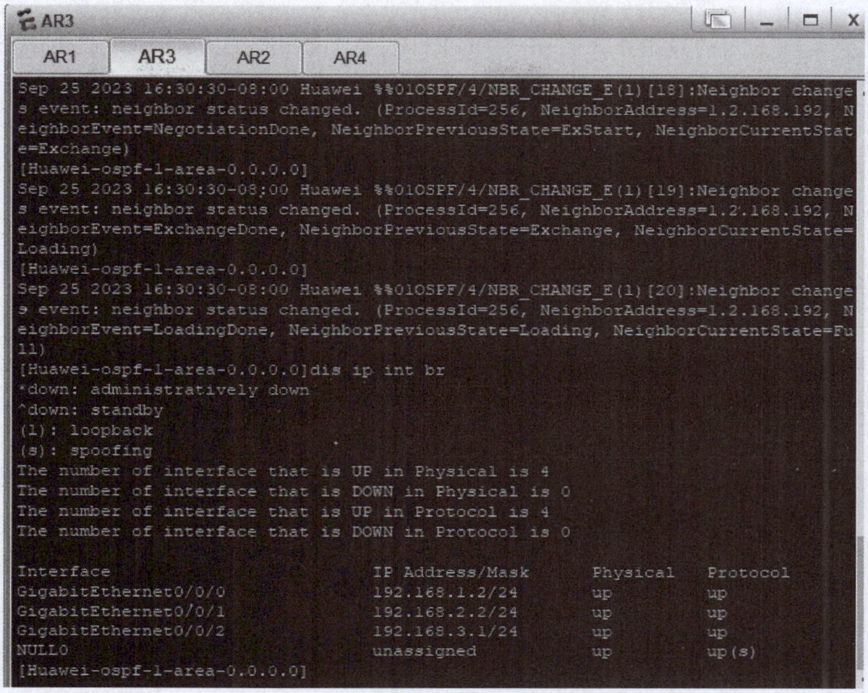

图 3.4.5 路由器 AR3 的接口状态

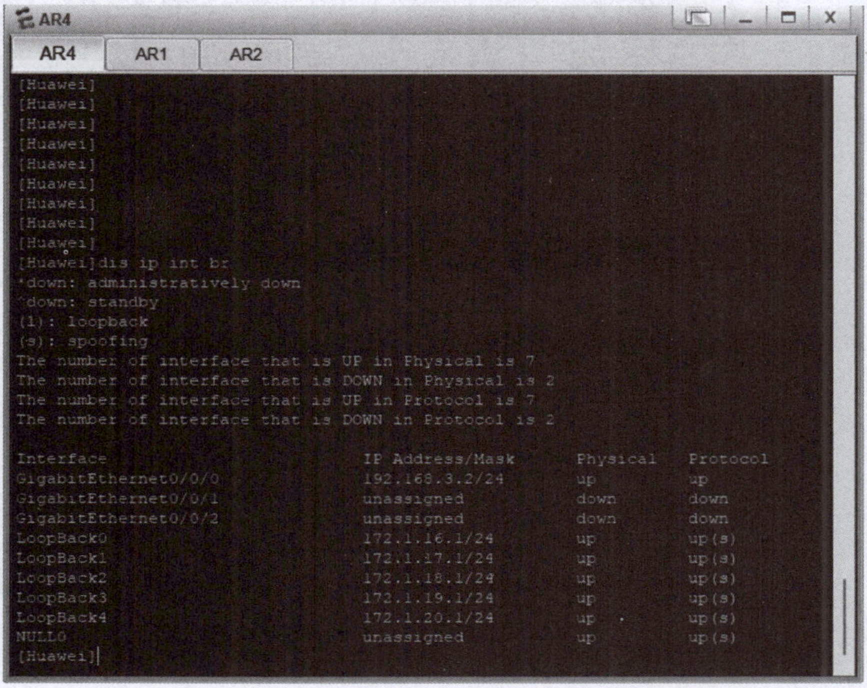

实施步骤

图 3.4.6 路由器 AR4 的接口状态

实施步骤

完成路由器 AR4 静态路由项配置过程，完成各个路由器 OSPF 配置过程，路由器 AR4 将配置的静态路由项引入 OSPF 中。各个路由器生成的完整路由表分别如图 3.4.7 ~ 图 3.4.10 所示。路由器 AR1、AR2 和 AR3 的完整路由表中不仅包含类型为 OSPF 的用于指明通往内部网络中各个子网的传输路径的路由项，还包含类型为 O_ ASE 的用于指明通往公共网络中各个子网的传输路径的外部路由项。路由器 AR4 的完整路由表中不仅包含类型为 OSPF 的用于指明通往内部网络中各个子网的传输路径的路由项，还包含类型为 static 的用于指明通往公共网络中各个子网的传输路径的静态路由项。

AR4 的 OSPF 进程中设置只允许发布目的网络为 172.1.17.0/24、172.1.18.0/24 和 172.1.19.0/24 的静态路由项的路由策略。AR1 的 OSPF 进程中设置在计算出的路由项中，只将目的网络为 172.1.18.0/24 的路由项添加到路由表中的路由策略。实施路由策略后，路由器 AR1、AR2 和 AR3 的完整路由表分别如图 3.4.7~ 图 3.4.9 所示。路由器 AR1 的完整路由表中，除了直连路由项外，只包含目的网络为 172.1.18.0/24 的动态路由项。路由器 AR2 和 AR3 的完整路由表中，包含类型为 OSPF 的用于指明通往内部网络中各个子网的传输路径的路由项，还包含类型为 O_ASE 的用于指明通往公共网络中子网 172.1.17.0/24、172.1.18.0/24 和 172.1.19.0/24 的传输路径的外部路由项。路由器 AR4 的完整路由表与实施路由策略前相同，如图 3.4.10 所示。

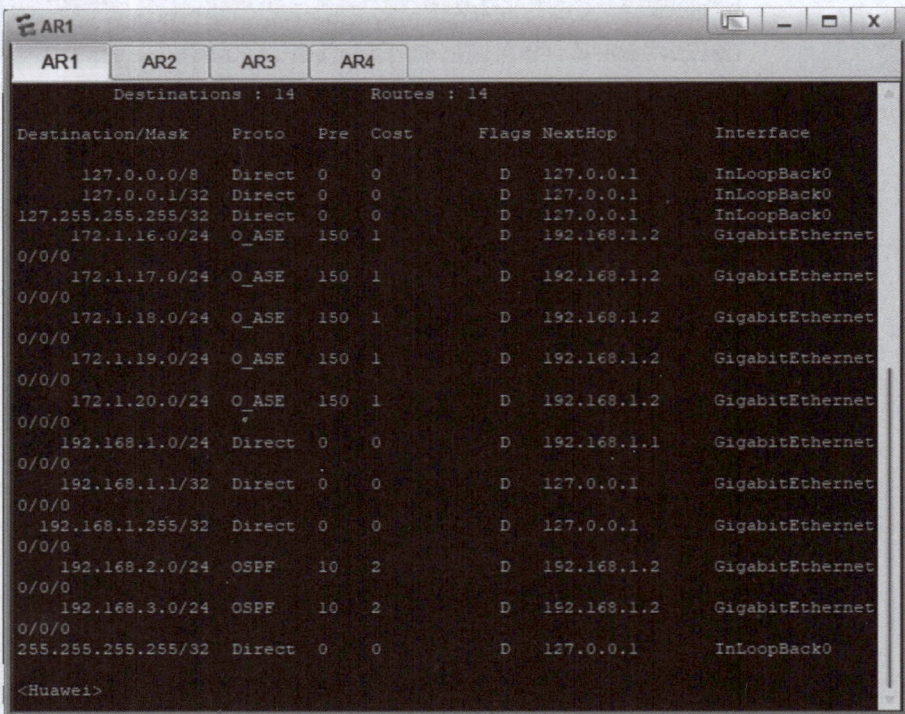

图 3.4.7　路由器 AR1 的完整路由表

实施步骤	

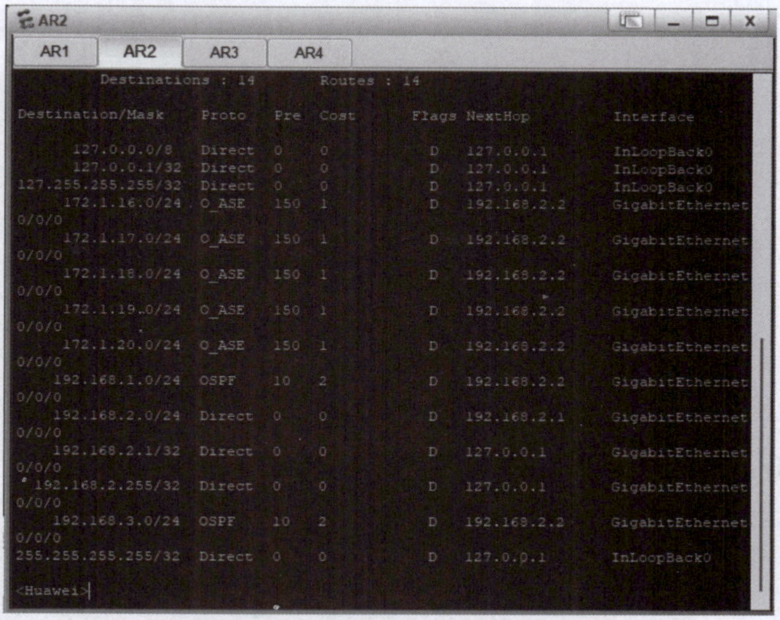

图 3.4.8　路由器 AR2 的完整路由表

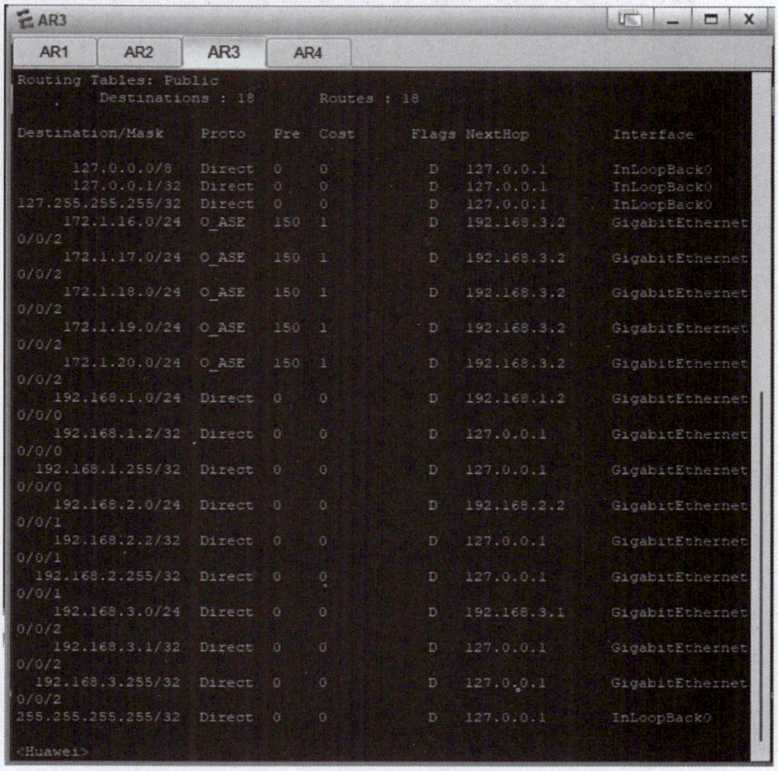

图 3.4.9　路由器 AR3 的完整路由表

续表

实施步骤

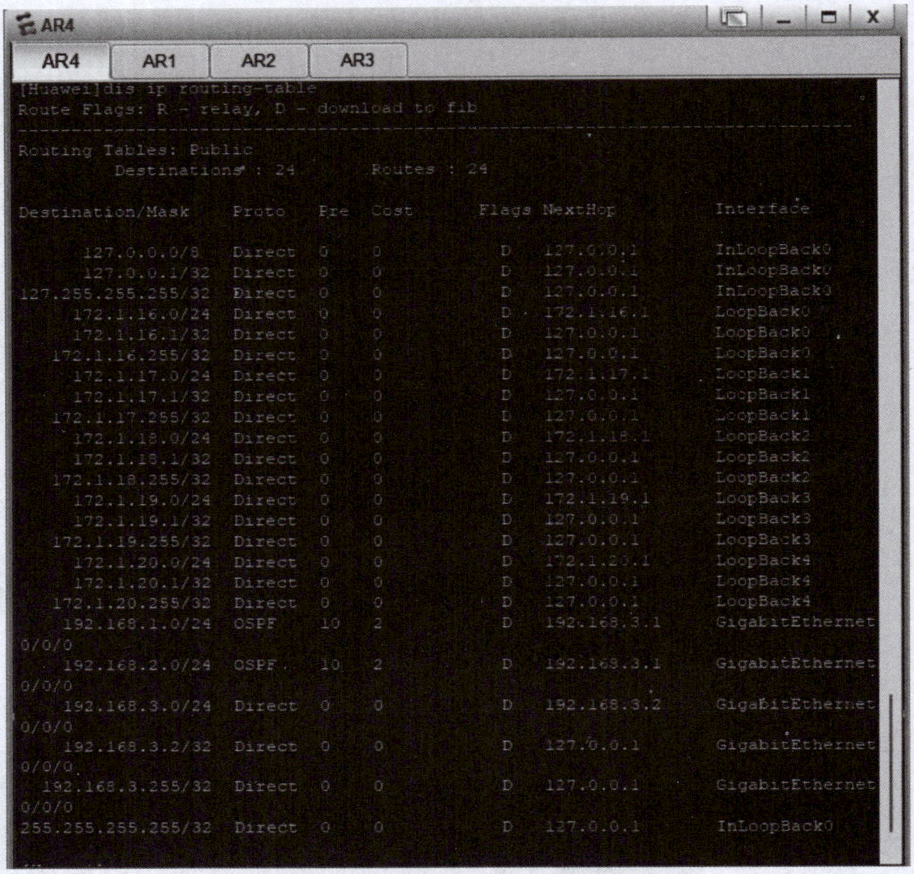

```
[Huawei]dis ip routing-table
Route Flags: R - relay, D - download to fib
------------------------------------------------------------------------------
Routing Tables: Public
         Destinations : 24       Routes : 24

Destination/Mask    Proto   Pre  Cost      Flags NextHop         Interface

      127.0.0.0/8   Direct  0    0           D   127.0.0.1       InLoopBack0
      127.0.0.1/32  Direct  0    0           D   127.0.0.1       InLoopBack0
127.255.255.255/32  Direct  0    0           D   127.0.0.1       InLoopBack0
     172.1.16.0/24  Direct  0    0           D   172.1.16.1      LoopBack0
     172.1.16.1/32  Direct  0    0           D   127.0.0.1       LoopBack0
   172.1.16.255/32  Direct  0    0           D   127.0.0.1       LoopBack0
     172.1.17.0/24  Direct  0    0           D   172.1.17.1      LoopBack1
     172.1.17.1/32  Direct  0    0           D   127.0.0.1       LoopBack1
   172.1.17.255/32  Direct  0    0           D   127.0.0.1       LoopBack1
     172.1.18.0/24  Direct  0    0           D   172.1.18.1      LoopBack2
     172.1.18.1/32  Direct  0    0           D   127.0.0.1       LoopBack2
   172.1.18.255/32  Direct  0    0           D   127.0.0.1       LoopBack2
     172.1.19.0/24  Direct  0    0           D   172.1.19.1      LoopBack3
     172.1.19.1/32  Direct  0    0           D   127.0.0.1       LoopBack3
   172.1.19.255/32  Direct  0    0           D   127.0.0.1       LoopBack3
     172.1.20.0/24  Direct  0    0           D   172.1.20.1      LoopBack4
     172.1.20.1/32  Direct  0    0           D   127.0.0.1       LoopBack4
   172.1.20.255/32  Direct  0    0           D   127.0.0.1       LoopBack4
    192.168.1.0/24  OSPF    10   2           D   192.168.3.1     GigabitEthernet
0/0/0
    192.168.2.0/24  OSPF    10   2           D   192.168.3.1     GigabitEthernet
0/0/0
    192.168.3.0/24  Direct  0    0           D   192.168.3.2     GigabitEthernet
0/0/0
    192.168.3.2/32  Direct  0    0           D   127.0.0.1       GigabitEthernet
0/0/0
  192.168.3.255/32  Direct  0    0           D   127.0.0.1       GigabitEthernet
0/0/0
255.255.255.255/32  Direct  0    0           D   127.0.0.1       InLoopBack0
```

图 3.4.10　路由器 AR4 的完整路由表

任务 5　流量管制

【任务工单】

任务工单 5：流量管制

任务名称	流量管制				
组别		成员		小组成绩	
学生姓名				个人成绩	

续表

任务情景	结合流量管制，网络流量得到了有效的管理和控制，网络资源的利用效率显著提高。这不仅保障了关键业务的稳定运行，还提升了用户的满意度和忠诚度。这段经历不仅展现了流量管家在流量管制领域的专业能力，也为他未来的职业发展奠定了坚实的基础。但是作为实习生的安安，对于流量管制的工作原理和实际操作还是十分陌生，所以亟待解决这个难题。
任务目标	参考安安的工作经历，明确以下目标： ● 明晰流量管制发生的场景和技术原理 ● 掌握流量管制中的流分类、流行为及流策略
任务要求	● 拓扑搭建符合业务逻辑规范 ● 命令配置和操作符合 eNSP 软件平台操作规范
任务实施	1. 启动 eNSP 软件 2. 搭建网络拓扑 3. 启动 CLI，进行命令行配置
实施总结	
小组评价	
任务点评	

【前导知识】

　　华为设备提供了多种流量管制的配置方法，主要通过 Traffic Policy（流量策略）来实现对流量的控制。以下是一个基本的流量管制实验示例，通过 Traffic Policy 对特定协议或端口的流量进行限制。

　　通过华为设备配置 Traffic Policy，限制特定端口的流量。一般步骤如下：

　　（1）登录设备：使用 SSH、Telnet 或本地连接等方式登录华为设备的命令行界面。

　　（2）创建 Traffic Classifier：用于匹配特定流量。

　　（3）创建 Traffic Behavior：定义对匹配流量的处理方式，如限速。

（4）创建 Traffic Policy：同时将 Traffic Classifier 和 Traffic Behavior 关联。

（5）应用 Traffic Policy 到接口：将 Traffic Policy 应用到相应的接口，实现对流量的控制。

（6）测试流量管制策略：在计算机上使用流量生成工具（如 iPerf）生成流量，尝试访问受限制的端口或协议。观察流量生成情况，确保流量受到限制。

（7）使用 Traffic Policy 在华为设备上进行流量管制，限制特定协议或端口的流量，从而提高网络的安全性和效率。具体的命令可能根据设备型号和软件版本略有不同，建议查阅对应设备的官方文档以获取更准确的配制信息。

【任务内容】

1．实验内容

黑客通过向 Web 服务器发送大量报文，导致 Web 服务器连接网络的链路过载，从而使得 Web 服务器无法正常提供服务。为了解决上述问题，需要限制某个网络发送给 Web 服务器的流量，以此阻止对 Web 服务器实施的拒绝服务攻击。

对于如图 3.5.1 所示的网络互联拓扑结构，分别在路由器 R1 接口 1 和路由器 R2 接口 2 配置流量管制器，对网络 192.1.1.0/24 和网络 192.1.3.0/24 中的终端发送给 Web 服务器的流量进行管制。

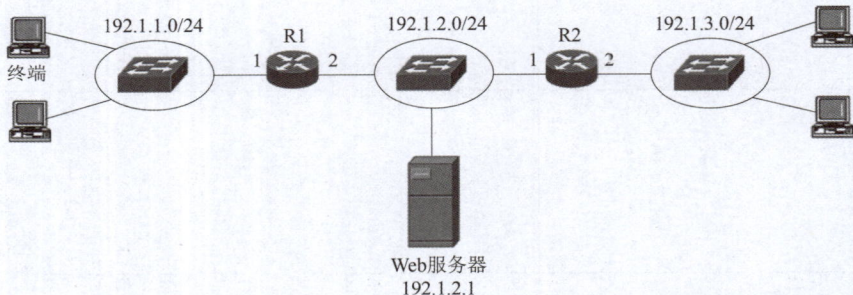

图 3.5.1　网络互联拓扑结构图

2．实验原理

1）信息流分类

信息流分类是指通过规则从 IP 分组流中鉴别出一组 IP 分组，规则由一组属性值组成，如果某个 IP 分组携带的信息和构成规则的一组属性值匹配，意味着该 IP 分组和该规则匹配。构成规则的属性值通常由下述字段组成：

源 IP 地址：用于匹配 IP 分组 IP 首部中的源 IP 地址字段值。

目的 IP 地址：用于匹配 IP 分组 IP 首部中的目的 IP 地址字段值。

源和目的端口号：用于匹配作为 IP 分组净荷的传输层报文首部中源和目的端口号字段值。

协议类型：用于匹配 IP 分组首部中的协议字段值。

如网络 192.1.1.0/24 中的终端发送给 Web 服务器的流量的规则如下：

协议类型＝TCP；

源 IP 地址＝192.1.1.0/24；

源端口号：任意；

目的 IP 地址＝192.1.2.1/32；

目的端口号＝80。

2）流量管制

流量管制通过定义 4 个参数实现，这 4 个参数分别是承诺信息速率（Committed Information Rate，CIR）、承诺突发尺寸（Committed Burst Size，CBS）、峰值信息速率（Peak Information Rate，PIR）和峰值突发尺寸（Peak Burst Size，PBS）。它们必须满足以下关系：PIR>CIR，且 PBS>CBS。

流量管制过程如图 3.5.2 所示，流量管制的核心是两个令牌桶。一是 C 桶，C 桶的容量等于 CBS，生成令牌的速度等于 CIR。当 C 桶令牌数 TC 小于 CBS 时，以 CIR 速度产生令牌；当 C 桶令牌数 TC 大于 CBS 时，丢弃新产生的令牌。二是 P 桶，P 桶的容量等于 PBS，生成令牌的速度等于 PIR。当 P 桶令牌数 TP 小于 PBS 时，以 PIR 速度产生令牌；当 P 桶令牌数 TP 大于 PBS 时，丢弃新产生的令牌。

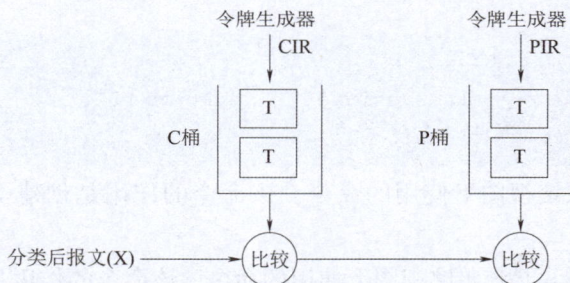

图 3.5.2　流量管制过程

当到达长度为 X 的报文时，进行以下操作。

（1）如果 XTC，且 XTP，则 TC＝TC-X，TP＝TP-X，报文颜色设置为绿色；

（2）如果 TCXTP，则 TP＝TP-X，报文颜色设置为黄色；

（3）如果 TPX，则报文颜色设置为红色。

通常情况下，允许传输绿色和黄色报文，丢弃红色报文。

3. 关键配置命令

1）配置流分类

```
[Huawei]traffic classifier rl
[Huawei-classifier-rl]if-match acl 3000
[Huawei-classifier-rl]quit
```

traffic classifier rl 是系统视图下使用的命令，该命令的作用是创建一个名为 rl 的流分类，并进入流分类视图。

if-match acl 3000 是流分类视图下使用的命令，该命令的作用是在流分类中创建基于 acl 的分类规则。3000 是 acl 编号，表明编号为 3000 的 acl 允许通过的信息流即为符合分类规则的信息流。

2）配置流行为

```
[Huawei]traffic behavior rl
[Huawei-behavior-rl]remark dscp 31
[Huawei-behavior-rl]car cir 200 pir 400 cbs 40000 pbs 80000
[Huawei-behavior-rl]quit
```

traffic behavior rl 是系统视图下使用的命令，该命令的作用是创建一个名为 rl 的流行为，并进入流行为视图。

remark dscp 31 是流行为视图下使用的命令，该命令的作用是在流行为中创建将 IP 报文的 DSCP 优先级重新标记为 31 的动作。

car cir 200 pir 400 cbs 40 000 pbs 80 000 是流行为视图下使用的命令，该命令的作用是在流行为中创建流量管制的动作，实施流量管制的 4 个参数的值分别是 cir＝200 Kb/s，pir＝400 Kb/s，cbs＝40 000 B，pbs＝80 000 B。

3）配置流策略

```
[Huawei]traffic policy rl
[Huawei-trafficpolicy-rl]classifier rl behavior rl
[Huawei-trafficpolicy-rl]quit
```

traffic policy rl 是系统视图下使用的命令，该命令的作用是创建一个名为 rl 的流策略，并进入流策略视图。

classifier rl behavior rl 是流策略视图下使用的命令，该命令的作用是为指定的流分类配置所需的流行为，这里，指定的流分类是名为 rl 的流分类，所需的流行为是名为 r1 的流行为。

4）应用流策略

```
[Huawei ] interface GigabitEthernet0/0/0
[Huawei-GigabitEthernet0/0/0]traffic-policy rl inbound
[Huawei-GicabitEthernet0/0/0]quit
```

traffic-policy rl inbound 是接口视图下使用的命令，该命令的作用是在当前接口（这里是接口 GigabitEthernet0/0/0）的输入方向应用名为 rl 的流策略。inbound 表明作用于输入方向。

4. 命令列表

路由器命令行配置过程中使用的命令格式功能和参数说明如表 3.5.1 所示。

表 3.5.1　命令列表

命令格式	功能和参数说明
traffie classifier classifier - name [operator{and|or}]	创建流分类，并进入流分类视图。参数 classifier-name 是流分类名称。and 是"与"操作符，or 是"或"操作符

续表

命令格式	功能和参数说明
if-match acl acl-number	在流分类中创建基于 ACL 进行分类的匹配规则。参数 acl-number 是 acl 编号
traffie behavior behavior-name	创建流行为，并进入流行为视图
remark dscp｛dscp-name｜dscp-value｝	在流行为中创建重新标记 IP 报文的 DSCP 优先级的动作。参数 dscp-name 是 DSCP 优先级名称，如 af11、af12、af13、af21 等。参数 dscp-value 是 DSCP 优先级值，取值范围是 0~63
car cir cir-value pir pir-value cbs cbs-value pbs pbs-value	在流行为中创建流量管制动作。主要是定义与流量管制有关的 4 个参数。参数 cir-value 是承诺信息速率，参数 pir-value 是峰值信息速率，参数 cbs-value 是承诺突发尺寸，参数 pbs-value 是峰值突发尺寸
traffie policy policy-name	创建流策略，并进入流策略视图
classifier classifier-name behavior behavior-name	在流策略中为指定的流分类配置所需流行为。参数 classifier-name 是流分类名称，参数 behavior-name 是流行为名称
traffic-policy policy-name｛inbound｜outbound｝	在当前接口中应用流策略。参数 policy-name 是流策略名称。inbound 表明作用于输入方向，outbound 表明作用于输出方向
display traffie policy user-defined ［policy-name］	显示指定流策略或所有流策略的配置信息。参数 policy-name 是流策略名称，用于指定某个流策略

【任务实施】

任务目标	1. 验证流量管制器的配置过程 2. 验证通过流量管制阻止拒绝服务攻击的过程 3. 验证流量管制的工作原理 微课-流量管制
实施步骤	启动 eNSP，按照图 3.5.1 所示的网络拓扑结构放置和连接设备，完成设备放置和连接后的 eNSP 界面如图 3.5.3 所示。启动所有设备。 图 3.5.3 完成设备放置和连接后的 eNSP 界面

实施步骤

完成路由器 AR1 和 AR2 各个接口的 IP 地址和子网掩码配置过程, 路由器 AR1 和 AR2 的接口状态分别如图 3.5.4 和图 3.5.5 所示。

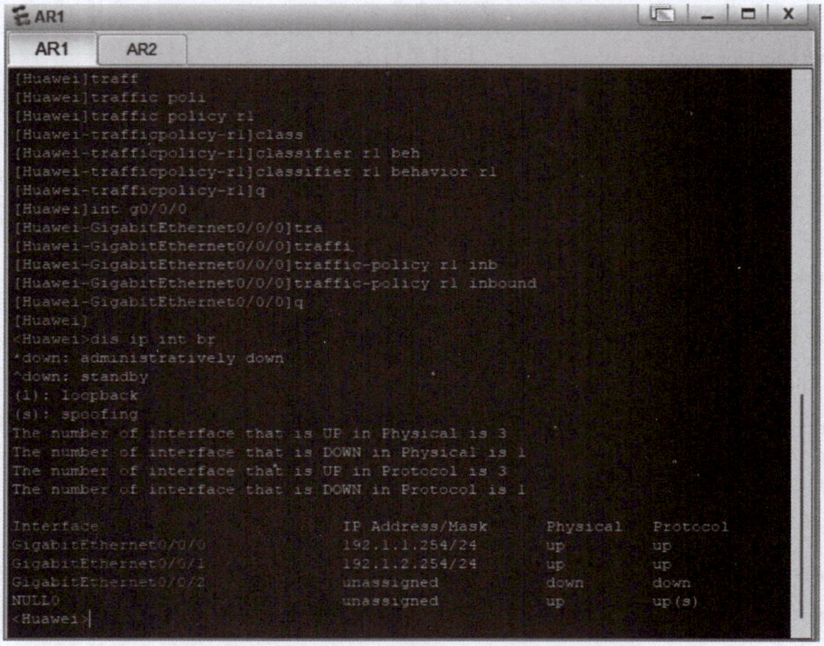

图 3.5.4　路由器 AR1 的接口状态

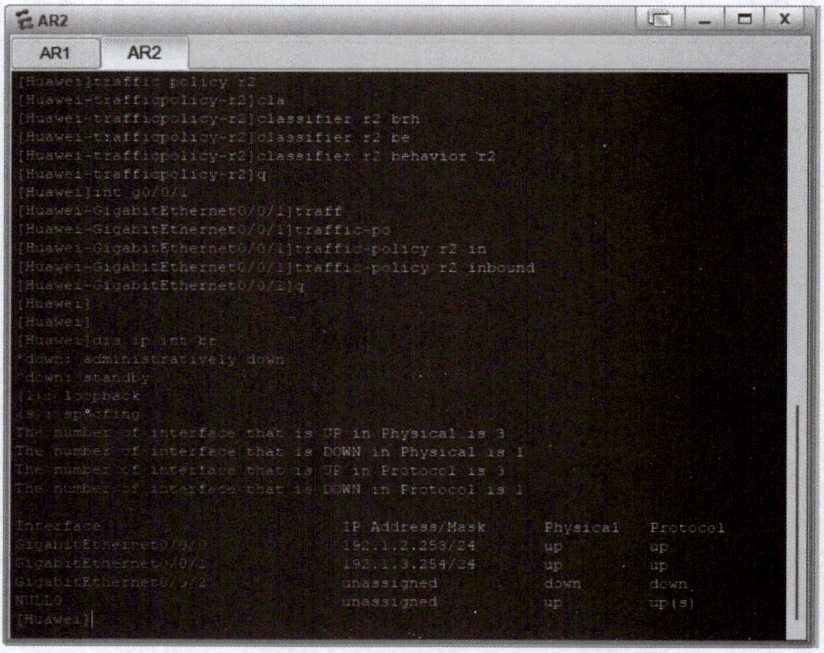

图 3.5.5　路由器 AR2 的接口状态

<table>
<tr><td rowspan="2">实施步骤</td><td>

完成路由器 AR1 和 AR2 RIP 配置过程，路由器 AR1 和 AR2 生成的完整路由表分别如图 3.5.6 和图 3.5.7 所示。

图 3.5.6　路由器 AR1 生成的完整路由表

图 3.5.7　路由器 AR2 生成的完整路由表

</td></tr>
</table>

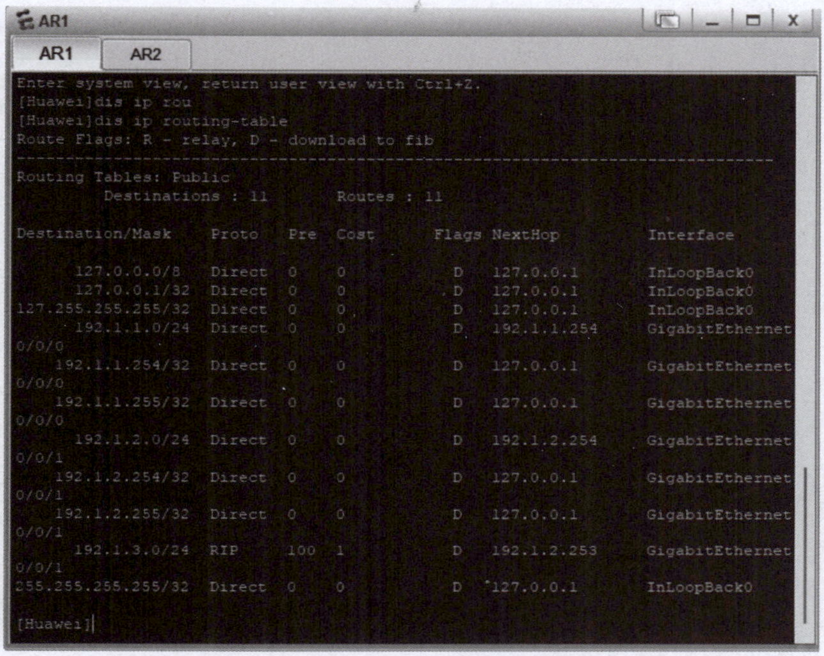

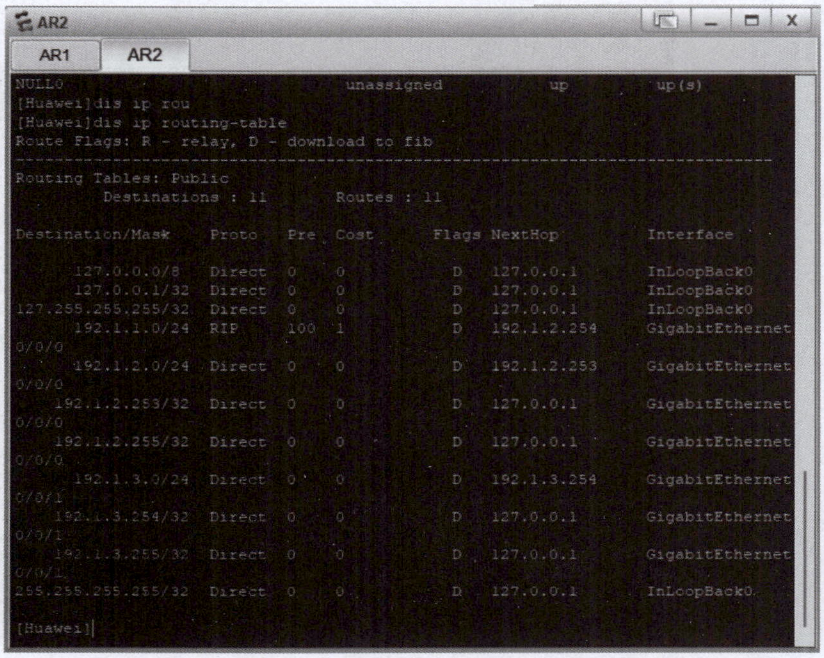

完成路由器 AR1 和 AR2 流策略配置过程，路由器 AR1 和 AR2 配置的流策略分别如图 3.5.8 和图 3.5.9 所示。

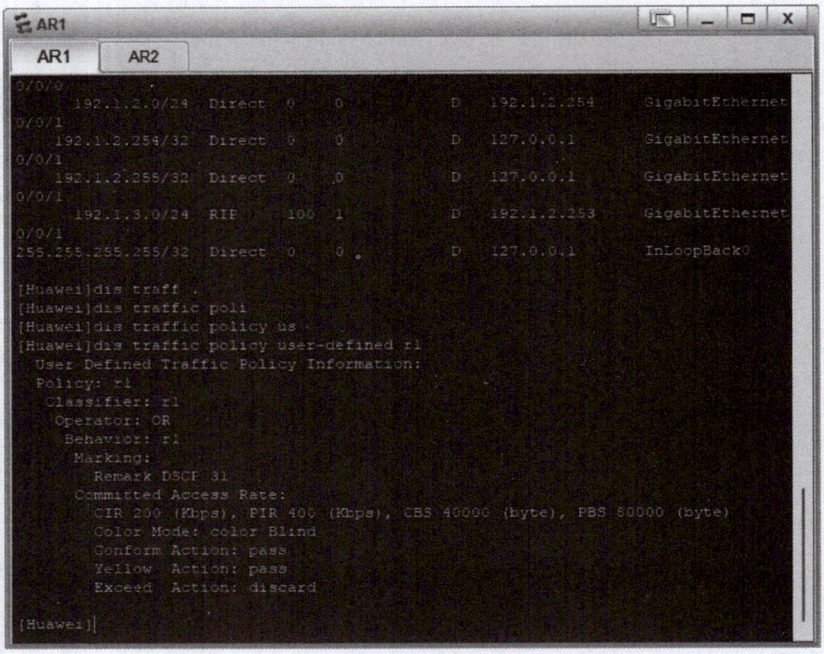

图 3.5.8　路由器 AR1 配置的流策略

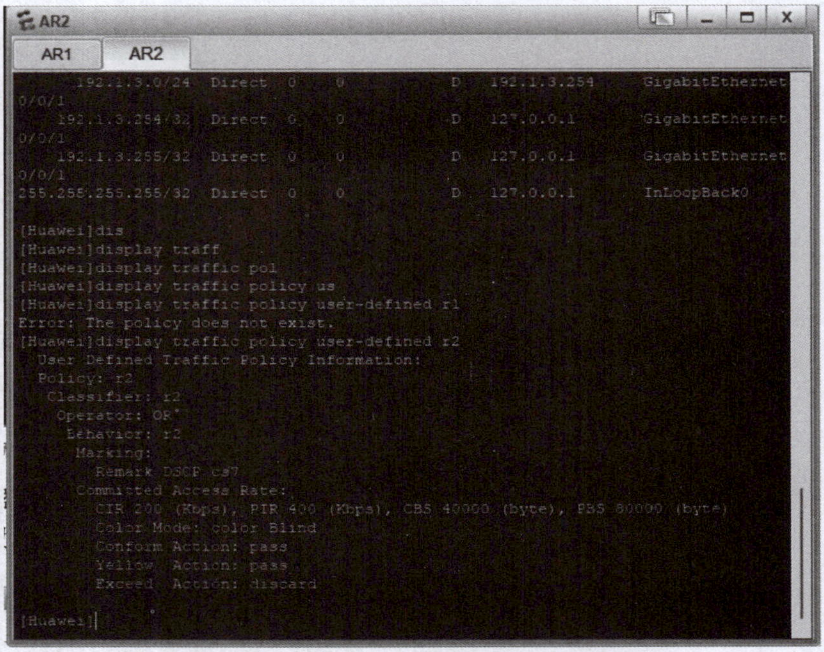

图 3.5.9　路由器 AR2 配置的流策略

实施步骤

配置 Web 服务器的服务器功能，Web 服务器的服务器功能配置界面如图 3.5.10 所示，D 盘根目录下存储 Web 默认主页 default.htm。单击"启动"按钮启动 Web 服务器。

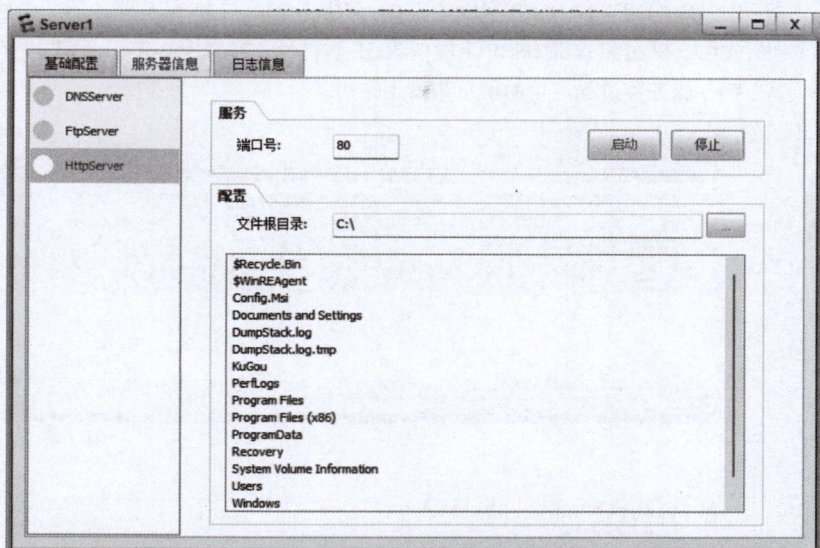

图 3.5.10　Web 服务器的服务器功能配置界面

实施步骤　　由于路由器 AR1 配置的流策略对属于网络 192.1.1.0/24 的客户端访问 Web 服务器的信息流实施管制，并重新标记 IP 分组中的 DSCP 字段值，因此，分别在路由器 AR1 连接网络 192.1.1.0/24 的接口和连接 Web 服务器所在网络的接口启动报文捕获功能。启动如图 3.5.11 所示的 Client1 访问 Web 服务器的过程。路由器 AR1 连接网络 192.1.1.0/24 的接

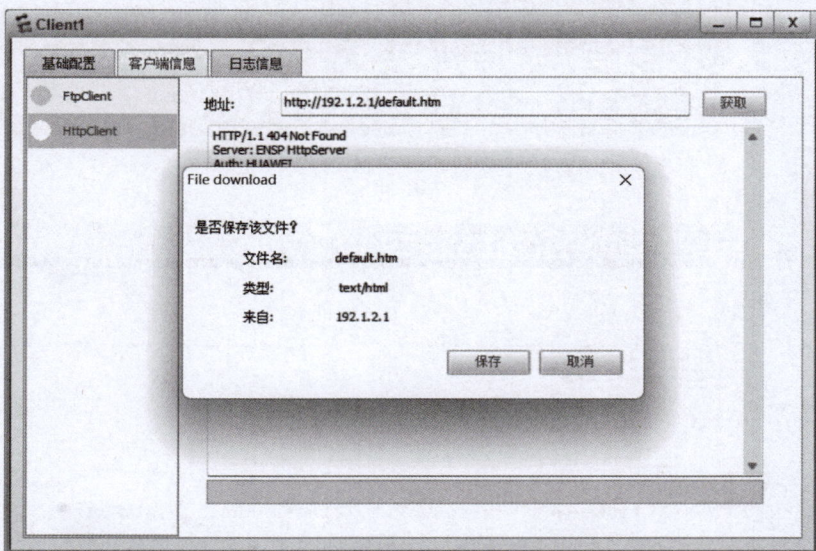

图 3.5.11　Client1 访问 Web 服务器的过程

口和连接 Web 服务器所在网络的接口在 Client1 访问 Web 服务器过程中捕获的报文序列分别如图 3.5.12 和图 3.5.13 所示。路由器 AR1 连接网络 192.1.1.0/24 的接口捕获的报文中，IP 分组首部 DSCP 字段值为 0；路由器 AR1 连接 Web 服务器所在网络的接口捕获的报文中，IP 分组首部 DSCP 字段值为 31（十六进制值为 0x1f）。配置的流策略对 Client1 访问 Web 服务器过程产生的信息流发生作用。

实施步骤

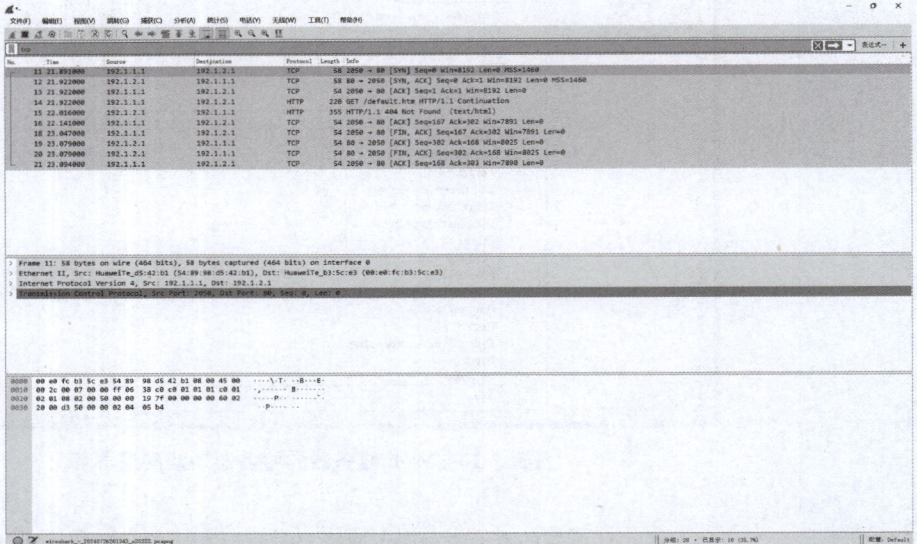

图 3.5.12 路由器 AR1 连接网络 192.1.1.0/24 的接口捕获的报文序列

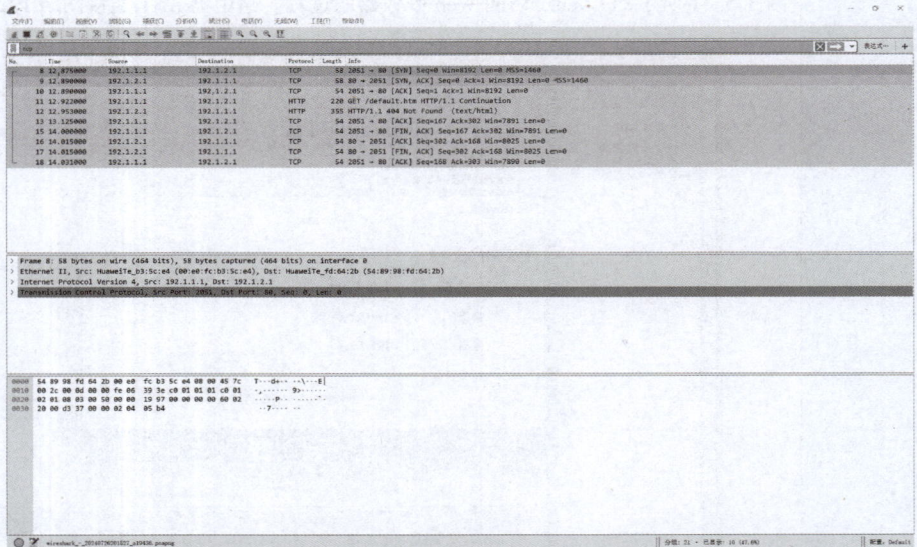

图 3.5.13 路由器 AR1 连接 Web 服务器所在网络的接口捕获的报文序列

实施步骤	为了验证路由器 AR1 配置的流策略只对属于网络 192.1.1.0/24 的客户端访问 Web 服务器产生的信息流发生作用，启动 Web Server 的 FTP 服务器功能，并启动 Client1 访问 FTP 服务器的过程，路由器 AR1 连接网络 192.1.1.0/24 的接口和连接 Web 服务器所在网络的接口在 Client1 访问 FTP 服务器过程中捕获的报文序列分别如图 3.5.12 和图 3.5.13 所示。路由器 AR1 连接网络 192.1.1.0/24 的接口捕获的报文中，IP 分组首部 DSCP 字段值为 0；路由器 AR1 连接 Web 服务器所在网络的接口捕获的报文中，IP 分组首部 DSCP 字段值依然为 0。配置的流策略对 Client1 访问 FTP 服务器过程产生的信息流不起作用。 　　同理，由于路由器 AR2 配置的流策略对属于网络 192.1.3.0/24 的客户端访问 Web 服务器的信息流实施管制，并重新标记 IP 分组中的 DSCP 字段值，因此，分别在路由器 AR2 连接网络 192.1.3.0/24 的接口和连接 Web 服务器所在网络的接口启动报文捕获功能，测试步骤此处省略。

任务 6　PAT 端口地址转换

【任务工单】

任务工单 6：PAT 端口地址转换

任务名称	PAT 端口地址转换				
组别		成员		小组成绩	
学生姓名				个人成绩	
任务情景	在强化 PAT 技术的安全性中，安安致力于优化与加固。他深入研究了协议的解析与转换机制，打造了全面的安全方案。 　　安安认识到 PAT 技术对数据传输效率与安全的重要性。他通过优化算法，确保数据包的准确解析，并在转换过程中嵌入高级别的安全防护措施，如加密与验证技术，防止数据在传输中被窃取或篡改。 　　通过这些措施，安安为 PAT 技术构建了坚固的安全防线，提升了数据传输的安全性与效率，为公司的业务安全与发展提供了技术支撑。这段经历为他未来的技术创新与突破奠定了基础。				
任务目标	参考安安的工作经历，明确以下目标： ● 明晰 PAT 端口地址转换的工作机制 ● 掌握 PAT 端口地址转换的工作原理和配置命令				
任务要求	● 拓扑搭建符合业务逻辑规范 ● 命令配置和操作符合 eNSP 软件平台操作规范				

续表

任务实施	1. 启动 eNSP 软件 2. 搭建网络拓扑 3. 启动 CLI，进行命令行配置
实施总结	
小组评价	
任务点评	

【前导知识】

在网络和计算机领域，PAT 通常指的是"Port Address Translation"，即端口地址转换。这是一种常用于网络设备（如路由器、防火墙等）上的网络地址转换技术。

PAT 是一种网络地址转换（NAT）技术，用于在私有网络和公共网络之间进行通信时，动态映射多个私有 IP 地址到单个公共 IP 地址，同时使用不同的端口号来区分这些连接。

PAT 有助于解决 IPv4 地址枯竭的问题，允许多个内部设备共享同一个公共 IP 地址。这通过将源 IP 地址和端口号进行映射来实现，使得多个内部设备可以使用相同的公共 IP 地址，但通过不同的端口号来区分彼此。

这种技术常用于家庭网络、企业网络等地方，以允许多个设备通过单一公共 IP 地址访问互联网，从而提高 IP 地址的利用效率。

【任务内容】

1. 实验内容

内部网络与公共网络互联的互联网结构如图 3.6.1 所示，允许分配私有 IP 地址的内部网络终端发起访问公共网络的过程，允许公共网络终端发起访问内部网络中服务器 1 的过程。要求路由器 R1 采用端口地址转换（Port Address Translation，PAT）技术实现上述功能。

2. 实验原理

互联网结构如图 3.6.1 所示，内部网络 192.168.1.0/24 通过路由器 R1 接入公共网络，由于网络地址 192.168.1.0/24 是私有 IP 地址，且公共网络不能以路由器私有 IP 地址为目的

IP 地址的 IP 分组, 因此, 图 3.6.1 中路由器 R2 的路由表中没有包含以 192.168.1.0/24 为目的网络的路由项, 这意味着内部网络 192.168.1.0/24 对于路由器 R2 是透明的。

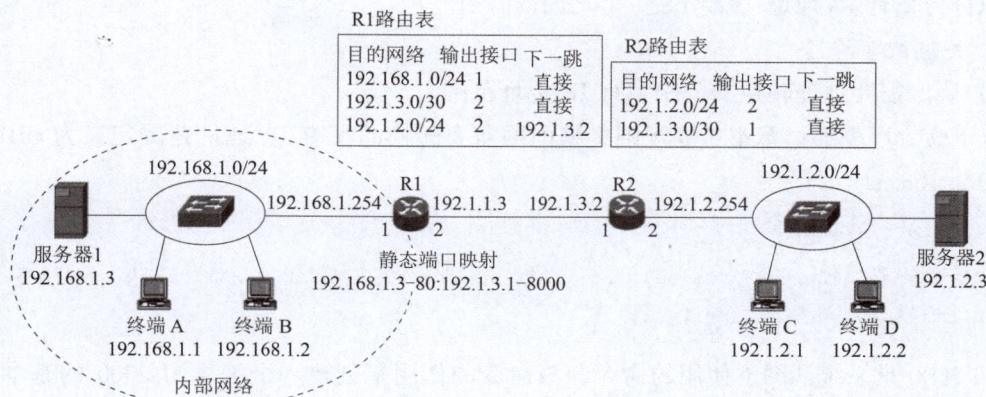

图 3.6.1　内部网络与公共网络互联的互联网结构

由于没有为内部网络分配全球 IP 地址池, 内部网络终端只能以路由器 R1 连接公共网络的接口的 IP 地址 192.1.3.1 作为发送给公共网络终端的 IP 分组的源 IP 地址, 同样, 公共网络终端必须以 192.1.3.1 作为发送给内部网络终端的 IP 分组的目的 IP 地址。

公共网络终端用 IP 地址 192.1.3.1 标识整个内部网络, 为了能够正确区分内部网络中的每一个终端, TCP/UDP 报文用端口号唯一标识每一个内部网络终端, ICMP 报文用标识符唯一标识每一个内部网络终端。由于端口号和标识符只有本地意义, 不同内部网络终端发送的 TCP/UDP 报文 (或 ICMP 报文) 可能使用相同的端口号 (或标识符), 因此, 需要由路由器 R1 为每一个内部网络终端分配唯一的端口号或标识符, 并通过地址转换项 [私有 IP 地址, 本地端口号 (或本地标识符), 全球 IP 地址, 全局端口号 (或全局标识符)] 建立该端口号或标识符与某个内部网络终端之间的关联。这里的私有 IP 地址是某个内部网络终端的私有 IP 地址, 本地端口号 (或本地标识符) 是该终端为 TCP/UDP 报文 (或 ICMP 报文) 分配的端口号 (或标识符), 全局 IP 地址是路由器 R1 连接公共网络的接口的 IP 地址 192.1.3.1, 全局端口号 (或全局标识符) 是路由器 R1 为唯一标识 TCPUDP 报文 (或 ICMP 报文) 的发送终端而生成的、内部网络内唯一的端口号 (或标识符)。

地址转换项在内部网络终端向公共网络终端发送 TCP/UDP 报文 (或 ICMP 报文) 时创建, 因此, 动态 PAT 只能实现内部网络终端发起访问公共网络的过程, 如果需要实现公共网络终端发起访问内部网络的过程, 必须手工配置静态地址转换项。如果需要实现由公共网络终端发起访问内部网络中服务器 1 的过程, 必须在路由器 R1 中建立全局端口号 8000 与服务器 1 的私有 IP 地址 192.168.1.3 之间的关联, 使得公共网络终端可以用全局 IP 地址 192.1.3.1 和全局端口号 8000 访问内部网络中的服务器 1。

如图 3.6.1 所示的内部网络中的终端 A 访问公共网络终端时发送的 IP 分组以终端 A 的私有 IP 地址 192.168.1.1 为源 IP 地址、以公共网络终端的全局 IP 地址为目的 IP 地址, 路由器 R1 通过连接公共网络的接口输出该 IP 分组时, 该 IP 分组的源 IP 地址转换为全局 IP

地址 192.1.3.1，同时用路由器 R1 生成的内部网络内唯一的全局端口号或全局标识符替换该 IP 分组封装的 TCP/UDP 报文的源端口号或 ICMP 报文的标识符，建立该全局端口号或全局标识符与私有 IP 地址 192.168.1.1 之间的映射。

3. 关键配置命令

1）确定需要地址转换的内网私有 IP 地址范围

以下命令序列通过基本过滤规则集将内网需要转换的私有 IP 地址范围定义为 CIDR 地址块 192.168.1.0/24。

```
[Huawei]acl 2000
[Huawei-acl-basic-2000]rule 5 permit source 192.163.1.0 0.0.0.255
[Huawei-acl-basic-2000]quit
```

acl 2000 是系统视图下使用的命令，该命令的作用是创建一个编号为 2000 的基本过滤规则集，并进入基本 acl 视图。

rule 5 permit source 192.168.1.0 0.0.0.255 是基本 acl 视图下使用的命令，该命令的作用是创建允许源 IP 地址属于 CIDR 地址块 192.168.1.0/24 的 IP 分组通过的过滤规则。这里，该过滤规则的含义变为对源 IP 地址属于 CIDR 地址块 192.168.1.0/24 的 IP 分组实施地址转换过程。

2）建立基本过滤规则集与公共接口之间的联系

```
[Huawei]interface GigabitEthernet0/0/1
[Huawei-GigabitEthernet0/0/1]nat outbound 2000
[Huawei-GigabitEthernet0/0/1]quit
```

nat outbound 2000 是接口视图下使用的命令，该命令的作用是建立编号为 2000 的基本过滤规则集与指定接口（这里是接口 GigabitEthernet0/0/1）之间的联系。建立该联系后，一是对从该接口输出的源 IP 地址属于编号为 2000 的基本过滤规则集指定的允许通过的源 IP 地址范围的 IP 分组，实施地址转换过程。二是指定该接口的 IP 地址作为 IP 分组完成地址转换过程后的源 IP 地址。

3）建立静态映射

```
[Huawei]interface GigabitEthernet0/0/1
[Huawei-GigabitEthernet0/0/1]nat server protocol top global current-interface
8000 inside 192.168.1.3 80
[Huawei-GigabitEthernet0/0/1] quit
```

nat server protocol tcp global current-interface 8000 inside 192.168.1.3 80 是接口视图下使用的命令，该命令的作用是建立静态映射：<192.1.3.1：8000（全球 IP 地址和全局端口号）-->192.168.1.3：80（内部 IP 地址和内部端口号）>命令中的 TCP 用于指定协议，即对 TCP 报文实施地址转换。current-interface 表明用当前接口的 IP 地址作为全球 IP 地址，这里的当前接口是接口 GigabitEthernet0/0/1，分配给接口 GigabitEthernet0/0/1 的 IP 地址是

192.1.3.1，8000 是全局端口号，192.168.1.3 是内部 IP 地址，80 是内部端口号。

4. 命令列表

路由器命令行 CLI 配置过程中使用的命令格式、功能和参数说明如表 3.6.1 所示。

表 3.6.1　命令列表

命令格式	功能和参数说明
acl acl-number	创建编号为 acl-nummber 的 acl，并进入 acl 视图。acl 是访问控制列表，由一组过滤规则组成。这里用 acl 指定需要进行地址转换的内网 IP 地址范围
rule［rule-id］{deny｜permit}［source{source-address source-wildcard｜any}］	配置一条用于指定允许通过或拒绝通过的 IP 分组的源 IP 地址范围的规则。参数 rule-id 是规则编号，用于确定匹配顺序。参数 source-address 和 source-wildcard 用于指定源 IP 地址范围。参数 source-address 是网络地址，参数 source-wildcard 是反掩码，反掩码是子网掩码的反码，any 表明任意源 IP 地址范围
nat outbound acl-number［interface interface-type interface-number［.subnumber]]	在指定接口启动 PAT 功能。参数 acl-number 是访问控制列表编号，用该访问控制列表指定源 IP 地址范围，参数 interface-type 是接口类型，参数 interface-nummber［.subnumber］是接口编号（或是子接口编号）。接口类型和接口编号（或是子接口编号）一起用于指定接口，将指定接口的 IP 地址作为全球 IP 地址。对于源 IP 地址属于编号为 acl-number 的 acl 指定的源 IP 地址范围的 IP 分组，用指定接口的全球 IP 地址替换该 IP 分组的源 IP 地址
nat server protocol{tcp｜udp} global {global-address｜current-interface｜interface interface-type interface-number［.subnumber]} global-port inside host-address host-port	建立全球 IP 地址和全局端口号与内部网络私有 IP 地址和本地端口号之间的静态映射。全球 IP 地址可以通过接口指定，即用指定接口的 IP 地址作为全球 IP 地址。参数 global-address 是全球 IP 地址，参数 interface-type 是接口类型，参数 interface-number［.suubnumber］是接口编号（或是子接口编号）。接口类型和接口编号（或是子接口编号）一起用于指定接口，将指定接口的 IP 地址作为全球 IP 地址。也可以指定用当前接口（current-interface）的 IP 地址作为全球 IP 地址。参数 global-port 是全局端口号，参数 host-address 是服务器的私有 IP 地址，参数 host-port 是服务器的本地端口号

【任务实施】

任务目标	1. 掌握内部网络设计过程和私有 IP 地址使用方法 2. 验证 PAT 工作机制 3. 掌握路由器 PAT 配置过程 4. 验证私有 IP 地址与全球 IP 地址之间的转换过程 5. 验证 IP 分组和 TCP 报文的格式转换过程	微课-PAT

启动 eNSP，按照图 3.6.1 所示的网络拓扑结构放置和连接设备，完成设备放置和连接后的 eNSP 界面如图 3.6.2 所示。启动所有设备。

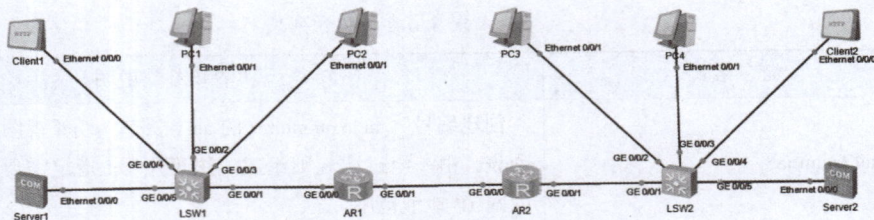

图 3.6.2　搭建好的网络拓扑图

完成路由器 AR1 和 AR2 各个接口的 IP 地址和子网掩码配置过程，完成路由器 AR1 静态路由项配置过程。路由器 AR1 和 AR2 的路由表分别如图 3.6.3 和图 3.6.4 所示。AR1 的路由表中包含用于指明通往网络 192.1.2.0/24 传输路径的静态路由项。AR2 的路由表中并没有用于指明通往网络 192.168.1.0/24 传输路径的路由项，因此，AR2 无法转发目的网络是192.168.1.0/24 的 IP 分组。

Server1 配置的 IP 地址、子网掩码和默认网关地址如图 3.6.5 所示，配置的 IP 地址是内网的私有 IP 地址 192.168.1.3。Server1 配置 HTTP 服务器的界面如图 3.6.6 所示，需要指定根目录，并在根目录下存储 HTML 文档。可以用客户端设备（Client）访问服务器（Server）。

实施步骤

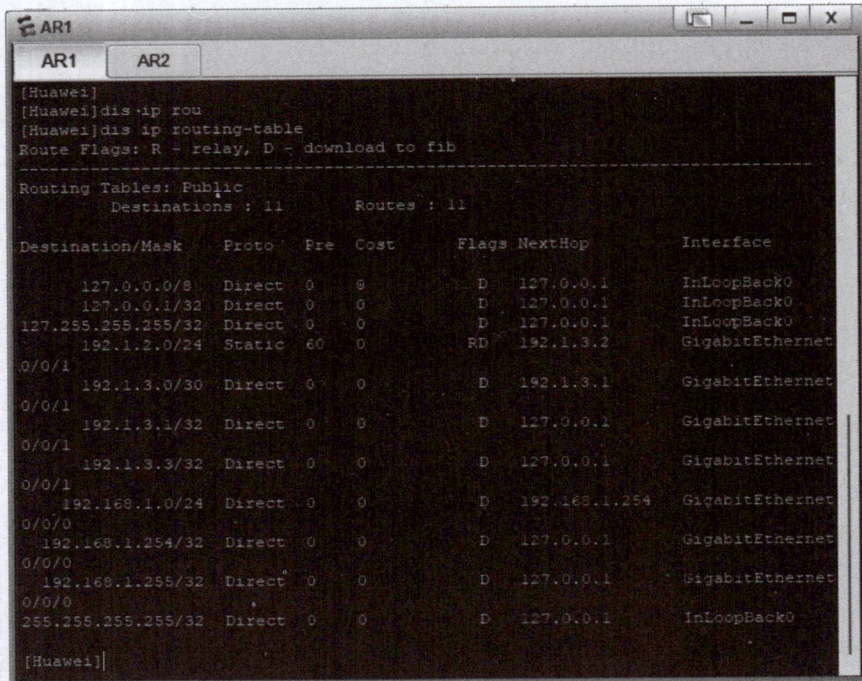

图 3.6.3　路由器 AR1 的路由表

续表

实施步骤

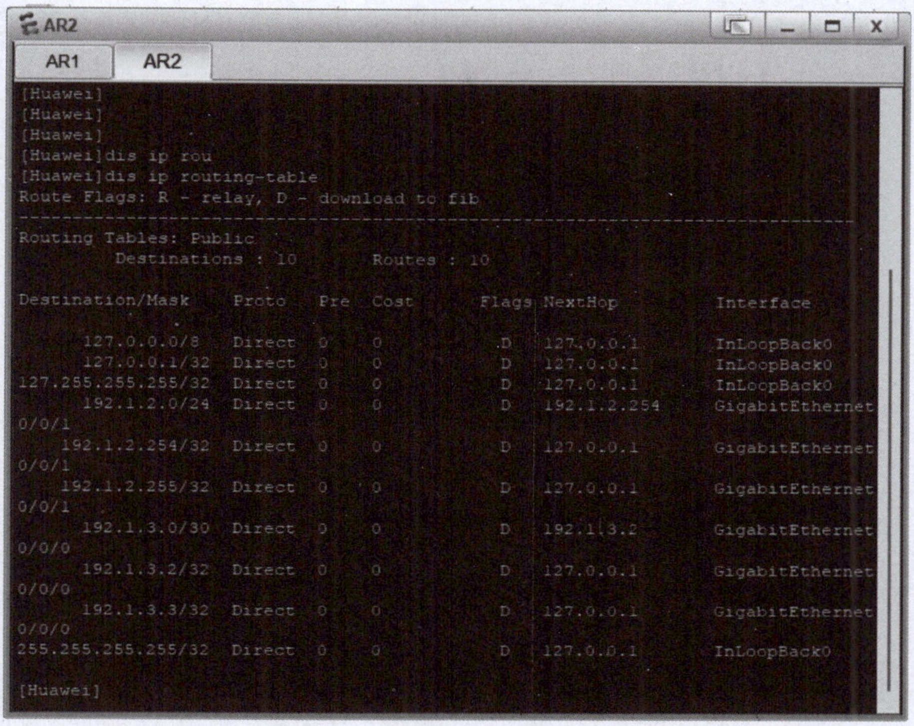

图 3.6.4 路由器 AR2 的路由表

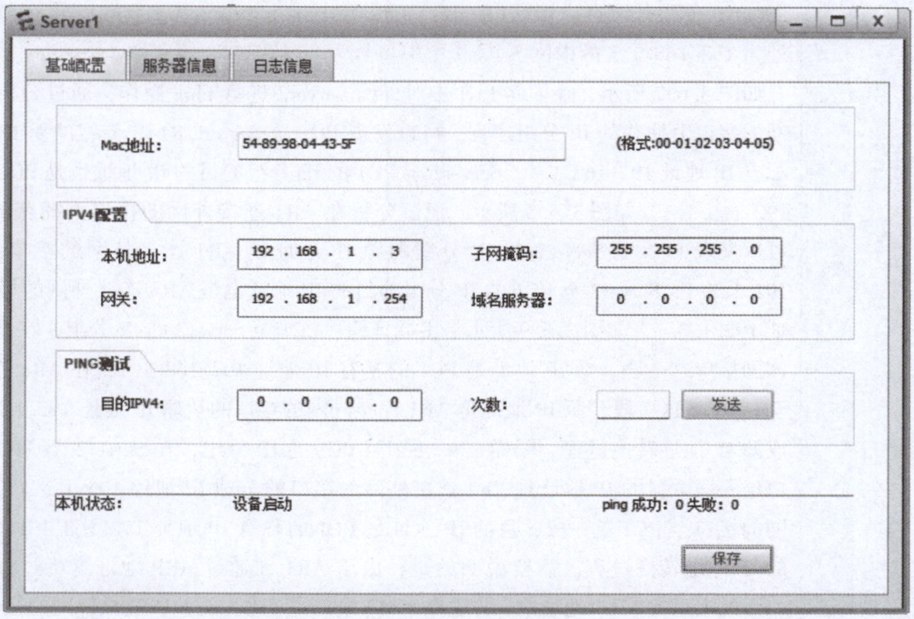

图 3.6.5 Server1 配置的 IP 地址、子网掩码和默认网关地址

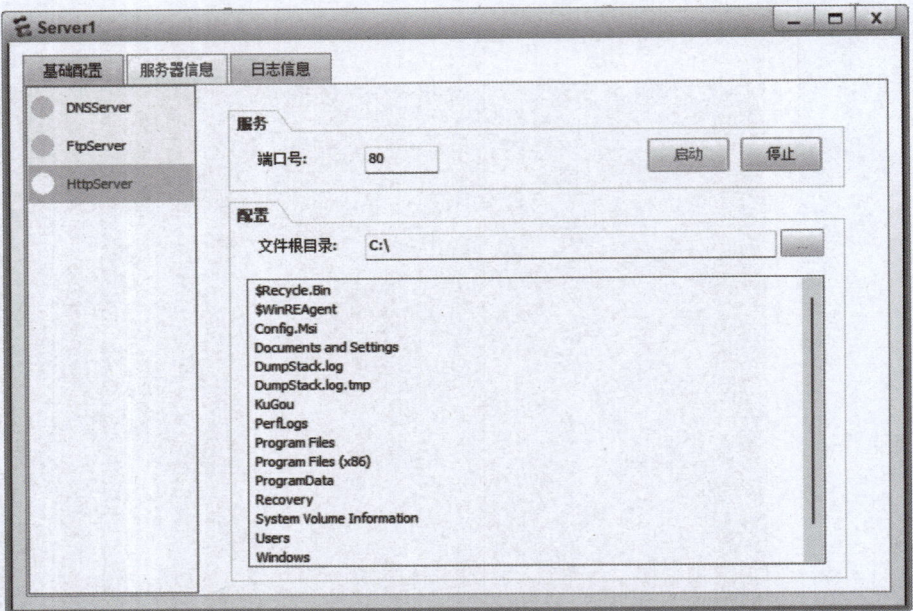

图 3.6.6　Server1 配置 HTTP 服务器的界面

实施步骤

　　在 AR1 中完成 NAT 相关配置过程，一是指定需要进行地址转换的内网 IP 地址范围。二是指定实施地址转换的接口是连接公共网络的接口。三是指定将连接公共网络的接口的 IP 地址作为转换后的 IP 分组的源 IP 地址。四是建立静态映射<192.168.1.3-80：192.1.3.1-8000>，使得外网客户端（Client2）可以用 IP 地址 192.1.3.1 和端口号 8000 访问私有 IP 地址为 192.168.1.3 的内网 Server1 中端口号为 80 的 HTTP 服务器。

　　如图 3.6.7 所示，在内网 PC1 中对外网 Server2 进行 ping 操作，通过分析在 AR1 连接内网的接口上捕获的 IP 分组序列，可以发现 PC1 至 Server2 的 IP 分组的源 IP 地址是 PC1 的私有 IP 地址 192.168.1.1，Server2 至 PC1 的 IP 分组的目的 IP 地址也是 PC1 的私有 IP 地址 192.168.1.1，如图 3.6.8 所示。通过分析在 AR1 连接外网的接口上捕获的 IP 分组序列，可以发现 PC1 至 Server2 的 IP 分组的源 IP 地址是 AR1 连接外网的接口的全球 IP 地址 192.1.3.1，Server2 至 PC1 的 IP 分组的目的 IP 地址也是 AR1 连接外网的接口的全球 IP 地址 192.1.3.1，如图 3.6.9 所示。由此证明，PC1 至 Server2 的 IP 分组，在 PC1 至 AR1 连接内网接口这一段，源 IP 地址是 PC1 的私有 IP 地址 192.168.1.1，在 AR1 连接外网的接口至 Server2 这一段，源 IP 地址是 AR1 连接外网的接口的全球 IP 地址 192.1.3.1，由 AR1 完成源 IP 地址转换过程。同样，Server2 至 PC1 的 IP 分组，在 Server2 至 AR1 连接外网的接口这一段，目的 IP 地址是 AR1 连接外网的接口的全球 IP 地址 192.1.3.1。在 AR1 连接内网的接口至 PC1 这一段，目的 IP 地址是 PC1 的私有 IP 地址 192.168.1.1，由 AR1 完成目的 IP 地址转换过程。需要说明的是，由于 AR1 在通过 ARP 地址解析过程获取 AR2 连接 AR1 的接口的 MAC 地址前，先丢弃 ICMP 报文，因此，在 AR1 连接外网的接口捕获的第 1 个 ICMP 报文对应在 AR1 连接内网的接口捕获的第 2 个 ICMP 报文。

实施步骤

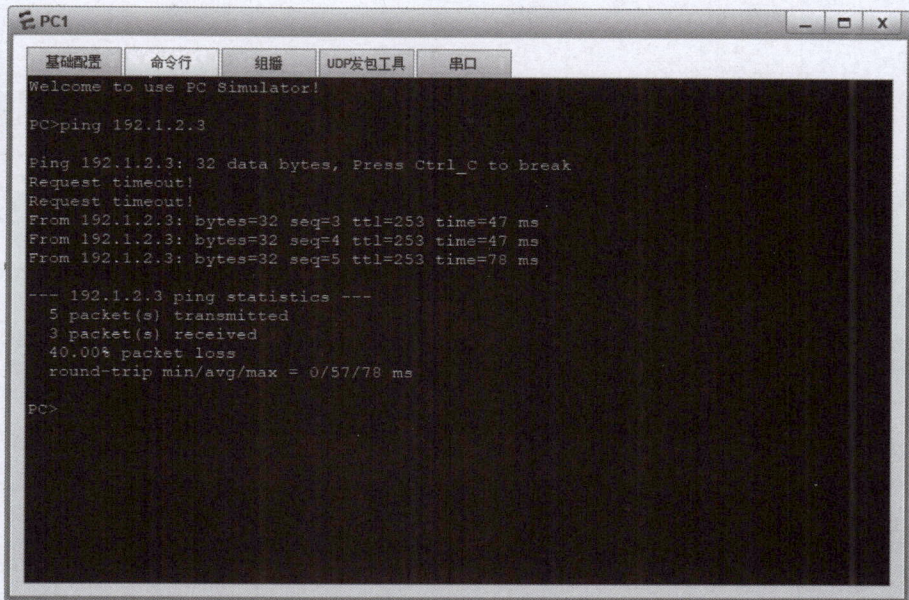

图 3.6.7　内网 PC1 对外网 Server2 进行 ping 操作

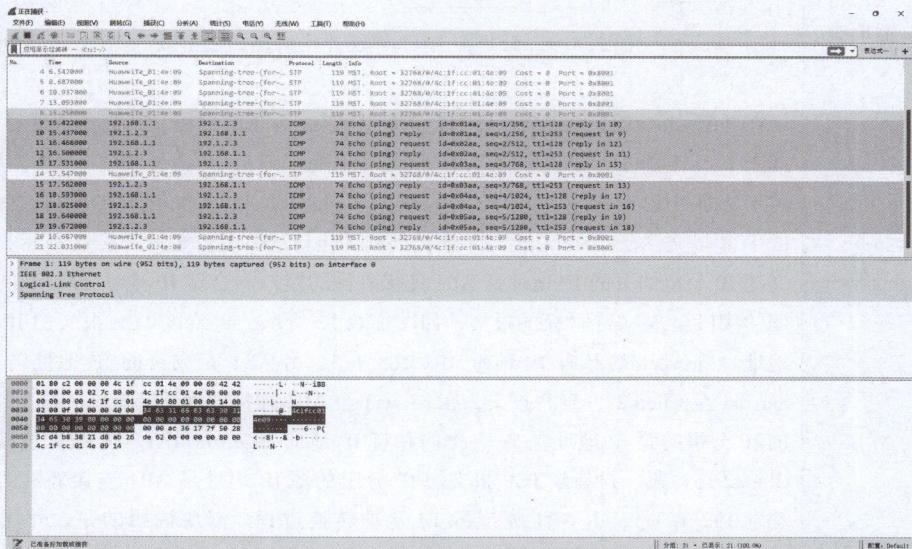

图 3.6.8　分析在 AR1 连接内网的接口上捕获的 IP 分组序列

| 实施步骤 | |

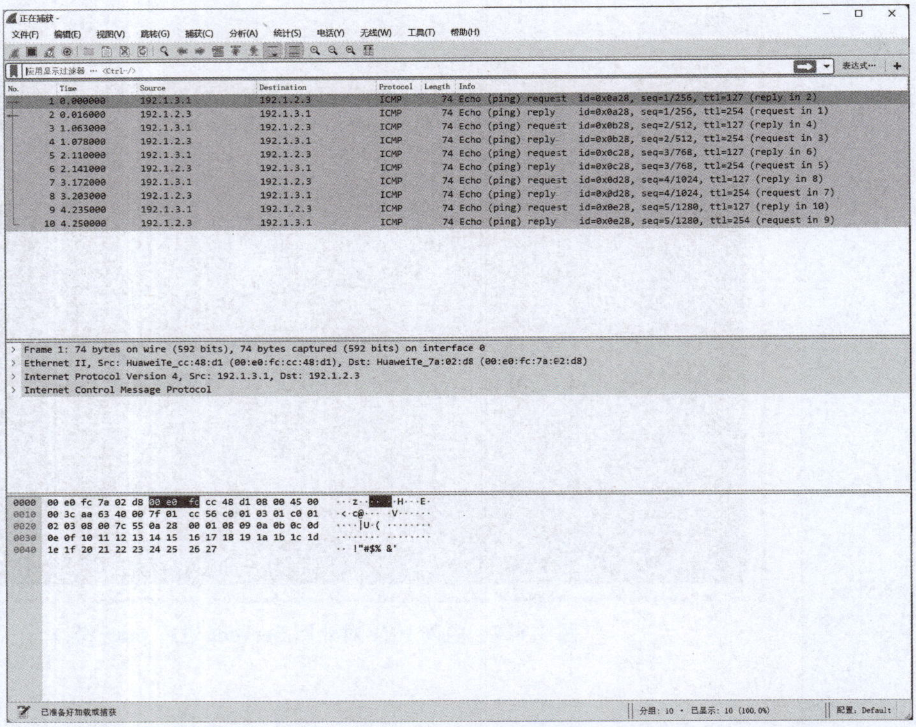

图 3.6.9　分析在 AR1 连接外网的接口上捕获的 IP 分组序列

在外网 Client2 上通过浏览器启动访问内网 Server1 的过程。浏览器地址栏中输入的 URL，如图 3.6.10 所示，IP 地址是 AR1 连接外网的接口的 IP 地址 192.1.3.1，端口号是 8000。由于 AR1 中已经建立 192.1.3.1：8000 与 192.168.1.3：80 之间的映射，Client2 至 Server1 的 TCP 报文，在 Client2 至 AR1 连接外网的接口这一段，如图 3.6.11 所示，封装该 TCP 报文的 IP 分组的目的 IP 地址是 AR1 连接外网的接口的全球 IP 地址 192.1.3.1。AR1 连接内网的接口至 Server1 捕获的报文，如图 3.6.12 所示，封装该 TCP 报文的 IP 分组的目的 IP 地址是 Server1 的私有 IP 地址 192.168.1.3，由 AR1 完成目的 IP 地址转换过程。同样，Server1 至 Client2 的 TCP 报文，在 Server1 至 AR1 连接内网的接口这一段，封装该 TCP 报文的 IP 分组的源 IP 地址是 Server1 的私有 IP 地址 192.168.1.3。在 AR1 连接外网的接口至 Client2 这一段，封装该 TCP 报文的 IP 分组的源 IP 地址是 AR1 连接外网的接口的全球 IP 地址 192.1.3.1，由 AR1 完成源 IP 地址转换过程。需要说明的是，外网终端只能通过 192.1.3.1：8000 发起对内网 Server1 的 HTTP 服务器的访问过程，无法通过其他方法实现与 Server1 的通信过程。如果在外网终端上对全球 IP 地址 192.1.3.1 进行 ping 操作，实际上是对路由器 AR1 进行 ping 操作。

实施步骤

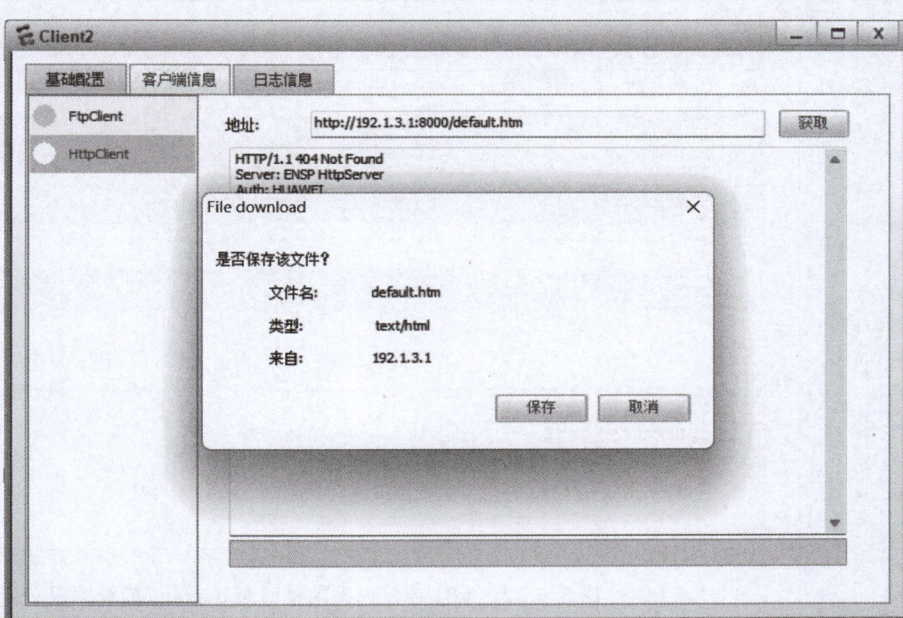

图 3.6.10 浏览器地址栏中输入的 URL

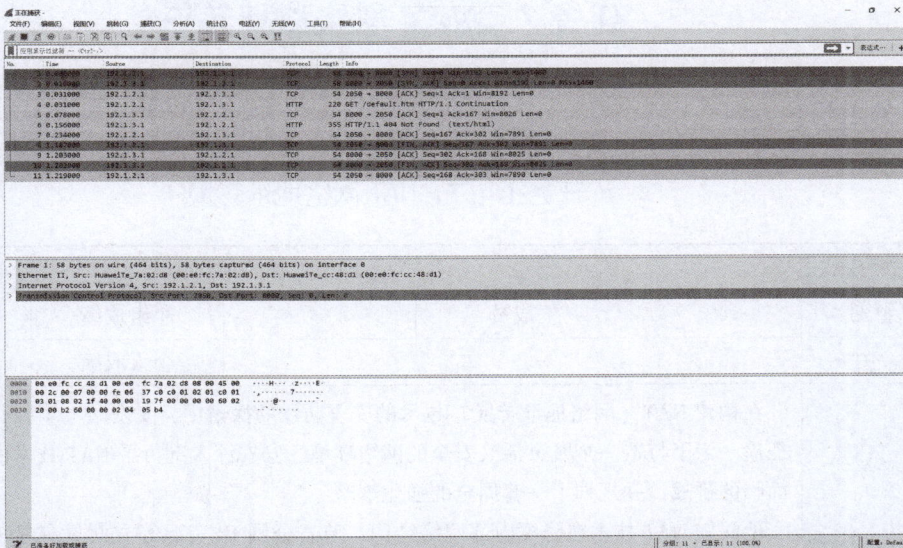

图 3.6.11 Client2 至 Server1 的 TCP 报文

续表

实施步骤	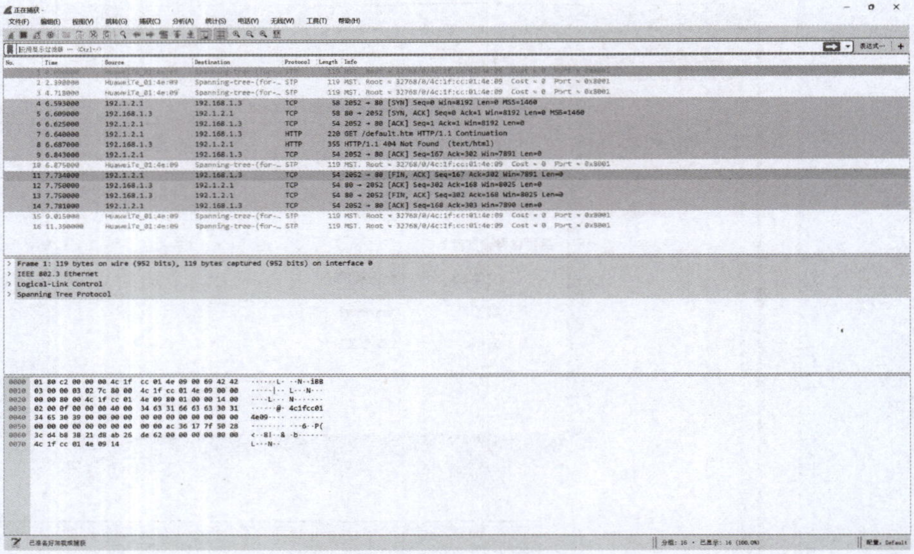 图 3.6.12　AR1 连接内网的接口至 Server1 捕获的报文

任务 7　NAT 网络地址转换

【任务工单】

任务工单 7：NAT 网络地址转换

任务名称	NAT 网络地址转换			
组别		成员	小组成绩	
学生姓名			个人成绩	
任务情景	在构建 NAT（网络地址转换）技术的安全防线的探索中，安安踏上了强化其网络架构的征途。为了打造一个既灵活又安全的网络环境，安安深入剖析了 NAT 技术的核心原理及其面临的挑战，并规划了一套周全的强化策略。 　　他深知 NAT 技术在隐藏内部网络结构、节省公网 IP 资源等方面具有显著优势，但同时也面临着地址映射冲突、端口转发风险以及可能的 DDoS 攻击放大效应等安全隐患。为了全面应对这些挑战，安安采取了多维度的保护措施。 　　首先，他优化了 NAT 地址池的管理机制，确保地址的有效分配和回收，避免地址冲突和耗尽的问题。同时，他引入了动态 NAT 和静态 NAT 的混合使用策略，根据业务需求灵活调整地址映射规则，提高网络的灵活性和安全性。				

任务名称	NAT 网络地址转换
任务情景	其次，安安加强了 NAT 设备的日志记录和审计功能。通过详细记录 NAT 转换的详细信息，包括源地址、目标地址、端口号及转换时间等，为安全分析和故障排查提供了有力支持。此外，他还配置了防火墙规则，对经过 NAT 转换的流量进行严格的访问控制和过滤，防止未经授权的访问和数据泄露。 　　经过不懈的努力，安安成功打造了一个既高效又安全的 NAT 技术环境。他的实践不仅为公司的网络安全建设树立了标杆，也为其他企业提供了可借鉴的宝贵经验。这段经历不仅深化了他对网络安全领域的理解，也为他未来的技术创新和发展奠定了坚实的基础。
任务目标	参考安安的工作经历，明确以下目标： ● 明晰 NAT 网络地址转换的技术原理 ● 掌握 NAT 的配置方法和关键命令
任务要求	● 拓扑搭建符合业务逻辑规范 ● 命令配置和操作符合 eNSP 软件平台操作规范
任务实施	1. 启动 eNSP 软件 2. 搭建网络拓扑 3. 启动 CLI，进行命令行配置
实施总结	
小组评价	
任务点评	

【前导知识】

　　NAT，全称为 Network Address Translation，是一种网络通信协议或技术，用于将私有网络内部的 IP 地址映射到公共网络的 IP 地址，以实现多个内部设备共享一个或多个公共 IP 地址的功能。

　　NAT 的主要目的是缓解 IPv4 地址枯竭问题。IPv4 地址空间有限，随着互联网的快速发展，对 IP 地址的需求急剧增加，但 IPv4 地址资源有限。NAT 通过将私有网络的 IP 地址转换成公共 IP 地址来减少对公共 IP 地址的需求。

NAT 可以分为以下几种类型：

（1）Static NAT（静态 NAT）：一对一映射，将一个内部 IP 地址映射到一个外部 IP 地址。

（2）Dynamic NAT（动态 NAT）：多对多映射，将内部 IP 地址动态映射到外部 IP 地址池中的可用地址。

（3）PAT（Port Address Translation）（端口地址转换）：多对一映射，通过修改端口号实现多个内部设备共享一个外部 IP 地址。

（4）NAT Overload：是一种特殊的 PAT，也称为"many-to-one NAT"，通过使用端口号实现多对多映射，允许多个内部设备共享一个外部 IP 地址。

NAT 对于保护网络安全和提高 IP 地址利用率起到了重要作用。然而，它也可能引入一些复杂性和限制，特别是对于一些特定的网络应用或服务可能需要特别的配置。

【任务内容】

1. 实验内容

内部网络与公共网络互联的互联网结构如图 3.7.1 所示，允许分配私有 IP 地址的内部网络终端发起访问公共网络的过程，允许公共网络终端发起访问内部网络中服务器 1 的过程。要求路由器 R1 采用网络地址转换（NAT）技术实现上述功能。

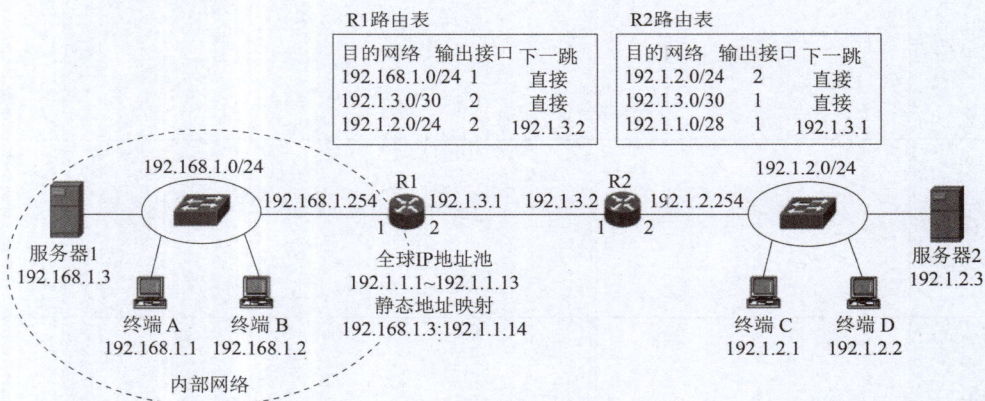

图 3.7.1 内部网络与公共网络互联的互联网结构

2. 实验原理

PAT 要求将私有 IP 地址映射到单个全球 IP 地址，因此，无法用全球 IP 地址唯一标识内部网络终端，需要通过全局端口号或全局标识符唯一标识内部网络终端，因此，只能对封装 TCP/UDP 报文的 IP 分组，或是封装 ICMP 报文的 IP 分组实施 PAT 操作。和 PAT 不同，动态 NAT 允许将私有 IP 地址映射到一组全球 IP 地址，通过定义全球 IP 地址池指定这一组全球 IP 地址，全球 IP 地址池中的全球 IP 地址数量决定了可以同时访问公共网络的内部网络终端数量。某个内部网络终端的私有 IP 地址与全球 IP 地址池中某个全球 IP 地址之间的映射是动态建立的，该内部网络终端一旦完成对公共网络的访问过程，将撤销已经建立的私有 IP 地址与该全球 IP 地址之间的映射，释放该全球 IP 地址，其他内部网络终端可以通过建立自己的私有 IP 地址与该全球 IP 地址之间的映射访问公共网络。

实现动态 NAT 的互联网结构如图 3.7.1 所示，内部网络私有 IP 地址 192.168.1.0/24 对公共网络中的路由器是透明的，因此，路由器 R2 的路由表中不包含目的网络为 192.168.1.0/24 的路由项。需要为路由器 R1 配置全球 IP 地址池，在创建用于指明某个内部网络私有 IP 地址与全球 IP 地址池中某个全球 IP 地址之间映射的动态地址转换项后，公共网络用该全球 IP 地址标识内部网络中配置该私有 IP 地址的终端，因此，路由器 R2 中必须建立目的网络为全球 IP 地址池指定的一组全球 IP 地址，下一跳为路由器 R1 的静态路由项，保证将目的 IP 地址属于这一组全球 IP 地址的 IP 分组转发给路由器 R1。

对于公共网络终端，私有 IP 地址空间 192.168.1.0/24 是不可见的，在建立私有 IP 地址与全球 IP 地址之间映射前，公共网络终端是无法访问内部网络终端的，因此，如果需要实现由公共网络终端发起的访问内部网络中服务器 1 的过程，必须静态建立服务器 1 的私有 IP 地址 192.168.1.3 与全球 IP 地址 192.1.1.14 之间的映射，使得公共网络终端可以用全球 IP 地址 192.1.1.14 访问内部网络中的服务器 1。

如图 3.7.1 所示的内部网络中的终端 A 访问公共网络终端时发送的 IP 分组以终端 A 的私有 IP 地址 192.168.1.1 为源 IP 地址、以公共网络终端的全球 IP 地址为目的 IP 地址。该 IP 分组通过路由器 R1 连接公共网络的接口输出时，源 IP 地址转换为属于分配给路由器 R1 的全球 IP 地址池中的某个全球 IP 地址，路由器 R1 动建立私有 IP 地址 192.168.1.1 与该全球 IP 地址之间的映射。

动态 NAT 可以对封装任何类型报文的 IP 分组进行 NAT 操作，PAT 只能对封装 TCP/UDP 报文的 IP 分组，或是封装 ICMP 报文的 IP 分组实施 PAT 操作。

3. 关键配置命令

1）定义全球 IP 地址池

```
[Huawei]nat address-group 1 192.1.1.1 192.1.1.13
```

nat address-group 1 192.1.1.1 192.1.1.13 是系统视图下使用的命令，该命令的作用是定义一个 IP 地址范围为 192.1.1.1~192.1.1.13 的全球 IP 地址池，其中 192.1.1.1 是起始地址，192.1.1.13 是结束地址，1 是全球 IP 地址池索引号。

2）建立 acl 与全球 IP 地址池之间的关联

```
[Huawei]interface GigabitEthernet0/0/1
[Huawei-GigabitEthernet0/0/1]nat outbound 2000 address-group 1 no-pat
[Huawei-GigabitEthernet0/0/1]quit
```

nat outbound 2000 address-group 1 no-pat 是接口视图下使用的命令，该命令的作用是建立 acl 与全球 IP 地址池之间的关联，其中 2000 是 acl 编号，1 是全球 IP 地址池索引号。对于源 IP 地址属于编号为 2000 的 acl 指定的源 IP 地址范围的 IP 分组，用在索引号为 1 的全球 IP 地址池中选择的全球 IP 地址替换该 IP 分组的源 IP 地址。

3）建立全球 IP 地址与私有 IP 地址之间的静态映射

```
[Huawei]nat static global 192.1.1.14 inside 192.168.1.3
```

nat static global 192.1.1.14 inside 192.168.1.3 是系统视图下使用的命令，该命令的作用是建立全球 IP 地址 192.1.1.14 与私有 IP 地址 192.168.1.3 之间的静态映射。

4）启动静态映射功能

```
[Huawei]interface GigabitEthernet0/0/1
[Huawei-GigabitEthernet0/0/1]nat static enable
[Huawei-GigabitEthernet0/0/1]quit
```

nat static enable 是接口视图下使用的命令，该命令的作用是在指定接口（这里是接口 GigabitEthernet0/0/1）启动地址静态映射功能。

4. 命令列表

路由器命令行配置过程中使用的命令格式、功能和参数说明如表 3.7.1 所示。

表 3.7.1　命令列表

命令格式	功能和参数说明
nat address-group group-index start-address end-address	定义全球 IP 地址池，全球 IP 地址池的 IP 地址范围从 start-address 到 end-address。参数 start-address 是起始全球 IP 地址，参数 end-address 是结束全球 IP 地址，参数 group-index 是全球 IP 地址池索引号，不同的全球 IP 地址池有着不同的索引号
nat outbound acl-number addess-group group-index［no-pat］	建立全球 IP 地址池与 acl 之间的关联。参数 acl-number 是 acl 编号，参数 group-index 是全球 IP 地址池索引号，no-pat 表明地址转换过程中不启动 PAT 功能
nat static global global-address inside host-address	建立全球 IP 地址 global-address 与私有 IP 地址 host-address 之间的静态映射
nat static enable	在指定接口启动静态地址映射功能

【任务实施】

任务目标	1. 掌握内部网络设计过程和私有 IP 地址使用方法 2. 验证 NAT 工作过程 3. 掌握路由器动态 NAT 配置过程 4. 验证私有 IP 地址与全球 IP 地址之间的转换过程 5. 验证 IP 分组的格式转换过程	动画-NAT　　微课-NAT
实施步骤	启动 eNSP，按照图 3.7.1 所示的网络拓扑结构放置和连接设备，完成设备放置和连接后的 eNSP 界面如图 3.7.2 所示。启动所有设备。	

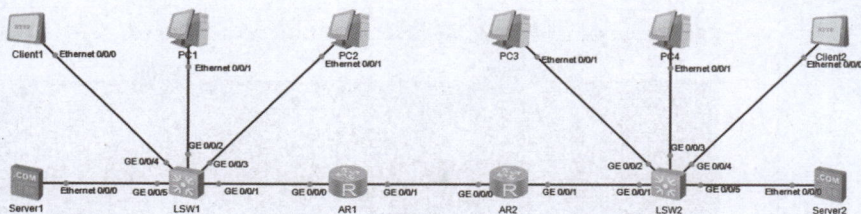

图 3.7.2　完成设备放置和连接后的 eNSP 界面

完成路由器 AR1 和 AR2 各个接口的 IP 地址和子网掩码配置过程，完成路由器 AR1 和 AR2 静态路由项配置过程。路由器 AR1 和 AR2 的路由表分别如图 3.7.3 和图 3.7.4 所示。 AR1 的路由表中包含用于指明通往网络 192.1.2.0/24 传输路径的静态路由项，AR2 的路由表中包含用于指明通往网络 192.1.1.0/28 传输路径的静态路由项，CIDR 地址块 192.1.1.0/28 涵盖 AR1 全球 IP 地址池中的全球 IP 地址范围。AR2 的路由表中并没有用于指明通往网络 192.168.1.0/24 传输路径的路由项，因此，AR2 无法转发目的网络是 192.168.1.0/24 的 IP 分组。值得说明的是，AR1 的路由表中针对全球 IP 地址池中每一个全球 IP 地址，给出类型为 unr 的路由项。

实施步骤

图 3.7.3　路由器 AR1 的路由表

| 实施步骤 |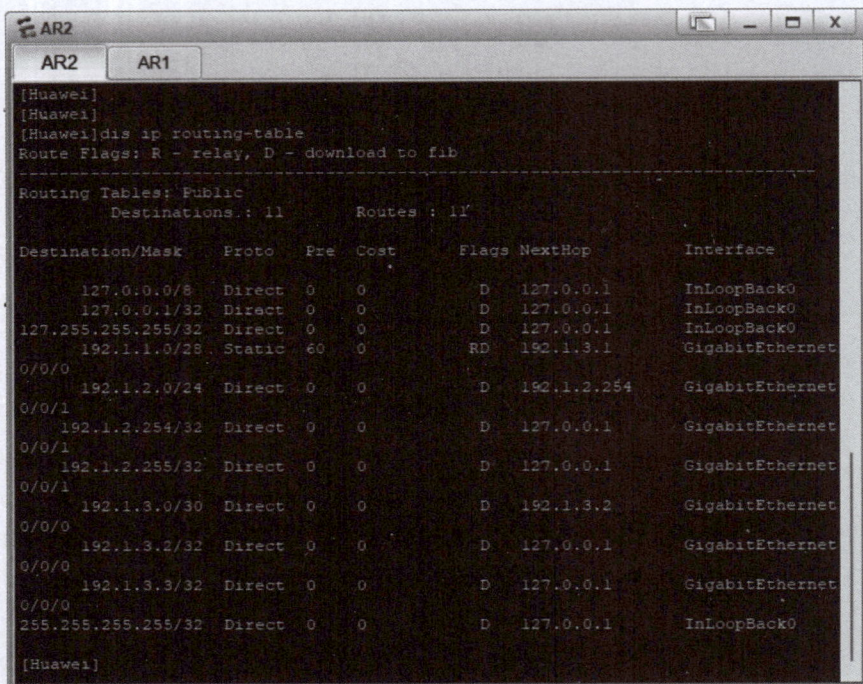

图 3. 7. 4　路由器 AR2 的路由表

Server1 配置 HTTP 服务器的界面如图 3. 7. 5 所示，需要指定根目录，并在根目录下存储 HTML 文档。可以用客户端设备（Client）访问服务器（Server）。

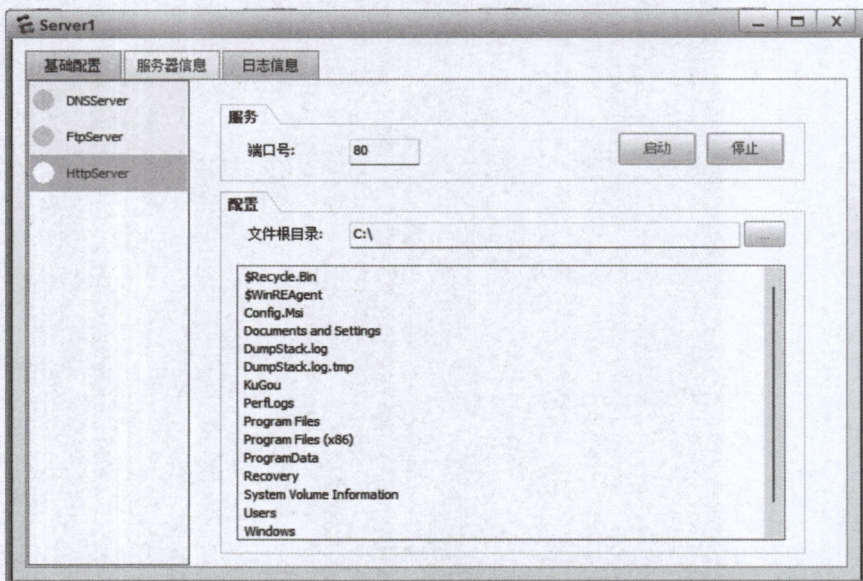

图 3. 7. 5　Server1 配置 HTTP 服务器的界面 |

续表

实施步骤	

在 AR1 中完成 NAT 相关配置过程，一是指定需要进行地址转换的内网 IP 地址范围。二是指定全球 IP 地址池中的全球 IP 地址范围。三是建立连接公共网络的接口、内网 IP 地址范围与全球 IP 地址池这三者之间的关联。四是建立全球 IP 地址 192.1.1.14 与私有 IP 地址 192.168.1.3 之间的静态映射，使得外网终端可以用全球 IP 地址 192.1.1.14 访问内网中私有 IP 地址为 192.168.1.3 的服务器。

如图 3.7.6 所示，在内网 PC1 中对外网 Server2 进行 ping 操作，同时分别在 AR1 连接内网的接口上和连接外网的接口上捕获 IP 分组，可以发现，PC1 至 Server2 的 IP 分组，在 PC1 至 AR1 连接内网的接口这一段，源 IP 地址是 PC1 的私有 IP 地址 192.168.1.1，如图 3.7.7 所示。在 AR1 连接外网的接口至 Server2 这一段，源 IP 地址是 AR1 在全球 IP 地址池中选择的全球 IP 地址，如 192.1.1.1、192.1.1.2 等，如图 3.7.8 所示。由 AR1 完成源 IP 地址转换过程。需要说明的是，由于 AR1 在通过 ARP 地址解析过程获取 AR2 连接 AR1 的接口的 MAC 地址前，先丢弃 ICMP 报文，因此，在 AR1 连接外网的接口捕获的第 1 个 ICMP 报文对应在 AR1 连接内网的接口捕获的第 2 个 ICMP 报文。同样，Server2 至 PC1 的 IP 分组，在 Server2 至 AR1 连接外网的接口这一段，目的 IP 地址是 AR1 在全球 IP 地址池中选择的全球 IP 地址，如图 3.7.8 所示。在 AR1 连接内网的接口至 PC1 这一段，目的 IP 地址是 PC1 的私有 IP 地址 192.168.1.1，如图 3.7.7 所示。由 AR1 完成目的 IP 地址转换过程。

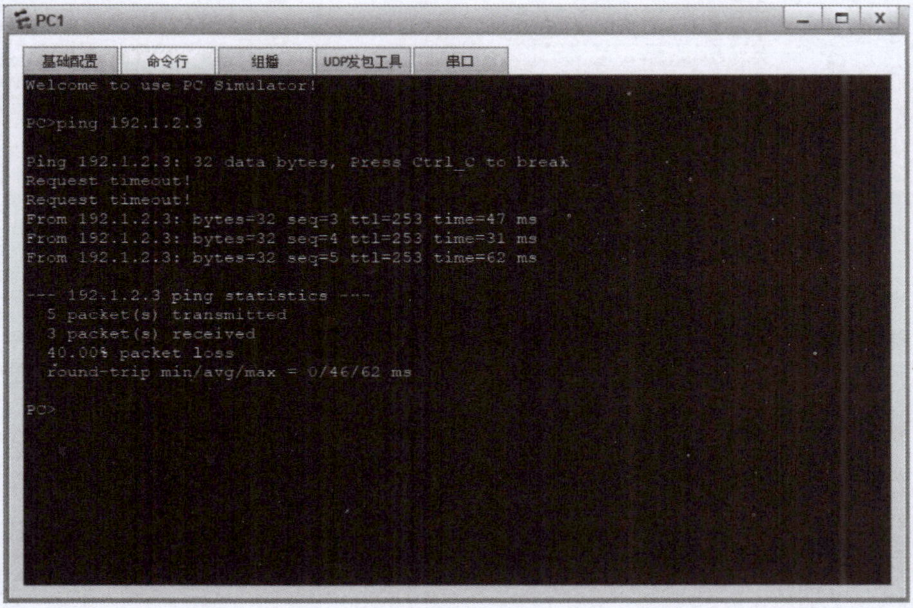

图 3.7.6　在内网 PC1 中对外网 Server2 进行 ping 操作

实施步骤	

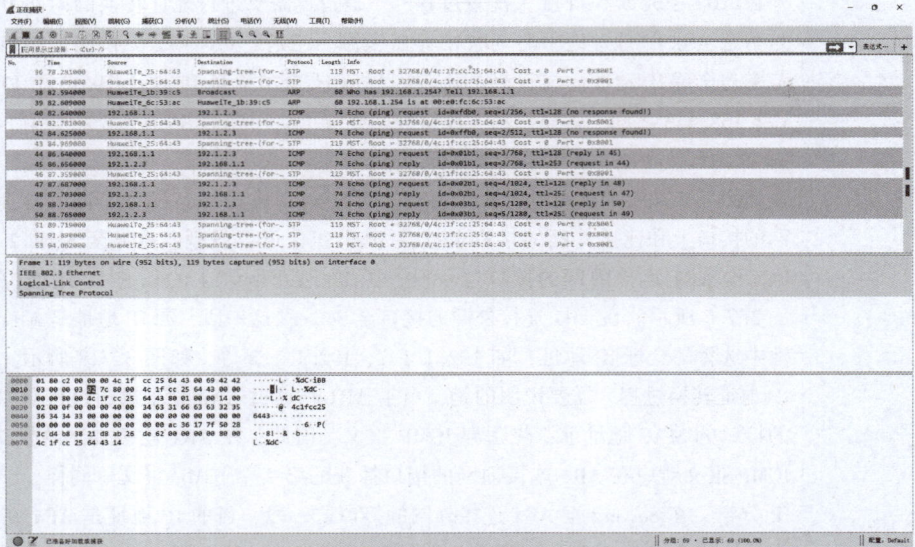

图 3.7.7　在 AR1 连接内网的接口上捕获 IP 分组

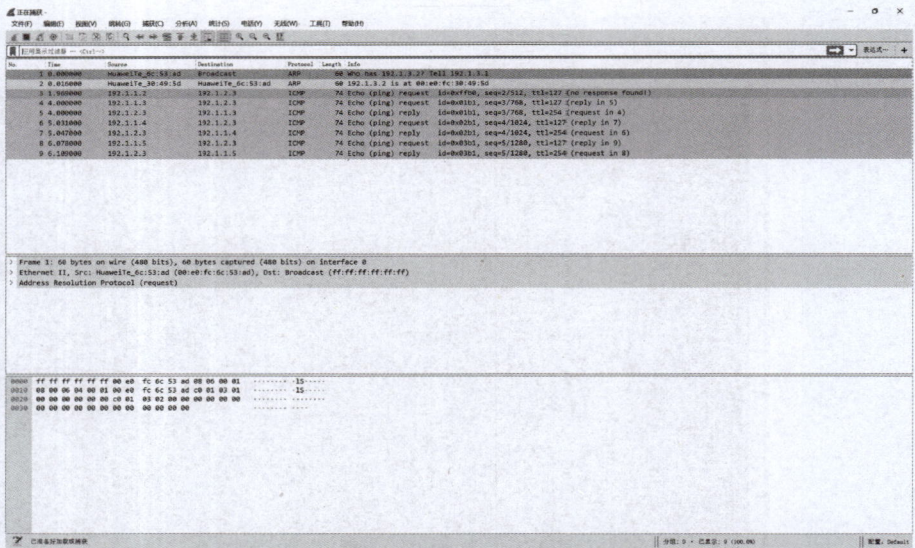

图 3.7.8　在 AR1 连接外网的接口上捕获 IP 分组

实施步骤

如图 3.7.9 所示，可以在外网 PC3 中对内网 Server1 进行 ping 操作。PC3 至 Server1 的 IP 分组，在 PC3 至 AR1 连接外网的接口这一段，目的 IP 地址是全球 IP 地址 192.1.1.14。在 AR1 连接内网的接口至 Server1 这一段，目的 IP 地址是 Server1 的私有 IP 地址 192.168.1.3。Server1 至 PC3 的 IP 分组，在 Server1 至 AR1 连接内网的接口这一段，源 IP 地址是 Server1 的私有 IP 地址 192.168.1.3。在 AR1 连接外网的接口至 PC3 这一段，源 IP 地址是全球 IP 地址 192.1.1.14 等。

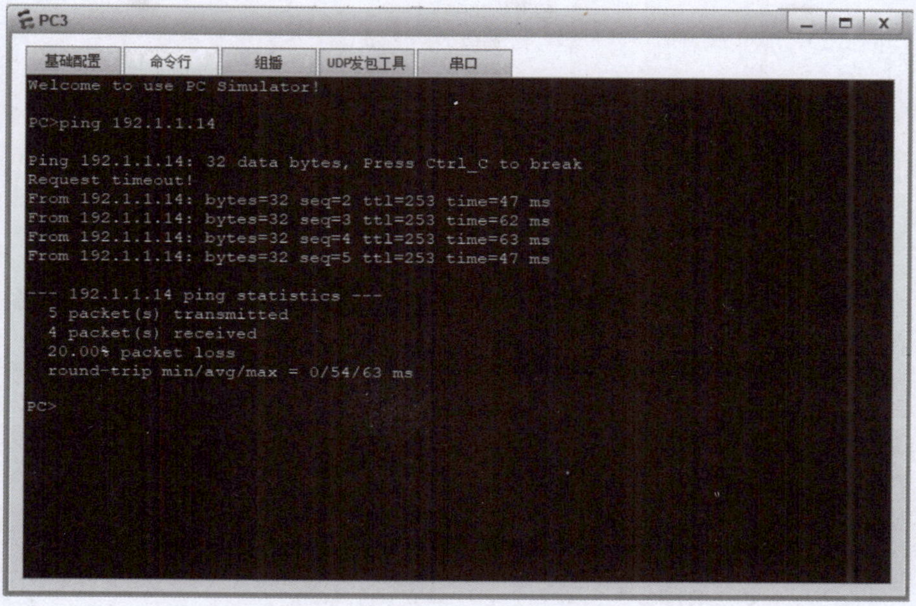

图 3.7.9 在外网 PC3 中对内网 Server1 进行 ping 操作

在外网 Client2 上通过浏览器启动访问内网 Server1 的过程。浏览器地址栏中输入的 URL 如图 3.7.10 所示，IP 地址是与 Server1 的私有 IP 地址 192.168.1.3 建立静态映射的全球 IP 地址 192.1.1.14。Client2 至 Server1 的 TCP 报文，在 Client2 至 AR1 连接外网的接口这一段，封装该 TCP 报文的 IP 分组的目的 IP 地址是全球 IP 地址 192.1.1.14，如图 3.7.11 所示。在 AR1 连接内网的接口至 Server1 这一段，封装该 TCP 报文的 IP 分组的目的 IP 地址是 Server1 的私有 IP 地址 192.168.1.3，如图 3.7.12 所示。由 AR1 完成目的 IP 地址转换过程。同样，Server1 至 Client2 的 TCP 报文，在 Server1 至 AR1 连接内网的接口这一段，封装该 TCP 报文的 IP 分组的源 IP 地址是 Server1 的私有 IP 地址 192.168.1.3，如图 3.7.12 所示。在 AR1 连接外网的接口至 Client2 这一段，封装该 TCP 报文的 IP 分组的源 IP 地址是全球 IP 地址 192.1.1.14。由 AR1 完成源 IP 地址转换过程。需要说明的是，由于 Server1 的 HTTP 服务器采用的端口号是默认的端口号 80，因此，浏览器地址栏中输入的 URL 无须给出端口号。

实施步骤

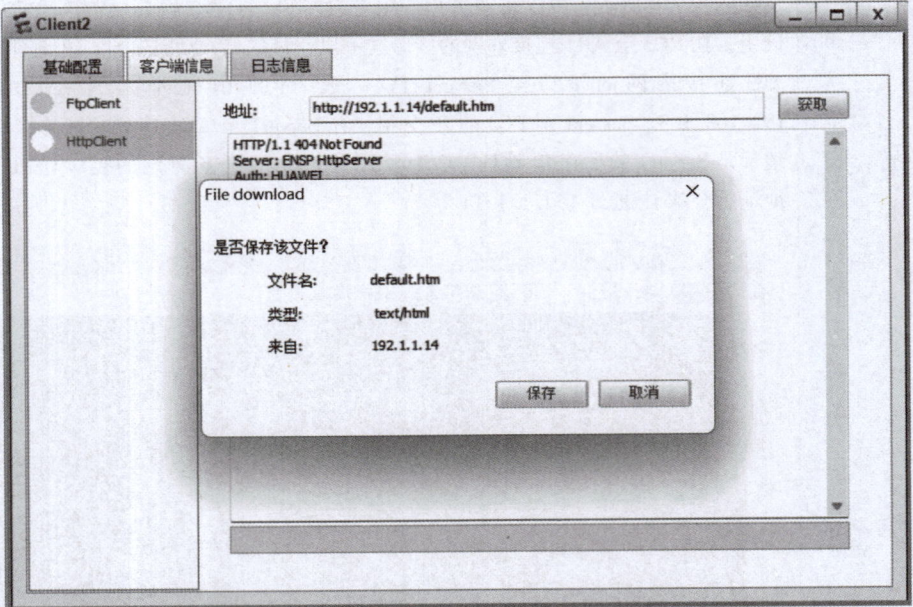

图 3.7.10　浏览器地址栏中输入的 URL

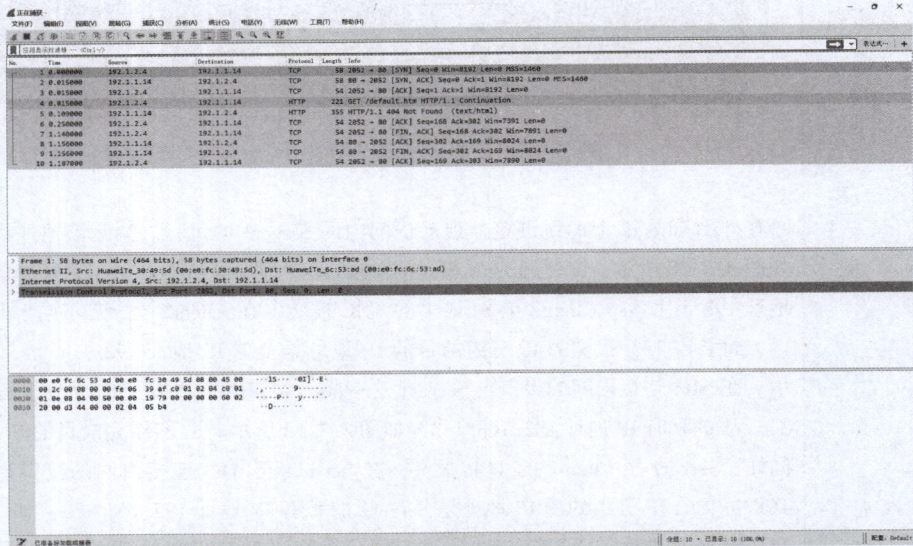

图 3.7.11　Client2 至 Server1 的 TCP 报文

续表

实施步骤	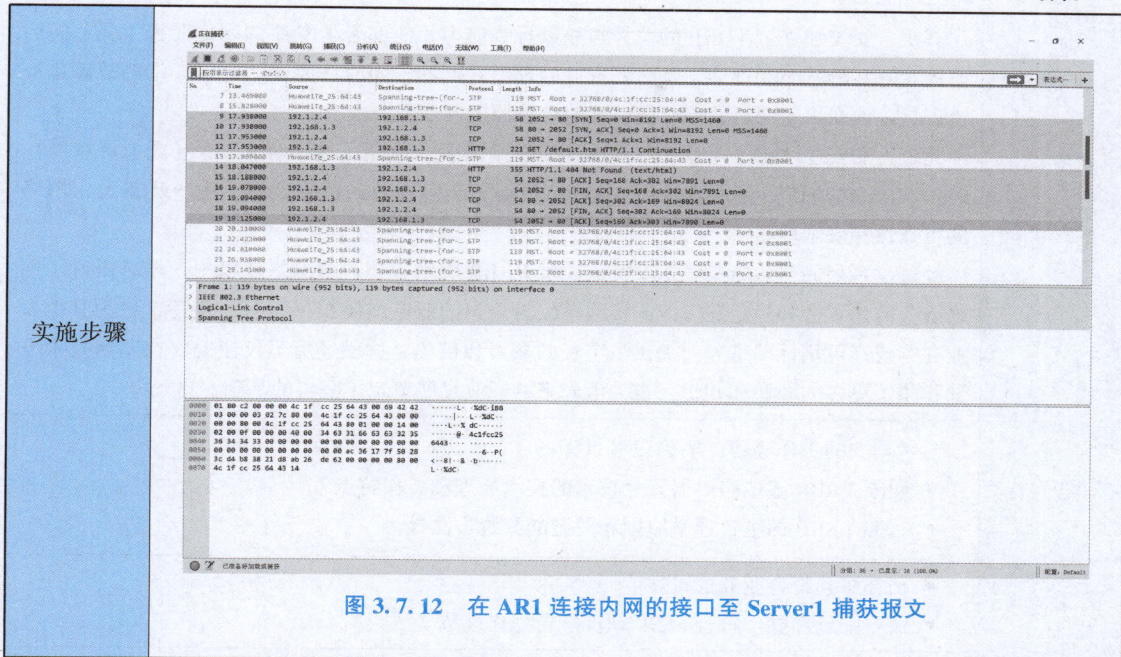

图 3.7.12　在 AR1 连接内网的接口至 Server1 捕获报文

任务 8　VRRP 虚拟路由器冗余技术应用

【任务工单】

任务工单 8：VRRP 虚拟路由器冗余技术应用

任务名称	VRRP 虚拟路由器冗余技术应用			
组别		成员		小组成绩	
学生姓名				个人成绩	
任务情景	在构建网络高可用性的征途中，安安聚焦于 VRRP（虚拟路由器冗余协议）的深入探索与应用。为了确保网络服务的连续性和稳定性，安安细致剖析了 VRRP 的核心机制及其在网络冗余中的角色，并精心策划了一套全面的实施策略。 　　他深知 VRRP 在提升网络容错能力、实现主备路由器快速切换方面的关键作用，同时也意识到配置不当可能导致的网络抖动、主备切换延迟等潜在问题。为了全面优化 VRRP 的应用效果，安安采取了以下关键措施： 　　首先，他优化了 VRRP 的配置参数，包括优先级、抢占模式、认证机制等，确保主备路由器之间的状态同步和快速切换。通过合理设置优先级，确保在网络负载变化或故障发生时，能够迅速将业务流量切换到备用路由器，减少服务中断时间。				

任务情景	其次，安安加强了 VRRP 的监控与故障排查能力。他部署了专业的网络监控工具，实时监控 VRRP 的状态和性能，及时发现并处理潜在问题。同时，他还制定了详细的故障排查流程，确保在出现网络故障时能够迅速定位原因并恢复服务。 　　此外，安安还注重了 VRRP 与其他网络技术的融合应用。他结合 VLAN（虚拟局域网）、STP（生成树协议）等网络技术，构建了更加复杂但高效的网络架构，进一步提升了网络的可靠性和安全性。 　　经过一系列的努力与实践，安安成功将 VRRP 应用于公司的网络环境中，显著提升了网络服务的连续性和稳定性。他的实践不仅为公司的业务发展提供了有力支持，也为其他企业在构建高可用性网络方面提供了宝贵的参考和借鉴。这段经历不仅让安安在网络技术方面积累了更多的经验和知识，也为他未来的职业发展奠定了坚实的基础。
任务目标	参考安安的工作经历，明确以下目标： ● 明晰 VRRP 虚拟路由器冗余技术的技术原理和工作特点 ● 掌握 VRRP 的主备选举原则和关键的配置方法等
任务要求	● 拓扑搭建符合业务逻辑规范 ● 命令配置和操作符合 eNSP 软件平台操作规范
任务实施	1. 启动 eNSP 软件 2. 搭建网络拓扑 3. 启动 CLI，进行命令行配置
实施总结	
小组评价	
任务点评	

【前导知识】

　　VRRP，全称为 Virtual Router Redundancy Protocol（虚拟路由器冗余协议），是一种网络协议，用于提高网络的可用性和冗余性。它允许多台路由器（或者接口）在同一个网络上共享一个虚拟 IP 地址，一台路由器处于活动状态，而其他路由器处于备份状态，以实现快速故障转移，确保网络的连通性。

在华为设备上配置 VRRP 通常涉及以下步骤：

1. 创建 VRRP 实例：配置 VRRP 实例，并设置虚拟路由器 ID 和虚拟 IP 地址。

2. 配置 VRRP 组：将接口加入 VRRP 组，指定主备关系和优先级等参数。

3. 配置 VRRP 跟踪：配置 VRRP 跟踪对象，以监测物理接口或路由状态，并根据状态变化调整 VRRP 优先级。

4. 其他参数配置：根据需要配置 VRRP 的其他参数，如优先级、预留优先级、权重等。

配置 VRRP 可以实现网络设备的冗余，提高网络的可靠性和容错能力，确保在主设备故障时快速切换到备份设备，从而保持网络的稳定运行。建议参考华为设备的官方文档或咨询华为技术支持，以获取特定设备和版本的详细配置信息。

【任务内容】

1. 实验内容

VRRP 工作机制如图 3.8.1 所示。路由器 R1 和 R2 组成一个 VRRP 备份组，每一个 VRRP 备份组可以模拟成单个虚拟路由器。每一个虚拟路由器拥有虚拟 IP 地址和虚拟 MAC 地址。在一个 VRRP 备份组中，只有一台路由器作为主路由器，其余路由器作为备份路由器。只有主路由器转发 IP 分组。当主路由器失效后，VRRP 备份组在备份路由器中选择其中一台备份路由器作为主路由器。

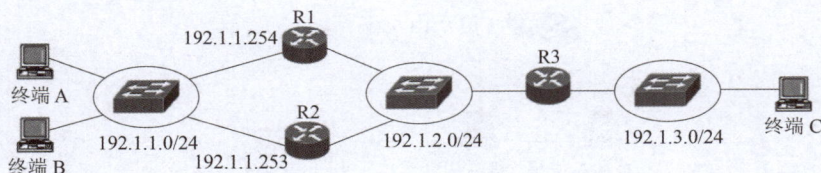

图 3.8.1 VRRP 工作机制

对于终端 A 和终端 B，每一个 VRRP 备份组作为单个虚拟路由器，因此，除非 VRRP 备份组中的所有路由器都失效，否则，不会影响终端 A、终端 B 与终端 C 之间的通信过程。

为了实现负载均衡，可以将路由器 R1 和 R2 组成两个 VRRP 备份组，其中一个 VRRP 备份组将路由器 R1 作为主路由器，另一个 VRRP 备份组将路由器 R2 作为主路由器，终端 A 将其中一个 VRRP 备份组对应的虚拟路由器作为默认网关，终端 B 将另一个 VRRP 备份组对应的虚拟路由器作为默认网关，这样，既实现了设备冗余，又实现了负载均衡。

值得强调的是，VRRP 只是用于实现网关冗余，在其中一个或多个网关出现问题的情况下，保证终端能够向其他网络中的终端传输 IP 分组。

2. 实验原理

为了实现负载均衡，采用如图 3.8.2 所示的 VRRP 工作环境。创建两个组编号分别为 1 和 2 的 VRRP 备份组，并将路由器 R1 和 R2 的接口 1 分配给这两个 VRRP 备份组。为组编号为 1 的 VRRP 备份组分配虚拟 IP 地址 192.1.1.250，同时通过为路由器 R2 配置较高的优先级，使得路由器 R2 成为组编号为 1 的 VRRP 备份组中的主路由器。为组编号为 2 的 VRRP 备份组分配虚拟 IP 地址 192.1.1.251，同时通过为路由器 R1 配置较高的优先级，使得路由器 R1 成为组编号为 2 的 VRRP 备份组中的主路由器。将终端 A 的默认网关地址配置成组编号为 1 的 VRRP 备份组对应的虚拟 IP 地址 192.1.1.250，将终端 B 的默认网关地址配置成组编号为 2 的 VRRP 备份组对应的虚拟 IP 地址 192.1.1.251。在没有发生错误的情况下，终端 B 将路由器 R1 作为默认网关，终端 A 将路由器 R2 作为默认网关。一旦某个路由器发生故障，另一个路由器将自动作为所有终端的默认网关。因此，如图 3.8.2 所示的 VRRP 工作环境，既实现了容错，又实现了负载均衡。如图 3.8.1 所示，当路由器 R3 配置用于指明通往网络 192.1.1.0/24 传输路径的静态路由项时，只能选择路由器 R1 或 R2 为下一跳，一旦选择作为下一跳的路由器出现问题，将无法实现网络 192.1.3.0/24 与网络 192.1.1.0/24 之间的通信过程。当然，可以将路由器 R1 和 R2 连接网络 192.1.2.0/24 的接口分配到同一个 VRRP 备份组，以此构成具有容错功能的虚拟下一跳。但这样做，只能保证在路由器 R1 或 R2 出现问题的情况下，路由器 R3 能够将正常工作的路由器作为通往网络 192.1.1.0/24 传输路径上的下一跳。

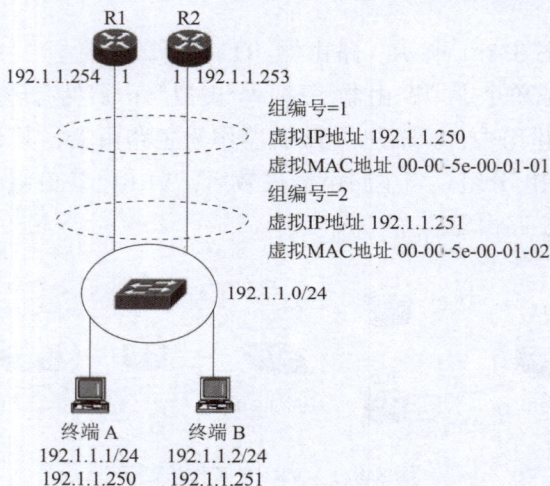

图 3.8.2 容错机制和负载均衡的工作机制

3. 关键配置命令

1）创建 VRRP 备份组并为备份组指定虚拟 IP 地址

```
[Huawei] interface GigabitEthernet0/0/0
[Huawei-GigabitEthernet0/0/0] vrrp vrid 1 virtual- ip 192.1.1.250
```

vrrp vrid 1 virtual-ip 192.1.1.250 是接口视图下使用的命令，该命令的作用是在指定接口（这里是接口 GigabitEthernet0/0/0）中创建编号为 1 的 VRRP 备份组并为该 VRRP 备份组分配虚拟 IP 地址 192.1.1.250。

2）指定优先级

```
[Huawei interface GigabitEthernet0/0/0
[Huawei-GigabitEthernet0/0/0]vrrp vrid 1 virtual-ip 192.1.1.250
[Huawei-GigabitEthernet0/0/0] vrrp vrid 1 priority 120
```

vrrp vrid 1 priority 120 是接口视图下使用的命令，该命令的作用是指定接口所在设备在编号为 1 的 VRRP 备份组中的优先级值。默认优先级值是 100，优先级值越大，优先级越高，优先级最高的设备成为 VRRP 备份组的主路由器。执行该命令前，必须先创建编号为 1 的 VRRP 备份组。

3）配置抢占延时

```
[Huawei]interface GigabitEthernet0/0/0
[Huawei-GigabitEthernet0/0/0]vrrp vrid 1 virtual- ip 192.1.1.250
[Huawei-GigabitEthernet0/0/0]vrrp vrid 1 preempt- mode timer delay 20
```

vrrp vrid 1 preempt-mode timer delay 20 是接口视图下使用的命令，该命令的作用是在编号为 1 的 VRRP 备份组中，将接口所在设备设置成延迟抢占方式，即如果接口所在设备的优先级值大于当前主路由器的优先级值，经过 20 s 延时后，接口所在设备成为主路由器。执行该命令前，必须先创建编号为 1 的 VRRP 备份组。

4. 命令列表

路由器命令行配置过程中使用的命令格式、功能和参数说明如表 3.8.1 所示。

表 3.8.1 命令列表

命令格式	功能和参数说明
vrrp vrid virtual-router-id virtual-ip virtual-address	在指定接口中创建编号为 virtual-router-id 的 VRRP 备份组，并为该 VRRP 备份组分配虚拟 IP 地址。参数 virtual-address 是虚拟 IP 地址
vrrp vrid virtual-router-id priority priority-value	在编号为 virtual-router-id 的 VRRP 备份组中，为设备配置优先级值 priority-value。优先级值越大，设备的优先级越高
vrrp vrid virtual-router-id preempt-mode timer delay delay-value	配置设备在编号为 virtual-router-id 的 VRRP 备份组中的抢占延迟时间。参数 delay-value 是抢占延迟时间
display vrrp brief	简要显示设备有关 VRRP 信息

【任务实施】

任务目标	1. 理解设备冗余的含义 2. 掌握 VRRP 工作过程 3. 掌握 VRRP 配置过程 4. 理解负载均衡的含义 5. 掌握负载均衡实现过程	微课-VRRP 虚拟路由冗余协议

启动 eNSP，按照如图 3.8.2 所示的网络拓扑结构放置和连接设备，完成设备放置和连接后的 eNSP 界面如图 3.8.3 所示。启动所有设备。

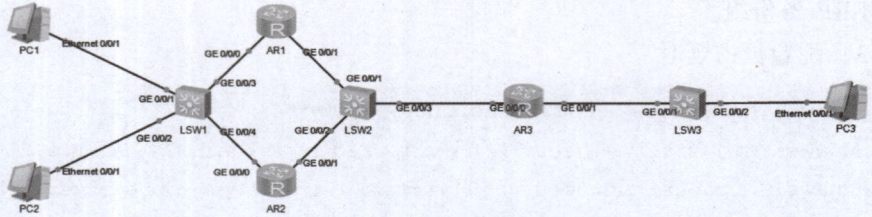

图 3.8.3　完成设备放置和连接后的 eNSP 界面

完成所有路由器各个接口的 IP 地址和子网掩码配置远程。完成路由器 AR1 和 AR2 VRRP 相关配置过程，为实现负载均衡，在 AR1 和 AR2 接口 GigabitEthernet0/0/0 中分别创建两个 VRRP 备份组，并通过配置优先级值，使得 AR1 成为编号为 1 的 VRRP 备份组的主路由器，AR2 成为编号为 2 的 VRRP 备份组的主路由器。为各个 VRRP 备份组配置虚拟 IP 地址。路由器 AR1 和 AR2 各个接口配置的 IP 地址、子网掩码以及 VRRP 相关信息分别如图 3.8.4 和图 3.8.5 所示，路由器 AR3 配置的 IP 地址和子网掩码如图 3.8.6 所示。

实施步骤

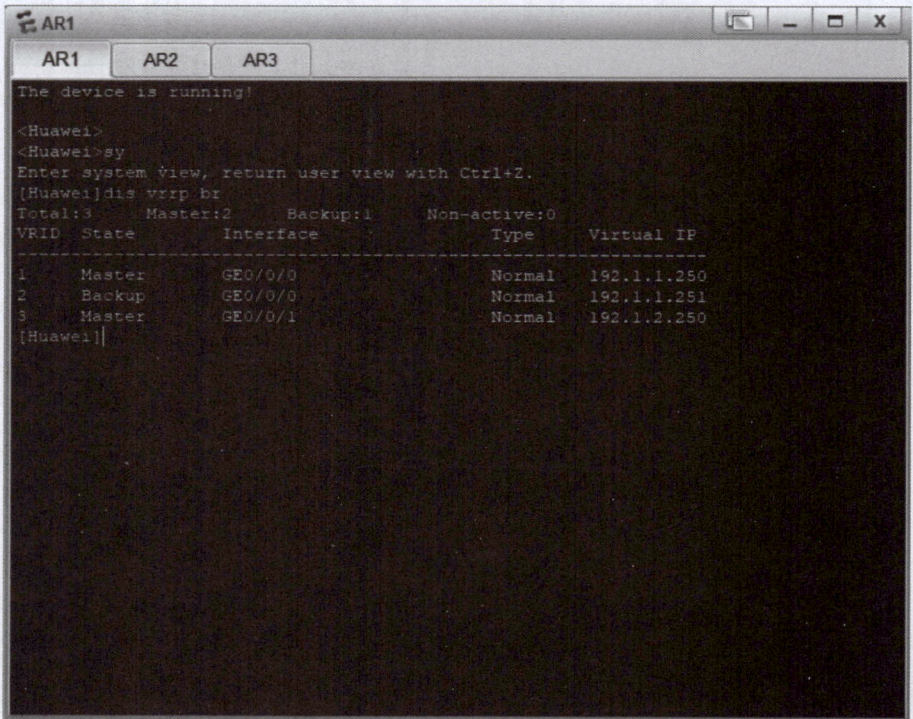

图 3.8.4　路由器 AR1 各个接口配置的 IP 地址、子网掩码以及 VRRP 相关信息

续表

实施步骤

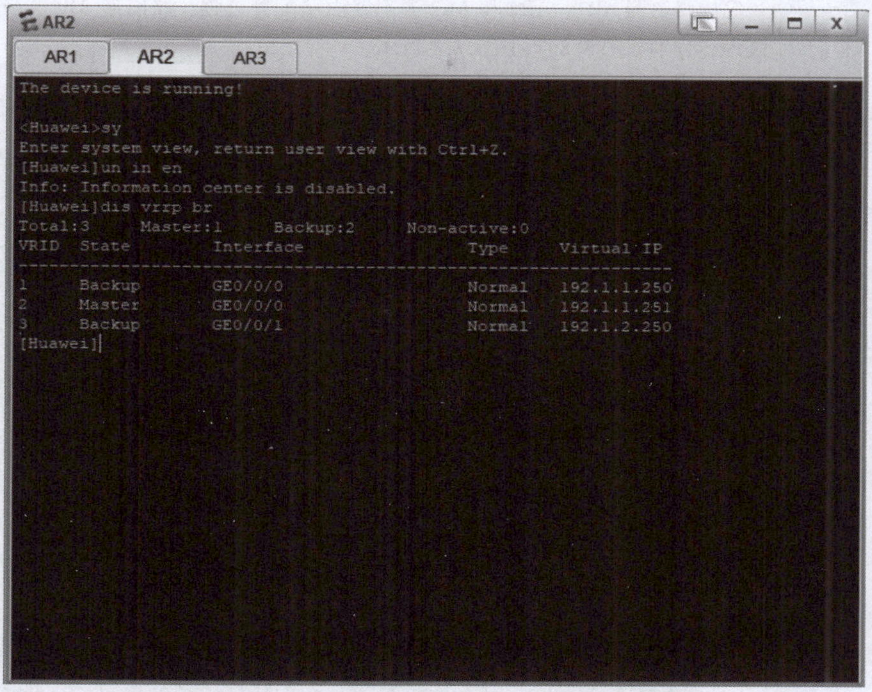

图 3.8.5　路由器 AR2 各个接口配置的 IP 地址、子网掩码以及 VRRP 相关信息

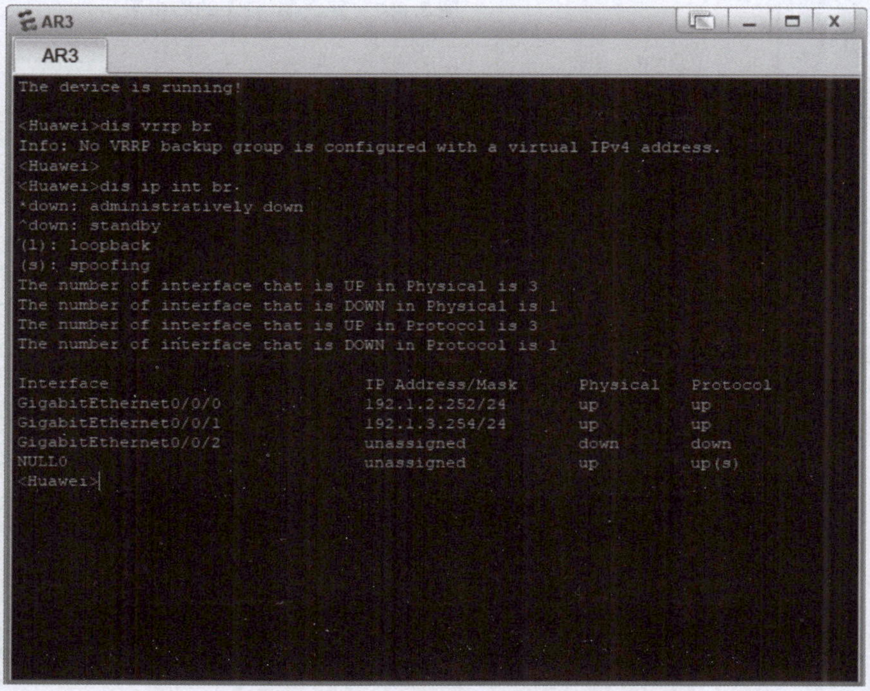

图 3.8.6　路由器 AR3 配置的 IP 地址和子网掩码

完成路由器 AR1、AR2 和 AR3 静态路由项配置过程，路由器 AR1、AR2 和 AR3 的路由表内容分别如图 3.8.7~图 3.8.9 所示。

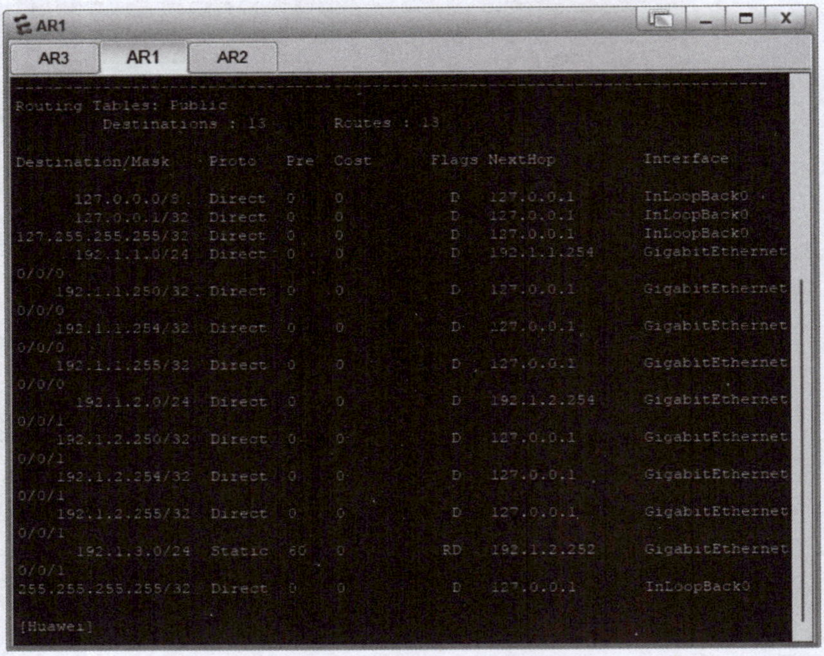

实施步骤

图 3.8.7　路由器 AR1 的路由表

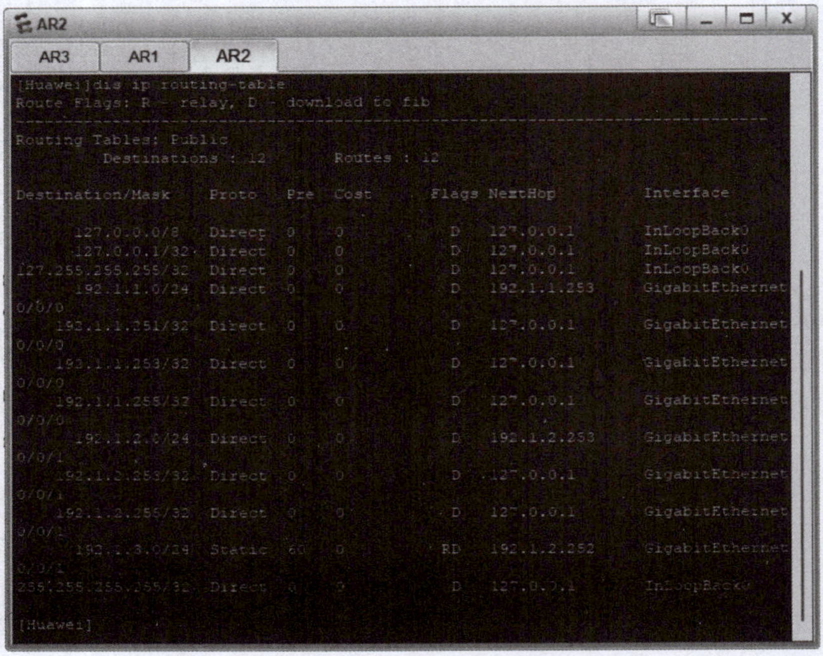

图 3.8.8　路由器 AR2 的路由表

续表

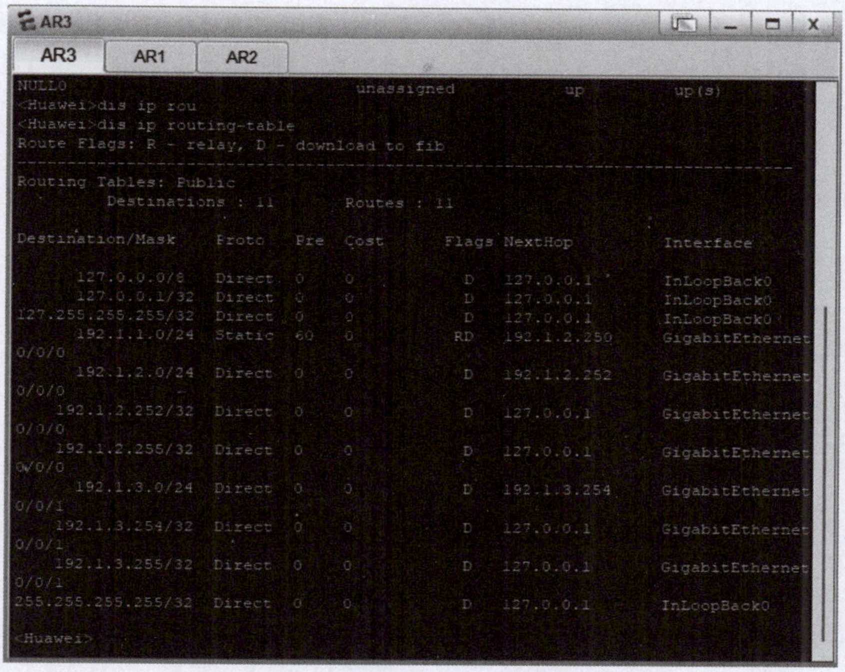

图 3.8.9 路由器 AR3 的路由表

实施步骤

　　PC1 和 PC2 的默认网关地址分别是为编号为 1 和编号为 2 的 VRRP 备份组配置的 IP 地址，使得 PC1 选择 AR1 作为默认网关，PC2 选择 AR2 作为默认网关，以此实现负载均衡。PC1 和 PC2 配置的 IP 地址、子网掩码和默认网关地址分别如图 3.8.10 和图 3.8.11 所示。

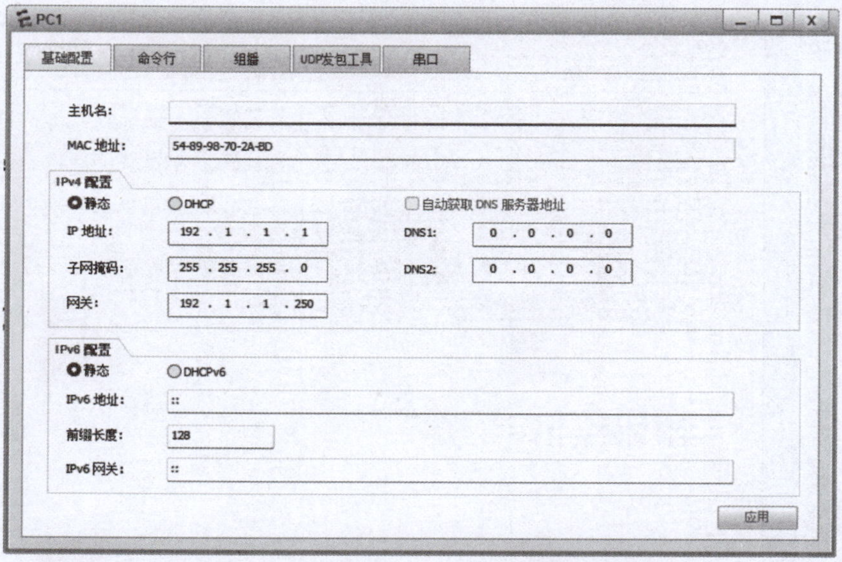

图 3.8.10 PC1 配置的 IP 地址、子网掩码和默认网关地址

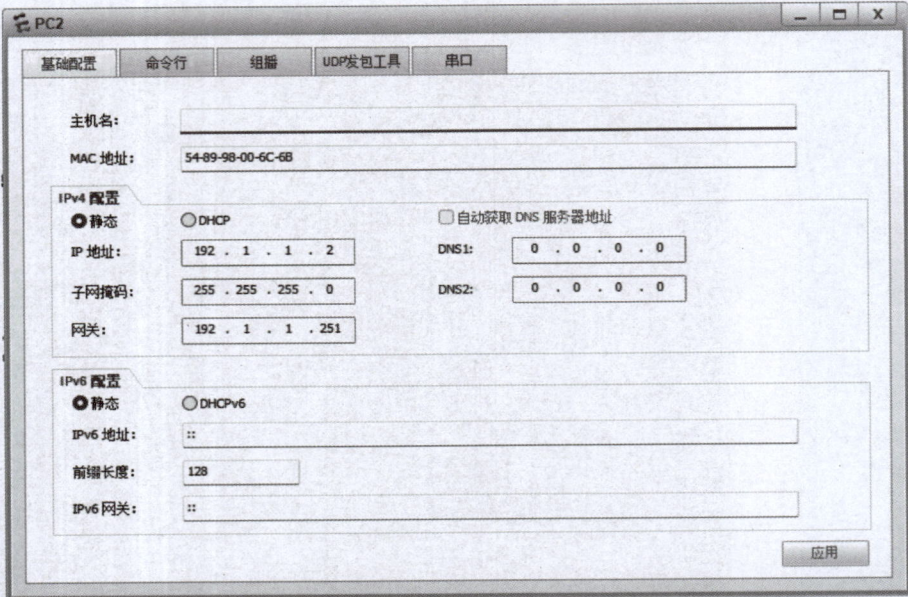

图 3.8.11　PC2 配置的 IP 地址、子网掩码和默认网关地址

实施步骤

　　为了观察负载均衡过程，分别在路由器 AR1 和 AR2 连接 PC1 和 PC2 所在以太网的接口（接口 GigabitEthernet0/0/0）启动捕获报文功能。

　　启动 PC1、PC2 与 PC3 之间的通信过程。AR1 接口 GigabitEthernet0/0/0 上捕获的报文序列如图 3.8.12 所示，报文序列中包含 PC1 至 PC3 的 IP 分组以及 PC3 至 PC1 和 PC2 的 IP 分组。AR2 接口 GigabitEthernet0/0/0 上捕获的报文序列如图 3.8.13 所示，报文序列中包含 PC2 至 PC3 的 IP 分组。

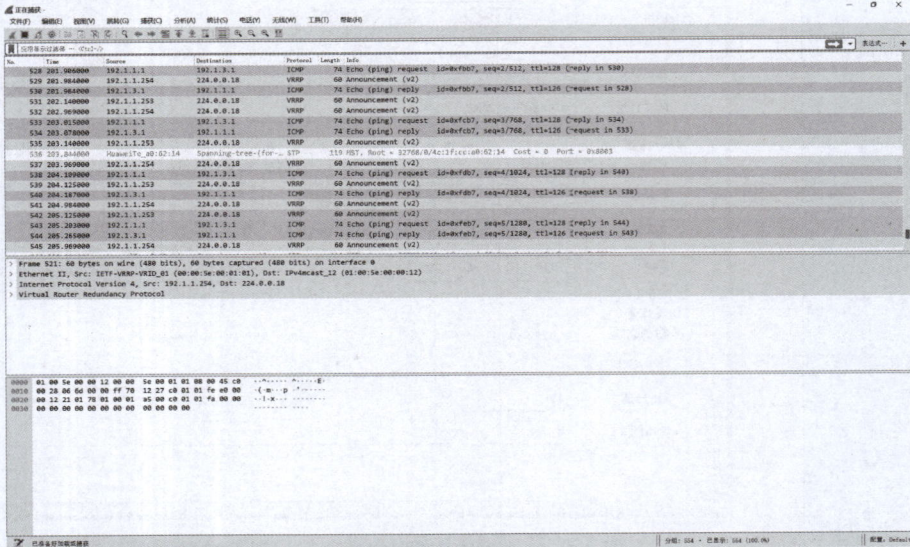

图 3.8.12　AR1 接口 GigabitEthernet0/0/0 上捕获的报文序列

实施步骤	在如图 3.8.13 所示的拓扑结构基础上，删除路由器 AR1，删除路由器 AR1 后的拓扑结构如图 3.8.14 所示，路由器 AR2 成为编号为 1 的 VRRP 备份组的主路由器，PC1、PC2 与 PC3 之间传输的 IP 分组全部经过路由器 AR2，AR2 接口 GigabitEthernet0/0/0 上捕获的报文序列如图 3.8.15 所示。 在如图 3.8.2 所示的拓扑结构基础上，删除路由器 AR2，删除路由器 AR2 后的拓扑结构如图 3.8.16 所示，路由器 AR1 成为编号为 2 的 VRRP 备份组的主路由器，PC1、PC2 与 PC3 之间传输的 IP 分组全部经过路由器 AR1，AR1 接口 GigabitEthernet0/0/0 上捕获的报文序列如图 3.8.17 所示。 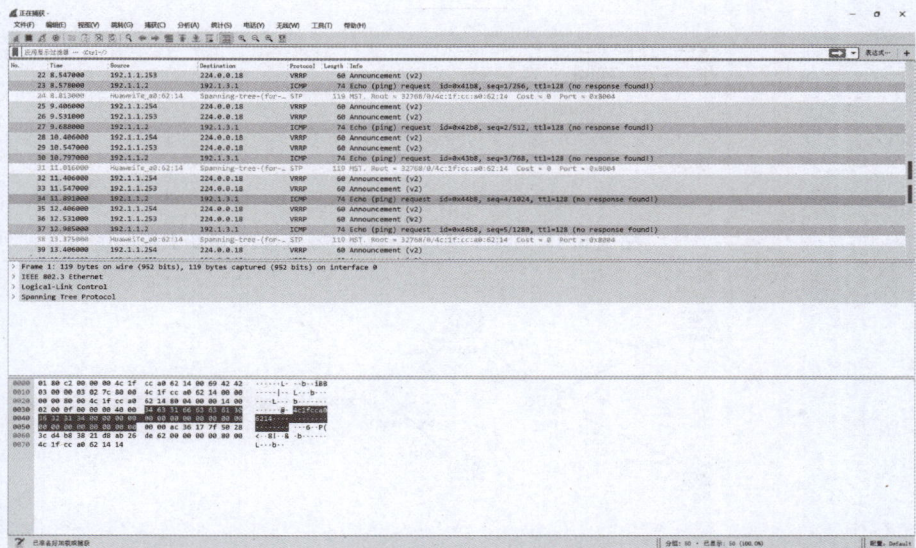 图 3.8.13　AR2 接口 GigabitEthernet0/0/0 上捕获的报文序列 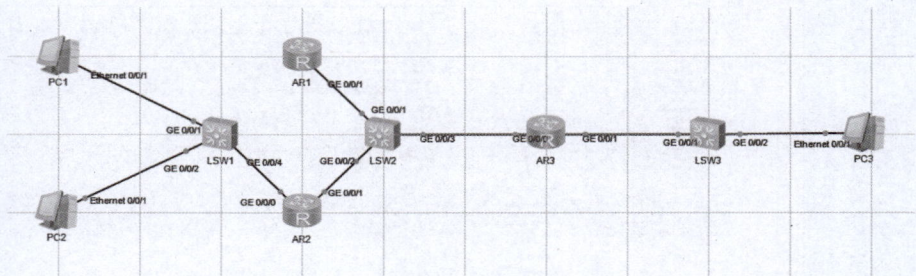 图 3.8.14　删除路由器 AR1 后的拓扑结构

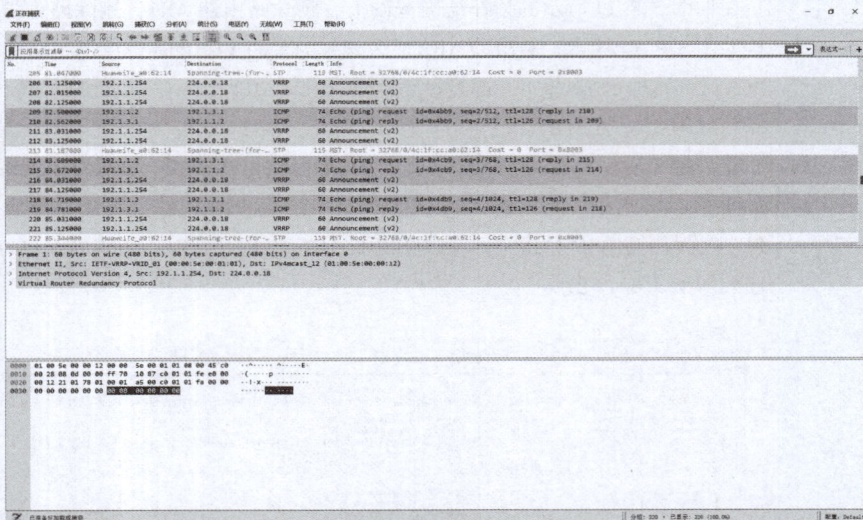

图 3.8.15　AR2 接口 GigabitEthernet0/0/0 上捕获的报文序列

实施步骤

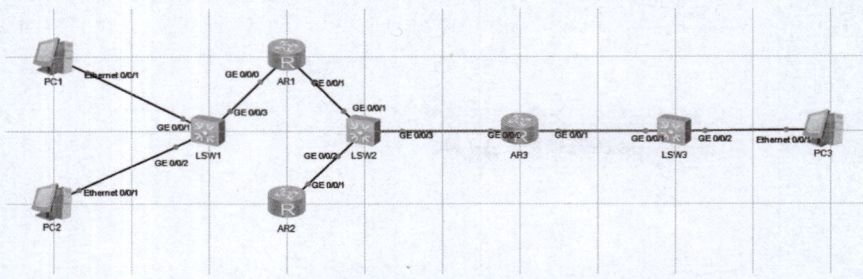

图 3.8.16　删除路由器 AR2 后的拓扑结构

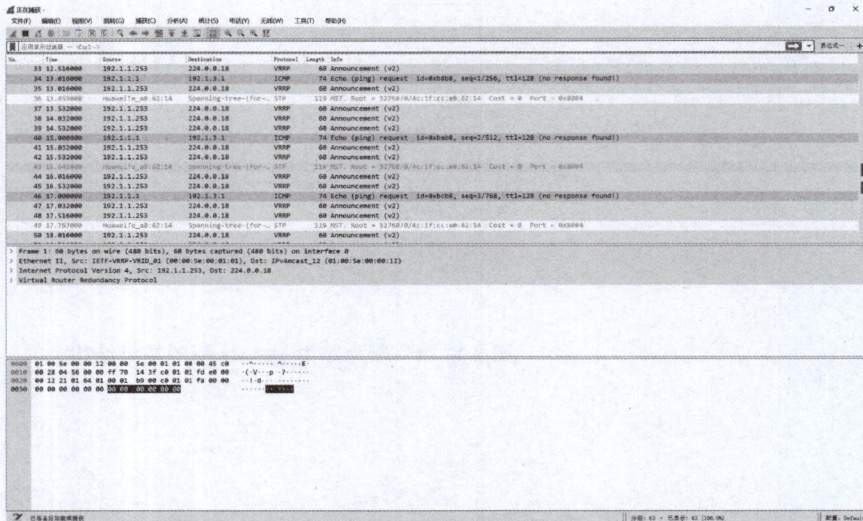

图 3.8.17　AR1 接口 GigabitEthernet0/0/0 上捕获的报文序列

【知识考核】

1. 选择题

（1）关于 RIP 协议，下列说法正确的是哪个？（　　）

A．RIP 协议是一种 EGP

B．RIP 协议是一种 IGP

C．RIP 协议是一种链路状态路由协议

D．RIP 协议支持可变长子网掩码

（2）OSPF 协议相比于 RIP 协议的优势表现在哪些方面？（多选）（　　）

A．收敛速度快

B．支持可变长子网掩码

C．路由协议使用组播技术

D．无路由环

（3）路由过滤的主要目的是什么？（　　）

A．隐藏网络拓扑信息

B．简化路由表

C．防止路由环路

D．加速路由收敛

（4）使用 NAT 的两个主要好处是什么？（多选）（　　）

A．节省公有 IP 地址

B．增强路由性能

C．增强网络的私密性和安全性

D．降低路由问题故障排除的难度

（5）关于 PAT（端口地址转换）与 NAT（网络地址转换）之间的差异，以下哪一项描述是正确的？（　　）

A．PAT 在访问列表语句的末尾使用 overload 一词，共享单个注册地址

B．静态 NAT 可让一个非注册地址映射为多个注册地址

C．动态 NAT 可让主机在每次需要外部访问时接收一样的全局地址

D．PAT 仅使用 IP 地址进行地址转换，不使用端口号

2. 简答题

（1）请简述 OSPF 欺骗攻击的有效防御手段。

（2）请描述 NAT 技术和 PAT 技术的主要区别。

虚拟专用网络安全实验

项目导读

　　虚拟专用网络（Virtual Private Network，VPN）是一种通过公共网络或其他网络建立安全连接的技术。它是一种将远程设备和服务器之间的传输数据加密的技术，通过创建一条加密隧道，将用户或组织的远程设备与 VPN 服务器连接起来。与传统的公共网络连接不同，VPN 建立了一条私密的隧道，可以实现用户或组织安全地访问远程资源。

　　VPN 的应用范围广泛，常见的应用场景如下：

　　企业内部网络连接：企业可以使用 VPN 将各个分支机构、办事处、员工间的计算机组成一个虚拟的局域网，通过公共网络安全地传输数据，提高企业内部协作效率。

　　远程办公：一些公司和组织允许员工在家或者异地办公，此时可以利用 VPN 技术实现远程接入企业内部网络，保证数据的安全性和连接的稳定性。

　　数据加密传输：VPN 可以对数据进行加密传输，防止敏感信息被黑客窃取、篡改，保障用户的隐私和数据安全。

　　在线安全保护：使用 VPN 可以避免公共 Wi-Fi 等网络上出现的安全风险，保护用户在互联网上的隐私和安全，防范黑客攻击和病毒感染。

　　VPN 具有多种分类方式，其中一种常见分类为按 VPN 的协议分类。VPN 的隧道协议主要有三种：GRE、L2TP 和 IPSec。其中 L2TP 协议工作在 OSI 模型的第二层，又称为二层隧道协议。

项目目标

1. 素质目标
◆ 培养面对新技术的破冰能力和领悟力；
◆ 培养勇于挑战的精神和团队合作意识；
◆ 培养思辨能力。

2. 知识目标
◆ 掌握 VPN 设计过程；

◆ 掌握 GRE 工作机制；

◆ 掌握 L2TP 隧道建立过程；

◆ 掌握 IPSec VPN 工作机制。

3. 能力目标

◆ 具备 VPN 设计能力；

◆ 具备点对点 IP 隧道配置能力；

◆ 具备 L2TP VPN 配置能力；

◆ 具备 IPSec VPN 手工方式配置能力。

项目地图

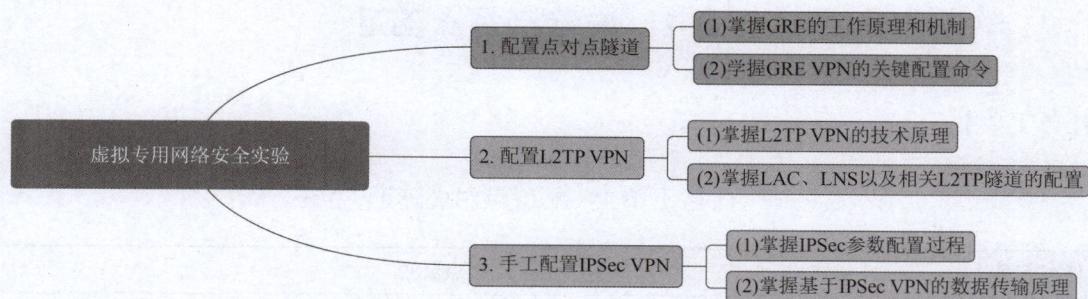

大国匠心

　　建设网络强国，维护网络安全尤其是网络意识形态安全，是贯彻落实总体国家安全观、有效提升国家安全保障能力与水平的重要内容与关键环节。网络空间是人类共同的家园，网络安全已经融入经济社会发展的血脉之中。坚守好网络安全防线，建设网络强国是中国梦的一部分，必须依靠不断地创新与超越。技术的创新是推动发展的一柄利器，在互联网和信息化技术领域，需要创新支撑的工匠精神。呼唤越来越多的互联网技术创新的"大国工匠"，用精益求精的技术和孜孜不倦的钻研，推动网络强国建设的目标早日实现。

　　本项目引入 VPN 技术。VPN 技术为用户提供了保护隐私和提升安全性的重要功能。通过加密和隧道技术，VPN 创建了一个安全的通信路径，保护用户的数据免受窃听和篡改。VPN 的应用广泛，可用于保护个人隐私和提供企业安全。然而，用户在使用 VPN 时需要选择可信赖的服务提供商，并采取综合的安全措施来保护自己的数据和隐私。通过充分了解和利用 VPN，可以更好地保护自己的隐私，提升网络安全，并享受更安全和自由的网络体验。

　　首先，VPN 在企业内部网络中的应用大大提高了公司内部各分支机构之间的通信效率和数据安全性。通过建立 VPN 隧道，不同分支机构之间可以安全地共享敏感信息和数据。这使得企业内部的沟通更加便捷，加强了团队之间的合作与协调。此外，VPN 还可以为企业内部的员工提供远程访问企业资源的途径，使得员工在外出或在家办公时也能与公司内部网络保持连接，从而提高员工的工作效率和生产力。

其次，对于远程办公来说，VPN 技术的应用使得员工可以随时随地安全地访问公司内部系统和数据。在现代社会，越来越多的企业采取远程办公模式，而 VPN 为此提供了可靠的网络连接方式。无论员工身在何处，只要连接到 VPN，他们就可以像在公司办公一样访问内部文件、系统和资源。这为员工提供了更大的灵活性和自由度，同时也为企业节省了办公空间和设备成本。

总体来说，VPN 在企业内部网络和远程办公中的应用为企业提供了更加安全、高效的通信方式，使员工能够灵活地远程工作，提高了工作效率和生产力。然而，企业在应用 VPN 技术时必须认识到安全风险，并采取相应的措施加以防范。只有在科学合理地应用和管理 VPN 技术的前提下，企业才能充分发挥 VPN 在信息安全和远程办公方面的优势，为企业的发展和员工的工作带来更多机遇与便利，为国家筑起一道"网络安全防线"。

任务 1 配置点对点隧道

【任务工单】

任务工单 1：配置点对点隧道

任务名称	配置点对点隧道				
组别		成员		小组成绩	
学生姓名				个人成绩	
任务情景	因为公共网络无法传输以私有 IP 地址（即本地 IP 地址）为源和目的 IP 地址的 IP 分组，所以由公共网络互联的多个分配私有 IP 地址的内部子网之间无法直接进行通信。为实现被公共网络分隔的多个内部子网之间的通信过程，需要建立以边缘路由器连接公共网络的端口为两端的点对点 IP 隧道，并为点对点 IP 隧道两端分配私有 IP 地址。 安安一直认为 VPN 技术在网络安全防御的工作过程中扮演着极其重要的角色，结合在学校所学和岗位实践经验，安安决定亲自配置每一个 VPN 的实例环境。				
任务目标	跟随安安脚步，明确以下目标： ● 掌握点对点 IP 隧道配置过程 ● 验证公共网络隧道两端的传输路径建立过程 ● 验证基于隧道的内部子网间 IP 分组传输过程				
任务要求	● 掌握公共网络路由项建立过程 ● 掌握内部网络路由项建立过程				

任务实施	1. 搭建拓扑 2. 配置网络基础参数 3. 配置动态路由协议 4. 配置隧道 5. 配置终端设备基础参数 6. 验证通信过程
实施总结	
小组评价	
任务点评	

【前导知识】

GRE（General Routing Encapsulation，通用路由封装）是对某些网络层协议（如 IP 和 IPX）的数据报文进行封装，使这些被封装的报文能够在另一网络层协议（如 IP）中传输。此外 GRE 协议也可以作为 VPN 的第三层隧道协议连接两个不同的网络，为数据的传输提供一个透明的通道。

【任务内容】

（1）启动 eNSP，按照网络拓扑结构放置和连接设备，启动所有设备。

（2）完成路由器 AR1、AR2 和 AR3 连接公共网络的接口，以及路由器 AR4、AR5 和 AR6 各个接口全球 IP 地址和子网掩码配置过程。完成路由器 AR1、AR2 和 AR3 连接内部网络的接口私有 IP 地址和子网掩码配置过程。完成 AR1~AR6 有关 OSPF 配置过程，其中路由器 AR1、AR2 和 AR3 只有配置全球 IP 地址的接口参与 OSPF 创建路由项过程。

（3）完成路由器 AR1、AR2 和 AR3 隧道配置过程。

（4）用隧道互联内部网络各个子网，为隧道接口配置私有 IP 地址，完成路由器 AR1、AR2 和 AR3 RIP 配置过程，参与 RIP 创建动态路由项的网络是内部网络的各个子网，路由器接口包括连接内部子网的接口和隧道接口。

（5）完成内部网络中各个 PC 和服务器网络信息配置过程。

（6）验证内部网络中各个子网之间的通信过程，验证子网之间传输的 IP 分组经过隧道传输时的封装格式。

【任务实施】

任务目标	1. 掌握点对点 IP 隧道配置过程 2. 验证公共网络隧道两端的传输路径建立过程 3. 验证基于隧道的内部子网间 IP 分组传输过程 微课–点对点隧道实验 PPTP
| 实施步骤 | 【拓扑搭建】<br>启动 eNSP，按照图 4.1.1 所示的网络拓扑结构放置和连接设备，完成设备放置和连接后，启动所有设备。<br><br><br><br>**图 4.1.1　完成拓扑搭建后的 eNSP 界面**<br><br>【IP 地址、子网掩码相关配置】<br>完成路由器 AR1、AR2 和 AR3 连接公共网络的接口全球 IP 地址和子网掩码，以及连接内部网络的接口私有 IP 地址和子网掩码配置过程，如图 4.1.2~图 4.1.4 所示。设备接口 IP 编址如表 4.1.1 所示。<br><br>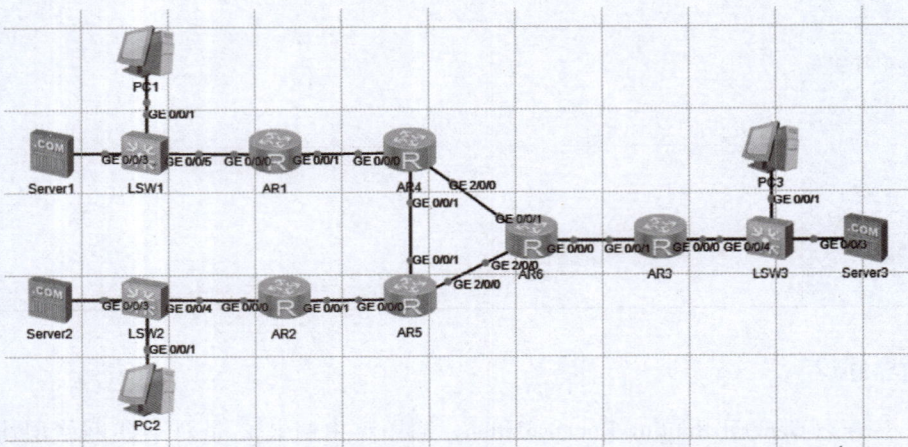<br><br>```
AR1
<Huawei>system-view
Enter system view, return user view with Ctrl+Z.
[Huawei]sysname AR1
[AR1]interface GigabitEthernet0/0/0
[AR1-GigabitEthernet0/0/0]ip address 192.168.1.254 24
[AR1-GigabitEthernet0/0/0]interface GigabitEthernet0/0/1
[AR1-GigabitEthernet0/0/1]ip address 192.1.1.1 24
[AR1-GigabitEthernet0/0/1]quit
```<br>**图 4.1.2　路由器 AR1 IP 地址和子网掩码配置** |
```

```
AR2                                                                    [□][_][□][X]
<Huawei>system-view
Enter system view, return user view with Ctrl+Z.
[Huawei]sysname AR2
[AR2]interface GigabitEthernet 0/0/0
[AR2-GigabitEthernet0/0/0]ip address 192.168.2.254 24
[AR2-GigabitEthernet0/0/0]interface GigabitEthernet 0/0/1
[AR2-GigabitEthernet0/0/1]ip address 192.1.2.1 24
[AR2-GigabitEthernet0/0/1]quit
```

图 4.1.3　路由器 AR2 IP 地址和子网掩码配置

```
AR3                                                                    [□][_][□][X]
<Huawei>system-view
Enter system view, return user view with Ctrl+Z.
[Huawei]sysname AR3
[AR3]interface GigabitEthernet 0/0/0
[AR3-GigabitEthernet0/0/0]ip address 192.168.3.254 24
[AR3-GigabitEthernet0/0/0]interface GigabitEthernet 0/0/1
[AR3-GigabitEthernet0/0/1]ip address 192.1.3.1 24
[AR3-GigabitEthernet0/0/1]quit
```

图 4.1.4　路由器 AR3 IP 地址和子网掩码配置

表 4.1.1　设备接口 IP 地址编址

设备	接口	IP 地址/子网掩码
AR1	GigabitEthernet0/0/0	192.168.1.254/24
	GigabitEthernet0/0/1	192.1.1.1/24
AR2	GigabitEthernet0/0/0	192.168.2.254/24
	GigabitEthernet0/0/1	192.1.2.1/24
AR3	GigabitEthernet0/0/0	192.1.3.254/24
	GigabitEthernet0/0/1	192.1.3.1/24
AR4	GigabitEthernet0/0/0	192.1.1.2/24
	GigabitEthernet0/0/1	192.1.4.1/24
	GigabitEthernet2/0/0	192.1.6.1/24
AR5	GigabitEthernet0/0/0	192.1.2.2/24
	GigabitEthernet0/0/1	192.1.4.2/24
	GigabitEthernet2/0/0	192.1.5.1/24
AR6	GigabitEthernet0/0/0	192.1.3.2/24
	GigabitEthernet0/0/1	192.1.6.2/24
	GigabitEthernet2/0/0	192.1.5.2/24

实施步骤

	完成路由器 AR4、AR5 和 AR6 各个接口全球 IP 地址和子网掩码配置过程，如图 4.1.5~图 4.1.7 所示。
实施步骤	``` AR4 <Huawei>system-view Enter system view, return user view with Ctrl+Z. [Huawei]sysname AR4 [AR4]interface GigabitEthernet 0/0/0 [AR4-GigabitEthernet0/0/0]ip address 192.1.1.2 24 [AR4-GigabitEthernet0/0/0]interface GigabitEthernet 0/0/1 [AR4-GigabitEthernet0/0/1]ip address 192.1.4.1 24 [AR4-GigabitEthernet0/0/1]interface GigabitEthernet 2/0/0 [AR4-GigabitEthernet2/0/0]ip address 192.1.6.1 24 [AR4-GigabitEthernet2/0/0]quit ``` 图 4.1.5　路由器 AR4 各接口全球 IP 地址和子网掩码配置 ``` AR5 <Huawei>system-view Enter system view, return user view with Ctrl+Z. [Huawei]sysname AR5 [AR5]interface GigabitEthernet0/0/0 [AR5-GigabitEthernet0/0/0]ip address 192.1.2.2 24 [AR5-GigabitEthernet0/0/0]interface GigabitEthernet0/0/1 [AR5-GigabitEthernet0/0/1]ip address 192.1.4.2 24 [AR5-GigabitEthernet0/0/1]interface GigabitEthernet2/0/0 [AR5-GigabitEthernet2/0/0]ip address 192.1.5.1 24 [AR5-GigabitEthernet2/0/0]quit ``` 图 4.1.6　路由器 AR5 各接口全球 IP 地址和子网掩码配置 ``` AR6 <Huawei>system-view Enter system view, return user view with Ctrl+Z. [Huawei]sysname AR6 [AR6]interface GigabitEthernet0/0/0 [AR6-GigabitEthernet0/0/0]ip address 192.1.3.2 24 [AR6-GigabitEthernet0/0/0]interface GigabitEthernet0/0/1 [AR6-GigabitEthernet0/0/1]ip address 192.1.6.2 24 [AR6-GigabitEthernet0/0/1]interface GigabitEthernet2/0/0 [AR6-GigabitEthernet2/0/0]ip address 192.1.5.2 24 [AR6-GigabitEthernet2/0/0]quit ``` 图 4.1.7　路由器 AR6 各接口全球 IP 地址和子网掩码配置 **【各路由器 OSPF 相关配置】** 　　完成 AR1~AR6 有关 OSPF 配置过程，如图 4.1.8~图 4.1.13 所示。 ``` AR1 [AR1]ospf 1 [AR1-ospf-1]area 1 [AR1-ospf-1-area-0.0.0.1]network 192.1.1.0 0.0.0.255 [AR1-ospf-1-area-0.0.0.1]quit ``` 图 4.1.8　路由器 AR1 OSPF 配置

实施步骤

```
AR2
[AR2]ospf 2
[AR2-ospf-2]area 1
[AR2-ospf-2-area-0.0.0.1]network 192.1.2.0 0.0.0.255
[AR2-ospf-2-area-0.0.0.1]quit
```

图 4.1.9　路由器 AR2 OSPF 配置

```
AR3
[AR3]ospf 3
[AR3-ospf-3]area 1
[AR3-ospf-3-area-0.0.0.1]network 192.1.3.0 0.0.0.255
[AR3-ospf-3-area-0.0.0.1]quit
```

图 4.1.10　路由器 AR3 OSPF 配置

```
AR4
[AR4]ospf 4
[AR4-ospf-4]area 1
[AR4-ospf-4-area-0.0.0.1]network 192.1.1.0 0.0.0.255
[AR4-ospf-4-area-0.0.0.1]network 192.1.4.0 0.0.0.255
[AR4-ospf-4-area-0.0.0.1]network 192.1.6.0 0.0.0.255
[AR4-ospf-4-area-0.0.0.1]quit
```

图 4.1.11　路由器 AR4 OSPF 配置

```
AR5
[AR5]ospf 5
[AR5-ospf-5]area 1
[AR5-ospf-5-area-0.0.0.1]network 192.1.2.0 0.0.0.255
[AR5-ospf-5-area-0.0.0.1]network 192.1.4.0 0.0.0.255
[AR5-ospf-5-area-0.0.0.1]network 192.1.5.0 0.0.0.255
[AR5-ospf-5-area-0.0.0.1]quit
```

图 4.1.12　路由器 AR5 OSPF 配置

```
AR6
[AR6]ospf 6
[AR6-ospf-6]area 1
[AR6-ospf-6-area-0.0.0.1]network 192.1.3.0 0.0.0.255
[AR6-ospf-6-area-0.0.0.1]network 192.1.5.0 0.0.0.255
[AR6-ospf-6-area-0.0.0.1]network 192.1.6.0 0.0.0.255
[AR6-ospf-6-area-0.0.0.1]quit
```

图 4.1.13　路由器 AR6 OSPF 配置

完成上述配置后查看路由器 AR4 路由表如图 4.1.14 所示，路由表中没有用于指明通往内部网络中各个子网的传输路径的路由项。

实施步骤

```
AR4                                                                    _ □ X
[AR4]display ip routing-table
Route Flags: R - relay, D - download to fib
------------------------------------------------------------------------
Routing Tables: Public
         Destinations : 16        Routes : 17

Destination/Mask      Proto   Pre  Cost      Flags NextHop        Interface

      127.0.0.0/8     Direct  0    0          D    127.0.0.1      InLoopBack0
      127.0.0.1/32    Direct  0    0          D    127.0.0.1      InLoopBack0
127.255.255.255/32    Direct  0    0          D    127.0.0.1      InLoopBack0
      192.1.1.0/24    Direct  0    0          D    192.1.1.2      GigabitEthernet
0/0/0
      192.1.1.2/32    Direct  0    0          D    127.0.0.1      GigabitEthernet
0/0/0
    192.1.1.255/32    Direct  0    0          D    127.0.0.1      GigabitEthernet
0/0/0
      192.1.2.0/24    OSPF    10   2          D    192.1.4.2      GigabitEthernet
0/0/1
      192.1.3.0/24    OSPF    10   2          D    192.1.6.2      GigabitEthernet
2/0/0
      192.1.4.0/24    Direct  0    0          D    192.1.4.1      GigabitEthernet
0/0/1
      192.1.4.1/32    Direct  0    0          D    127.0.0.1      GigabitEthernet
0/0/1
    192.1.4.255/32    Direct  0    0          D    127.0.0.1      GigabitEthernet
0/0/1
      192.1.5.0/24    OSPF    10   2          D    192.1.4.2      GigabitEthernet
0/0/1
                      OSPF    10   2          D    192.1.6.2      GigabitEthernet
2/0/0
      192.1.6.0/24    Direct  0    0          D    192.1.6.1      GigabitEthernet
2/0/0
      192.1.6.1/32    Direct  0    0          D    127.0.0.1      GigabitEthernet
2/0/0
    192.1.6.255/32    Direct  0    0          D    127.0.0.1      GigabitEthernet
2/0/0
255.255.255.255/32    Direct  0    0          D    127.0.0.1      InLoopBack0
```

图 4.1.14　路由器 AR4 的路由表

【配置隧道】

完成路由器 AR1、AR2 和 AR3 隧道配置过程，如图 4.1.15~图 4.1.20 所示。

```
AR1                                                                    _ □ X
[AR1]interface tunnel 0/0/1
[AR1-Tunnel0/0/1]tunnel-protocol gre
[AR1-Tunnel0/0/1]source GigabitEthernet0/0/1
[AR1-Tunnel0/0/1]destination 192.1.2.1
[AR1-Tunnel0/0/1]quit
[AR1]interface tunnel 0/0/2
[AR1-Tunnel0/0/2]tunnel-protocol gre
[AR1-Tunnel0/0/2]source GigabitEthernet0/0/1
[AR1-Tunnel0/0/2]destination 192.1.3.1
[AR1-Tunnel0/0/2]quit
```

图 4.1.15　路由器 AR1 隧道配置

实施步骤

```
AR1                                                    口卩  _  □  X
[AR1]display tunnel-info all
 * -> Allocated VC Token
Tunnel ID          Type              Destination          Token
----------------------------------------------------------------
0x1                gre               192.1.3.1            1
0x2                gre               192.1.2.1            2
```

图 4.1.16　查看路由器 AR1 隧道信息

```
AR2                                                    口卩  _  □  X
[AR2]interface tunnel 0/0/1
[AR2-Tunnel0/0/1]tunnel-protocol gre
[AR2-Tunnel0/0/1]source GigabitEthernet0/0/1
[AR2-Tunnel0/0/1]destination 192.1.1.1
[AR2-Tunnel0/0/1]quit
[AR2]interface tunnel 0/0/2
[AR2-Tunnel0/0/2]tunnel-protocol gre
[AR2-Tunnel0/0/2]source GigabitEthernet0/0/1
[AR2-Tunnel0/0/2]destination 192.1.3.1
[AR2-Tunnel0/0/2]quit
```

图 4.1.17　路由器 AR2 隧道配置

```
AR2                                                    口卩  _  □  X
[AR2]display tunnel-info all
 * -> Allocated VC Token
Tunnel ID          Type              Destination          Token
----------------------------------------------------------------
0x1                gre               192.1.1.1            1
0x2                gre               192.1.3.1            2
```

图 4.1.18　查看路由器 AR2 隧道信息

```
AR3                                                    口卩  _  □  X
[AR3]interface tunnel 0/0/1
[AR3-Tunnel0/0/1]tunnel-protocol gre
[AR3-Tunnel0/0/1]source GigabitEthernet0/0/1
[AR3-Tunnel0/0/1]destination 192.1.1.1
[AR3-Tunnel0/0/1]quit
[AR3]interface tunnel 0/0/2
[AR3-Tunnel0/0/2]tunnel-protocol gre
[AR3-Tunnel0/0/2]source GigabitEthernet0/0/1
[AR3-Tunnel0/0/2]destination 192.1.2.1
[AR3-Tunnel0/0/2]quit
```

图 4.1.19　路由器 AR3 隧道配置

```
AR3                                                    口卩  _  □  X
[AR3]display tunnel-info all
 * -> Allocated VC Token
Tunnel ID          Type              Destination          Token
----------------------------------------------------------------
0x1                gre               192.1.1.1            1
0x2                gre               192.1.2.1            2
```

图 4.1.20　查看路由器 AR3 隧道信息

实施步骤	【配置隧道接口私有 IP 地址】 用隧道互联内部网络各个子网，为路由器 R1、R2 和 R3 隧道接口配置私有 IP 地址，如图 4.1.21~图 4.1.23 所示。 **AR1** ``` [AR1]interface tunnel 0/0/1 [AR1-Tunnel0/0/1]ip address 192.168.4.1 24 [AR1-Tunnel0/0/1]keepalive [AR1-Tunnel0/0/1]quit [AR1]interface tunnel 0/0/2 [AR1-Tunnel0/0/2]ip address 192.168.5.1 24 [AR1-Tunnel0/0/2]keepalive [AR1-Tunnel0/0/2]quit ``` 图 4.1.21　路由器 AR1 隧道接口私有 IP 地址配置 **AR2** ``` [AR2]interface tunnel 0/0/1 [AR2-Tunnel0/0/1]ip address 192.168.4.2 24 [AR2-Tunnel0/0/1]keepalive [AR2-Tunnel0/0/1]quit [AR2]interface tunnel 0/0/2 [AR2-Tunnel0/0/2]ip address 192.168.6.1 24 [AR2-Tunnel0/0/2]keepalive [AR2-Tunnel0/0/2]quit ``` 图 4.1.22　路由器 AR2 隧道接口私有 IP 地址配置 **AR3** ``` [AR3]interface tunnel 0/0/1 [AR3-Tunnel0/0/1]ip address 192.168.5.2 24 [AR3-Tunnel0/0/1]keepalive [AR3-Tunnel0/0/1]quit [AR3]interface tunnel 0/0/2 [AR3-Tunnel0/0/2]ip address 192.168.6.2 24 [AR3-Tunnel0/0/2]keepalive [AR3-Tunnel0/0/2]quit ``` 图 4.1.23　路由器 AR3 隧道接口私有 IP 地址配置 【RIP 相关配置】 路由器 AR1、AR2 和 AR3 配置 RIP，参与 RIP 创建动态路由项的网络是内部网络的各个子网，路由器接口包括连接内部网络子网的接口和隧道接口，如图 4.1.24~图 4.1.26 所示。 **AR1** ``` [AR1]rip 1 [AR1-rip-1]network 192.168.1.0 [AR1-rip-1]network 192.168.4.0 [AR1-rip-1]network 192.168.5.0 [AR1-rip-1]quit ``` 图 4.1.24　路由器 AR1 RIP 配置

<table>
<tr><td rowspan="999">实施步骤</td></tr>
</table>

AR2

```
[AR2]rip 2
[AR2-rip-2]network 192.168.2.0
[AR2-rip-2]network 192.168.4.0
[AR2-rip-2]network 192.168.6.0
[AR2-rip-2]quit
```

图 4.1.25　路由器 AR2 RIP 配置

AR3

```
[AR3]rip 3
[AR3-rip-3]network 192.168.3.0
[AR3-rip-3]network 192.168.5.0
[AR3-rip-3]network 192.168.6.0
[AR3-rip-3]quit
```

图 4.1.26　路由器 AR3 RIP 配置

完成配置后，查验路由器 AR1、AR2 和 AR3 的路由表，如图 4.1.27～图 4.1.29 所示。

AR1

```
[AR1]display ip routing-table
Route Flags: R - relay, D - download to fib
------------------------------------------------------------------------------
Routing Tables: Public
        Destinations : 24      Routes : 25

Destination/Mask     Proto   Pre  Cost      Flags NextHop         Interface

      127.0.0.0/8    Direct  0    0           D   127.0.0.1       InLoopBack0
      127.0.0.1/32   Direct  0    0           D   127.0.0.1       InLoopBack0
127.255.255.255/32   Direct  0    0           D   127.0.0.1       InLoopBack0
      192.1.1.0/24   Direct  0    0           D   192.1.1.1       GigabitEthernet
0/0/1
      192.1.1.1/32   Direct  0    0           D   127.0.0.1       GigabitEthernet
0/0/1
    192.1.1.255/32   Direct  0    0           D   127.0.0.1       GigabitEthernet
0/0/1
      192.1.2.0/24   OSPF    10   3           D   192.1.1.2       GigabitEthernet
0/0/1
      192.1.3.0/24   OSPF    10   3           D   192.1.1.2       GigabitEthernet
0/0/1
      192.1.4.0/24   OSPF    10   2           D   192.1.1.2       GigabitEthernet
0/0/1
      192.1.5.0/24   OSPF    10   3           D   192.1.1.2       GigabitEthernet
0/0/1
      192.1.6.0/24   OSPF    10   2           D   192.1.1.2       GigabitEthernet
0/0/1
    192.168.1.0/24   Direct  0    0           D   192.168.1.254   GigabitEthernet
0/0/0
  192.168.1.254/32   Direct  0    0           D   127.0.0.1       GigabitEthernet
0/0/0
  192.168.1.255/32   Direct  0    0           D   127.0.0.1       GigabitEthernet
0/0/0
    192.168.2.0/24   RIP     100  1           D   192.168.4.2     Tunnel10/0/1
    192.168.3.0/24   RIP     100  1           D   192.168.5.2     Tunnel10/0/1
    192.168.4.0/24   Direct  0    0           D   192.168.4.1     Tunnel10/0/1
    192.168.4.1/32   Direct  0    0           D   127.0.0.1       Tunnel10/0/1
  192.168.4.255/32   Direct  0    0           D   127.0.0.1       Tunnel10/0/1
    192.168.5.0/24   Direct  0    0           D   192.168.5.1     Tunnel10/0/2
    192.168.5.1/32   Direct  0    0           D   127.0.0.1       Tunnel10/0/2
  192.168.5.255/32   Direct  0    0           D   127.0.0.1       Tunnel10/0/2
    192.168.6.0/24   RIP     100  1           D   192.168.4.2     Tunnel10/0/1
                     RIP     100  1           D   192.168.5.2     Tunnel10/0/2
255.255.255.255/32   Direct  0    0           D   127.0.0.1       InLoopBack0
```

图 4.1.27　路由器 AR1 完整路由表

实施步骤

```
E AR2                                                              _ □ X
[AR2]display ip routing-table
Route Flags: R - relay, D - download to fib
------------------------------------------------------------------------
Routing Tables: Public
         Destinations : 24      Routes : 25

Destination/Mask     Proto   Pre  Cost      Flags NextHop       Interface
      127.0.0.0/8    Direct  0    0         D     127.0.0.1     InLoopBack0
      127.0.0.1/32   Direct  0    0         D     127.0.0.1     InLoopBack0
127.255.255.255/32   Direct  0    0         D     127.0.0.1     InLoopBack0
      192.1.1.0/24   OSPF    10   3         D     192.1.2.2     GigabitEthernet
0/0/1
      192.1.2.0/24   Direct  0    0         D     192.1.2.1     GigabitEthernet
0/0/1
      192.1.2.1/32   Direct  0    0         D     127.0.0.1     GigabitEthernet
0/0/1
    192.1.2.255/32   Direct  0    0         D     127.0.0.1     GigabitEthernet
0/0/1
      192.1.3.0/24   OSPF    10   3         D     192.1.2.2     GigabitEthernet
0/0/1
      192.1.4.0/24   OSPF    10   2         D     192.1.2.2     GigabitEthernet
0/0/1
      192.1.5.0/24   OSPF    10   2         D     192.1.2.2     GigabitEthernet
0/0/1
      192.1.6.0/24   OSPF    10   3         D     192.1.2.2     GigabitEthernet
0/0/1
    192.168.1.0/24   RIP     100  1         D     192.168.4.1   Tunnel10/0/1
    192.168.2.0/24   Direct  0    0         D     192.168.2.254
0/0/0
  192.168.2.254/32   Direct  0    0         D     127.0.0.1     GigabitEthernet
0/0/0
  192.168.2.255/32   Direct  0    0         D     127.0.0.1     GigabitEthernet
0/0/0
    192.168.3.0/24   RIP     100  1         D     192.168.6.2   Tunnel10/0/2
    192.168.4.0/24   Direct  0    0         D     192.168.4.2   Tunnel10/0/1
    192.168.4.2/32   Direct  0    0         D     127.0.0.1     Tunnel10/0/1
  192.168.4.255/32   Direct  0    0         D     127.0.0.1     Tunnel10/0/1
    192.168.5.0/24   RIP     100  1         D     192.168.4.1   Tunnel10/0/1
                     RIP     100  1         D     192.168.6.2   Tunnel10/0/2
    192.168.6.0/24   Direct  0    0         D     192.168.6.1   Tunnel10/0/2
    192.168.6.1/32   Direct  0    0         D     127.0.0.1     Tunnel10/0/2
  192.168.6.255/32   Direct  0    0         D     127.0.0.1     Tunnel10/0/2
255.255.255.255/32   Direct  0    0         D     127.0.0.1     InLoopBack0
```

图 4.1.28　路由器 AR2 完整路由表

```
E AR3                                                              _ □ X
[AR3]display ip routing-table
Route Flags: R - relay, D - download to fib
------------------------------------------------------------------------
Routing Tables: Public
         Destinations : 24      Routes : 25

Destination/Mask     Proto   Pre  Cost      Flags NextHop       Interface
      127.0.0.0/8    Direct  0    0         D     127.0.0.1     InLoopBack0
      127.0.0.1/32   Direct  0    0         D     127.0.0.1     InLoopBack0
127.255.255.255/32   Direct  0    0         D     127.0.0.1     InLoopBack0
      192.1.1.0/24   OSPF    10   3         D     192.1.3.2     GigabitEthernet
0/0/1
      192.1.2.0/24   OSPF    10   3         D     192.1.3.2     GigabitEthernet
0/0/1
      192.1.3.0/24   Direct  0    0         D     192.1.3.1     GigabitEthernet
0/0/1
      192.1.3.1/32   Direct  0    0         D     127.0.0.1     GigabitEthernet
0/0/1
    192.1.3.255/32   Direct  0    0         D     127.0.0.1     GigabitEthernet
0/0/1
      192.1.4.0/24   OSPF    10   3         D     192.1.3.2     GigabitEthernet
0/0/1
      192.1.5.0/24   OSPF    10   2         D     192.1.3.2     GigabitEthernet
0/0/1
      192.1.6.0/24   OSPF    10   2         D     192.1.3.2     GigabitEthernet
0/0/1
    192.168.1.0/24   RIP     100  1         D     192.168.5.1   Tunnel10/0/1
    192.168.2.0/24   RIP     100  1         D     192.168.6.1   Tunnel10/0/2
    192.168.3.0/24   Direct  0    0         D     192.168.3.254 GigabitEthernet
0/0/0
  192.168.3.254/32   Direct  0    0         D     127.0.0.1     GigabitEthernet
0/0/0
  192.168.3.255/32   Direct  0    0         D     127.0.0.1     GigabitEthernet
0/0/0
    192.168.4.0/24   RIP     100  1         D     192.168.5.1   Tunnel10/0/1
                     RIP     100  1         D     192.168.6.1   Tunnel10/0/2
    192.168.5.0/24   Direct  0    0         D     192.168.5.2   Tunnel10/0/1
    192.168.5.2/32   Direct  0    0         D     127.0.0.1     Tunnel10/0/1
  192.168.5.255/32   Direct  0    0         D     127.0.0.1     Tunnel10/0/1
    192.168.6.0/24   Direct  0    0         D     192.168.6.2   Tunnel10/0/2
    192.168.6.2/32   Direct  0    0         D     127.0.0.1     Tunnel10/0/2
  192.168.6.255/32   Direct  0    0         D     127.0.0.1     Tunnel10/0/2
255.255.255.255/32   Direct  0    0         D     127.0.0.1     InLoopBack0
```

图 4.1.29　路由器 AR3 完整路由表

实施步骤	**【终端设备网络信息配置】** 完成内部网络中 PC 和服务器的网络信息配置。PC1 配置的网络信息如图 4.1.30 所示。 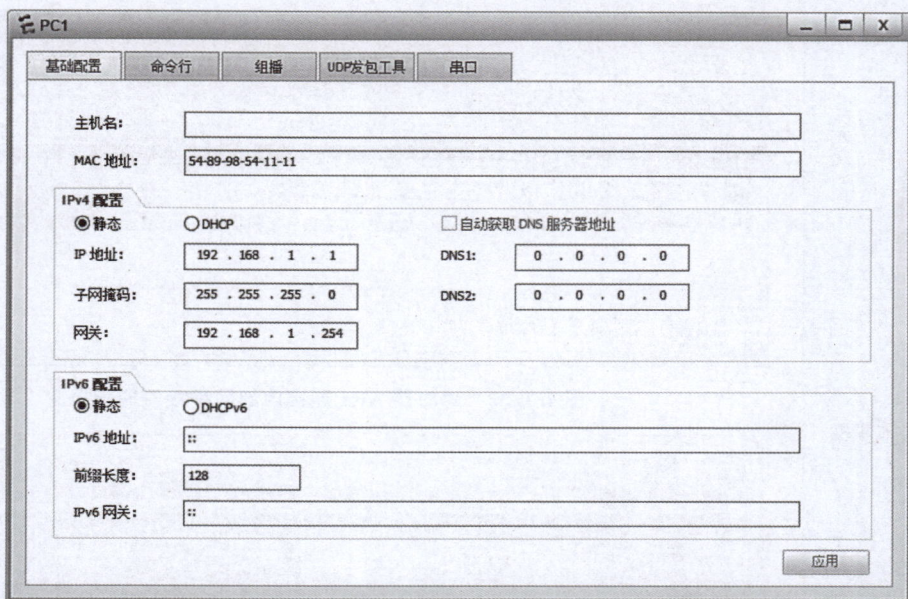 **图 4.1.30 PC1 网络信息配置界面** **【实验验证】** 验证内部网络中各个子网之间的通信过程。以 PC1 与 PC3 的通信为例，图 4.1.31 为 PC1 与 PC3 之间的通信过程。 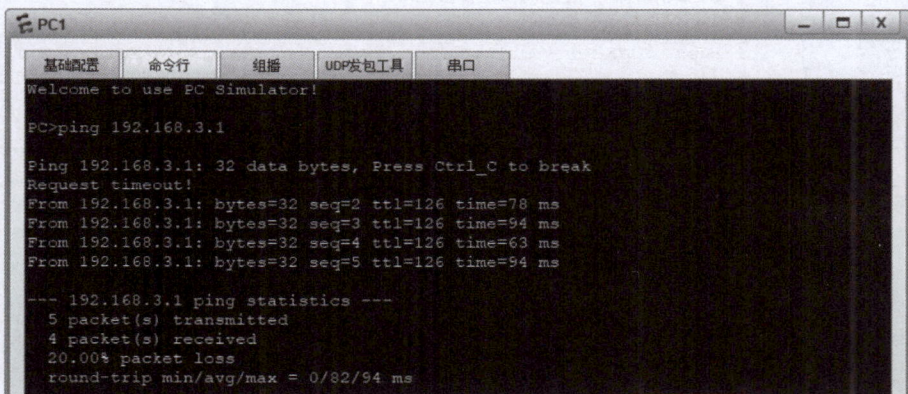 **图 4.1.31 PC1 与 PC3 之间的通信过程** 验证 PC1 与 PC3 之间传输的 IP 分组经过隧道传输时的封装格式。在路由器 AR1 连接内部网络的 GE0/0/0 接口和路由器 AR4 连接路由器 AR1 的 GE0/0/0 接口启动报文捕获功能，如图 4.1.32、图 4.1.33 所示。

续表

| 实施步骤 | |

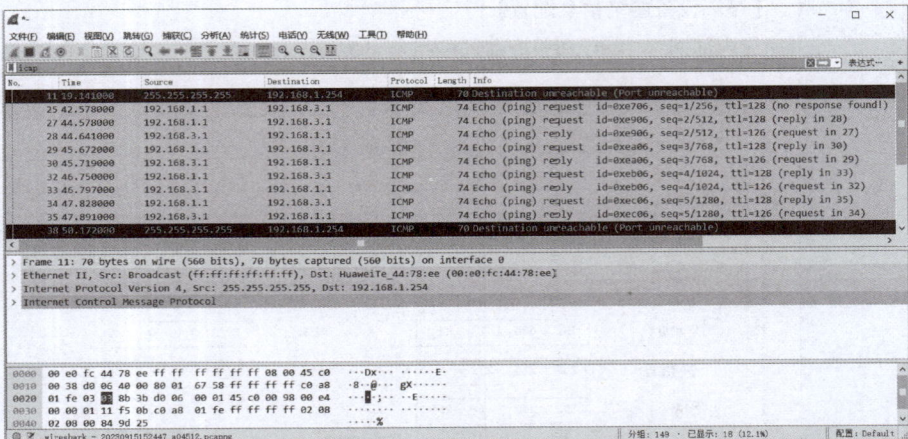

图 4.1.32　路由器 AR1 连接内部网络接口捕获报文

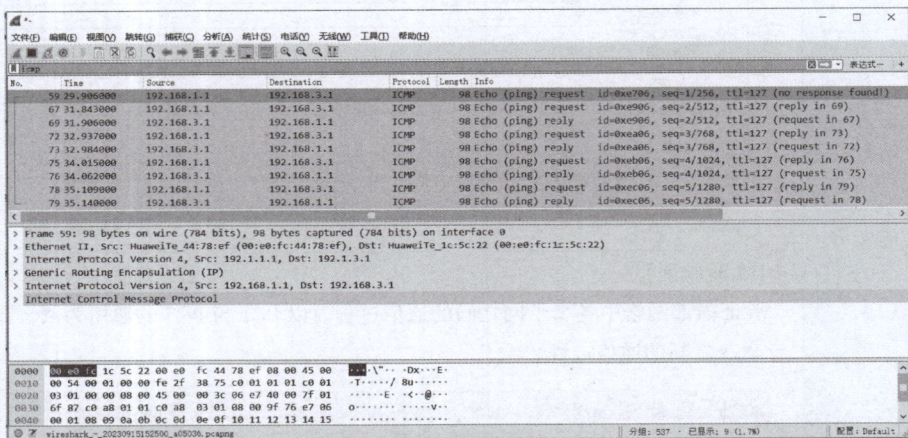

图 4.1.33　路由器 AR4 连接 AR1 接口捕获报文

任务 2　配置 L2TP VPN

【任务工单】

任务工单 2：配置 L2TP VPN

任务名称	配置 L2TP VPN			
组别		成员	小组成绩	
学生姓名			个人成绩	

任务情景	L2TP 用于建立远程终端与接入设备间的虚拟点对点链路，接入控制设备基于与远程终端之间的虚拟点对点链路通过 PPP 完成远程终端的接入控制过程。本实验基于 L2TP 实现 L2TP 访问集中控制器 LAC 远程接入内部网络的过程。安安完成了点对点 IP 隧道的配置，接下来将完成 L2TP 的配置。
任务目标	跟随安安脚步，明确以下目标： ● 验证 LAC 配置过程 ● 验证 LNS 配置过程 ● 验证 LAC 接入内部网络过程 ● 验证通过 LAC 与 LNS 之间隧道完成以私有 IP 地址为源和目的 IP 地址的 IP 分组 LAC 至 LNS 的传输过程
任务要求	● 掌握 L2TP 隧道建立过程 ● 掌握 L2TP 隧道格式封装过程
任务实施	1. 搭建拓扑 2. 配置网络基础参数 3. 配置静态路由项 4. 配置 L2TP 隧道 5. 配置终端设备基础参数 6. 验证通信过程
实施总结	
小组评价	
任务点评	

【前导知识】

　　二层隧道协议 L2TP（Layer 2 Tunneling Protocol）是虚拟私有拨号网 VPDN（Virtual Private Dial－up Network）隧道协议的一种，扩展了点到点协议 PPP（Point－to－Point Protocol）的应用，是远程拨号用户接入企业总部网络的一种重要 VPN 技术。

L2TP 通过拨号网络，基于 PPP 的协商，建立企业分支用户到企业总部的隧道，使远程用户可以接入企业总部。PPPoE（PPP over Ethernet）技术更是扩展了 L2TP 的应用范围，通过以太网络连接 Internet，建立远程移动办公人员到企业总部的 L2TP 隧道。

【任务内容】

（1）启动 eNSP，按照网络拓扑结构放置和连接设备，启动所有设备。

（2）完成各个接口 IP 地址和子网掩码配置过程。完成 LAC 和 LNS 中用于指明 LAC 和 LNS 之间传输路径的静态路由项的配置。

（3）完成 LAC 和 LNS 的 L2TP 隧道相关配置，建立起 LAC 与 LNS 之间的 L2TP 隧道。

（4）通过点对点链路完成 LNS 对 LAC 的接入控制，为 LAC 分配 IP 地址和默认网关地址。

（5）PC1 分配内部网络的私有 IP 地址。

（6）验证 LAC 接入内部网络后用 LNS 分配的私有 IP 地址访问内部网络。

【任务实施】

任务目标	1. 掌握 LAC 配置过程 2. 掌握 LNS 配置过程 3. 掌握 L2TP 隧道建立过程	微课-L2TP VPN
实施步骤	【拓扑搭建】 启动 eNSP，按照如图 4.2.1 所示的网络拓扑结构放置和连接设备，完成设备放置和连接后，启动所有设备。 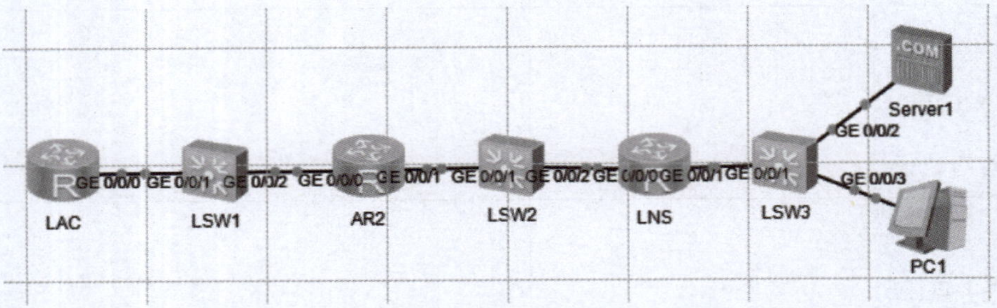 图 4.2.1 完成拓扑搭建后的 eNSP 界面 【IP 地址、子网掩码相关配置】 完成 LAC、AR2 和 LNS 各个接口 IP 地址和子网掩码的配置，如图 4.2.2~图 4.2.4 所示，设备接口 IP 编址如表 4.2.1 所示。在 LAC 和 LNS 中配置指明 LAC 与 LNS 之间传输路径的静态路由项。	

```
<Huawei>system-view
Enter system view, return user view with Ctrl+Z.
[Huawei]sysname LAC
[LAC]interface GigabitEthernet0/0/0
[LAC-GigabitEthernet0/0/0]ip address 192.1.1.1 24
[LAC-GigabitEthernet0/0/0]quit
[LAC]ip route-static 192.1.2.2 32 192.1.1.2
```

图 4.2.2　LAC IP 地址、子网掩码及静态路由项配置

```
<Huawei>system-view
Enter system view, return user view with Ctrl+Z.
[Huawei]sysname AR2
[AR2]interface GigabitEthernet0/0/0
[AR2-GigabitEthernet0/0/0]ip address 192.1.1.2 24
[AR2-GigabitEthernet0/0/0]quit
[AR2]interface GigabitEthernet0/0/1
[AR2-GigabitEthernet0/0/1]ip address 192.1.2.1 24
[AR2-GigabitEthernet0/0/1]quit
```

图 4.2.3　AR2 IP 地址和子网掩码配置

```
<Huawei>system-view
Enter system view, return user view with Ctrl+Z.
[Huawei]sysname LNS
[LNS]interface GigabitEthernet0/0/0
[LNS-GigabitEthernet0/0/0]ip address 192.1.2.2 24
[LNS-GigabitEthernet0/0/0]quit
[LNS]interface GigabitEthernet0/0/1
[LNS-GigabitEthernet0/0/1]ip address 192.168.1.254 24
[LNS-GigabitEthernet0/0/1]quit
[LNS]ip route-static 192.1.1.1 32 192.1.2.1
```

图 4.2.4　LNS IP 地址、子网掩码及静态路由项配置

表 4.2.1　设备接口 IP 地址编址

设备	接口	IP 地址/子网掩码
LAC	GigabitEthernet0/0/0	192. 1. 1. 1/24
AR2	GigabitEthernet0/0/0	192. 1. 1. 2/24
	GigabitEthernet0/0/1	192. 1. 2. 1/24
LNS	GigabitEthernet0/0/0	192. 1. 2. 2/24
	GigabitEthernet0/0/1	192. 168. 1. 254/24

完成配置后三台设备的各个接口状态如图 4.2.5~图 4.2.7 所示。

实施步骤

续表

实施步骤	 图 4.2.5 LAC 接口状态 图 4.2.6 AR2 接口状态 图 4.2.7 LNS 接口状态

实施步骤	【配置隧道】
	　　在设备 LAC 和 LNS 上完成 L2TP 隧道相关配置，建立起 LAC 与 LNS 之间的 L2TP 隧道，如图 4.2.8~图 4.2.15 所示。
	
	LAC
	`[LAC]l2tp-group 1`
	`[LAC-l2tp1]tunnel name lac`
	`[LAC-l2tp1]start l2tp ip 192.1.2.2 fullusername huawei`
	`[LAC-l2tp1]tunnel authentication`
	`[LAC-l2tp1]tunnel password cipher huawei`
	`[LAC-l2tp1]quit`
	
	图 4.2.8　LAC 配置 L2TP 隧道
	
	LAC
	`[LAC]interface Virtual-Template 1`
	`[LAC-Virtual-Template1]ppp chap user huawei`
	`[LAC-Virtual-Template1]ppp chap password cipher huawei`
	`[LAC-Virtual-Template1]ip address ppp-negotiate`
	`[LAC-Virtual-Template1]quit`
	
	图 4.2.9　LAC 配置虚拟接口模板
	
	LNS
	`[LNS]aaa`
	`[LNS-aaa]local-user huawei password cipher huawei`
	`Info: Add a new user.`
	`[LNS-aaa]local-user huawei service-type ppp`
	`[LNS-aaa]quit`
	
	图 4.2.10　LNS 创建授权用户
	
	LNS
	`[LNS]ip pool lns`
	`Info: It's successful to create an IP address pool.`
	`[LNS-ip-pool-lns]network 192.168.2.0 mask 24`
	`[LNS-ip-pool-lns]gateway-list 192.168.2.254`
	`[LNS-ip-pool-lns]quit`
	
	图 4.2.11　LNS 创建地址池
	
	LNS
	`[LNS]interface Virtual-Template 1`
	`[LNS-Virtual-Template1]ppp authentication-mode chap`
	`[LNS-Virtual-Template1]remote address pool lns`
	`[LNS-Virtual-Template1]ip address 192.168.2.254 24`
	`[LNS-Virtual-Template1]quit`
	
	图 4.2.12　LNS 配置虚拟接口模板

续表

实施步骤	

```
LNS
[LNS]l2tp enable
[LNS]l2tp-group 1
[LNS-l2tp1]tunnel name lns
[LNS-l2tp1]allow l2tp virtual-template 1 remote lac
[LNS-l2tp1]tunnel authentication
[LNS-l2tp1]tunnel password cipher huawei
[LNS-l2tp1]quit
```

图 4.2.13　LNS 配置 L2TP 隧道

```
LAC
[LAC]interface Virtual-Template 1
[LAC-Virtual-Template1]l2tp-auto-client enable
[LAC-Virtual-Template1]quit
```

图 4.2.14　LAC 配置自动发起建立 L2TP 隧道

```
LAC
[LAC]ip route-static 192.168.1.0 24 Virtual-Template 1
```

图 4.2.15　LAC 配置通往内部网络的静态路由项

完成上述配置后，可通过查看命令查看 LAC 和 LNS 的 L2TP 隧道信息，如图 4.2.16、图 4.2.17 所示。

```
LAC
[LAC]display l2tp tunnel

Total tunnel = 1
LocalTID RemoteTID RemoteAddress     Port   Sessions RemoteName
1        1         192.1.2.2         42246  1        lns
```

图 4.2.16　查看 LAC 的 L2TP 隧道信息

```
LNS
[LNS]display l2tp tunnel

Total tunnel = 1
LocalTID RemoteTID RemoteAddress     Port   Sessions RemoteName
1        1         192.1.1.1         42246  1        lac
```

图 4.2.17　查看 LNS 的 L2TP 隧道信息

【终端设备网络信息配置】
完成内部网络中 PC 和服务器的网络信息配置。PC1 配置的网络信息如图 4.2.18 所示。

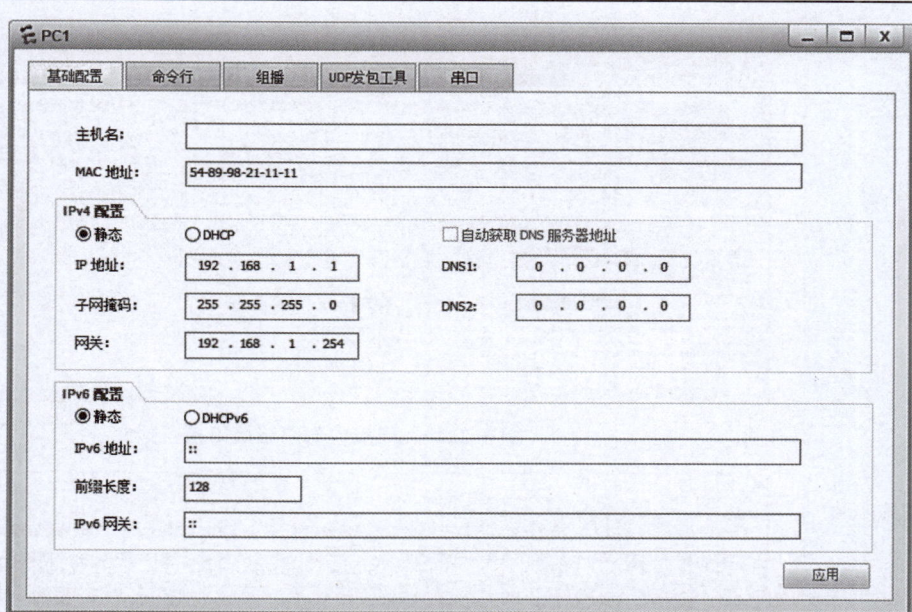

图 4.2.18　PC1 配置界面

实施步骤

【实验验证】

验证 LAC 接入内部网络后用 LNS 分配的私有 IP 地址访问内部网络，如图 4.2.19 ~ 图 4.2.21 所示。

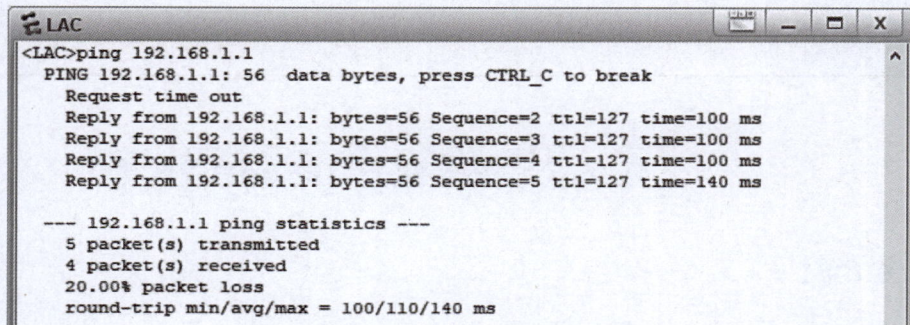

```
<LAC>ping 192.168.1.1
  PING 192.168.1.1: 56  data bytes, press CTRL_C to break
    Request time out
    Reply from 192.168.1.1: bytes=56 Sequence=2 ttl=127 time=100 ms
    Reply from 192.168.1.1: bytes=56 Sequence=3 ttl=127 time=100 ms
    Reply from 192.168.1.1: bytes=56 Sequence=4 ttl=127 time=100 ms
    Reply from 192.168.1.1: bytes=56 Sequence=5 ttl=127 time=140 ms

  --- 192.168.1.1 ping statistics ---
    5 packet(s) transmitted
    4 packet(s) received
    20.00% packet loss
    round-trip min/avg/max = 100/110/140 ms
```

图 4.2.19　LAC 执行 ping 操作

续表

实施步骤	

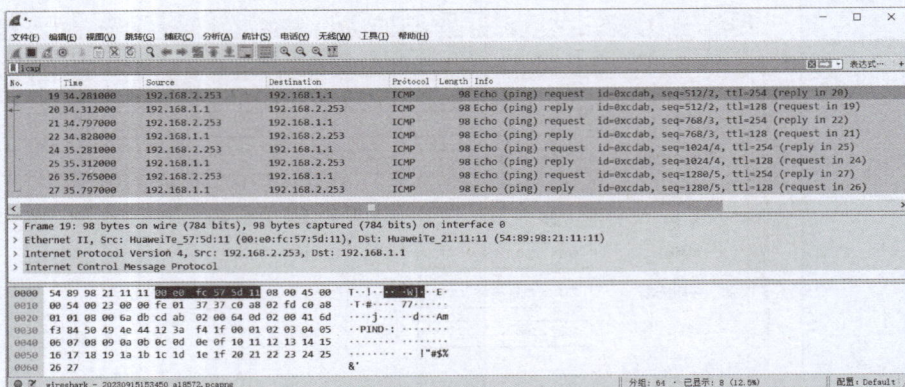

图 4.2.20　连接内部网络接口捕获报文

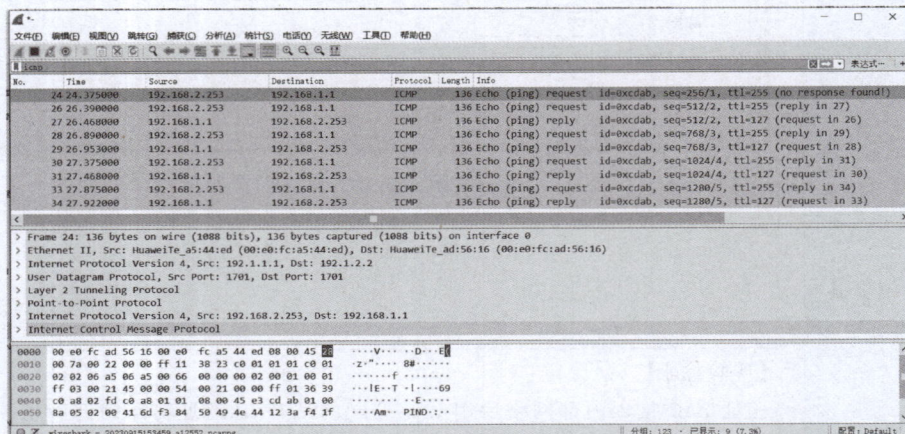

图 4.2.21　路由器 AR2 接口捕获报文

任务 3　手工配置 IPSec VPN

【任务工单】

任务工单 3：手工配置 IPSec VPN

任务名称	手工配置 IPSec VPN			
组别		成员	小组成绩	
学生姓名			个人成绩	

任务情景	建立路由器连接公共接口之间的 IPSec 隧道，内部网络各个子网之间传输的 IP 分组封装成以内部网络私有 IP 地址为源和目的 IP 地址的 IP 分组，该分组经过 IPSec 隧道传输时，作为封装安全净荷 ESP 报文的净荷。根据建立 IPSec 隧道两端之间的安全关联时约定的加密和鉴别算法，完成 ESP 报文的加密过程和消息鉴别码 MAC 的计算过程。手工方式是指通过手工配置建立 IPSec 隧道两端的安全关联，并手工配置该安全关联相关参数。 　　安安完成了点对点 IP 隧道的配置和 L2TP 的配置过程，接下来将迎接最具有挑战性的 IPSec VPN 技术。
任务目标	跟随安安脚步，明确以下目标： • 验证 IPSec VPN 的工作机制 • 验证 IPSec 安全关联的建立过程 • 验证封装安全净荷 ESP 报文封装过程 • 验证基于 IPSec VPN 的数据传输过程
任务要求	• 掌握 IPSec 参数配置过程 • 掌握基于 IPSec VPN 的数据传输原理
任务实施	1. 搭建拓扑 2. 配置网络基础参数 3. 配置路由项 4. 配置 ACL 访问控制列表 5. 配置 IPSec 隧道 6. 配置终端设备基础参数 7. 验证通信过程
实施总结	
小组评价	
任务点评	

【前导知识】

随着 Internet 的发展，越来越多的企业直接通过 Internet 进行互联，但由于 IP 协议未考虑安全性，而且 Internet 上有大量的不可靠用户和网络设备，所以用户业务数据要穿越这些未知网络，根本无法保证数据的安全性，数据易被伪造、篡改或窃取。因此，迫切需要一种兼容 IP 协议的通用的网络安全方案。

为了解决上述问题，IPSec（Internet Protocol Security）应运而生。IPSec 是对 IP 的安全性补充，其工作在 IP 层，为 IP 网络通信提供透明的安全服务。

IPSec 是 IETF（Internet Engineering Task Force）制定的一组开放的网络安全协议。它并不是一个单独的协议，而是一系列为 IP 网络提供安全性的协议和服务的集合，包括认证头（Authentication Header，AH）和封装安全载荷（Encapsulating Security Payload，ESP）两个安全协议、密钥交换和用于验证及加密的一些算法等。

通过这些协议，在两个设备之间建立一条 IPSec 隧道。数据通过 IPSec 隧道进行转发，实现保护数据的安全性。

IPSec 通过加密与验证等方式，从以下几个方面保障了用户业务数据在 Internet 中的安全传输：

（1）数据来源验证：接收方验证发送方身份是否合法。

（2）数据加密：发送方对数据进行加密，以密文的形式在 Internet 上传送，接收方对接收的加密数据进行解密后处理或直接转发。

（3）数据完整性：接收方对接收的数据进行验证，以判定报文是否被篡改。

（4）抗重放：接收方拒绝旧的或重复的数据包，防止恶意用户通过重复发送捕获的数据包所进行的攻击。

【任务内容】

（1）启动 eNSP，按照网络拓扑结构放置和连接设备，启动所有设备。

（2）完成所有路由器各个接口 IP 地址和子网掩码配置过程。完成各个路由器 RIP 的配置过程，使得各个路由器通过 RIP 建立用于指明通往公共网络中各个子网的传输路径的动态路由项。

（3）完成 AR1、AR2 和 AR3 通往内部网络中各个子网的传输路径的静态路由项配置过程。

（4）完成各个 PC 和服务器网络信息配置过程。

（5）验证内部网络各个子网间的通信过程。

（6）验证内部网络各个子网间传输的 IP 分组经过 IPSec 隧道传输时的封装格式。

【任务实施】

任务目标	1. 掌握 IPSec VPN 工作机制 2. 掌握 IPSec 参数配置过程 3. 掌握 IPSec VPN 数据传输过程	动画–IPSEC VPN　　微课–IPSEC VPN 手工方式

【拓扑搭建】

启动 eNSP，按照如图 4.3.1 所示的网络拓扑结构放置和连接设备，完成设备放置和连接后，启动所有设备。

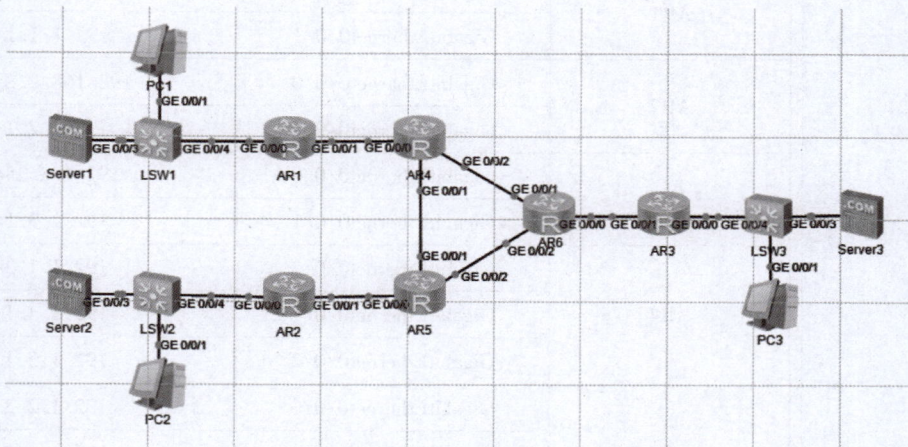

图 4.3.1　完成拓扑搭建后的 eNSP 界面

【IP 地址、子网掩码相关配置】

完成所有路由器各个接口 IP 地址和子网掩码的配置，如图 4.3.2、图 4.3.3 所示，设备接口 IP 编址如表 4.3.1 所示。路由器 AR1、AR2 和 AR3 存在连接内部网络和连接公共网络的两种接口。

```
<Huawei>system-view
Enter system view, return user view with Ctrl+Z.
[Huawei]sysname AR1
[AR1]interface GigabitEthernet0/0/0
[AR1-GigabitEthernet0/0/0]ip address 192.168.1.254 24
[AR1-GigabitEthernet0/0/0]interface GigabitEthernet0/0/1
[AR1-GigabitEthernet0/0/1]ip address 192.1.1.1 24
[AR1-GigabitEthernet0/0/1]quit
```

图 4.3.2　路由器 AR1 IP 地址、子网掩码配置（AR2、AR3 略）

```
<Huawei>system-view
Enter system view, return user view with Ctrl+Z.
[Huawei]sysname AR4
[AR4]interface GigabitEthernet0/0/0
[AR4-GigabitEthernet0/0/0]ip address 192.1.1.2 24
[AR4-GigabitEthernet0/0/0]interface GigabitEthernet0/0/1
[AR4-GigabitEthernet0/0/1]ip address 192.1.4.1 24
[AR4-GigabitEthernet0/0/1]interface GigabitEthernet0/0/2
[AR4-GigabitEthernet0/0/2]ip address 192.1.5.1 24
[AR4-GigabitEthernet0/0/2]quit
```

图 4.3.3　路由器 AR4 IP 地址和子网掩码配置（AR5、AR6 略）

（实施步骤）

续表

表 4.3.1 设备接口 IP 地址编址

<table>
<tr><th>设备</th><th>接口</th><th>IP 地址/子网掩码</th></tr>
<tr><td rowspan="2">AR1</td><td>GigabitEthernet0/0/0</td><td>192. 168. 1. 254/24</td></tr>
<tr><td>GigabitEthernet0/0/1</td><td>192. 1. 1. 1/24</td></tr>
<tr><td rowspan="2">AR2</td><td>GigabitEthernet0/0/0</td><td>192. 168. 2. 254/24</td></tr>
<tr><td>GigabitEthernet0/0/1</td><td>192. 1. 2. 1/24</td></tr>
<tr><td rowspan="2">AR3</td><td>GigabitEthernet0/0/0</td><td>192. 1. 3. 254/24</td></tr>
<tr><td>GigabitEthernet0/0/1</td><td>192. 1. 3. 1/24</td></tr>
<tr><td rowspan="3">AR4</td><td>GigabitEthernet0/0/0</td><td>192. 1. 1. 2/24</td></tr>
<tr><td>GigabitEthernet0/0/1</td><td>192. 1. 4. 1/24</td></tr>
<tr><td>GigabitEthernet0/0/2</td><td>192. 1. 5. 1/24</td></tr>
<tr><td rowspan="3">AR5</td><td>GigabitEthernet0/0/0</td><td>192. 1. 2. 2/24</td></tr>
<tr><td>GigabitEthernet0/0/1</td><td>192. 1. 4. 2/24</td></tr>
<tr><td>GigabitEthernet0/0/2</td><td>192. 1. 6. 1/24</td></tr>
<tr><td rowspan="3">AR6</td><td>GigabitEthernet0/0/0</td><td>192. 1. 3. 2/24</td></tr>
<tr><td>GigabitEthernet0/0/1</td><td>192. 1. 5. 2/24</td></tr>
<tr><td>GigabitEthernet0/0/2</td><td>192. 1. 6. 2/24</td></tr>
</table>

实施步骤

【配置路由项】

完成各路由器 RIP 配置过程, 使得各路由器通过 RIP 建立用于指明通往公共网络中各个
子网的传输路径的动态路由项, 如图 4.3.4、图 4.3.5 所示。

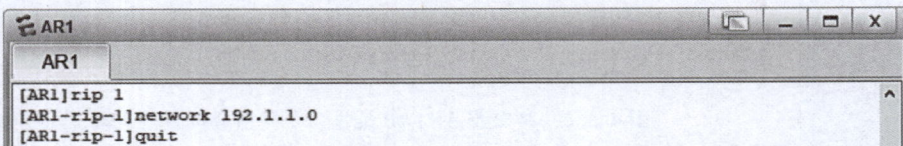

```
AR1
AR1
[AR1]rip 1
[AR1-rip-1]network 192.1.1.0
[AR1-rip-1]quit
```

图 4.3.4 路由器 AR1 RIP 配置 (AR2、AR3 略)

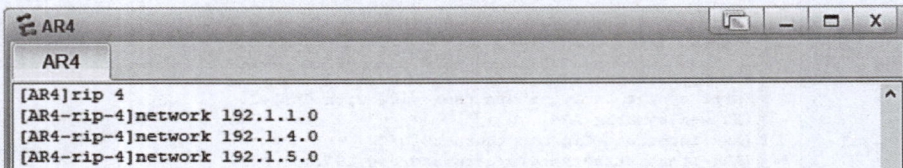

```
AR4
AR4
[AR4]rip 4
[AR4-rip-4]network 192.1.1.0
[AR4-rip-4]network 192.1.4.0
[AR4-rip-4]network 192.1.5.0
```

图 4.3.5 路由器 AR4 RIP 配置 (AR5、AR6 略)

在路由器 AR1、AR2 和 AR3 中配置用于指明通往内部网络中各个子网的传输路径的静态
路由项, 如图 4.3.6~图 4.3.8 所示。

AR1
```
[AR1]ip route-static 192.168.2.0 24 192.1.1.2
[AR1]ip route-static 192.168.3.0 24 192.1.1.2
```
图 4.3.6　路由器 AR1 配置静态路由项

AR2
```
[AR2]ip route-static 192.168.1.0 24 192.1.2.2
[AR2]ip route-static 192.168.3.0 24 192.1.2.2
```
图 4.3.7　路由器 AR2 配置静态路由项

AR3
```
[AR3]ip route-static 192.168.1.0 24 192.1.3.2
[AR3]ip route-static 192.168.2.0 24 192.1.3.2
```
图 4.3.8　路由器 AR3 配置静态路由项

完成配置后，查看各路由器完整路由表。路由器 AR1、AR2 和 AR3 的完整路由表如图 4.3.9~图 4.3.11 所示，其中既包含通往内部网络各个子网的路由项，又包括通往公共网络各个子网的路由项；路由器 AR4 的完整路由表如图 4.3.12 所示，其中只包含通往公共网络中各个子网的路由项。

实施步骤

AR1
```
[AR1]display ip routing-table
Route Flags: R - relay, D - download to fib
------------------------------------------------------------
Routing Tables: Public
         Destinations : 17        Routes : 17

Destination/Mask    Proto   Pre  Cost      Flags NextHop        Interface

      127.0.0.0/8   Direct  0    0         D     127.0.0.1      InLoopBack0
      127.0.0.1/32  Direct  0    0         D     127.0.0.1      InLoopBack0
127.255.255.255/32  Direct  0    0         D     127.0.0.1      InLoopBack0
      192.1.1.0/24  Direct  0    0         D     192.1.1.1      GigabitEthernet
0/0/1
      192.1.1.1/32  Direct  0    0         D     127.0.0.1      GigabitEthernet
0/0/1
    192.1.1.255/32  Direct  0    0         D     127.0.0.1      GigabitEthernet
0/0/1
      192.1.2.0/24  RIP     100  2         D     192.1.1.2      GigabitEthernet
0/0/1
      192.1.3.0/24  RIP     100  2         D     192.1.1.2      GigabitEthernet
0/0/1
      192.1.4.0/24  RIP     100  1         D     192.1.1.2      GigabitEthernet
0/0/1
      192.1.5.0/24  RIP     100  1         D     192.1.1.2      GigabitEthernet
0/0/1
      192.1.6.0/24  RIP     100  2         D     192.1.1.2      GigabitEthernet
0/0/1
    192.168.1.0/24  Direct  0    0         D     192.168.1.254  GigabitEthernet
0/0/0
  192.168.1.254/32  Direct  0    0         D     127.0.0.1      GigabitEthernet
0/0/0
  192.168.1.255/32  Direct  0    0         D     127.0.0.1      GigabitEthernet
0/0/0
    192.168.2.0/24  Static  60   0         RD    192.1.1.2      GigabitEthernet
0/0/1
    192.168.3.0/24  Static  60   0         RD    192.1.1.2      GigabitEthernet
0/0/1
255.255.255.255/32  Direct  0    0         D     127.0.0.1      InLoopBack0
```
图 4.3.9　路由器 AR1 完整路由表

续表

实施步骤	

图 4.3.10 路由器 AR2 完整路由表

图 4.3.11 路由器 AR3 完整路由表

续表

实施步骤	

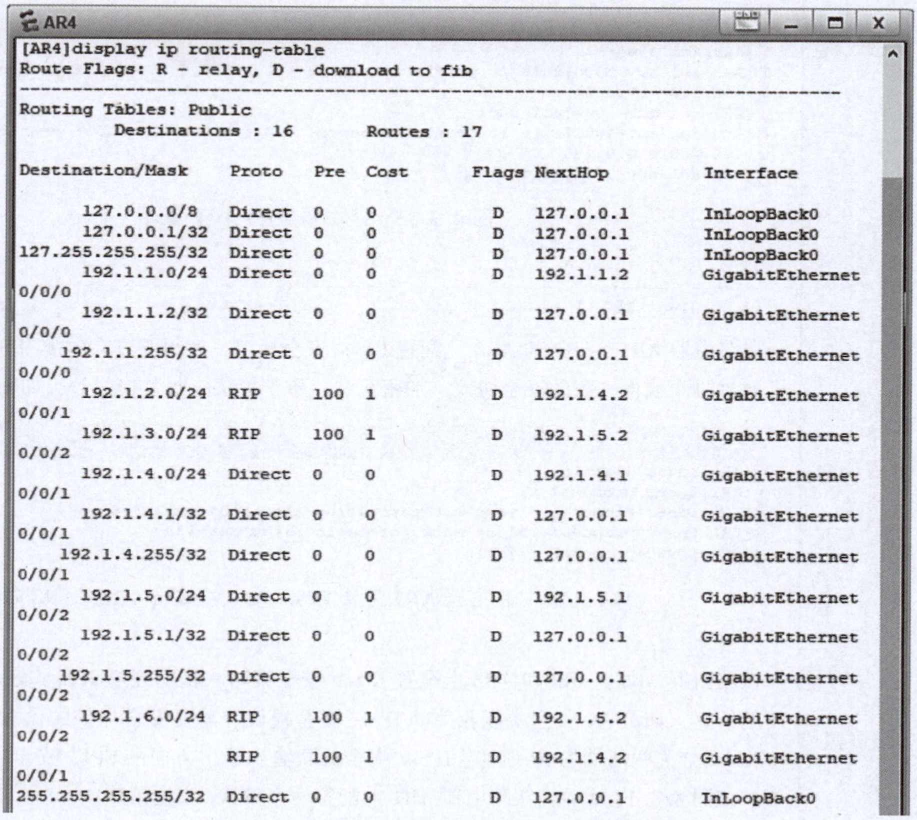

图 4.3.12 路由器 AR4 完整路由表

【配置 IPSec 感兴趣流】

在路由器 AR1、AR2 和 AR3 上指定需要受 IPSec 保护的信息流的 ACL，如图 4.3.13～图 4.3.15 所示。

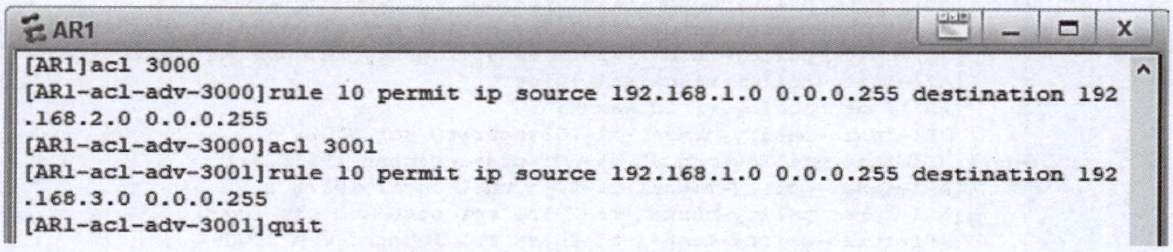

图 4.3.13 路由器 AR1 ACL 配置

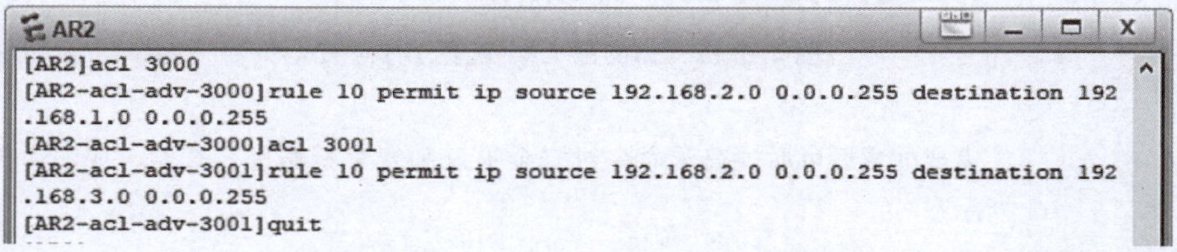

图 4.3.14 路由器 AR2 ACL 配置

续表

```
AR3
[AR3]acl 3000
[AR3-acl-adv-3000]rule 10 permit ip source 192.168.3.0 0.0.0.255 destination 192
.168.1.0 0.0.0.255
[AR3-acl-adv-3000]acl 3001
[AR3-acl-adv-3001]rule 10 permit ip source 192.168.3.0 0.0.0.255 destination 192
.168.2.0 0.0.0.255
[AR3-acl-adv-3001]quit
```

图 4.3.15　路由器 AR3 ACL 配置

【配置 IPSec 隧道】

在路由器 AR1、AR2 和 AR3 上配置 IPSec 安全提议，使得双方在建立 IPSec 安全关联时，可通过协商取得一致的安全协议、加密算法、鉴别算法、封装格式等，如图 4.3.16 所示。

```
AR1
[AR1]ipsec profile
[AR1]ipsec proposal r1
[AR1-ipsec-proposal-r1]esp authentication-algorithm sha2-256
[AR1-ipsec-proposal-r1]esp encryption-algorithm aes-128
[AR1-ipsec-proposal-r1]quit
```

图 4.3.16　路由器 AR1 配置 IPSec 安全提议（AR2、AR3 略）

在路由器 AR1、AR2 和 AR3 上配置 IPSec 安全策略，指明建立 IPSec 安全关联时需要使用的信息，如 IPSec 安全关联相关的 IPSec 安全提议、需要安全保护的信息流的分类规则、IPSec 安全关联两端的 IP 地址、IPSec 安全关联输入输出方向的 SPI、安全协议使用的密钥等。如图 4.3.17 所示是在路由器 AR1 上配置两个 IPSec 安全策略。

```
AR1
[AR1]ipsec policy r1 10 manual
[AR1-ipsec-policy-manual-r1-10]security acl 3000
[AR1-ipsec-policy-manual-r1-10]proposal r1
[AR1-ipsec-policy-manual-r1-10]tunnel remote 192.1.2.1
[AR1-ipsec-policy-manual-r1-10]tunnel local 192.1.1.1
[AR1-ipsec-policy-manual-r1-10]sa spi outbound esp 10000
[AR1-ipsec-policy-manual-r1-10]sa spi inbound esp 20000
[AR1-ipsec-policy-manual-r1-10]sa string-key outbound esp cipher 12345678
[AR1-ipsec-policy-manual-r1-10]sa string-key inbound esp cipher 12345678
[AR1-ipsec-policy-manual-r1-10]quit
[AR1]ipsec policy r1 20 manual
[AR1-ipsec-policy-manual-r1-20]security acl 3001
[AR1-ipsec-policy-manual-r1-20]tunnel remote 192.1.3.1
[AR1-ipsec-policy-manual-r1-20]tunnel local 192.1.1.1
[AR1-ipsec-policy-manual-r1-20]sa spi outbound esp 10000
[AR1-ipsec-policy-manual-r1-20]sa spi inbound esp 30000
[AR1-ipsec-policy-manual-r1-20]sa string-key outbound esp cipher 12345678
[AR1-ipsec-policy-manual-r1-20]sa string-key inbound esp cipher 12345678
[AR1-ipsec-policy-manual-r1-20]quit
```

图 4.3.17　路由器 AR1 配置 IPSec 安全策略（AR2、AR3 略）

完成配置后可通过查看命令对安全提议和安全策略进行查验，如图 4.3.18、图 4.3.19 所示。

实施步骤

```
⊑ AR1                                                    _ □ X

[AR1]display ipsec proposal

Number of proposals: 1

IPSec proposal name: rl
 Encapsulation mode: Tunnel
 Transform        : esp-new
 ESP protocol     : Authentication SHA2-HMAC-256
                    Encryption      AES-128
```

图 4.3.18　查看路由器 AR1 IPSec 安全提议

```
⊑ AR1                                                    _ □ X

[AR1]display ipsec policy

===========================================
IPSec policy group: "rl"
Using interface:
===========================================

    Sequence number: 10
    Security data flow: 3000
    Tunnel local  address: 192.1.1.1
    Tunnel remote address: 192.1.2.1
    Qos pre-classify: Disable
    Proposal name:rl
    Inbound AH setting:
      AH SPI:
      AH string-key:
      AH authentication hex key:
    Inbound ESP setting:
      ESP SPI: 20000 (0x4e20)
      ESP string-key: O'W3[_\M"`#Q=^Q`MAF4<1!!
      ESP encryption hex key:
      ESP authentication hex key:
    Outbound AH setting:
      AH SPI:
      AH string-key:
      AH authentication hex key:
    Outbound ESP setting:
      ESP SPI: 10000 (0x2710)
      ESP string-key: O'W3[_\M"`#Q=^Q`MAF4<1!!
      ESP encryption hex key:
      ESP authentication hex key:

    Sequence number: 20
    Security data flow: 3001
    Tunnel local  address: 192.1.1.1
    Tunnel remote address: 192.1.3.1
    Qos pre-classify: Disable
    Inbound AH setting:
      AH SPI:
      AH string-key:
      AH authentication hex key:
    Inbound ESP setting:
      ESP SPI: 30000 (0x7530)
      ESP string-key: O'W3[_\M"`#Q=^Q`MAF4<1!!
      ESP encryption hex key:
      ESP authentication hex key:
    Outbound AH setting:
      AH SPI:
      AH string-key:
```

图 4.3.19　查看路由器 AR1 IPSec 安全策略

【终端设备网络信息配置】

完成各个 PC 和服务器的网络信息配置。PC1 配置的网络信息如图 4.3.20 所示。

实施步骤

实施步骤

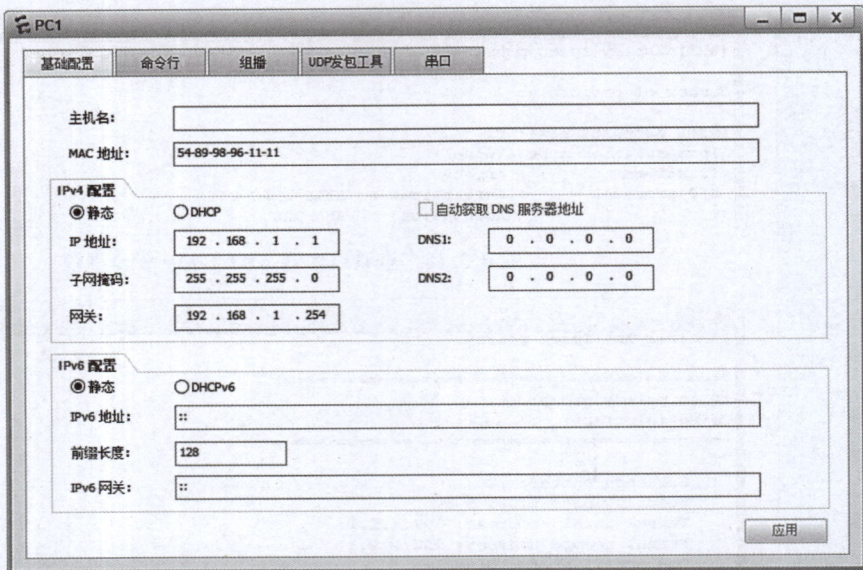

图 4.3.20　PC1 配置界面

【实验验证】

　　验证内部网络各个子网之间的通信过程。PC1 与 PC2、PC3 之间的通信如图 4.3.21 所示。

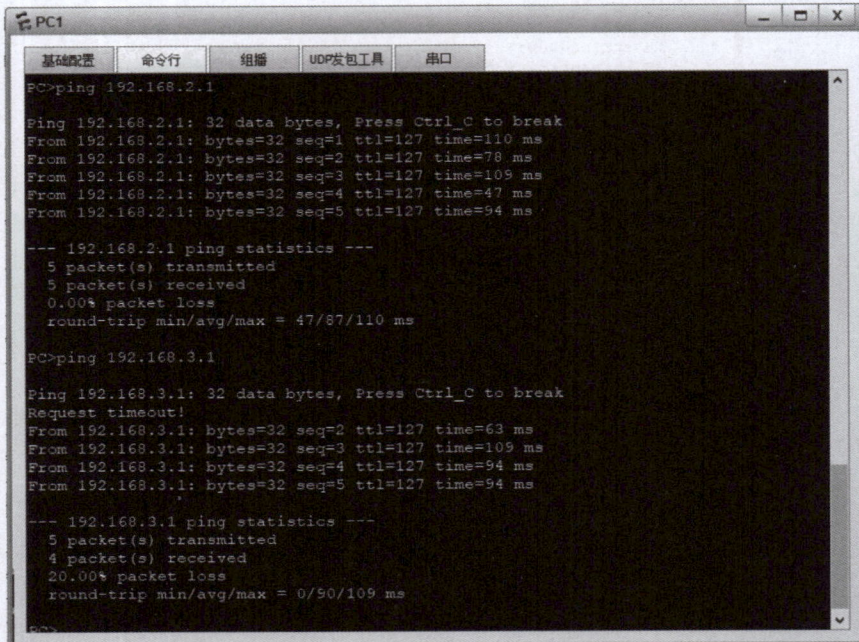

图 4.3.21　PC1 执行 ping 操作

实施步骤	分别在路由器 AR1 连接内部网络的 GE0/0/0 接口和路由器 AR4 连接路由器 AR1 的 GE0/0/0 接口启动报文捕获功能，以验证内部网络各个子网之间传输的 IP 分组经过 IPSec 隧道传输时的封装格式。捕获到的报文如图 4.3.22、图 4.3.23 所示。 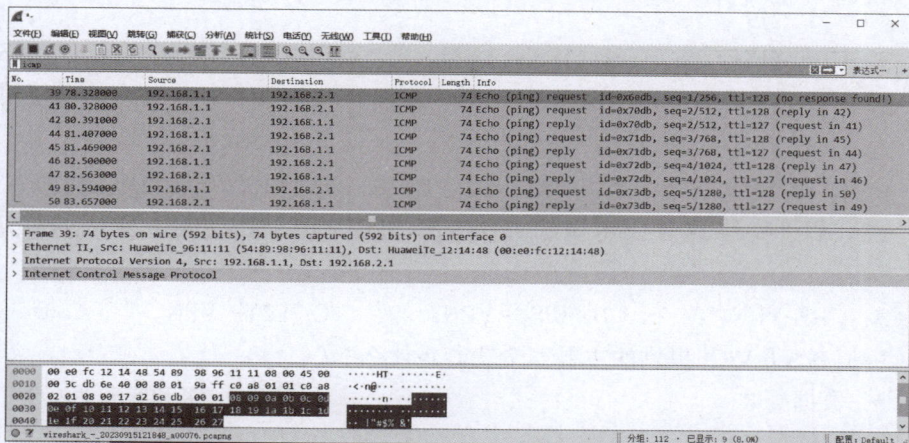 **图 4.3.22　路由器 AR1 连接内部网络接口捕获报文** 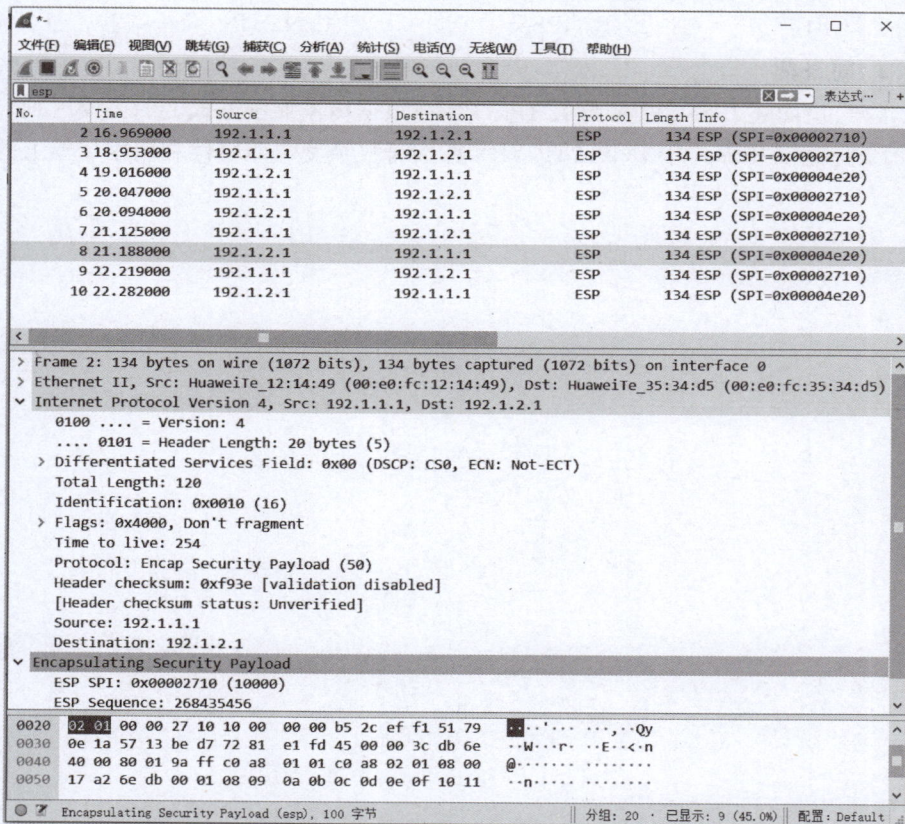 **图 4.3.23　路由器 AR4 连接 AR1 接口捕获报文**

【知识考核】

1. 选择题

（1）以下哪种 VPN 技术通常用于封装网络层协议，以便在另一个网络层协议中传输？
（   ）

    A．GRE VPN   B．IPSec VPN   C．L2TP VPN   D．SSL VPN

（2）在部署需要数据加密的 VPN 时，通常会选择哪种 VPN 技术结合使用？（   ）

    A．GRE VPN   B．IPSec VPN

    C．L2TP VPN   D．GRE VPN 与 L2TP VPN

（3）以下哪种 VPN 技术属于二层 VPN，通常用于在公网上模拟点对点的专线连接？
（   ）

    A．GRE VPN   B．IPSec VPN   C．L2TP VPN   D．SSL VPN

（4）IPSec VPN 提供的主要安全功能是什么？（   ）

    A．数据封装   B．数据加密和完整性验证

    C．网络层路由   D．用户身份认证

（5）L2TP VPN 主要依赖哪种协议来保证数据的封装和传输？（   ）

    A．GRE   B．IPSec   C．L2TP   D．SSL

2. 简答题

（1）请简述 IPSec VPN 与 L2TP VPN 在数据传输加密方式上的主要区别。

（2）比较 IPSec VPN 和 L2TP VPN 在部署复杂度、兼容性和应用场景上的不同。

项目 五

防火墙安全实验

项目导读

    防火墙主要是借助硬件和软件作用于内部和外部网络的环境间产生一种保护的屏障，从而实现对计算机不安全网络因素的阻断。只有在防火墙同意情况下，用户才能够进入计算机内，如果不同意就会被阻挡于外，防火墙技术的警报功能十分强大，在外部的用户要进入计算机内时，防火墙就会迅速地发出相应的警报，提醒用户的行为，并进行判断来决定是否允许外部的用户进入内部。只要是在网络环境内的用户，这种防火墙都能够进行有效的查询，同时把查到的信息向用户进行显示，然后用户需要按照自身需要对防火墙实施相应设置，对不允许的用户行为进行阻断。通过防火墙还能够对信息数据的流量实施有效查看，并且还能够对数据信息的上传和下载速度进行掌握，便于用户对计算机使用的情况具有良好的控制判断，计算机的内部情况也可以通过这种防火墙进行查看。防火墙还具有启动与关闭程序的功能，而计算机系统的内部具有的日志功能，其实也是防火墙对计算机的内部系统实时安全情况与每日流量情况进行的总结和整理。

    防火墙是在两个网络通信时执行的一种访问控制尺度，能最大限度地阻止网络中的黑客访问网络。防火墙是指设置在不同网络（如可信任的企业内部网和不可信的公共网）或网络安全域之间的一系列部件的组合。它是不同网络或网络安全域之间信息的唯一出入口，能根据企业的安全政策控制（允许、拒绝、监测）出入网络的信息流，且本身具有较强的抗攻击能力。它是提供信息安全服务，实现网络和信息安全的基础设施。在逻辑上，防火墙是一个分离器，一个限制器，也是一个分析器，有效地监控了内部网络和 Internet 之间的任何活动，保证了内部网络的安全。

项目目标

1. 素质目标

◆ 培养面对新技术的破冰能力和领悟力；

◆ 培养勇于挑战的精神和团队合作意识；

◆ 培养思辨能力。

2. 知识目标

◆ 掌握 PC 终端通过 Web 方式登录防火墙的方法；

◆ 掌握通过命令行和 Web 方式配置防火墙安全策略的方法；

◆ 掌握通过命令行和 Web 方式配置防火墙 NAT Server 和源 NAT 命令的方法；

◆ 掌握通过命令行和 Web 方式配置防火墙双机热备的方法；

◆ 掌握 IPSec VPN 应用场景的配置。

3. 能力目标

◆ 具备配置防火墙安全策略的能力；

◆ 具备配置防火墙 NAT Server 和源 NAT 的能力；

◆ 具备配置防火墙双机热备的能力。

项目地图

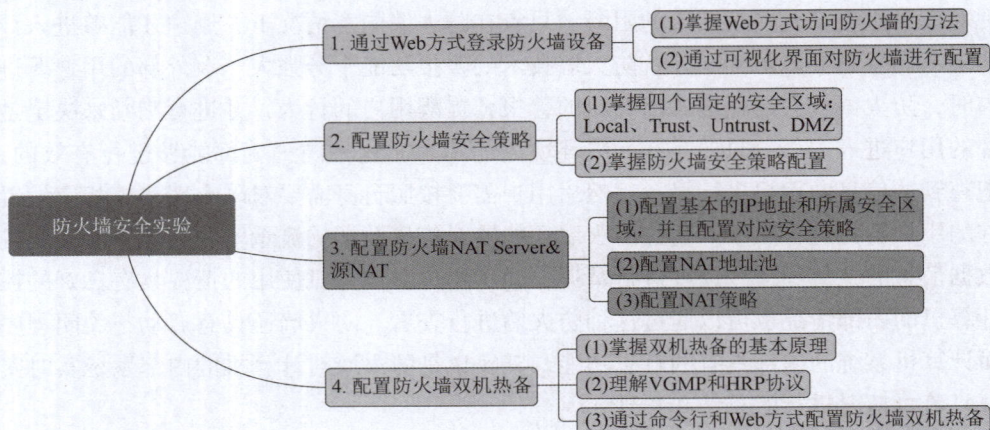

1. 通过Web方式登录防火墙设备
- (1)掌握Web方式访问防火墙的方法
- (2)通过可视化界面对防火墙进行配置

2. 配置防火墙安全策略
- (1)掌握四个固定的安全区域：Local、Trust、Untrust、DMZ
- (2)掌握防火墙安全策略配置

防火墙安全实验

3. 配置防火墙NAT Server&源NAT
- (1)配置基本的IP地址和所属安全区域，并且配置对应安全策略
- (2)配置NAT地址池
- (3)配置NAT策略

4. 配置防火墙双机热备
- (1)掌握双机热备的基本原理
- (2)理解VGMP和HRP协议
- (3)通过命令行和Web方式配置防火墙双机热备

大国匠心

　　没有网络安全，就没有国家安全，也没有社会安宁，更没有全民安全。网络安全工作既是国家战略，也是人民需要，更是社会安全的基本保障。因此，网络安全既要切实践行"一切为了人民"的宗旨，也要有效采取"一切依靠人民"的方法。当"熊猫烧香"在网上肆虐，当"勒索病毒"在全球蔓延，无一人能幸免，也无一国能独善其身。

　　互联网有力地把世界各个国家和地区推向了全球化，也把人类连成了命运共同体，网络安全是人类之福，网络危险是人类之祸。唯有把网络安全威胁视为全民公敌，并群起而攻之，才能保障个人、集体乃至人类的合法权益和安全生存。

任务 1　通过 Web 方式登录防火墙设备

【任务工单】

任务工单 1：通过 Web 方式登录防火墙设备

任务名称	通过 Web 方式登录防火墙设备			
组别		成员	小组成绩	
学生姓名			个人成绩	
任务情景	防火墙加入网络后，安安希望通过管理 PC 登录防火墙的管理页面，此时管理口 MGMT 未接入网络，PC 终端通过防火墙业务口以 Web 方式登录设备，可实现对设备的管理和配置。安安现在已经是一名准网络安全工程师了，在转正之后，想必一定可以胜任网络安全相关的工作。接下来，安安将尝试以全新的方式网管网络设备，那就是用 Web 的形式登录网络设备进行管理。				
任务目标	跟随安安的步伐，明确下面的目标： ● PC 终端通过 Web 方式登录防火墙 ● 对可视化界面的防火墙进行配置				
任务要求	● 网络拓扑图连接正确 ● 能够以 Web 方式登录防火墙并测试成功				
任务实施	1. 使用双绞线连接管理 PC 的以太网口和设备的业务接口 2. 配置设备的 Web 登录功能 3. 在管理 PC 上进行登录测试				
实施总结					
小组评价					
任务点评					

【前导知识】

防火墙对流经它的网络通信进行扫描，这样能够过滤掉一些攻击，以免其在目标计算机上被执行。防火墙不仅可以关闭不使用的端口，而且还能禁止特定端口的流出通信，封锁特洛伊木马。最后，防火墙可以禁止来自特殊站点的访问，从而防止来自不明入侵者的所有通信。

1. 网络安全的屏障

防火墙（作为阻塞点、控制点）能极大地提高内部网络的安全性，并通过过滤不安全的服务而降低风险。由于只有经过精心选择的应用协议才能通过防火墙，所以网络环境变得更安全。如防火墙可以禁止诸如众所周知的不安全的 NFS 协议进出受保护网络，这样外部的攻击者就不可能利用这些脆弱的协议来攻击内部网络。防火墙同时可以保护网络免受基于路由的攻击，如 IP 选项中的源路由攻击和 ICMP 重定向中的重定向路径。防火墙应该可以拒绝所有以上类型攻击的报文并通知防火墙管理员。

2. 强化网络安全策略

以防火墙为中心的安全方案配置能将所有安全软件（如口令、加密、身份认证、审计等）配置在防火墙上。与将网络安全问题分散到各个主机上相比，防火墙的集中安全管理更经济。例如在网络访问时，一次一密口令系统和其他的身份认证系统完全可以不必分散在各个主机上，而集中在防火墙一身上。

3. 监控审计

如果所有的访问都经过防火墙，那么，防火墙就能记录下这些访问并做出日志记录，同时也能提供网络使用情况的统计数据。当发生可疑动作时，防火墙能进行适当的报警，并提供网络是否受到监测和攻击的详细信息。另外，收集一个网络的使用和误用情况也是非常重要的。首先的理由是可以清楚防火墙是否能够抵挡攻击者的探测和攻击，并且清楚防火墙的控制是否充足。而网络使用统计对网络需求分析和威胁分析等而言也是非常重要的。

4. 防止内部信息的外泄

首先，利用防火墙对内部网络的划分，可实现内部网络重点网段的隔离，从而限制了局部重点或敏感网络安全问题对全局网络造成的影响。其次，隐私是内部网络非常关心的问题，一个内部网络中不引人注意的细节可能包含了有关安全的线索而引起外部攻击者的兴趣，甚至因此而暴露内部网络的某些安全漏洞。使用防火墙就可以隐蔽那些透露内部细节如 Finger、DNS 等的服务。Finger 显示了主机的所有用户的注册名、真名，最后登录时间和使用 shell 类型等。但是 Finger 显示的信息非常容易被攻击者所获悉。攻击者可以知道一个系统被使用的频繁程度，这个系统是否有用户正在连线上网，这个系统是否在被攻击时引起注意等。防火墙可以同样阻塞有关内部网络中的 DNS 信息，这样一台主机的域名和 IP 地址就不会被外界所了解。除了安全作用外，防火墙还支持具有 Internet 服务性的企业内部网络技术体系 VPN（虚拟专用网）。

5. 日志记录与事件通知

　　进出网络的数据都必须经过防火墙，防火墙通过日志对其进行记录，能提供网络使用的详细统计信息。当发生可疑事件时，防火墙更能根据机制进行报警和通知，提供网络是否受到威胁的信息。

【任务内容】

　　（1）设备建立连接后，将所有设备上电，并且保证设备运行正常。
　　（2）通过默认 Web 方式登录设备。
　　（3）开启 HTTPS 服务。

【任务实施】

任务目标	1. 通过 Web 方式登录防火墙 2. 配置可视化防火墙	 动画-防火墙
实施步骤	步骤一：选择"系统→管理员→设置"，检查 HTTPS 服务复选框是否打开，如图 5.1.1 所示。 **图 5.1.1　设置 USG6000V1-ENSP** 步骤二：配置用于登录的接口。选择"网络→接口→GE1/0/1"，单击"编辑"按钮，配置接口的 IP 地址、安全区域、访问控制功能，如图 5.1.2 所示。	

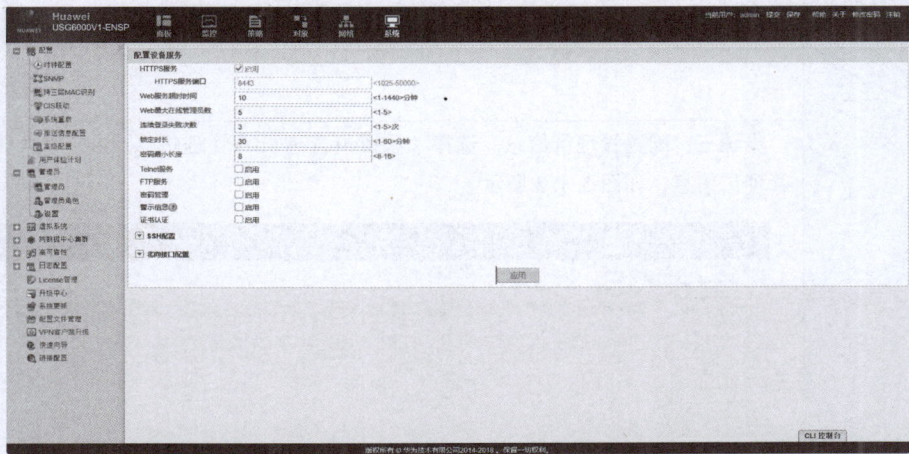

续表

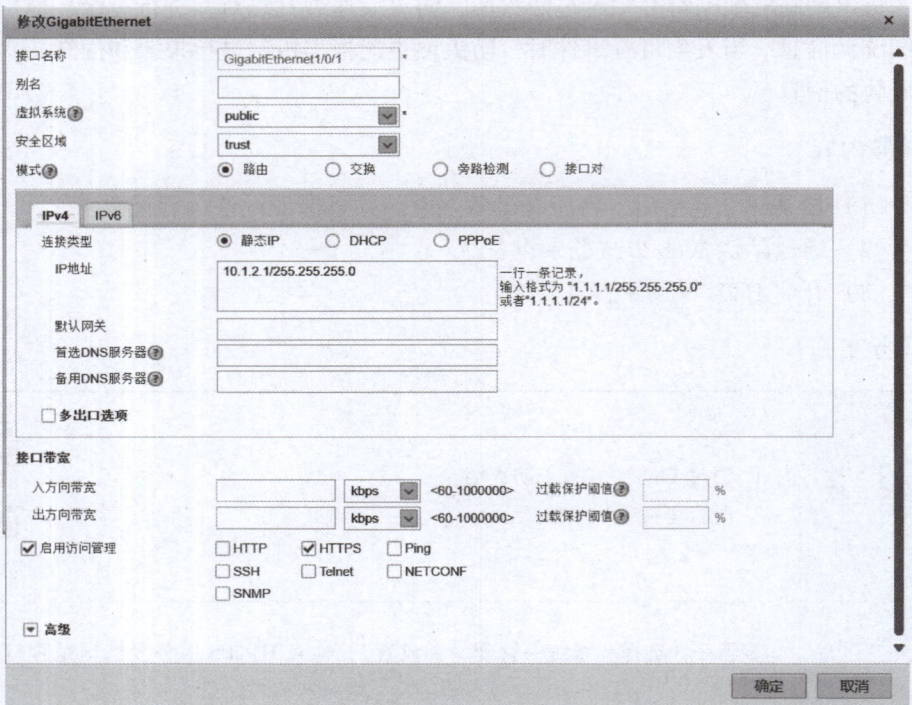

图 5.1.2　登录接口配置

实施步骤

步骤三：配置管理员信息。选择"系统→管理员→管理员"，单击"新建"按钮，配置管理员信息，如图 5.1.3 所示。

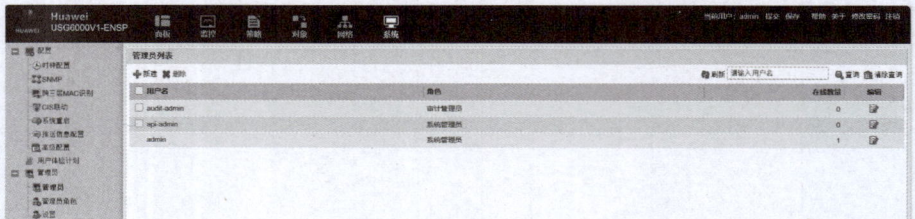

图 5.1.3　配置管理员信息

步骤四：配置 Web 用户名为"webuser"，密码为"Admin@ 123"，管理员角色为"系统管理员"，如图 5.1.4 所示。

| 实施步骤 |
图 5.1.4　配置 Web 用户名为"webuser"，密码为"Admin@123"

　　步骤五：结果验证。PC 的浏览器访问 https://10.1.2.1，再输入用户名 webuser，密码 Admin@123，单击"登录"按钮，如图 5.1.5 所示。

图 5.1.5　登录防火墙 USG6000V1-ENSP |

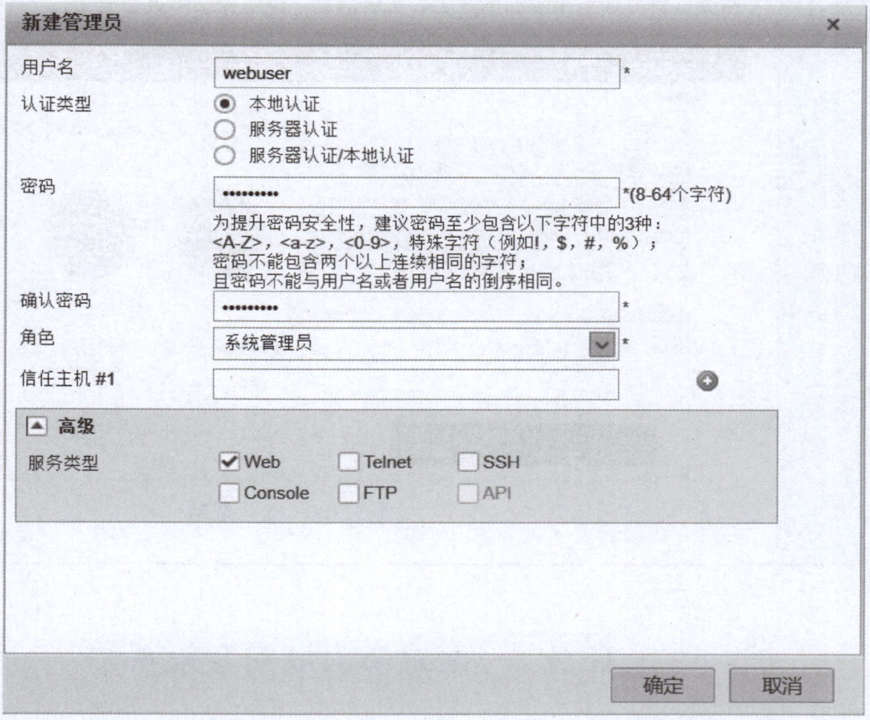

实施步骤	在浏览器界面上出现如图 5.1.6 所示信息，说明登录防火墙成功。 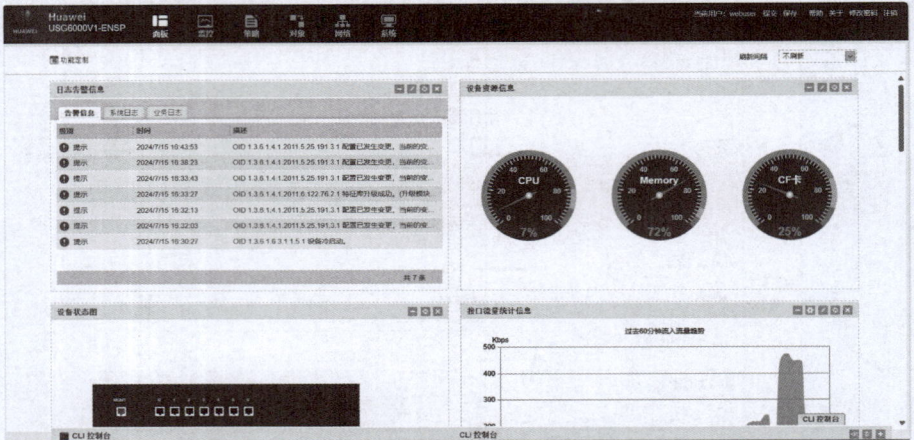 图 5.1.6　登录成功

任务 2　配置防火墙安全策略

【任务工单】

任务工单 2：配置防火墙安全策略

任务名称	配置防火墙安全策略				
组别		成员		小组成绩	
学生姓名				个人成绩	
任务情景	安安成功地使用 Web 的方式对防火墙进行了登录网管。接下来，在维护网络过程中，希望使用防火墙对网络进行一定的防护，安安将继续通过在防火墙上部署安全策略，保证 trust 区域主机能够主动访问 untrust 区域的主机，达到网络安全需求。				
任务目标	跟随安安的脚本，明确以下目标： ● 理解安全策略的配置原则 ● 理解不同安全区域之间的关系 ● 掌握通过命令行和 Web 方式配置防火墙安全策略				
任务要求	● 实验拓扑搭建正确 ● 安全策略配置准确				

任务实施	1. 配置基本的 IP 地址和所属安全区域 2. 配置域间安全策略 3. PC1 与 PC2 的网关需要配置为防火墙对应网段的接口 IP 地址
实施总结	
小组评价	
任务点评	

【前导知识】

防火墙用于网络之间的隔离，专业地讲是用于保护一个安全区域免于另外一个安全区域的网络攻击和入侵行为。防火墙是基于安全区域的，一般厂商都是有这个概念的。安全区域（Security Zone），也称为区域（Zone），是一个逻辑的概念，用于管理防火墙设备安全需求相同的多个接口。它是一个或者多个的接口集合，管理员需要对安全需求相同的接口进行分类，并将其划分到不同的安全域，以实现安全策略的统一管理。

安全级别（Security Level）在华为防火墙上，每一个安全区域都有一个唯一的级别设定。用 1~100 的数字表示，数字越大，说明该区域的网络越可信。对于默认的安全区域，它们的安全级别是固定的。

（1）local：区域的安全级别是 100；

（2）trust：区域的安全级别是 85；

（3）DMZ：区域的安全级别是 50；

（4）untrust：区域的安全级别是 5。

华为防火墙默认定义了四个固定的安全区域，分别如下：

trust：该区域的网络受信任程度高，通常用来定义内部用户所在的网络。

untrust：该区域代表的是不受信任的网络，通常用来定义 Internet。

DMZ（Demilitarized 非军事区）：该区域的网络受信任程度中等，通常用来定义内部服务器（如 ERP、OA 等）所在网络。

Local：防火墙上提供了 Local 区域，代表防火墙本身。比如防火墙主动发起的报文（如防火墙上执行 ping）以及抵达防火墙自身的报文（网管防火墙 http、https、ssh、telnet）。

【任务内容】

（1）完成 FW1 上下行业务接口的配置。配置各接口 IP 地址并加入相应安全区域。

```
[FW1] interface G1/0/1
[FW1-GigabitEthernet1/0/1] ip address 10.1.0.1 255.255.255.0
[FW1-GigabitEthernet1/0/1] quit
[FW1] interface G1/0/2
[FW1-GigabitEthernet1/0/2] ip address 10.2.0.1 255.255.255.0
[FW1-GigabitEthernet1/0/2] quit
[FW1] firewall zone trust
[FW1-zone-trust] add interface G1/0/1
[FW1-zone-trust] quit
[FW1] firewall zone untrust
[FW1-zone-untrust] add interface G1/0/2
[FW1-zone-untrust] quit
```

（2）配置 trust 区域和 untrust 区域的域间转发策略。

```
[FW1] security-policy
[FW1-policy-security] rule name policy_sec
[FW1-policy-security-rule-policy_sec] source-zone trust
[FW1-policy-security-rule-policy_sec] destination-zone untrust
[FW1-policy-security-rule-policy_sec] action permit
[FW1-policy-security-rule-policy_sec] quit
```

（3）配置 Switch。

分别将两台 Switch 的两个接口加入同一个 VLAN，缺省 VLAN 即可。

（4）配置 PC。

配置 PC1 的 IP 地址为 10.1.0.10/24，网关为 10.1.0.1；配置 PC2 的 IP 地址为 10.2.0.10/24，网关为 10.2.0.1。

【任务实施】

任务目标	1. Web 端配置华为防火墙 2. 配置防火墙安全策略	 微课-USG6000V 安全策略
实施步骤	【完成 FW1 防火墙接口配置】 选择"网络→接口"，单击需要配置接口后面的"配置"按钮。依次选择或输入各项参数，单击"确定"按钮，完成 GigabitEthernet1/0/1 接口配置，如图 5.2.1 所示。	

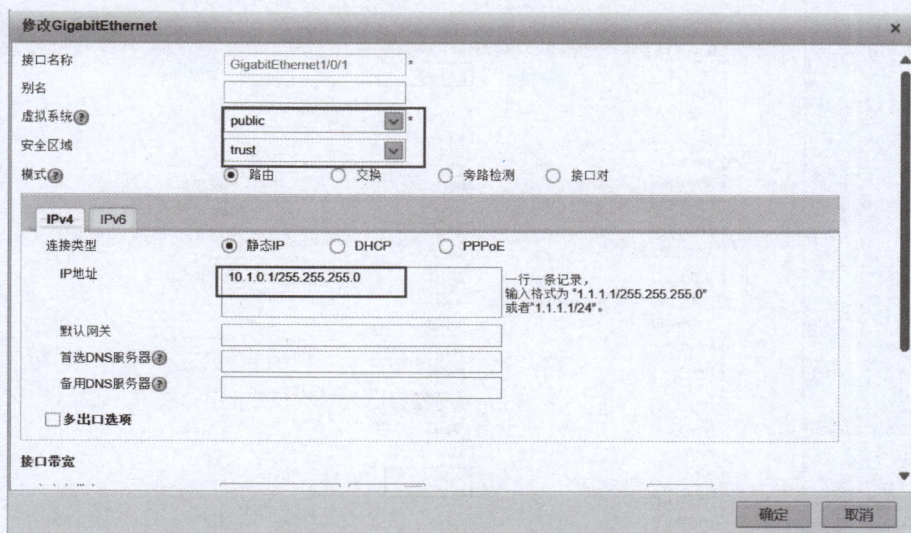

图 5.2.1 完成接口 GigabitEthernet1/0/1 的配置

选择"网络→接口",单击需要配置接口后面的"配置"按钮 📝。依次选择或输入各项参数,单击"确定"按钮,完成 GigabitEthernet1/0/2 接口配置,如图 5.2.2 所示。

实施步骤

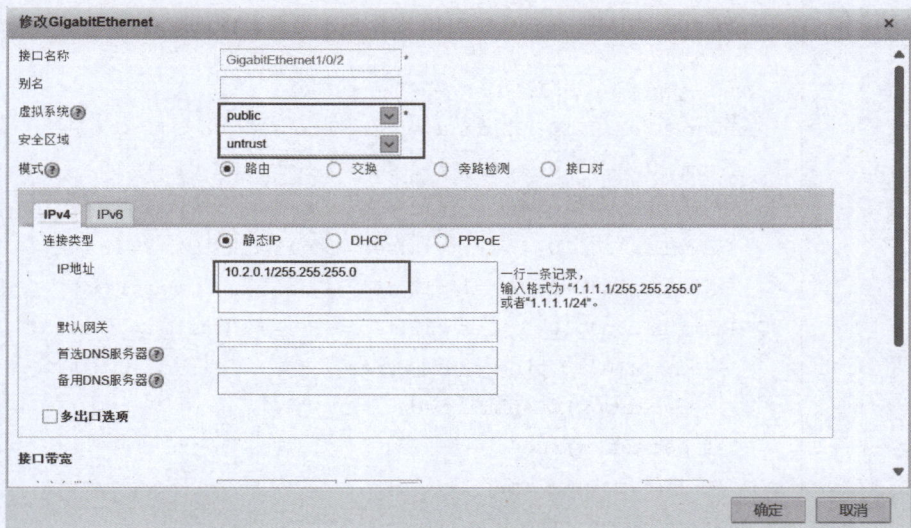

图 5.2.2 完成接口 GigabitEthernet1/0/2 的配置

【完成 FW1 防火墙域间转发策略配置】

trust 与 untrust 间转发策略:选择"策略→安全策略→安全策略"。在"安全策略列表"中,单击"新建"按钮,依次输入或选择各项参数,然后单击"确定"按钮,完成 trust 与 untrust 间转发策略,如图 5.2.3 所示。

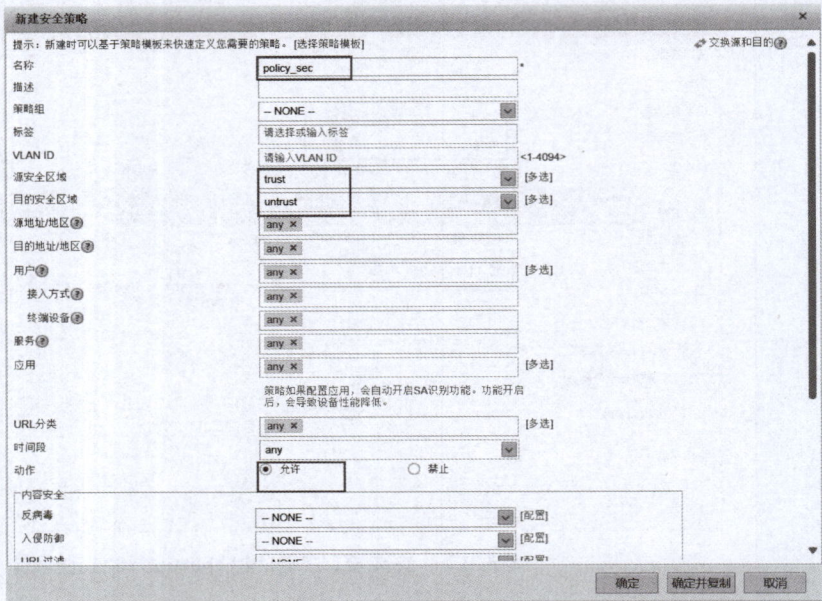

图 5.2.3　新建安全策略

实施步骤

【结果验证】

在 PC1 的 CMD 中 ping 10.2.0.10 查看 PC1 是否能够 ping 通 PC2。

```
PC> ping 10.2.0.10
Ping 10.2.0.10: 32 data bytes, Press Ctrl_C to break
From 10.2.0.10: bytes=32 seq=1 ttl=127 time=16 ms
From 10.2.0.10: bytes=32 seq=2 ttl=127 time=16 ms
From 10.2.0.10: bytes=32 seq=3 ttl=127 time=15 ms
From 10.2.0.10: bytes=32 seq=4 ttl=127 time<1 ms
From 10.2.0.10: bytes=32 seq=5 ttl=127 time=16 ms
--- 10.2.0.10 ping statistics ---
  5 packet(s)transmitted
  5 packet(s)received
  0.00% packet loss
  round-trip min/avg/max = 0/12/16 ms
```

通过 display firewall session table 命令可以查看防火墙的会话表。

```
[FW1] display firewall session table
Current Total Sessions : 1
icmp  VPN: public --> public  10.1.0.10:49569 --> 10.2.0.10:2048
```

任务 3　配置防火墙 NAT Server & 源 NAT

【任务工单】

任务工单 3：配置防火墙 NAT Server & 源 NAT

任务名称	配置防火墙 NAT Server & 源 NAT				
组别		成员		小组成绩	
学生姓名				个人成绩	
任务情景	安安所在的公司出口设备为一台防火墙，目前该企业内部员工需要通过防火墙访问互联网，并且该企业内部网络中有一台服务器对互联网用户提供服务。安安决定通过在出口防火墙上配置 NAT 技术，实现位于企业内网中的多个用户使用少量的公网地址同时访问 Internet，也可以使外网用户通过特定 IP 地址访问内网服务器。				
任务目标	跟随安安的步伐，明确以下目标： ● 理解源 NAT 应用场景及原理 ● 理解 NAT Server 应用场景及原理 ● 掌握通过命令行和 Web 方式配置防火墙 NAT Server & 源 NAT				
任务要求	● 网络拓扑图搭建准确 ● 企业内网多个用户可以使用少量公网 IP 访问 Internet				
任务实施	1. 配置基本的 IP 地址和所属安全区域，并且配置对应安全策略 2. 配置 NAT 地址池 3. 配置 NAT 策略				
实施总结					
小组评价					
任务点评					

【前导知识】

Network Address Translation（NAT，网络地址转换）可以实现 IP 地址转换及端口转换。根据对报文源和目的 IP 地址的转换方式，可以分为源 NAT、目的 NAT、双向 NAT。现网使用的较多的是源 NAT，其中一对多的转换方式，能够让私网主机共享同一个公网地址访问外部网络。

1. 源 NAT

功能：对报文的源地址进行转换，转换的同时对外隐藏了内部主机的私网 IP 地址。

应用场景：一般在网络出口设备上部署该功能，将私网地址转换成公网地址，如图 5.3.1 所示。

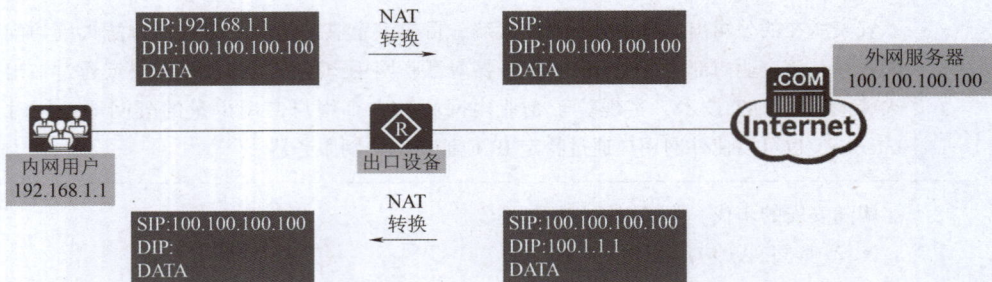

图 5.3.1 典型应用场景

1）工作原理

当内网用户需要访问外网服务器时，先将请求报文发给网关设备，网关设备根据路由信息进一步转发。当请求报文到达出口设备时，匹配源 NAT 将报文中的源地址 192.168.1.1（私网）转换成 100.1.1.1（公网）。出口设备再查询路由信息并转发，直到外网服务器收到请求报文。服务器收到后会发送回程报文（可称作回程），当回程报文到达出口设备时，出口设备再将报文的目的 IP 地址由 100.1.1.1（公网）转换成 192.168.1.1（私网）。

2）NAT 地址池

公网 IP 地址的集合，主要用来存放公网 IP 地址。地址池中可以配置一个或多个公网 IP，当存在多个公网 IP 时，随机选用其中一个公网 IP 进行地址转换，与配置先后、IP 地址大小等因素无关。NAT 地址池配置完成后，需由 NAT 策略调用，NAT 策略有两个执行动作：源 NAT 转换和不进行 NAT 转换。

注意：为了避免产生路由环路，必须对 NAT 地址池中的每一个公网 IP 地址都配置一条黑洞路由：ip route-static x. x. x. x 32 NULL 0，当设备收到直接访问地址池公网 IP 的报文时，直接丢弃。

多条 NAT 策略之间存在自上而下匹配顺序，如果报文命中了其中一条 NAT 策略就会执行该策略的动作，不会再向下匹配其他 NAT 策略；如果报文没有命中其中一条 NAT 策略，则继续向下匹配；如果所有的 NAT 策略都不匹配，则不做 NAT 转换。

2. 源 NAT 的五种转换方式

源 NAT 的五种转换方式如表 5.3.1 所示。

表 5.3.1　源 NAT 的五种转换方式

转换方式	作用	应用场景	备注
NAT No-PAT	只转换报文的源 IP 地址，不转换源端口	需要上网的私网用户较少，公网 IP 地址与同时上网的最大私网用户数量基本相同	如 10 个私网用户需要同时上网，就需要准备至少 10 个以上的公网 IP 地址
NAPT	既转换报文的源 IP，也转换源端口	公网 IP 地址数量少，需要上网的私网用户数量多	一个 IP 地址有 2^{16} 个端口号，除去默认分配的端口，理论可供 6 万名用户使用
Easy-IP	出接口地址转换，既转换报文的源 IP，也转换源端口。仅转换成接口的 IP 地址以及端口	只有一个公网 IP，该公网 IP 在接口上可以是固定 IP 或动态获取的	同 NAPT，但 NAPT 可以有多个地址转换，Easy-IP 仅一个
Smart NAT	预留一个公网 IP 地址使用 NAPT 方式转换，其他公网 IP 地址使用 No-PAT 方式转换	正常时间段需要上网的用户数量少，公网 IP 地址与同时上网的最大私网用户数量基本相同。高峰时间段有大量用户需要上网，公网 IP 地址数量不够分配	先使用 NAT No-PAT 做一对一地址转换，当 NAT No-PAT 地址不够转换时，再使用预留的 NAPT 地址做源 IP、源端口转换，充分使用公网 IP
三元组 NAT	将私网源 IP 以及源端口转换为固定的公网 IP 以及端口	用于外网用户主动访问私网用户的场景	例如 P2P、语音、视频等

说明：防火墙支持上述表中所有 NAT 转换方式，路由器仅支持前三种转换方式。防火墙针对源 NAT 配置安全策略时，指定的源地址为 NAT 转换前的地址。

三元组 NAT 中的三元指源 IP、源端口和协议。前面有介绍，在配置 NAT 地址池时，需为池中公网 IP 配置黑洞路由，使用三元组 NAT 做转换时，不能配置黑洞路由，否则会影响业务正常运行。

3. 源 NAT 转换方式对比

源 NAT 转换方式对比如表 5.3.2 所示。

表 5.3.2　源 NAT 转换方式对比

转换方式	IP 地址对应关系	是否转换源端口
NAT No-pat	一个私网地址对应一个公网地址	不转换源端口

转换方式	IP 地址对应关系	是否转换源端口
NAPT	多个私网地址对应一个或多个公网地址	转换源端口
Easy-IP	多个私网地址对应一个公网出接口的 IP 地址	转换源端口
Smart NAT	一个私网地址对应一个公网地址结合多个私网地址对应一个公网地址	NAT No-pat 不转换，NAPT 转换源端口
三元组 NAT	多个私网地址对应一个或多个公网地址	转换源端口

【任务内容】

1. 配置 FW1 上、下行业务接口的 IP 地址并加入相应安全区域

配置 FW1 上、下行业务接口的 IP 地址。

```
<FW1> system-view
[FW1] interface G1/0/1
[FW1-GigabitEthernet1/0/1] ip address 10.1.2.1 255.255.255.0
[FW1-GigabitEthernet1/0/1] quit
[FW1] interface G1/0/2
[FW1-GigabitEthernet1/0/2] ip address 40.1.1.1 255.255.255.0
[FW1-GigabitEthernet1/0/2] quit
[FW1] interface G1/0/3
[FW1-GigabitEthernet1/0/3] ip address 10.1.1.1 255.255.255.0
[FW1-GigabitEthernet1/0/3] quit
```

将 FW1 的接口加入相应安全区域。

```
[FW1] firewall zone trust
[FW1-zone-trust] add interface G1/0/1
[FW1-zone-trust] quit
[FW1] firewall zone untrust
[FW1-zone-untrust] add interface G1/0/2
[FW1-zone-untrust] quit
[FW1] firewall zone dmz
[FW1-zone-dmz] add interface G1/0/3
[FW1-zone-dmz] quit
```

2. 配置 trust 区域和 untrust 区域的域间转发策略

```
[FW1] security-policy
[FW1-policy-security] rule name policy_sec
[FW1-policy-security-rule-policy_sec] source-zone trust
[FW1-policy-security-rule-policy_sec] destination-zone untrust
```

```
[FW1-policy-security-rule-policy_sec] action permit
[FW1-policy-security-rule-policy_sec] quit
```

3. 配置 NAT 地址池（公网地址范围为 2.2.2.2~2.2.2.5）

```
[FW1] nat address-group natpool
[FW1-address-group-natpool] section 2.2.2.2 2.2.2.5
```

4. 配置 NAT 策略

```
[FW1] nat-policy
[FW1-policy-nat] rule name source_nat
[FW1-policy-nat-rule-source_nat] destination-zone untrust
[FW1-policy-nat-rule-source_nat] source-zone trust
[FW1-policy-nat-rule-source_nat] action source-nat address-group natpool
```

5. 配置 Switch

分别将两台 Switch 的两个接口加入同一个 VLAN，缺省 VLAN 即可。

【任务实施】

任务目标	1. Web 端配置源 NAT 2. 配置 NAT 策略
实施步骤	【完成 FW1 防火墙接口配置】 选择"网络→接口"，单击需要配置接口后面的"配置"按钮。依次选择或输入各项参数，单击"确定"按钮，完成 GigabitEthernet1/0/1 接口配置，如图 5.3.2 所示。 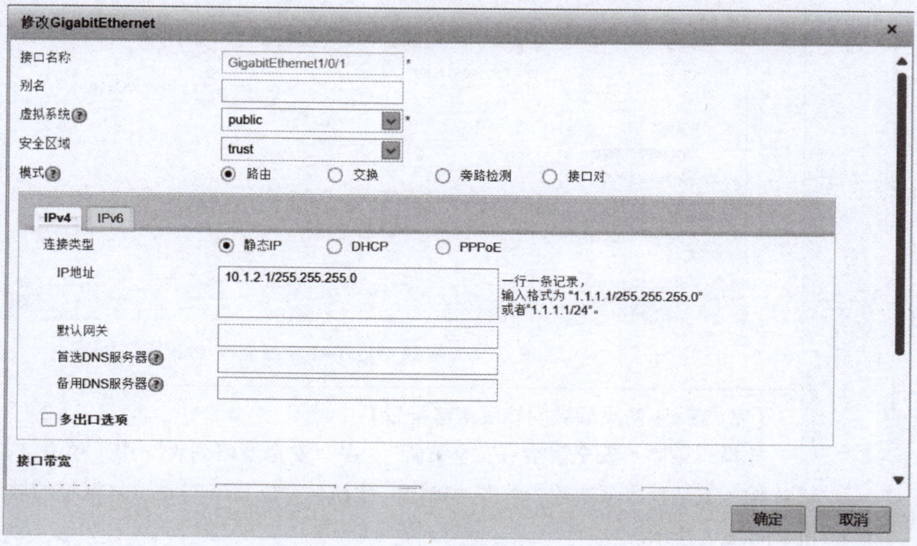 图 5.3.2　修改 GigabitEthernet1/0/1 接口配置

续表

选择"网络→接口",单击需要配置接口后面的配置按钮 。依次选择或输入各项参数,单击"确定"按钮,完成 GigabitEthernet1/0/2 接口配置,如图 5.3.3 所示。

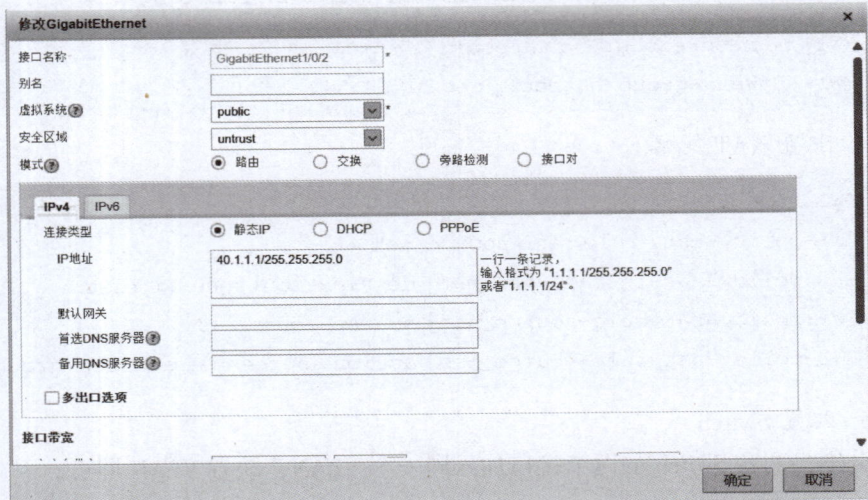

图 5.3.3　修改 GigabitEthernet1/0/2 接口配置

选择"网络→接口",单击需要配置接口后面的配置按钮 。依次选择或输入各项参数,单击"确定"按钮,完成 GigabitEthernet1/0/3 接口配置,如图 5.3.4 所示。

实施步骤

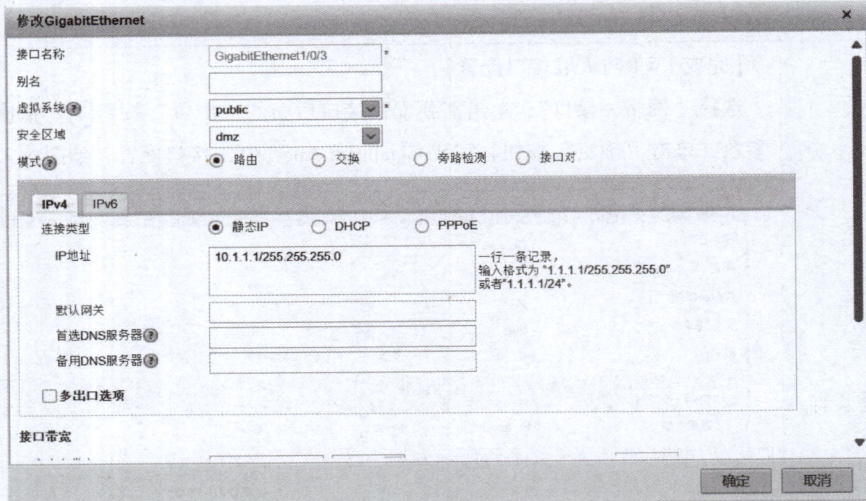

图 5.3.4　修改 GigabitEthernet1/0/3 接口配置

【完成 FW1 防火墙域间转发策略配置】

选择"策略→安全策略→安全策略",在"安全策略列表"中,单击"新建"按钮,依次输入或选择各项参数,单击"确定"按钮,完成 trust 与 untrust 区域的域间转发策略,如图 5.3.5 所示。

续表

实施步骤	图 5.3.5　新建安全策略 【配置 NAT 地址池】 选择"策略→NAT 策略→源转换地址池",在"源转换地址池"中单击▢新建地址池,配置完成后单击"确定"按钮。具体配置如图 5.3.6 所示。 图 5.3.6　新建源转换地址池

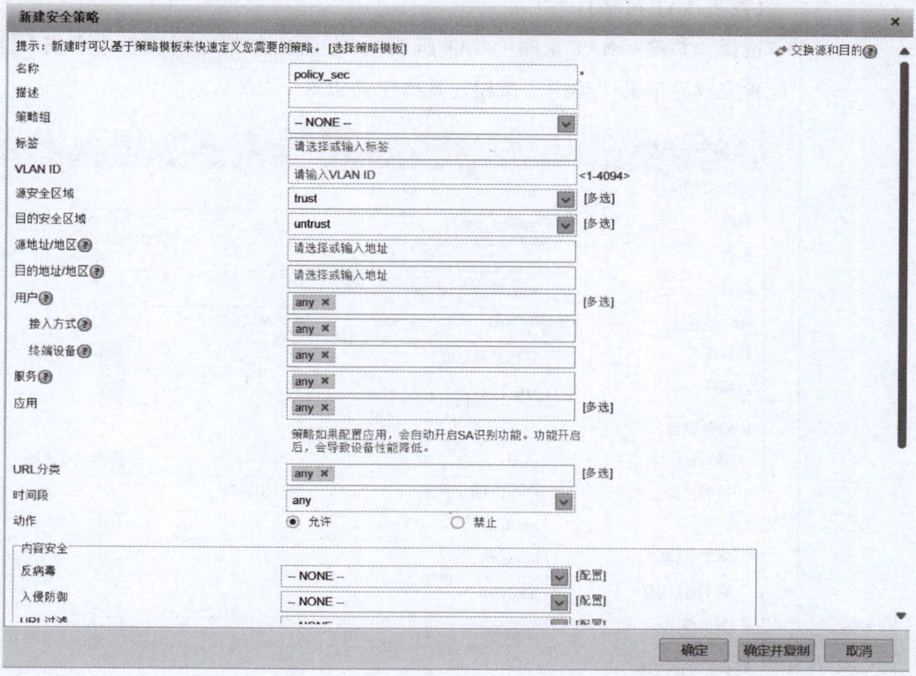

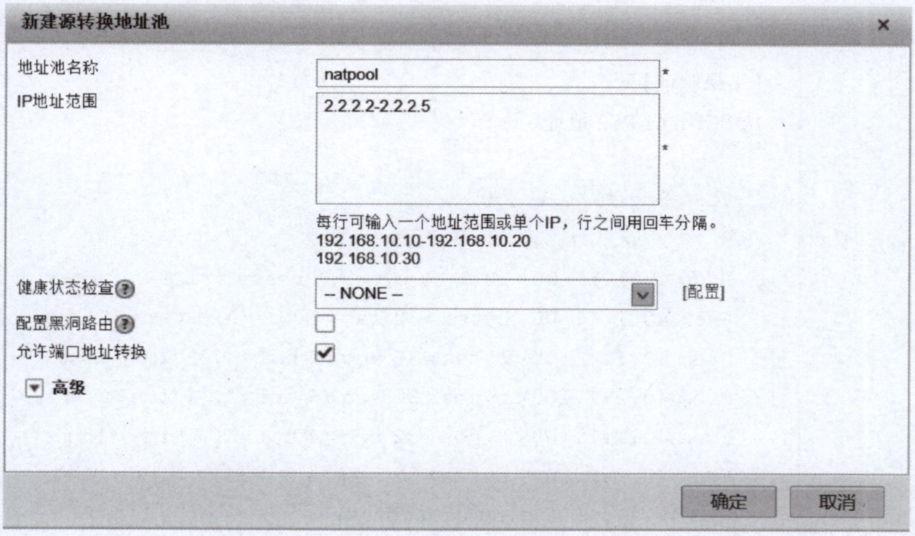

实施步骤	**【配置 NAT 策略】** 选择"策略→NAT 策略→NAT 策略",在"NAT 策略列表"中单击 ⊡ 新建 NAT 策略,配置完成后单击"确定"按钮。具体配置如图 5.3.7 所示。 **新建NAT策略**　　　　　　　　　　　　　　　　　　× [功能介绍] 名称　　　　　source_nat　　　　　　　　　　　　* 描述 标签　　　　　请选择或输入标签 NAT类型　　　⊙ NAT　　　　　　　○ NAT64 转换模式　　　仅转换源地址 时间段　　　　any **原始数据包** 源安全区域　　trust　　　　　　　　　　　　[多选] 目的类型　　　⊙ 目的安全区域　　　○ 出接口 　　　　　　　untrust　　　　　　　　　　　[多选] 源地址 ⑦　　　any ✕ 目的地址 ⑦　　any ✕ 服务 ⑦　　　　any ✕ **转换后的数据包** 源地址转换为　⊙ 地址池中的地址　　○ 出接口地址 源转换地址池　natpool　　　　　　　　　　*　[配置] 提示:为保证设备顺利转发NAT业务,需要配置安全策略。[新建安全策略] 　　　　　　　　　　　　　　　　　　确定　取消 图 5.3.7　新建 NAT 策略

【结果验证】

从 PC1 ping PC2 地址。

```
PC> ping 40.1.1.100

Ping 40.1.1.100: 32 data bytes, Press Ctrl_C to break
From 40.1.1.100: bytes=32 seq=1 ttl=127 time=16 ms
From 40.1.1.100: bytes=32 seq=2 ttl=127 time=16 ms
From 40.1.1.100: bytes=32 seq=3 ttl=127 time<1 ms
From 40.1.1.100: bytes=32 seq=4 ttl=127 time=15 ms
From 40.1.1.100: bytes=32 seq=5 ttl=127 time=16 ms
--- 40.1.1.100 ping statistics ---
```

续表

实施步骤	
	5 packet(s)transmitted 5 packet(s)received 0.00% packet loss round-trip min/avg/max = 0/12/16 ms
	# 在 FW1 上使用 display firewall session table 命令查看 NAT 转换情况，如下所示： [FW1] display firewall session table Current Total Sessions : 5 icmp　VPN: public --> public　10.1.2.100:56279[2.2.2.5:2057] --> 40.1.1.100:2048 icmp　VPN: public --> public　10.1.2.100:55255[2.2.2.5:2053] --> 40.1.1.100:2048 icmp　VPN: public --> public　10.1.2.100:56023[2.2.2.5:2056] --> 40.1.1.100:2048 icmp　VPN: public --> public　10.1.2.100:55767[2.2.2.5:2055] --> 40.1.1.100:2048 icmp　VPN: public --> public　10.1.2.100:55511[2.2.2.5:2054] --> 40.1.1.100:2048

任务4　配置防火墙双机热备

【任务工单】

任务工单4：配置防火墙双机热备

任务名称	配置防火墙双机热备			
组别		成员	小组成绩	
学生姓名			个人成绩	
任务情景	安安所在的企业需持续提供安全服务，为避免网络设备及外部不可控因素导致线路中断，希望在网络出口增加冗余以增加网络的可靠性。安安决定通过在网络出口位置部署两台防火墙作为网关，保证在单机故障的情况下内部网络与外部网络之间的通信畅通。			

续表

任务目标	跟随安安的脚步，明确以下目标： ● 理解双机热备的基本原理 ● 理解 VGMP 和 HRP 协议 ● 掌握通过命令行和 Web 方式配置防火墙双机热备的方法
任务要求	● 网络拓扑图搭建准确 ● 单点故障后仍能保障企业内网与外网通信畅通
任务实施	1. 在 FW1、FW2 上配置基本的 IP 地址和所属安全区域，并且放行对应的安全策略 2. 进行双机热备配置，备份方式为主备备份，FW1 为主设备，FW2 为备份设备
实施总结	
小组评价	
任务点评	

【前导知识】

1. 双机热备的概念

双机热备以 7×24 小时不中断地为企业提供服务为目的。双机热备的技术种类繁多，华为使用公有热备协议——VRRP。

华为的双机热备是通过部署两台或多台防火墙实现热备及负载均衡，两台防火墙相互协同工作，犹如一个更大的防火墙。

华为防火墙的双机热备包含以下两种模式。一是热备模式：同一时间只有一台防火墙转发数据，其他防火墙不转发，但是会同步会话表及 server-map 表，当目前工作的防火墙宕机以后，备份防火墙接替转发数据的工作。二是负载均衡模式：同一时间多台防火墙同时转发数据，并且互为备份，每个防火墙既是主设备，也是备用设备。防火墙之间同步会话表及 server-map 表。

2. VRRP 的概念

VRRP（Virtual Router Redundancy Protocol，虚拟路由冗余协议），是用来解决网关单点故障的路由协议。VRRP 既可以用在路由器中提供网关冗余，也可以用在防火墙中做双机热备。

　　VRRP 的相关专业术语如下所述。VRRP 路由器：运行 VRRP 协议的路由器。虚拟路由器：由一个主用路由器和若干个备用路由器组成一个备份组，一个备份组对客户端提供一个虚拟网关。VRID：虚拟路由器标识，用来唯一地标识一个备份组。虚拟 IP 地址：提供给客户端的网关地址，也是分配给虚拟路由器的 IP 地址，在所有的 VRRP 中配置，只有主用设备提供该 IP 地址的 ARP 响应。虚拟 MAC 地址：基于 VRID 生成的用于 VRRP 的 MAC 地址，在客户端通过 ARP 协议解析网关的 MAC 地址时，主用路由器将提供该 MAC 地址。IP 地址拥有者：若将虚拟路由器的 IP 地址配置为某个成员物理接口的真实 IP 地址，那么该成员被称为 IP 地址拥有者。优先级：用于标识 VRRP 路由器的优先级，并通过每个 VRRP 路由器的优先级选举主用设备及备用设备。抢占模式：在抢占模式下，如果备用路由器的优先级高于备份组中其他路由器（包括当前的主用路由器），则将立即成为新的主用路由器。非抢占模式：在非抢占模式下，如果备用路由器的优先级高于备份组中其他路由器（包括当前的主用路由器），也不会立即成为主用路由器，直到下一次公平选举（如重启设备等）。

3. VRRP 的两种角色

　　工作在 VRRP 模式下的路由器有两种角色，分别是 Master 路由器和 Backup 路由器。Master 路由器：正常情况下由 Master 路由器负责 ARP 响应及提供数据包的转发，并且默认每隔 1s 向其他路由器通告 Master 路由器当前状态信息。Backup 路由器：是 Master 路由器的备用路由器，正常情况下不提供数据包的转发，当 Master 路由器出现故障时，在所有的 Backup 路由器中优先级最高的路由器将成为新的 Master 路由器，接替转发数据包的工作，从而保证业务不中断。

4. VRRP 的选举流程

　　VRRP 选举 Master 路由器和 Backup 路由器的流程如下：首先选举优先级高的设备成为 Master 路由器，如果优先级相同，再比较接口的 IP 地址大小，IP 地址大（数值大）的设备将成为 Master 路由器，而备份组中其他的路由器将成为 Backup 路由器。

　　除非手工将路由器配置为 IP 地址拥有者（优先级=255），否则 VRRP 的状态切换总是先经历 Backup 状态，即使路由器的优先级最高，也需要从 Backup 状态过渡到 Master 状态。此时，Backup 状态只是一个瞬间的过渡状态。

　　VRRP 中的默认接口优先级为 100，取值范围为 0~255，其中优先级 0 是系统保留，优先级 255 保留给 IP 地址拥有者，IP 地址拥有者不需要配置优先级，默认优先级就是 255。

5. VRRP 的三个状态

　　VRRP 定义了三种状态，分别如下。Initalize 状态：在刚配置了 VRRP 的状态下，不对 VRRP 报文做任何处理，当接口 shutdown 或接口故障时也将进入该状态。Master 状态：当前设备被选举成为 Master 路由器时的一种状态，该状态下会转发数据报文，并周期性地发送 VRRP 通告报文，当接口关闭或设备宕机后将立即切换至 Initialize 状态。Backup 状态：当前设备选举成为备用路由器时的一种状态，该状态不转发任何数据报文，只会接收 Master 路由器发送 VRRP 通告报文，以便检测 Master 路由器是否在正常工作，并且还同步主用设备上的状态信息。

【任务内容】

1. 配置 FW1 和 FW2 上、下行业务接口的 IP 地址并加入相应安全区域

配置 FW1 上、下行业务接口的 IP 地址。

```
<FW1> system-view
[FW1] interface GigabitEthernet1/0/1
[FW1-GigabitEthernet1/0/1] ip address 10.3.0.1 255.255.255.0
[FW1-GigabitEthernet1/0/1] quit
[FW1] interface GigabitEthernet1/0/2
[FW1-GigabitEthernet1/0/2] ip address 10.2.0.1 255.255.255.0
[FW1-GigabitEthernet1/0/2] quit
```

配置 FW1 接口 GigabitEthernet1/0/1 的 VRRP 备份组 1，并加入状态为 Active 的 VGMP 管理组。

```
[FW1] interface GigabitEthernet1/0/1
[FW1-GigabitEthernet1/0/1] vrrp vrid 1 virtual-ip 10.3.0.3 255.255.255.0 active
[FW1-GigabitEthernet1/0/1] quit
```

配置 FW1 接口 GigabitEthernet1/0/2 的 VRRP 备份组 2，并加入状态为 Active 的 VGMP 管理组。

```
[FW1] interface GigabitEthernet1/0/2
[FW1-GigabitEthernet1/0/2] vrrp vrid 2 virtual-ip 1.1.1.1 255.255.255.0 active
[FW1-GigabitEthernet1/0/2] quit
```

将 FW1 上、下行业务接口加入安全区域。

```
[FW1] firewall zone trust
[FW1-zone-trust] add interface GigabitEthernet1/0/1
[FW1-zone-trust] quit
[FW1] firewall zone untrust
[FW1-zone-untrust] add interface GigabitEthernet1/0/2
[FW1-zone-untrust] quit
```

配置 FW2 上、下行业务接口的 IP 地址。

```
<FW2> system-view
[FW2] interface GigabitEthernet1/0/1
[FW2-GigabitEthernet1/0/1] ip address 10.3.0.2 255.255.255.0
[FW2-GigabitEthernet1/0/1] quit
[FW2] interface GigabitEthernet1/0/2
```

```
[FW2-GigabitEthernet1/0/2] ip address 10.2.0.2 255.255.255.0
[FW2-GigabitEthernet1/0/2] quit
```

配置 FW2 接口 GigabitEthernet1/0/1 的 VRRP 备份组 1，并加入状态为 Standby 的 VGMP 管理组。

```
[FW2] interface GigabitEthernet1/0/1
[FW2-GigabitEthernet1/0/1] vrrp vrid 1 virtual-ip 10.3.0.3 255.255.255.0 standby
[FW2-GigabitEthernet1/0/1] quit
```

配置 FW2 接口 GigabitEthernet1/0/2 的 VRRP 备份组 2，并加入状态为 Standby 的 VGMP 管理组。

```
[FW2] interface GigabitEthernet1/0/2
[FW2-GigabitEthernet1/0/2] vrrp vrid 2 virtual-ip 1.1.1.1 255.255.255.0 standby
[FW2-GigabitEthernet1/0/2] quit
```

将 FW2 上、下行业务接口加入安全区域。

```
[FW2] firewall zone trust
[FW2-zone-trust] add interface GigabitEthernet 1/0/1
[FW2-zone-trust] quit
[FW2] firewall zone untrust
[FW2-zone-untrust] add interface GigabitEthernet 1/0/2
[FW2-zone-untrust] quit
```

2. 完成 FW1、FW2 的心跳线配置

配置 FW1 心跳接口 GigabitEthernet1/0/3 的 IP 地址。

```
[FW1] interface GigabitEthernet1/0/3
[FW1-GigabitEthernet1/0/3] ip address 10.10.0.1 255.255.255.0
[FW1-GigabitEthernet1/0/3] quit
```

配置 FW2 心跳接口 GigabitEthernet1/0/3 的 IP 地址。

```
[FW2] interface GigabitEthernet1/0/3
[FW2-GigabitEthernet1/0/3] ip address 10.10.0.2 255.255.255.0
[FW2-GigabitEthernet1/0/3] quit
```

配置 FW1 心跳接口 GigabitEthernet1/0/3 加入 dmz 安全区域。

```
[FW1] firewall zone dmz
[FW1-zone-dmz] add interface GigabitEthernet1/0/3
[FW1-zone-dmz] quit
```

配置 FW2 心跳接口 GigabitEthernet1/0/3 加入 dmz 安全区域。

```
[FW2] firewall zone dmz
[FW2-zone-dmz] add interface GigabitEthernet1/0/3
[FW2-zone-dmz] quit
```

配置 FW1 心跳接口认证密钥并启用双机热备功能。

```
[FW1] hrp interface GigabitEthernet1/0/3 remote 10.10.0.2
[FW1] hrp authentication-key Admin@ 123
[FW1] hrp enable
```

配置 FW2 心跳接口认证密钥并启用双机热备功能。

```
[FW2] hrp interface GigabitEthernet1/0/3 remote 10.10.0.1
[FW2] hrp authentication-key Admin@ 123
[FW2] hrp enable
```

3. 配置安全策略

在 FW1 上配置安全策略，允许业务报文通过。双机热备状态成功建立后，FW1 的安全策略配置会自动备份到 FW2 上。

配置 FW1 上 trust 区域和 untrust 区域的区域间转发策略。

```
HRP_M[FW1] security-policy
HRP_M[FW1-policy-security] rule name trust_to_untrust
HRP_M[FW1-policy-security-rule-trust_to_untrust] source-zone trust
HRP_M[FW1-policy-security-rule-trust_to_untrust] destination-zone untrust
HRP_M[FW1-policy-security-rule-trust_to_untrust] source-address 10.3.0.0 24
HRP_M[FW1-policy-security-rule-trust_to_untrust] action permit
HRP_M[FW1-policy-security-rule-trust_to_untrust] quit
HRP_M[FW1-policy-security] quit
```

4. 配置 NAT 策略

在 FW1 上配置 NAT 策略。双机热备状态成功建立后，FW1 的 NAT 策略配置会自动备份到 FW2 上。

配置 NAT 策略，当内网用户访问 Internet 时，将源地址由 10.3.0.0/24 网段转换为地址池中的地址（1.1.1.2~1.1.1.5）。

```
HRP_M[FW1] nat address-group group1
HRP_M[FW1-address-group-group1] section 0 1.1.1.2 1.1.1.5
HRP_M[FW1-address-group-group1] quit
HRP_M[FW1] nat-policy
HRP_M[FW1-policy-nat] rule name policy_nat1
HRP_M[FW1-policy-nat-rule-policy_nat1] source-zone trust
```

```
HRP_M[FW1-policy-nat-rule-policy_nat1] destination-zone untrust
HRP_M[FW1-policy-nat-rule-policy_nat1] source-address 10.3.0.0 24
HRP_M[FW1-policy-nat-rule-policy_nat1] action source-nat address-group group1
```

5. 配置 Switch

分别将 SW1、SW2 的三个接口加入 VLAN 10。

【任务实施】

任务目标	1. Web 端配置双机热备 2. 配置转发策略
实施步骤	【配置 FW1 和 FW2 上、下行业务接口的 IP 地址并加入相应安全区域】 　　完成 FW1 防火墙接口配置。选择"网络→接口",单击需要配置的接口后边的"配置"按钮![按钮],依次选择或输入各项参数,单击"确定"按钮,完成 GigabitEthernet1/0/1 接口配置,如图 5.4.1 所示。 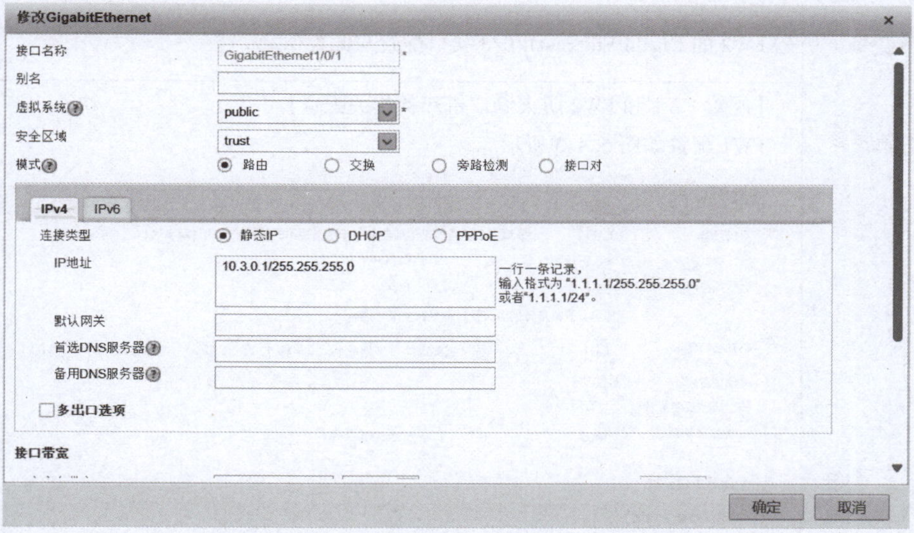 图 5.4.1　修改 GigabitEthernet1/0/1 接口配置 　　FW1 的 GigabitEthernet1/0/2 和 GigabitEthernet1/0/3,FW2 的 GigabitEthernet1/0/1、GigabitEthernet1/0/2 和 GigabitEthernet1/0/3 的接口配置与此类似。 【完成 FW1、FW2 的心跳线配置】 　　完成 FW1、FW2 的心跳线配置。FW1 的 GigabitEthernet1/0/3 接口配置如图 5.4.2 所示。

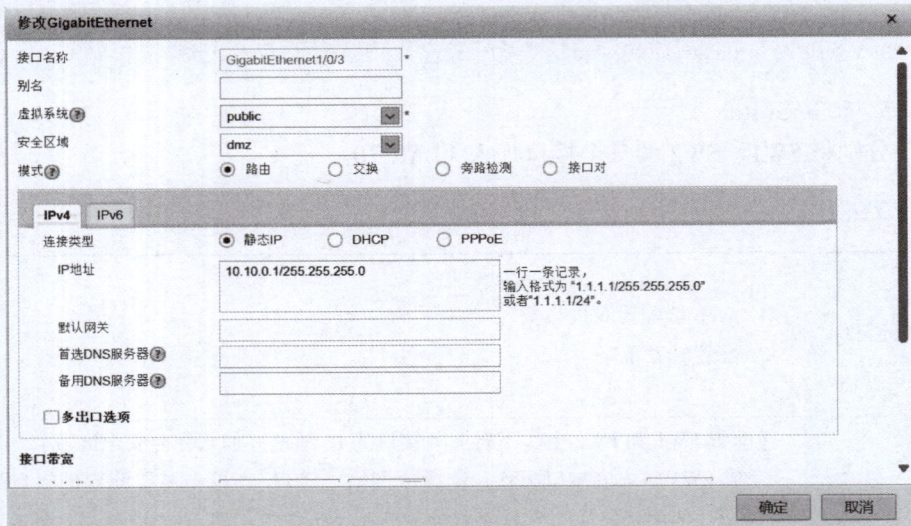

图 5.4.2　修改 GigabitEthernet1/0/3 接口配置

FW2 的 GigabitEthernet1/0/3 接口配置与此类似。

实施步骤

【配置 FW1 和 FW2 防火墙双机热备相关配置】

FW1 配置如图 5.4.3 所示。

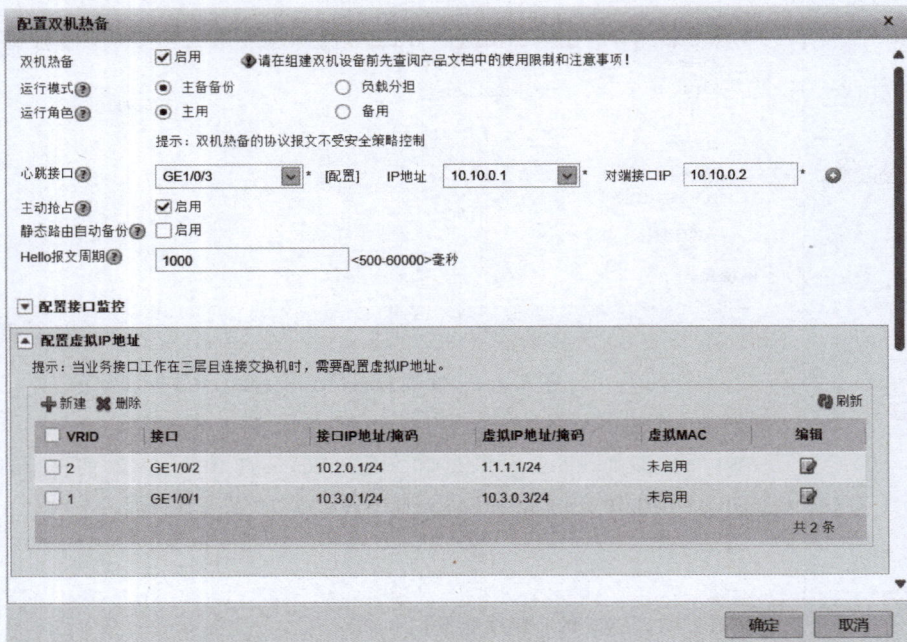

图 5.4.3　配置 FW1 双机热备

FW2 配置如图 5.4.4 所示。

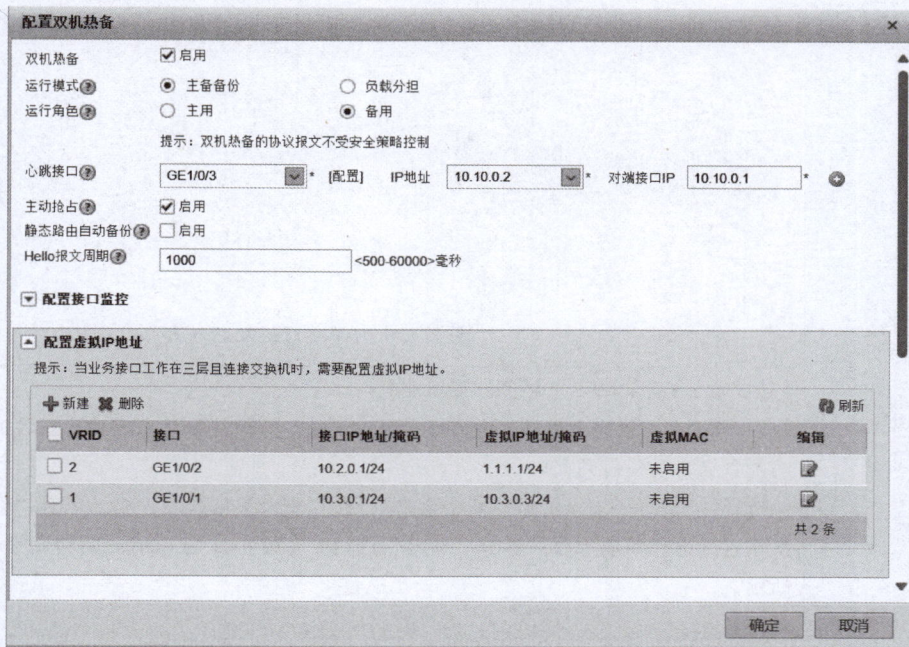

图 5.4.4　配置 FW2 双机热备

【在双机热备的配置界面可以查看双机热备的状态信息】

FW1 双机热备状态如图 5.4.5 所示。

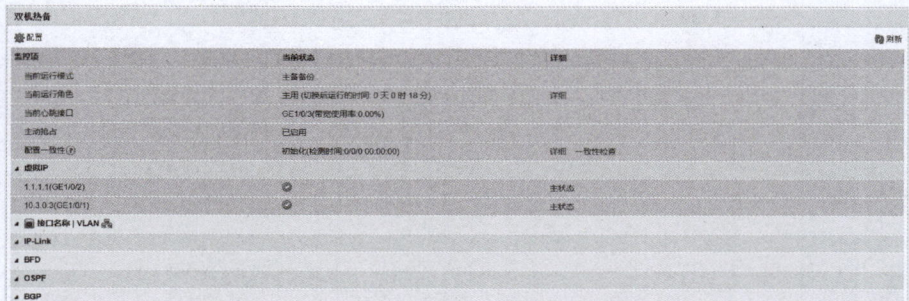

图 5.4.5　FW1 双机热备状态

实施步骤

续表

实施步骤	FW2 双机热备状态如图 5.4.6 所示。 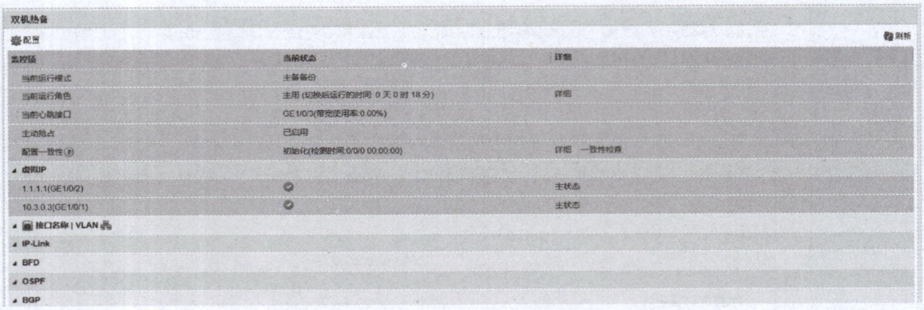 图 5.4.6 FW2 双机热备状态 【配置 FW1 和 FW2 的域间转发策略】 在 FW1 上配置安全策略，允许业务报文通过。双机热备状态成功建立后，FW1 的安全策略配置会自动备份到 FW2 上。 选择："策略→安全策略→安全策略"，在"安全策略列表"中，单击"新建"按钮，依次输入或选择各项参数，单击"确定"按钮，完成 trust 与 untrust 间转发策略，如图 5.4.7 所示。 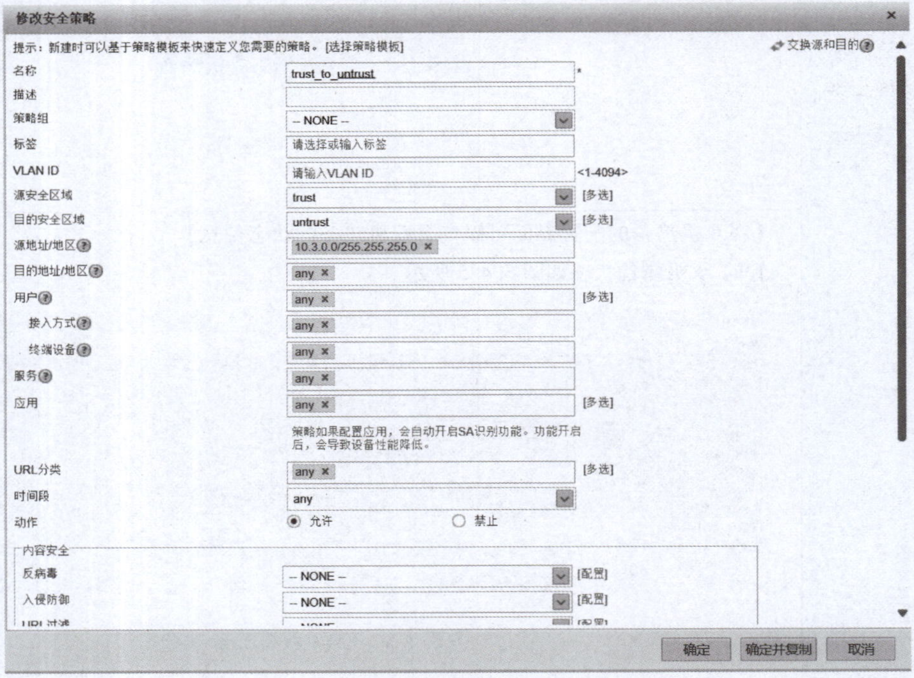 图 5.4.7 修改安全策略 【双机热备状态成功建立后，FW1 的 NAT 策略配置会自动备份到 FW2 上】 选择："策略→NAT 策略→NAT 策略→源转换地址池→新建"配置 NAT 地址池，如图 5.4.8 所示。

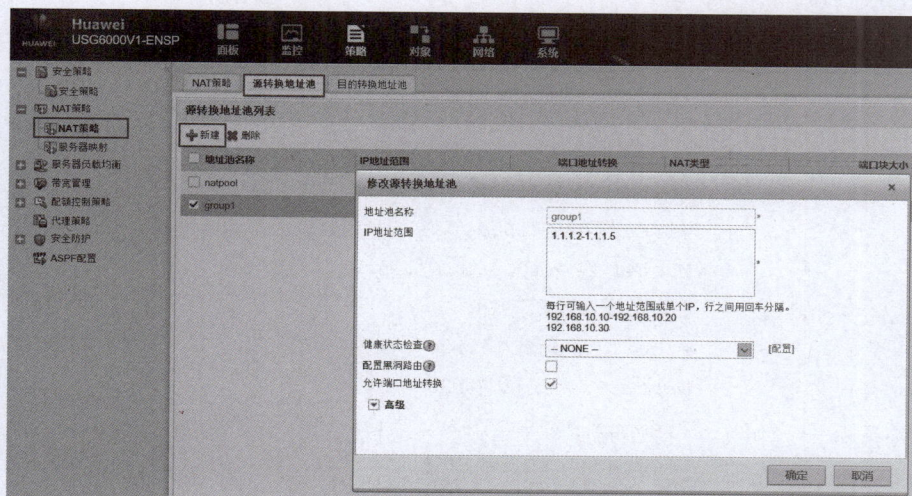

图 5.4.8　FW1 上配置 NAT 策略

选择："策略→NAT 策略→NAT 策略→新建"配置 NAT 策略,当内网用户访问 Internet 时,将源地址由 10.3.0.0/24 网段转换为地址池中的地址(1.1.1.2 ~ 1.1.1.5),如图 5.4.9 所示。

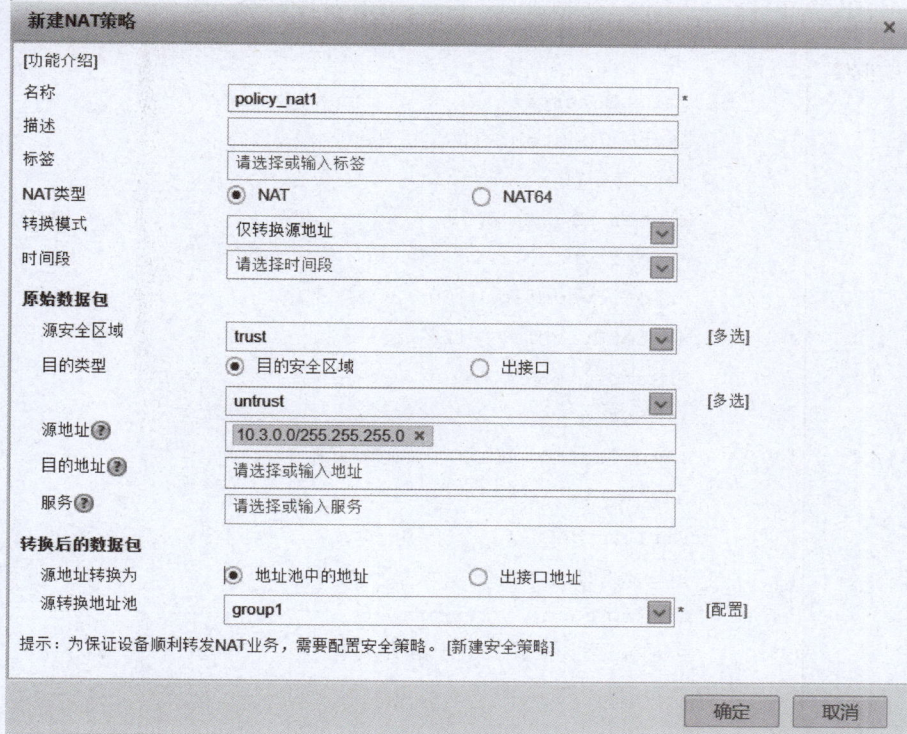

图 5.4.9　新建 NAT 策略

分别将 SW1、SW2 的三个接口加入 VLAN 10。

实施步骤	【结果验证】
	在 FW1 上执行 display vrrp 命令，检查 VRRP 组内接口的状态信息。
	
	``
	HRP_M<FW1> display vrrp
	GigabitEthernet1/0/1 |Virtual Router 1
	    State : Master
	    Virtual IP : 10.3.0.3
	    Master IP : 10.3.0.1
	    PriorityRun : 120
	    PriorityConfig : 100
	    MasterPriority : 120
	    Preempt : YES Delay Time : 0 s
	    TimerRun : 60 s
	    TimerConfig : 60 s
	    Auth type : NONE
	    Virtual MAC : 0000-5e00-0101
	    Check TTL : YES
	    Config type : vgmp-vrrp
	    Backup-forward : disabled
	
	GigabitEthernet1/0/2 |Virtual Router 2
	    State : Master
	    Virtual IP : 1.1.1.1
	    Master IP : 10.2.0.1
	    PriorityRun : 120
	    PriorityConfig : 100
	    MasterPriority : 120
	    Preempt : YES Delay Time : 0 s
	    TimerRun : 60 s
	    TimerConfig : 60 s
	    Auth type : NONE
	    Virtual MAC : 0000-5e00-0102
	    Check TTL : YES
	    Config type : vgmp-vrrp
	    Backup-forward : disabled
	``
	
	在 FW2 上执行 display vrrp 命令，检查 VRRP 组内接口的状态信息。

续表

实施步骤	

```
HRP_S<FW2>display vrrp
  GigabitEthernet1/0/1 |Virtual Router 1
    State : Backup
    Virtual IP : 10.3.0.3
    Master IP : 10.3.0.1
    PriorityRun : 120
    PriorityConfig : 100
    MasterPriority : 120
    Preempt : YES   Delay Time : 0 s
    TimerRun : 60 s
    TimerConfig : 60 s
    Auth type : NONE
    Virtual MAC : 0000-5e00-0101
    Check TTL : YES
    Config type : vgmp-vrrp
    Backup-forward : disabled

  GigabitEthernet1/0/2 |Virtual Router 2
    State : Backup
    Virtual IP : 1.1.1.1
    Master IP : 0.0.0.0
    PriorityRun : 120
    PriorityConfig : 100
    MasterPriority : 0
    Preempt : YES   Delay Time : 0 s
    TimerRun : 60 s
    TimerConfig : 60 s
    Auth type : NONE
    Virtual MAC : 0000-5e00-0102
    Check TTL : YES
    Config type : vgmp-vrrp
    Backup-forward : disabled
```

在 FW1 上执行 display hrp state verbose 命令，检查当前 VGMP 组的状态。

```
HRP_M< FW1>display hrp state verbose
Role: active, peer: standby
```

| 实施步骤 | Running priority: 45000, peer: 45000
Backup channel usage: 0.00%
Stable time: 0 days, 0 hours, 46 minutes
Last state change information: 17:18:08 HRP core state changed, old_state = abnormal(active), new_state = normal, local_priority = 45000, peer_priority = 45000.

Configuration:
hello interval: 1 000 ms
preempt: 60s
mirror configuration: off
mirror session: off
track trunk member: on
auto-sync configuration: on
auto-sync connection-status: on
adjust ospf-cost: on
adjust ospfv3-cost: on
adjust bgp-cost: on
nat resource: off

Detail information:
       GigabitEthernet1/0/1 vrrp vrid 1: active
       GigabitEthernet1/0/2 vrrp vrid 2: active
                   ospf-cost: +0
                 ospfv3-cost: +0
                    bgp-cost: +0 |
| | 在 FW2 上执行 display hrp state verbose 命令，检查当前 VGMP 组的状态。

HRP_S<FW2>display hrp state verbose
Role: standby, peer: active
Running priority: 45000, peer: 45000
Backup channel usage: 0.00%
Stable time: 0 days, 0 hours, 41 minutes
Last state change information: 17:18:08 HRP core state changed, old_state = abnormal(standby), new_state = normal, local_priority = 45000, peer_priority = 45000. |

续表

实施步骤	
| | ```
Configuration:
hello interval:                    1000 ms
preempt:                           60s
mirror configuration:              off
mirror session:                    off
track trunk member:                on
auto-sync configuration:           on
auto-sync connection-status:       on
adjust ospf-cost:                  on
adjust ospfv3-cost:                on
adjust bgp-cost:                   on
nat resource:                      off

Detail information:
        GigabitEthernet1/0/1 vrrp vrid 1: standby
        GigabitEthernet1/0/2 vrrp vrid 2: standby
                           ospf-cost: +65500
                           ospfv3-cost: +65500
                           bgp-cost: +100
``` |
| | 在 trust 区域的 PC1 能够 ping 通 untrust 区域的 PC2，并分别在 FW1 和 FW2 上执行 display firewall session table 命令检查会话，如下所示：<br><br>```
HRP_M<FW1> display firewall session table
Current Total Sessions : 1
   icmp  VPN: public --> public  10.3.0.10:53419[1.1.1.4:2049] -->
1.1.1.10:2048
HRP_S<FW2> display firewall session table
Current Total Sessions : 1
   icmp  VPN: public --> public  10.3.0.10:53419[1.1.1.4:2049] -->
1.1.1.10:2048
``` |

【知识考核】

1. 选择题

（1）关于华为防火墙的安全区域，以下哪个区域不是防火墙默认存在的？（   ）

A. trust   B. DMZ   C. Internet   D. local

（2）在华为防火墙中，VRRP 协议的主要作用是什么？（　　）

A. 加密数据传输　　　　　　　　　　B. 提供网络地址转换（NAT）

C. 解决网关单点故障　　　　　　　　D. 过滤恶意流量

（3）在配置华为防火墙的双机热备时，以下哪项不是必需的？（　　）

A. 两台防火墙的 VRP 版本必须相同

B. 两台防火墙用于心跳线的接口必须加入相同的安全区域

C. 两台防火墙的序列号必须相同

D. 两台防火墙用于心跳线的接口设备编号必须一致

（4）以下哪种安全策略类型用于定义哪些区域的设备可以访问其他区域的资源，以及允许的访问类型？（　　）

A. 流量控制策略　　　　　　　　　　B. 内容过滤策略

C. 访问控制策略　　　　　　　　　　D. 应用控制策略

（5）在华为防火墙中，当 VRRP 工作在 Master 状态时，以下哪个描述是正确的？（　　）

A. 路由器处于备份状态，不转发业务报文

B. 路由器转发业务报文，并响应 ARP 请求

C. 路由器不进行任何 VRRP 报文处理

D. 路由器周期性发送 VRRP 通告报文，但不转发业务报文

2. 简答题

（1）简述华为防火墙在网络安全中的基本功能和作用，并说明其如何保护内部网络免受外部威胁？

（2）描述华为防火墙中"安全区域"的概念，以及"trust""DMZ"和"untrust"这三个默认安全区域分别用于什么场景，并解释其如何协同工作以增强网络安全性。

网络安全综合应用实验

项目导读

　　在计算机网络中，PAT 和 VPN 都是为解决特定需求而设计的。PAT 通过将内部网络中的私有 IP 地址转换为公网 IP 地址和端口号的组合，实现多个内部主机共享一个公网 IP 地址的目的。而 VPN 则通过建立虚拟的加密通道，在公共网络上实现安全的数据传输，达成远程访问和私密通信的目标。

　　通过综合实验可深入了解华为 eNSP 软件的操作，并按照规范完成拓扑图的创建和网络设备的配置；学会配置 PAT 规则和 DHCP，以及配置 VPN 隧道等参数。通过测试与验证，可确认 PAT 和 VPN 的功能正常运行，并且对数据传输和网络连接具有一定的优势。

　　这两个实验体现了技术的发展和创新对社会进步的重要作用。PAT 和 VPN 技术的应用，使网络通信更加高效、安全和便捷，促进了信息交流、经济发展和社会进步。实验需要遵守法律法规。实验中的合法合规操作也体现了遵纪守法的原则。网络安全和个人隐私保护是当今社会的重要议题，在学习和应用相关技术时，必须遵守法律法规，确保数据传输的合法性和安全性。

　　本项目实验练习也强调重视科技发展和社会责任。技术的应用必须以人为本，注重保护用户的隐私，不滥用技术带来的权力，同时关注科技发展对人类社会和生态环境的影响，努力实现可持续发展。

　　网络安全运维职业技能等级证书考核分为理论和实操两个阶段，主要考核考生根据网络和系统安全运维需求，熟悉网络安全法律法规，完成网络的组建与防护、常见操作系统的安全管理与维护、常见操作系统和网络安全的渗透测试等。

项目目标

1. 素质目标
- ◆ 培养面对新技术的破冰能力和领悟力；
- ◆ 培养勇于挑战的精神和团队合作意识；
- ◆ 培养思辨能力。

2. 知识目标

◆ 掌握 PAT 技术的典型应用场景；

◆ 掌握 PAT 技术的转换规则；

◆ 掌握 PAT 技术的关键语法和配置命令；

◆ 掌握 PAT 相关的 DHCP、DNS 网络参数配置。

3. 能力目标

◆ 具备在实际的工作场景中配置路由器 PAT 的能力；

◆ 具备在实际应用场景中完整搭建网络相关技术参数的能力。

项目地图

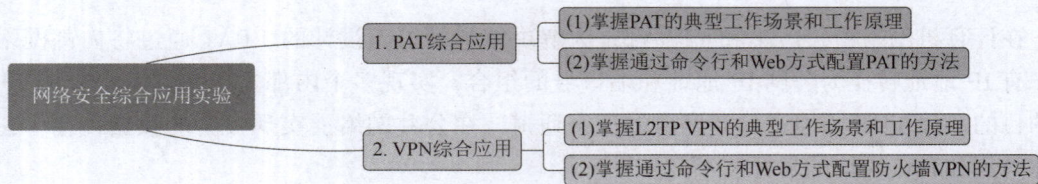

大国匠心

没有网络空间的清朗有序，就没有国家发展的坚实根基、社会运行的和谐稳定、亿万民众的切身安宁。网络安全，早已超越技术范畴，跃升为关乎国计民生、牵动全球神经的战略基石与安全屏障。践行"一切为了人民"的宗旨，意味着必须筑牢这道无形防线；落实"一切依靠人民"的方法，则揭示了全民共治是抵御风险的根本之道。当关键基础设施面临"震网"式精准打击，当智慧城市遭遇供应链攻击引发系统性瘫痪，其破坏力穿透虚拟与现实，无个体可置身事外，无国家能独善其身。

互联网编织了紧密的全球命运之网，既共享繁荣之果，也共担风险之重。网络安全是数字时代的福祉所系，网络威胁则是悬于人类头顶的达摩克利斯之剑。唯有将网络空间的恶意威胁视为全民公敌，凝聚国家意志、激发社会智慧、协同全球力量，以综合、立体、协同的防御体系群起而攻之，方能有效捍卫从个体隐私财产、企业核心资产、国家关键信息基础设施，直至全人类数字文明成果的安全与尊严。

任务 1　PAT 综合应用

【任务工单】

任务工单 1：PAT 综合应用

任务名称	PAT 综合应用				
组别		成员		小组成绩	
学生姓名				个人成绩	
任务情景	在安安所管理的企业环境中，鉴于对不间断安全服务的高标准要求，为了防止潜在的网络设备故障或外部不可预测因素可能引发的服务中断，安安决定采用先进的 PAT（Port Address Translation，端口地址转换）技术结合冗余架构策略，以增强网络出口的健壮性和可靠性。 　　具体实现上，安安巧妙地在网络出口部署了两台高性能防火墙，这两台防火墙不仅作为网关设备，还集成了先进的 PAT 技术。PAT 技术通过复用单个 IP 地址的多个端口号，有效解决了 IP 地址资源紧张的问题，并能在一定程度上提升网络传输效率。同时，这种部署方式确保了当其中一台防火墙遇到故障或需要进行维护时，另一台防火墙能够无缝接管所有网络流量，保障内部网络与外部世界的持续、安全通信。 　　通过实施这样的冗余部署与 PAT 技术结合的策略，安安不仅增强了企业网络的稳定性与安全性，还提升了整体网络架构的灵活性和可扩展性。即使在面对复杂多变的网络环境时，企业也能保持高效、稳定的运行状态，为客户提供不间断的高质量服务。				
任务目标	跟随安安的节奏，明确以下目标： ● 理解 PAT 工作原理 ● 掌握 PAT 的配置方法				
任务要求	● 网络拓扑图搭建准确 ● 保障企业内网与外网通信畅通				
任务实施					
实施总结					

小组评价	
任务点评	

【前导知识】

PAT（端口地址转换）技术，作为 NAT（网络地址转换）的一种变体，通过引入端口号来区分内部主机，从而节省 IP 地址资源并增强网络安全性。其典型应用场景广泛，包括但不限于以下几个方面：

首先，PAT 技术广泛应用于家庭和中小型企业网络中。在这些环境中，通常只有一个或少数几个公网 IP 地址，但内部网络却拥有大量设备需要访问互联网。通过 PAT，可以将这些内部设备的私有 IP 地址映射到单一的公网 IP 地址上，并通过不同的端口号来区分不同的内部主机和服务。这样，不仅有效地解决了 IP 地址不足的问题，还简化了网络配置和管理。

其次，PAT 技术也常被用于企业网络中，特别是在那些需要严格控制外部访问权限的场景中。通过 PAT，企业可以将内部网络隐藏在一个或多个公网 IP 地址后面，外部用户只能访问由 PAT 映射后的端口和服务，而无法直接访问内部网络的真实 IP 地址。这种方式极大地提高了网络的安全性，降低了遭受外部攻击的风险。

此外，PAT 技术还适用于需要支持大量并发连接的场景，如 Web 服务器、FTP 服务器等。这些服务器通常需要处理来自不同客户端的大量请求，而 PAT 可以通过将不同的内部服务映射到公网 IP 地址的不同端口上，从而实现多对一的映射关系。这样，即使只有一个公网 IP 地址，也能支持大量的并发连接，提高了服务器的处理能力和响应速度。

总的来说，PAT 端口地址转换技术以其高效、灵活和安全的特点，在各种网络环境中得到了广泛应用。无论是家庭、中小型企业还是大型企业网络，都可以通过 PAT 技术来实现 IP 地址的节约、网络配置的简化和安全性的提升。

【任务内容】

系统需求：某企业内部网络 1 和内部网络 2 通过路由器 R2 的 PAT 访问 FTP 服务器 Server1。R3 只对内部网络 2 中终端发送的 IP 分组实施 PAT 过程。路由器 R1 作为内部网络 1 的 DHCP 服务器，为终端 A~B 自动分配 IP 地址。内部网络 2 中终端静态分配 IP 地址等网络参数。Internet 域名服务器为 Web 服务器 Server1 提供域名服务，Server1 的域名为 www.ht.com。行业网域名服务器为 FTP 服务器 Server4 提供域名服务，Server4 的域名为

www. hy. com，行业网域名服务器为 Web 服务器 Server5 提供域名服务，Server5 的域名为 www. hz. com。

　　在内部网络 1 和内部网络 2 的接入交换机上配置防止 DHCP 欺骗攻击的机制。在路由器 R1 上过滤内部网络 2 访问 Internet 网的流量。路由器 R1、R2、R3 中的路由表及网络结构图如图 6.1.1 所示。

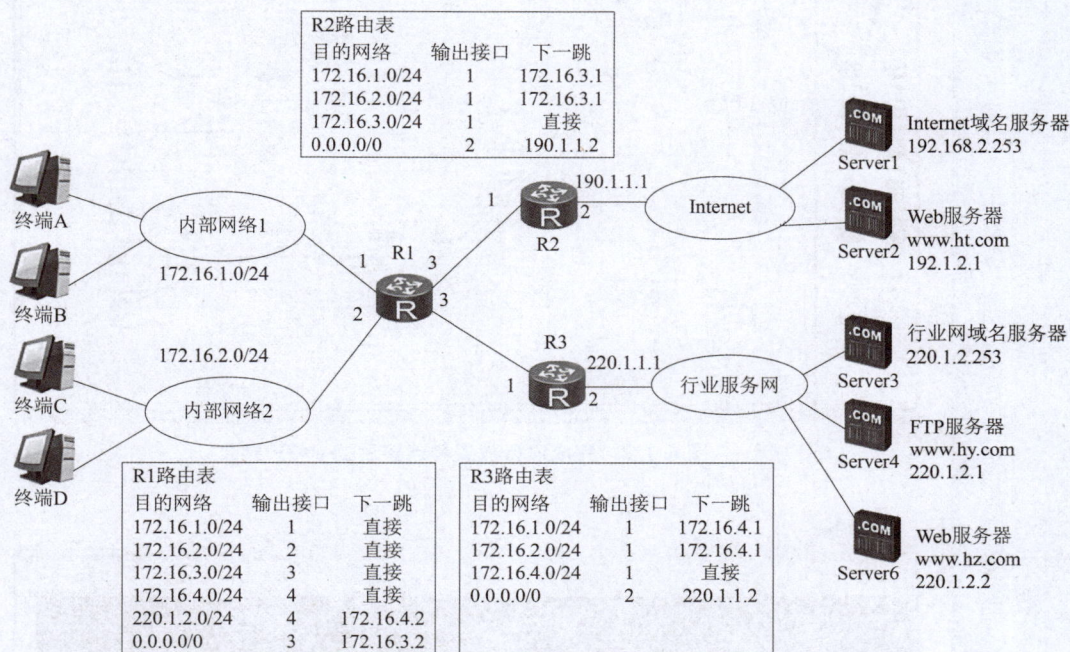

图 6.1.1　网络结构图

【任务实施】

任务目标	1. 掌握 PAT 的典型应用场景 2. 掌握 PAT 工作过程 3. 掌握 PAT 配置过程
实施步骤	【启动 eNSP 搭建网络拓扑图并实现 CLI 配置】 　　启动 eNSP，根据图 6.1.1 所示的网络拓扑结构放置和连接设备。完成设备放置和连接后的 eNSP 界面如图 6.1.2 所示。启动所有设备。需要说明的是，分别用交换机 LSW1、LSW2 仿真内部网络 1 和内部网络 2，用路由器 AR4 和 AR5 仿真图 6.1.1 所示 Internet 路由器和行业服务网路由器。AR4 为路由器 AR2 通往 Internet 的传输路径上的下一跳路由器，AR5 为路由器 AR3 通往行业服务网传输路径上的下一跳路由器。 　　完成所有路由器各个接口的 IP 地址和子网掩码配置过程，路由器 AR1～AR5 的接口状态分别如图 6.1.3～图 6.1.7 所示。

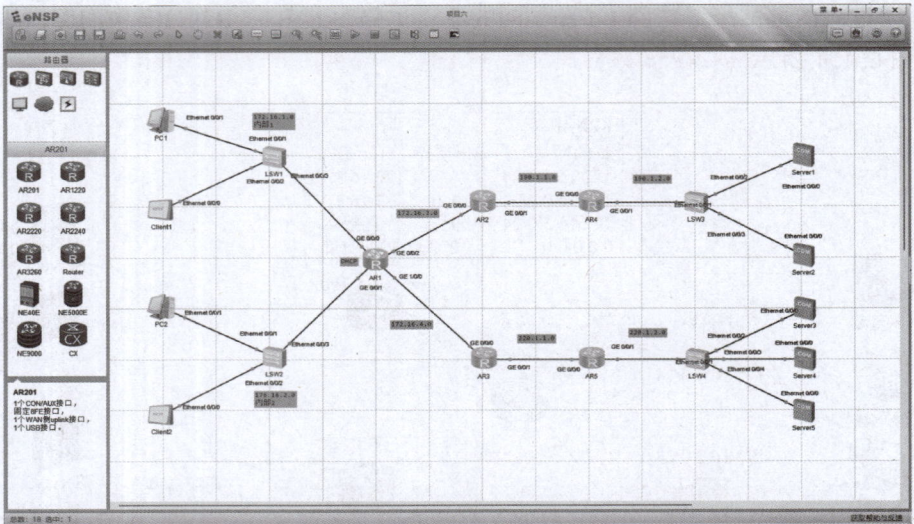

实施步骤	 图 6.1.2　完成设备放置和连接后的 eNSP 界面 图 6.1.3　路由器 AR1 的接口状态

实施步骤

```
AR2                                                          [ ] _ □ x
 AR1    AR2
[AR2]dis ip in br
*down: administratively down
^down: standby
(l): loopback
(s): spoofing
The number of interface that is UP in Physical is 3
The number of interface that is DOWN in Physical is 1
The number of interface that is UP in Protocol is 3
The number of interface that is DOWN in Protocol is 1

Interface                            IP Address/Mask        Phy
GigabitEthernet0/0/0                 172.16.3.2/24          up
GigabitEthernet0/0/1                 190.1.1.1/24           up
GigabitEthernet0/0/2                 unassigned             dow
NULL0                                unassigned             up
[AR2]
[AR2]
```

图 6.1.4　路由器 AR2 的接口状态

```
AR3                                                          [ ] _ □ x
 AR1    AR2    AR3
<AR3>dis ip in br
*down: administratively down
^down: standby
(l): loopback
(s): spoofing
The number of interface that is UP in Physical is 3
The number of interface that is DOWN in Physical is 1
The number of interface that is UP in Protocol is 3
The number of interface that is DOWN in Protocol is 1

Interface                            IP Address/Mask        Physical
GigabitEthernet0/0/0                 172.16.4.2/24          up
GigabitEthernet0/0/1                 220.1.1.1/24           up
GigabitEthernet0/0/2                 unassigned             down
NULL0                                unassigned             up
<AR3>
<AR3>
```

图 6.1.5　路由器 AR3 的接口状态

实施步骤

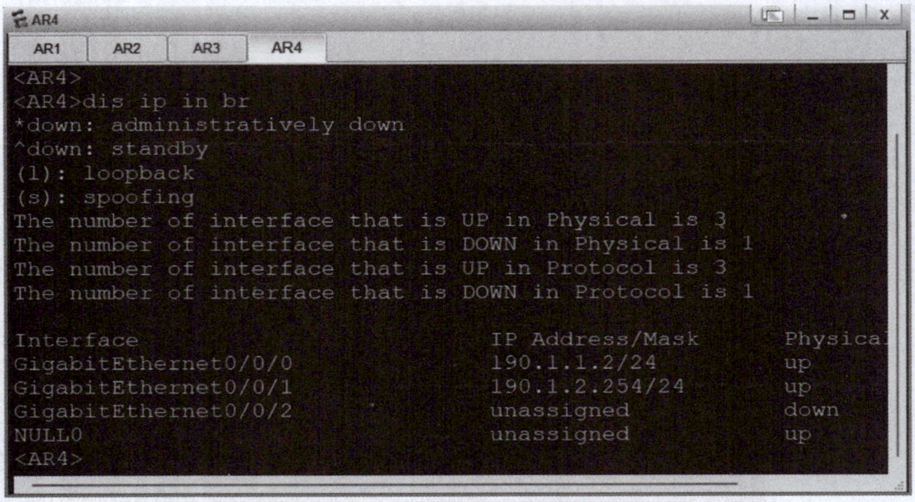

图 6.1.6　路由器 AR4 的接口状态

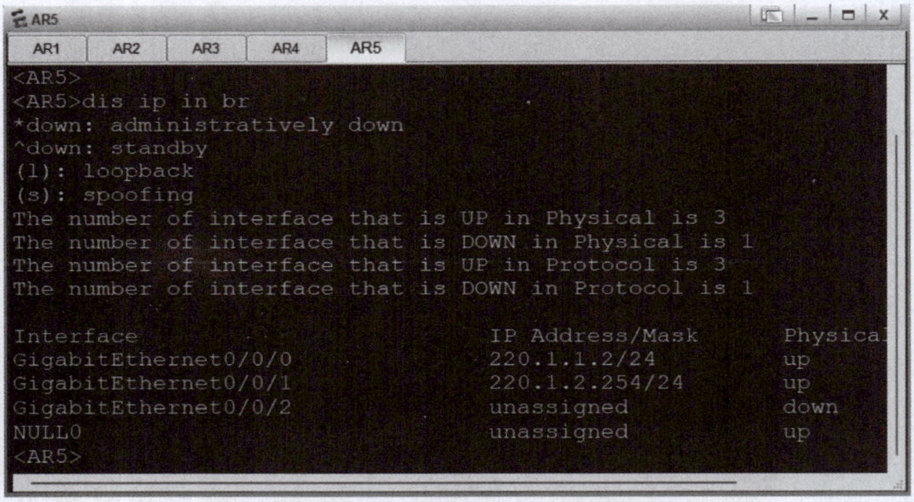

图 6.1.7　路由器 AR5 的接口状态

在路由器 AR1 上分别配置用于指明通往行业服务网的传输路径的静态路由项和用于指明通往 Internet 的传输路径的默认路由项，路由器 AR1 的完整路由表如图 6.1.8 所示。在路由器 AR2 中分别配置用于指明通往内部网络 1 和内部网络 2 的传输路径的静态路由项及用于指明通往 Internet 的传输路径的默认路由项，路由器 AR2 的完整路由表如图 6.1.9 所示。在路由器 AR3 中分别配置用于指明通往内部网络 1 和内部网络 2 的传输路径的静态路由项及用于指明通往行业服务网的传输路径的默认路由项，路由器 AR3 的完整路由表如图 6.1.10 所示。

续表

实施步骤	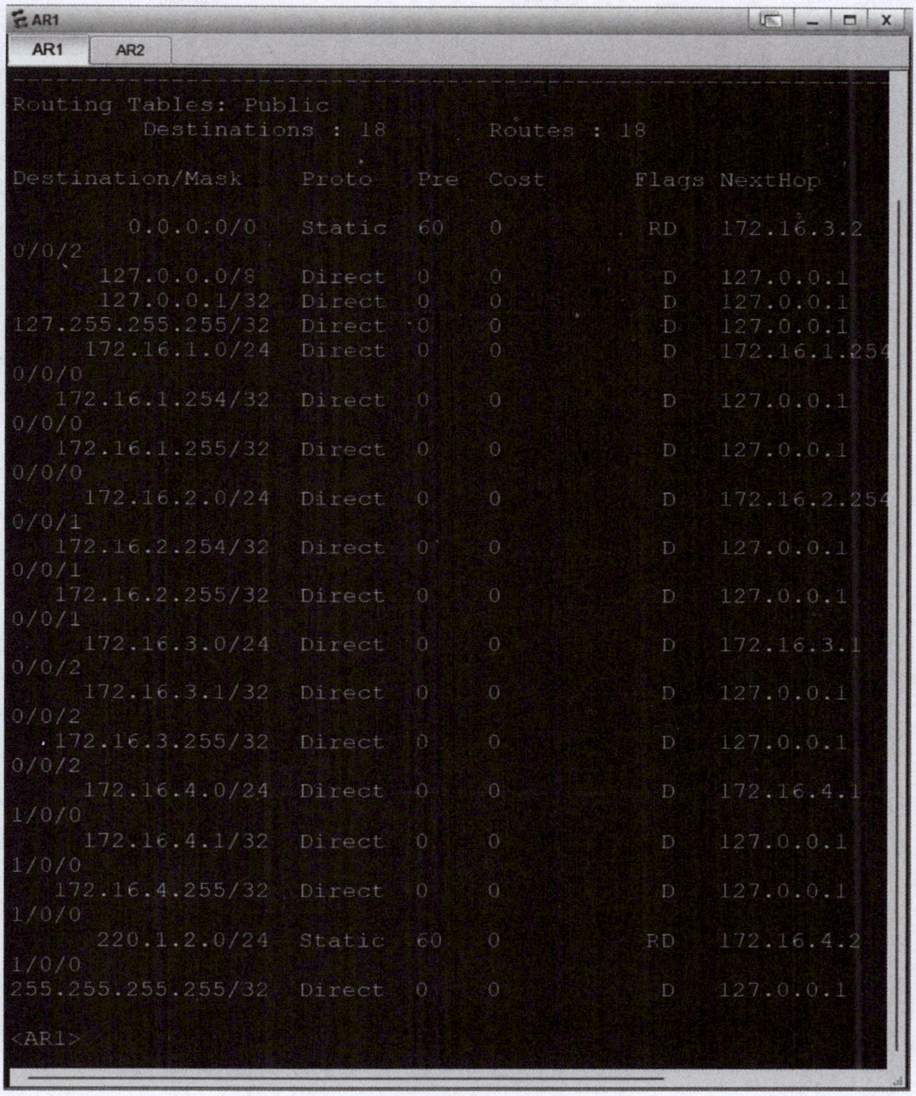 图 6.1.8　路由器 AR1 的完整路由表

```
AR1
AR1   AR2
------------------------------------------------------------------------------
Routing Tables: Public
         Destinations : 18        Routes : 18

Destination/Mask    Proto   Pre  Cost      Flags NextHop

        0.0.0.0/0   Static  60   0           RD   172.16.3.2
0/0/2
      127.0.0.0/8   Direct  0    0           D    127.0.0.1
      127.0.0.1/32  Direct  0    0           D    127.0.0.1
127.255.255.255/32  Direct  0    0           D    127.0.0.1
     172.16.1.0/24  Direct  0    0           D    172.16.1.254
0/0/0
   172.16.1.254/32  Direct  0    0           D    127.0.0.1
0/0/0
   172.16.1.255/32  Direct  0    0           D    127.0.0.1
0/0/0
     172.16.2.0/24  Direct  0    0           D    172.16.2.254
0/0/1
   172.16.2.254/32  Direct  0    0           D    127.0.0.1
0/0/1
   172.16.2.255/32  Direct  0    0           D    127.0.0.1
0/0/1
     172.16.3.0/24  Direct  0    0           D    172.16.3.1
0/0/2
     172.16.3.1/32  Direct  0    0           D    127.0.0.1
0/0/2
   172.16.3.255/32  Direct  0    0           D    127.0.0.1
0/0/2
     172.16.4.0/24  Direct  0    0           D    172.16.4.1
1/0/0
     172.16.4.1/32  Direct  0    0           D    127.0.0.1
1/0/0
   172.16.4.255/32  Direct  0    0           D    127.0.0.1
1/0/0
      220.1.2.0/24  Static  60   0           RD   172.16.4.2
1/0/0
255.255.255.255/32  Direct  0    0           D    127.0.0.1

<AR1>
```

实施步骤

```
AR2
AR1    AR2    AR3    AR4    AR5
The device is running!

<AR2>dis ip rou
<AR2>dis ip routing-table
Route Flags: R - relay, D - download to fib
------------------------------------------------------------
Routing Tables: Public
        Destinations : 13      Routes : 13

Destination/Mask      Proto   Pre  Cost      Flags NextHop

        0.0.0.0/0     Static  60   0           RD   190.1.1.2
0/0/1
     127.0.0.0/8      Direct  0    0           D    127.0.0.1
     127.0.0.1/32     Direct  0    0           D    127.0.0.1
127.255.255.255/32    Direct  0    0           D    127.0.0.1
     172.16.1.0/24    Static  60   0           RD   172.16.3.1
0/0/0
     172.16.2.0/24    Static  60   0           RD   172.16.3.1
0/0/0
     172.16.3.0/24    Direct  0    0           D    172.16.3.2
0/0/0
     172.16.3.2/32    Direct  0    0           D    127.0.0.1
0/0/0
   172.16.3.255/32    Direct  0    0           D    127.0.0.1
0/0/0
     190.1.1.0/24     Direct  0    0           D    190.1.1.1
0/0/1
     190.1.1.1/32     Direct  0    0           D    127.0.0.1
0/0/1
   190.1.1.255/32     Direct  0    0           D    127.0.0.1
0/0/1
255.255.255.255/32    Direct  0    0           D    127.0.0.1

<AR2>
```

图 6.1.9 路由器 AR2 的完整路由表

图 6.1.10 路由器 AR3 的完整路由表

将路由器 AR1 作为 DHCP 服务器,用于为连接在内部网络 1 上的 PC 自动分配网络信息。启动基于接口定义作用域的功能,在路由器 AR1 连接内部网络 1 的接口上定义针对内部网络 1 的作用域。路由器 AR1 基于接口定义的作用域如图 6.1.11 所示。

实施步骤

图 6.1.11 路由器 AR1 基于接口定义的作用域

在内部网络 1 中的 PC1 上启动通过 DHCP 自动获取网络信息的功能，PC1 的基础配置界面如图 6.1.12 所示。PC1 自动获取的网络信息如图 6.1.13 所示。PC3 静态配置的网络信息如图 6.1.14 所示。

分别在路由器 AR2 和 AR3 中完成 PAT 配置过程，启动路由器 AR2 和 AR3 的 PAT 功能，路由器 AR2 对内部网络 1 和内部网络 2 中终端发送的 IP 分组实施 PAT 过程。路由器 AR3 只对内部网络 1 中终端发送的 IP 分组实施 PAT 过程。

实施步骤

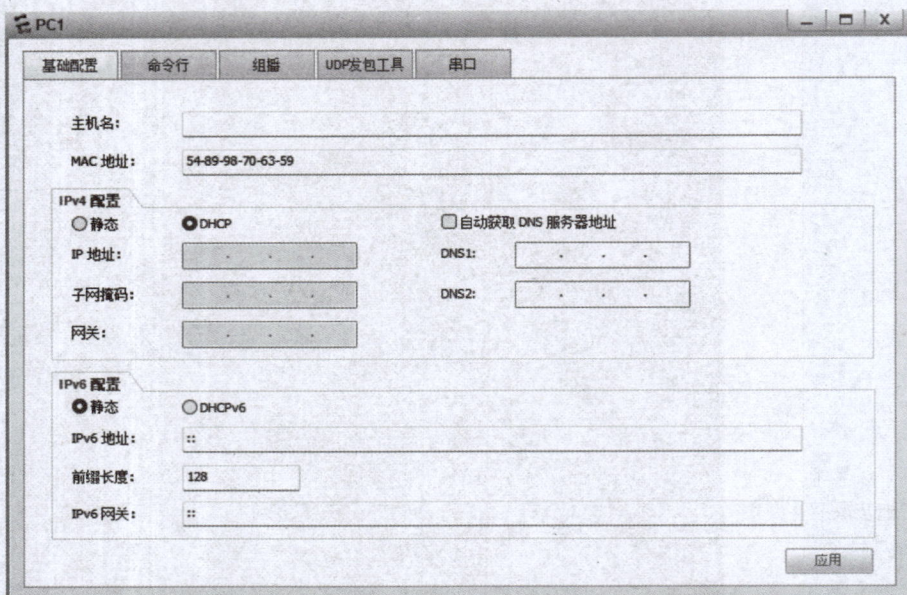

图 6.1.12　PC1 基础配置界面

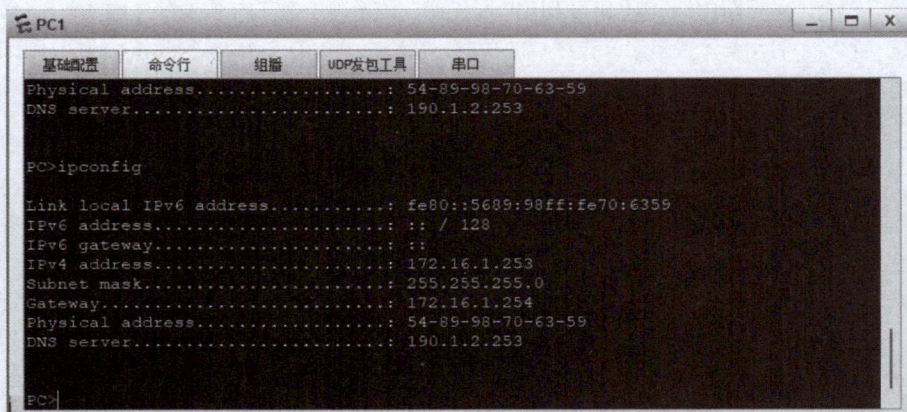

图 6.1.13　PC1 自动获取网络信息

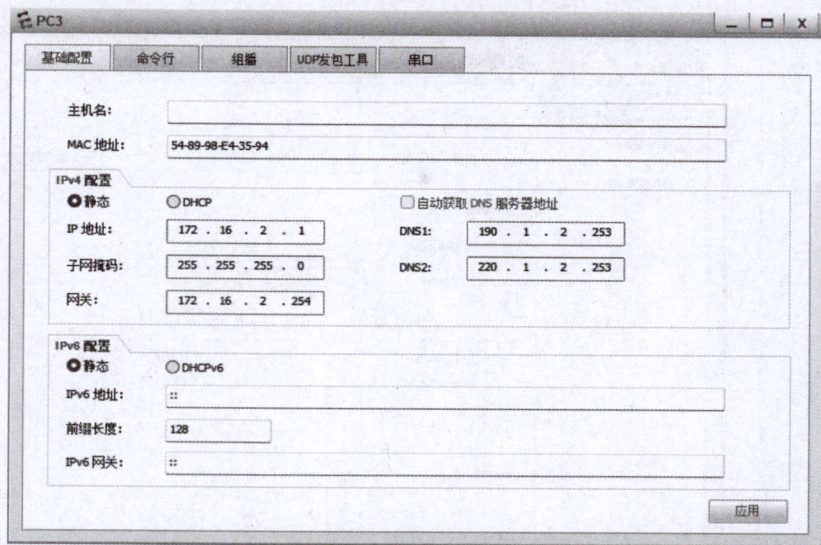

图 6.1.14 PC3 静态配置网络信息

实施步骤

完成 Internet 域名服务器和行业服务网域名服务器的配置过程。Internet 域名服务器的基础配置界面如图 6.1.15 所示，配置的资源记录如图 6.1.16 所示。行业服务网域名服务器的基础配置界面如图 6.1.17 所示，配置的资源记录如图 6.1.18 所示，值得说明的是，内部网络 1 中的 PC1 只获取 Internet 域名服务器的 IP 地址，表明只能解析 Internet 的完全合格域名。内部网络 2 中的 PC3 获取 Internet 域名服务器和行业服务域名服务器的 IP 地址，表明可以解析 Internet 和行业服务的完全合格域名。

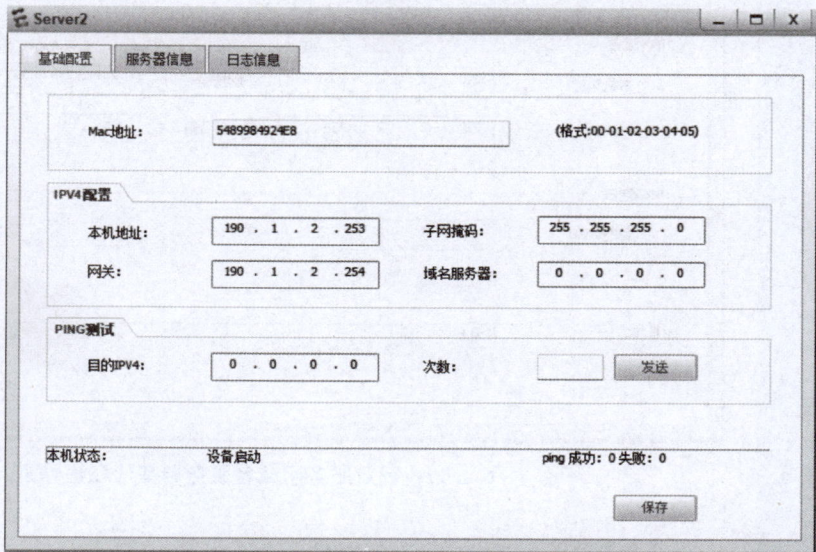

图 6.1.15 Internet 域名服务器基础配置界面

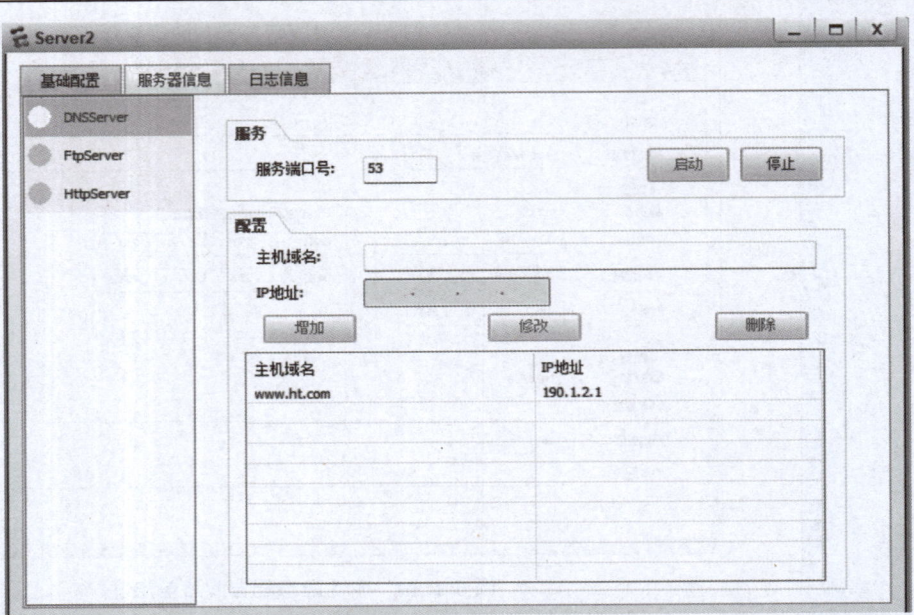

图 6.1.16　Internet 域名服务器配置的资源记录

实施步骤

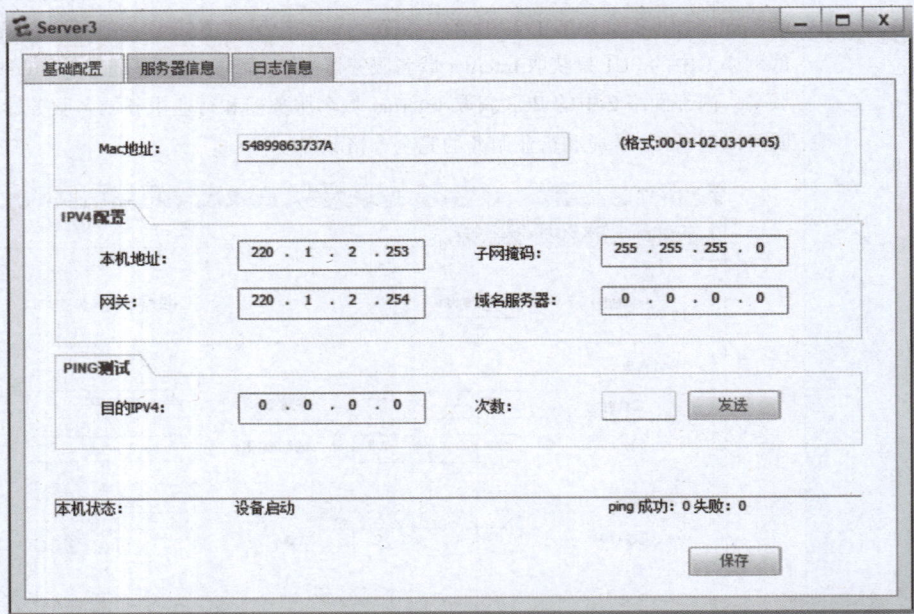

图 6.1.17　行业服务网域名服务器基础配置界面

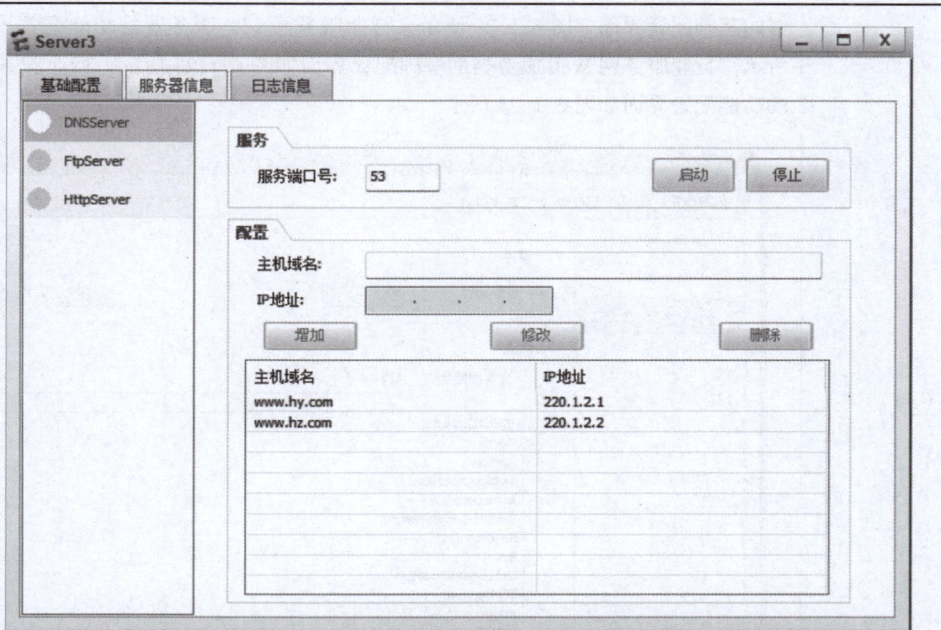

图 6.1.18　行业服务网域名服务器配置的资源记录

实施步骤　　　完成 Internet Web 服务器（www. ht. com）和行业服务网 FTP 服务器（www. hy. edu）、行业服务网 Web 服务器（www. hz. com）的配置。Internet Web 服务器的基础配置界面如图 6.1.19 所示，Internet Web 服务器功能配置界面如图 6.1.20 所示。行业服务网 FTP 服务

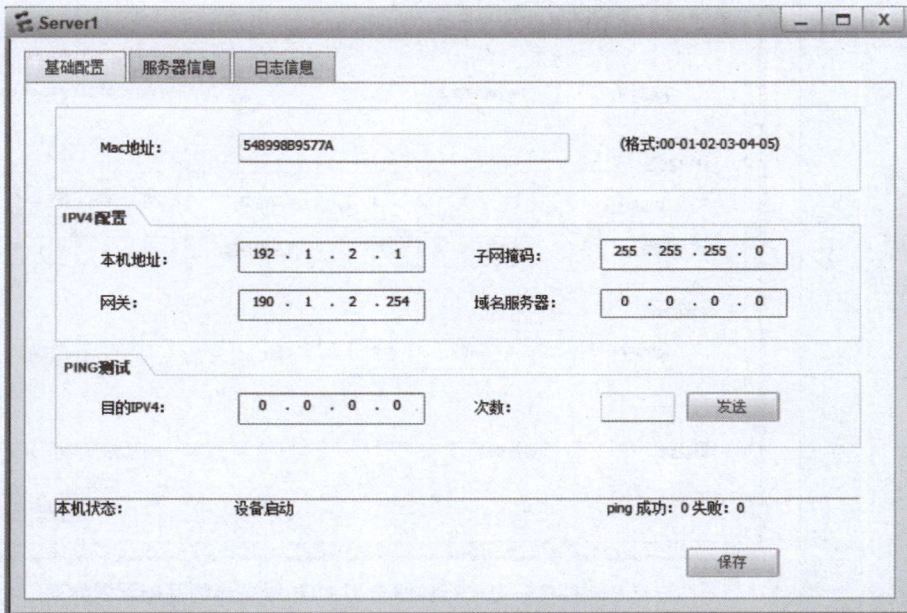

图 6.1.19　Internet Web 服务器的基础配置界面

实施步骤	器的基础配置界面如图 6.1.21 所示，行业服务网 FTP 服务器的功能配置界面如图 6.1.22 所示。行业服务网 Web 服务器的基础配置界面如图 6.1.23 所示，行业服务网 Web 服务器的功能配置界面如图 6.1.24 所示。 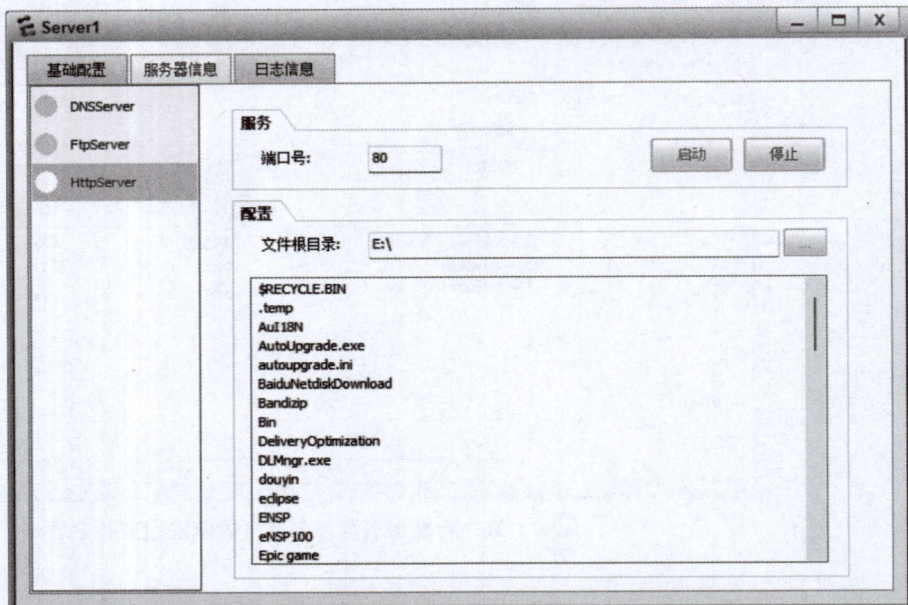 **图 6.1.20　Internet Web 服务器功能配置界面** 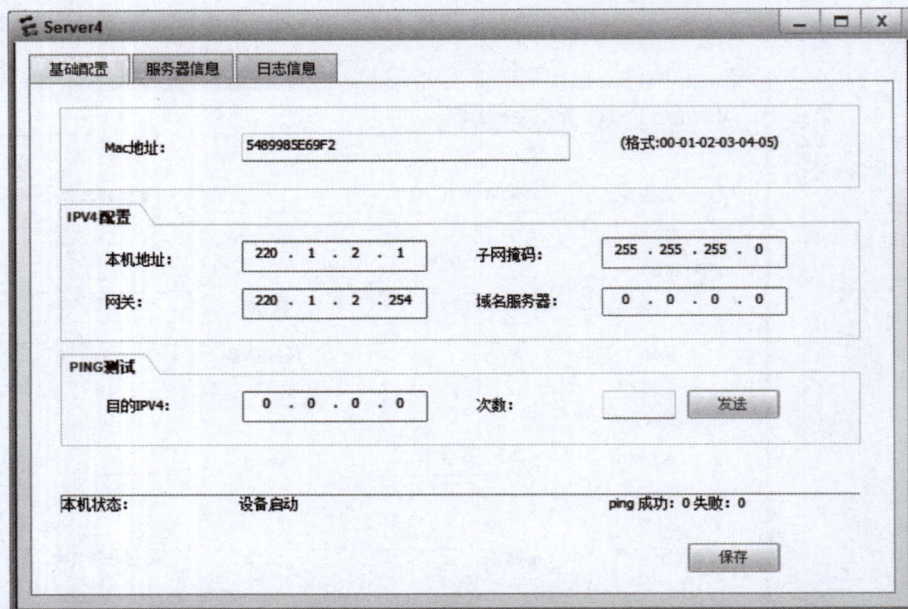 **图 6.1.21　行业服务网 FTP 服务器的基础配置界面**

实施步骤	

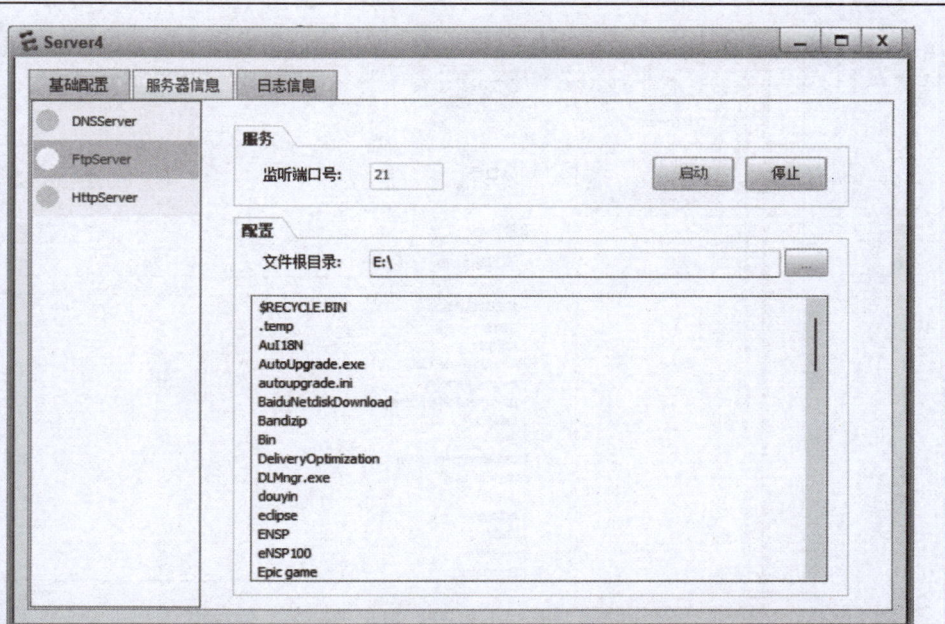

图 6.1.22　行业服务网 FTP 服务器的功能配置界面

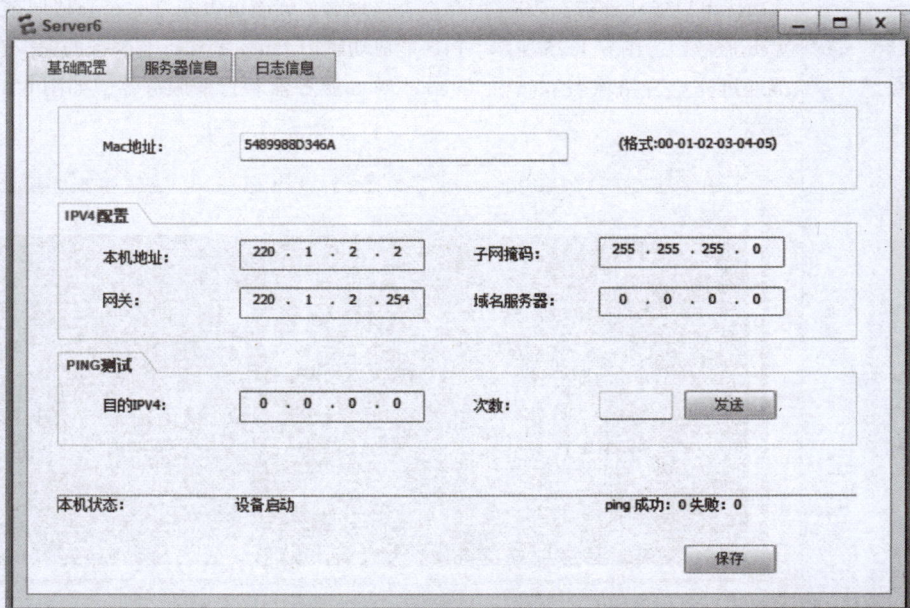

图 6.1.23　行业服务网 Web 服务器的基础配置界面

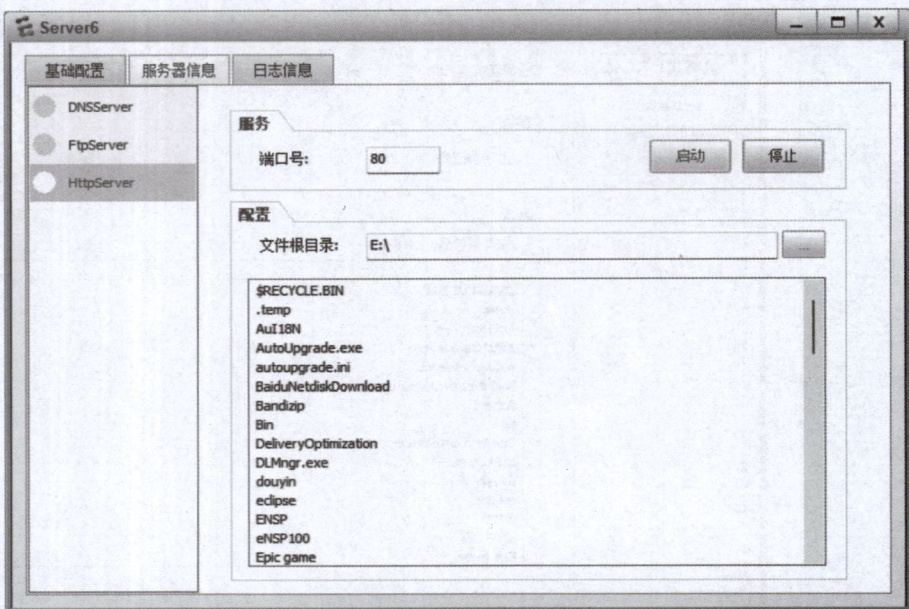

图 6.1.24　行业服务网 Web 服务器的功能配置界面

实施步骤

PC1 可以成功解析 Internet 的完全合格域名，因而可以通过完全合格域名 ping 通 Internet Web 服务器，图 6.1.25 所示。PC3 能成功解析 Internet 和行业服务的完全合格域名，因而能通过完全合格域名 ping 通 Internet Web 服务器和行业服务器，如图 6.1.26～图 6.1.28 所示。

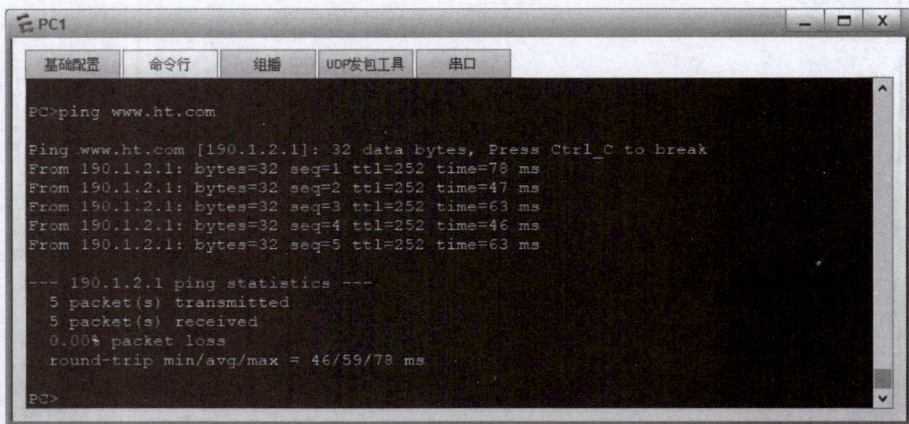

图 6.1.25　PC1 用完全合格域名 ping 通 Internet Web 服务器的过程

续表

实施步骤

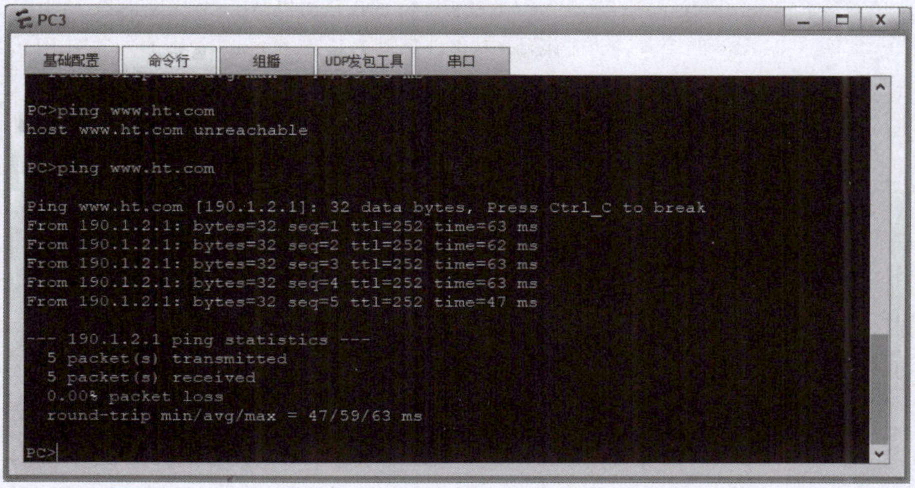

图 6.1.26　PC3 用完全合格域名 ping 通 Internet Web 服务器的过程

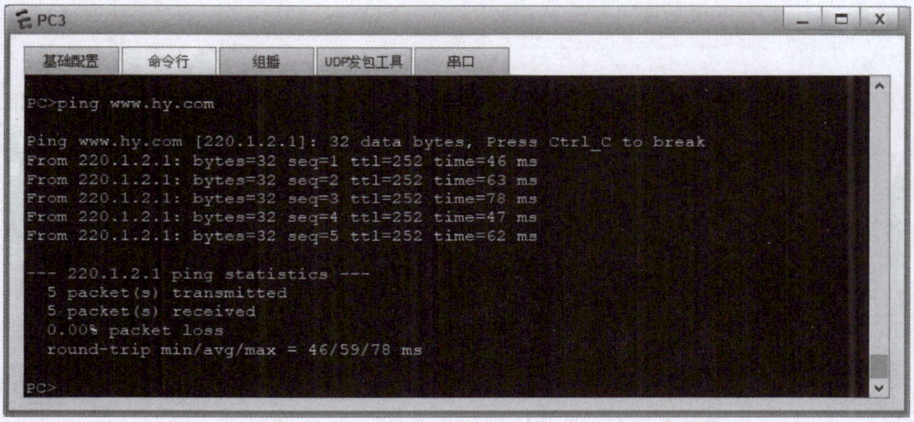

图 6.1.27　PC3 用完全合格域名 ping 通行业服务网 FTP 服务器的过程

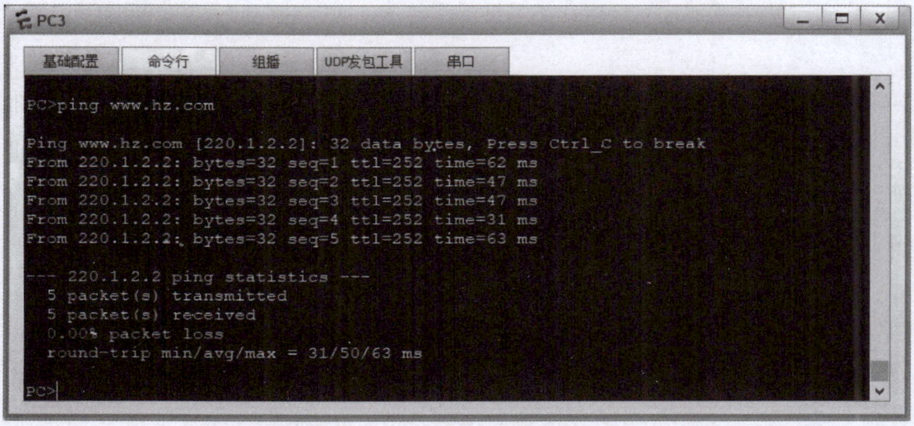

图 6.1.28　PC3 用完全合格域名 ping 通行业服务网 Web 服务器的过程

实施步骤	为了验证路由器 AR2 PAT 过程，分别在路由器 AR2 连接路由器 AR1 的接口和连接路由器 AR4 的接口启动捕获报文功能。启动 PC1 至 Internet Web 服务器的 IP 分组传输过程，路由器 AR2 连接路由器 AR1 的接口捕获的报文序列如图 6.1.29 所示。PC1 至 Internet Web 服务器的 IP 分组的源 IP 地址是 PC1 的私有 IP 地址 172.16.1.252。路由器 AR2 连接路由器 AR4 的接口获得报文序列如图 6.1.30 示。PC1 至 Internet Web 服务器的 IP 分组的源 IP 地址转换成路由器 AR2 连接路由器 AR4 的接口的全球 IP 地址 190.1.1.1。 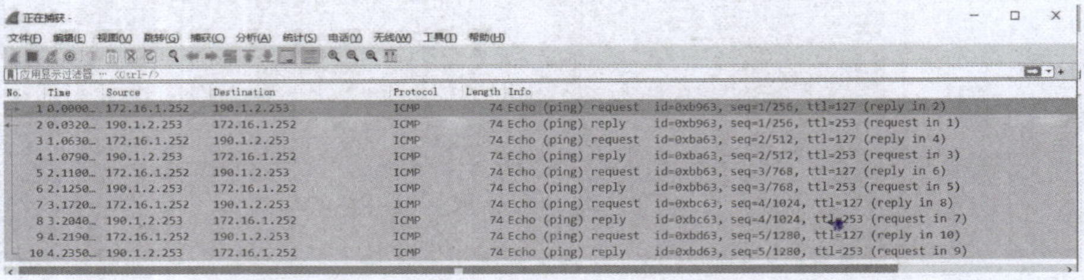 图 6.1.29　路由器 AR2 连接路由器 AR1 的接口捕获的报文序列 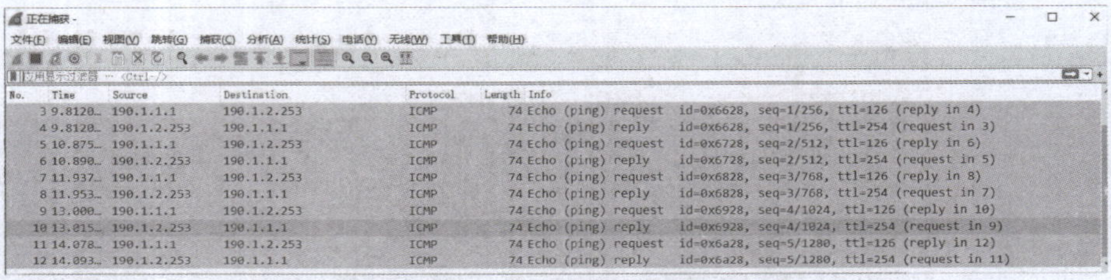 图 6.1.30　路由器 AR2 连接路由器 AR4 的接口捕获的报文序列 完成内部网络 1 中的 Client1 通过浏览器访问 Internet Web 服务器的过程，Client1 的基础配置界面如图 6.1.31 所示，通过完全合格域名访问 Internet Web 服务器的过程如图 6.1.32 所示。 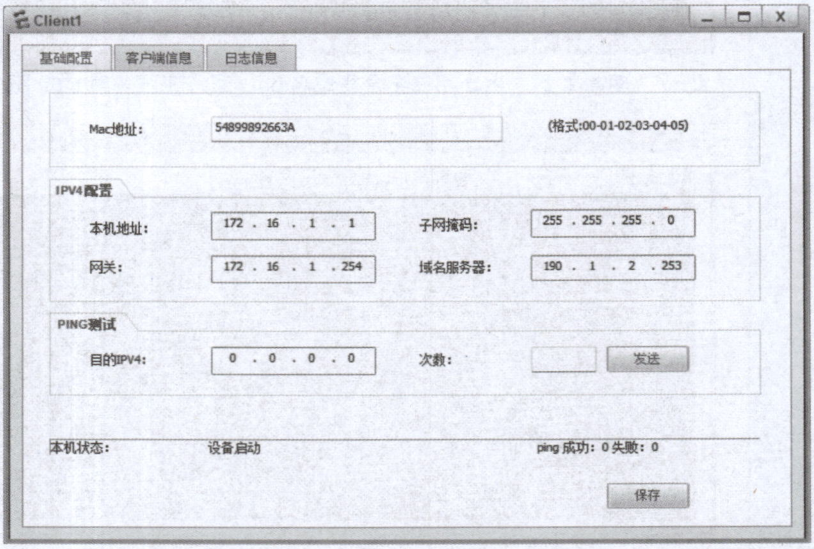 图 6.1.31　Client1 的基础配置界面

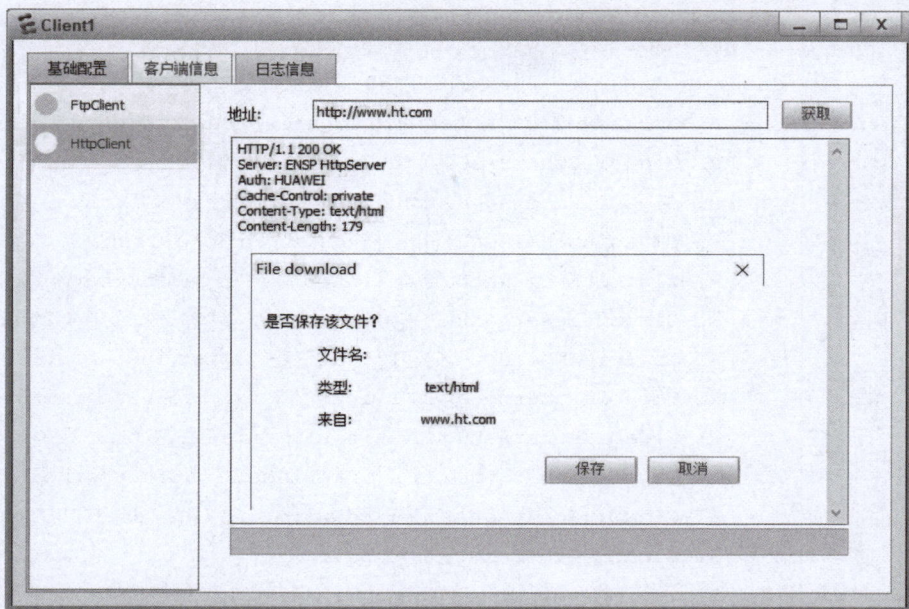

图 6.1.32　Client1 通过完全合格域名访问 Internet Web 服务器的过程

实施步骤

　　分别在交换机 LSW1 和 LSW2 启动 DHCP 侦听功能，将这两个交换机连接路由器 AR1 的端口设置为信任端口，在路由器 AR1 连接交换机 LSW2 的接口上设置无状态分组过滤器，该无状态分组过滤器将丢弃内部网络 2 中终端发送的、目的网络是行业服务网的 IP 分组。

【命令行接口配置过程】

（1）交换机 LSW1 命令行接口配置过程如下：

```
<Huawei>system-view
[Huawei]sysname SW1
[SW1]dhcp enable
[SW1]dhcp snooping enable
[SW1]dhcp snooping enable vlan 1
[SW1]int e0/0/3
[SW1-Ethernet0/0/3]dhcp snooping trusted
```

（2）交换机 LSW2 的命令行接口配置过程与交换机 LSW1 相同。

（3）路由器 AR1 命令行接口配置过程如下：

```
<Huawei>system-view
[Huawei]sysname R1
[R1]dhcp enable
[R1]acl 3000
```

实施步骤	

```
    [R1 - acl - adv - 3000]rule 5 deny ip source 172.16.2.0 0.0.0.255
destination 220.1.2.0 0.0.0.255
    [R1-acl-adv-3000]interface GigabitEthernet0/0/0
    [R1-GigabitEthernet0/0/0]ip address 172.16.1.254 255.255.255.0
    [R1-GigabitEthernet0/0/0]dhcp select interface
    [R1-GigabitEthernet0/0/0]dhcp server dns-list 190.1.2.253
    [R1-GigabitEthernet0/0/0]interface GigabitEthernet0/0/1
    [R1-GigabitEthernet0/0/1]ip address 172.16.2.254 255.255.255.0
    [R1-GigabitEthernet0/0/1]traffic-filter inbound acl 3000
    [R1-GigabitEthernet0/0/1]interface GigabitEthernet0/0/2
    [R1-GigabitEthernet0/0/2]ip address 172.16.3.1 255.255.255.0
    [R1-GigabitEthernet0/0/2]interface GigabitEthernet1/0/0
    [R1-GigabitEthernet1/0/0]ip address 172.16.4.1 255.255.255.0
    [R1-GigabitEthernet1/0/0]quit
    [R1]ip route-static 0.0.0.0 0.0.0.0 172.16.3.2
    [R1]ip route-static 220.1.2.0 255.255.255.0 172.16.4.2
```

（4）路由器 AR2 命令行接口配置过程如下：

```
<Huawei>system-view
[Huawei]sysname R2
[R2]acl number 2000
[R2-acl-basic-2000]rule 5 permit source 172.16.1.0 0.0.0.255
[R2-acl-basic-2000]rule 10 permit source 172.16.2.0 0.0.0.255
[R2-acl-basic-2000]interface GigabitEthernet0/0/0
[R2-GigabitEthernet0/0/0]ip address 172.16.3.2 255.255.255.0
[R2-GigabitEthernet0/0/0]interface GigabitEthernet0/0/1
[R2-GigabitEthernet0/0/1]ip address 190.1.1.1 255.255.255.0
[R2-GigabitEthernet0/0/1]nat outbound 2000
[R2-GigabitEthernet0/0/1]quit
[R2]ip route-static 0.0.0.0 0.0.0.0 190.1.1.2
[R2]ip route-static 172.16.1.0 255.255.255.0 172.16.3.1
[R2]ip route-static 172.16.2.0 255.255.255.0 172.16.3.1
```

（5）路由器 AR3 命令行接口配置过程如下：

```
<Huawei>system-view
[Huawei]sysname R3
[R3]acl number 2000
```

实施步骤	
	[R3-acl-basic-2000]rule 5 permit source 172.16.2.0 0.0.0.255 [R3-acl-basic-2000]interface GigabitEthernet0/0/0 [R3-GigabitEthernet0/0/0]ip address 172.16.4.2 255.255.255.0 [R3-GigabitEthernet0/0/0]interface GigabitEthernet0/0/1 [R3-GigabitEthernet0/0/1]ip address 220.1.1.1 255.255.255.0 [R3-GigabitEthernet0/0/1]nat outbound 2000 [R3-GigabitEthernet0/0/1]quit [R3]ip route-static 0.0.0.0 0.0.0.0 220.1.1.2 [R3]ip route-static 172.16.1.0 255.255.255.0 172.16.4.1 [R3]ip route-static 172.16.2.0 255.255.255.0 172.16.4.1
	（6）路由器 AR4 命令行接口配置过程如下：

	`<Huawei>system-view`
	`[Huawei]sysname R4`
	`[R4]interface GigabitEthernet0/0/0`
	`[R4-GigabitEthernet0/0/0]ip address 190.1.1.2 255.255.255.0`
	`[R4-GigabitEthernet0/0/0]interface GigabitEthernet0/0/1`
	`[R4-GigabitEthernet0/0/1]ip address 190.1.2.254 255.255.255.0`

	（7）路由器 AR5 命令行接口配置过程如下：

	`<Huawei>system-view`
	`[Huawei]sysname R5`
	`[R5]interface GigabitEthernet0/0/0`
	`[R5-GigabitEthernet0/0/0]ip address 220.1.1.2 255.255.255.0`
	`[R5-GigabitEthernet0/0/0]interface GigabitEthernet0/0/1`
	`[R5-GigabitEthernet0/0/1]ip address 220.1.2.254 255.255.255.0`

任务 2　VPN 综合应用

【任务工单】

任务工单 2：VPN 综合应用

任务名称	VPN 综合应用				
组别		成员		小组成绩	
学生姓名				个人成绩	

任务情景	在提升公司网络安全与稳定性的背景下，考虑到对持续、无间断 VPN 连接的高需求，安安设计并实施了基于 L2TP（Layer 2 Tunneling Protocol，第二层隧道协议）VPN 的先进方案，结合高可用性架构策略，以确保在任何潜在的网络设备故障或外部威胁面前，公司的远程访问与数据传输都能保持畅通无阻。 　　具体实施中，安安精心规划并部署了双路 L2TP VPN 隧道架构，每路隧道均依托于独立的 VPN 服务器，这些服务器不仅具备卓越的处理能力，还集成了最新的安全特性。L2TP VPN 通过封装第二层协议（如 PPP）在 IP 网络中传输，不仅保证了数据的完整性和安全性，还实现了跨不同网络类型的透明传输。 　　此外，为了确保系统的高可用性和冗余性，安安实施了 VPN 服务器的热备份机制。这意味着，当主 VPN 服务器因任何原因（如硬件故障、网络中断或维护需求）无法提供服务时，备份服务器将立即接管，无缝切换至活跃状态，继续为远程用户提供安全、稳定的 VPN 连接。 　　通过实施这一基于 L2TP VPN 的冗余部署策略，安安不仅大幅提升了公司网络的安全性和稳定性，还增强了 VPN 服务的可靠性和连续性。即使在面对网络中断、安全攻击等突发情况时，公司的远程办公、数据传输和业务连续性也能得到有效保障，为企业的全球化运营和高效协作提供了坚实的网络基础。
任务目标	跟随安安的脚步，明确以下目标： ● 理解 L2TP VPN 的基本原理 ● 掌握配置防火墙、路由器上的 VPN 技术
任务要求	● 网络拓扑图搭建准确 ● 保障企业内网与外网通信畅通
任务实施	
实施总结	
小组评价	
任务点评	

【前导知识】

L2TP VPN（Layer 2 Tunneling Protocol Virtual Private Network）技术是一种在网络层之上构建虚拟专用网络（VPN）的协议，它通过在公共网络上创建一个加密的隧道，实现了数据在互联网上的安全传输。L2TP VPN 技术在多个场景中都有着广泛的应用，以下是一些典型的应用场景。

1. 远程办公

背景：随着信息化的发展，企业员工需要频繁进行远程办公，访问企业内部资源。

应用：通过使用 L2TP VPN，员工可以安全地访问企业内部网络，实现远程办公的高效协作。这种方式不仅提高了工作效率，还保证了数据传输的安全性。

优势：L2TP VPN 结合了 IPsec 协议，提供了加密和认证功能，确保了数据传输的安全性。

2. 跨国企业数据传输

背景：跨国企业在全球范围内设有多个分支机构，需要实现分支机构之间的数据安全传输。

应用：L2TP VPN 可以搭建专用网络，降低跨国数据传输的成本，并确保数据的安全性。企业可以通过 L2TP VPN 将各分支机构连接起来，形成一个安全的虚拟专用网络。

优势：相比传统的数据传输方式，L2TP VPN 具有更高的安全性和更低的成本。

3. 校园网安全

背景：在校园网环境中，学生和教职工的个人信息安全至关重要。

应用：通过部署 L2TP VPN，可以实现校园网络的加密保护，防止外部攻击和数据泄露。学生和教职工可以通过 L2TP VPN 安全地访问校园内部资源。

优势：L2TP VPN 提供了强大的加密和认证功能，能够有效保护校园网络的安全。

4. 家庭网络远程访问

背景：在家庭网络环境下，用户可能需要远程访问家庭网络中的设备或资源。

应用：通过 L2TP VPN，用户可以实现远程访问家庭网络，保障家庭网络安全。例如，用户可以在外出时通过 L2TP VPN 访问家庭摄像头或智能设备。

优势：L2TP VPN 提供了便捷的远程访问方式，并确保了数据传输的安全性。

5. 物联网设备接入

背景：随着物联网的普及，越来越多的设备连接到互联网。

应用：使用 L2TP VPN 可以实现对物联网设备的安全接入，防止数据泄露和非法访问。通过 L2TP VPN，物联网设备可以安全地与企业内部网络或其他设备通信。

优势：L2TP VPN 为物联网设备提供了可靠的安全保障，确保了设备之间的数据传输安全。

L2TP VPN 技术在远程办公、跨国企业数据传输、校园网安全、家庭网络远程访问及物联网设备接入等多个场景中都有着广泛的应用。它结合了 IPsec 协议的高安全性特点，为用户提供了安全、可靠的虚拟专用网络解决方案。在实际应用中，用户可以根据具体需求选择合适的 L2TP VPN 产品和服务。

【任务内容】

1. 网络系统整体需求

将某个企业网划分为 4 个 LAN，分别是 LAN1~LAN4，其中 LAN1 属于技术服务部门，LAN2 属于客服部门，LAN3 属于信息中心部门，LAN4 属于财务部门，企业网和 Internet 互联，连接在 Internet 上的终端可以通过 VPN 访问 LAN3 中的信息资源。为了安全，要求企业网实施以下安全策略。

（1）属于财务部门的终端不允许访问 Internet。

（2）属于财务部门的 LAN4 与属于信息中心部门的 LAN3 之间不能相互通信。

（3）允许 LAN1 和 LAN2 中的终端发起访问 Internet 的过程。

（4）连接在 Internet 上的终端如果需要发起访问企业网的过程，必须先通过 VPN 技术接入企业网，且只能访问 LAN3 中的信息资源，不能与其他 LAN 中的终端相互通信。

2. 分配网络信息

Internet 分配给企业的网络信息如下：IP 地址为 220.1.1.1，子网掩码为 255.255.255.0，默认网关地址为 220.1.1.2。

3. 网络架构设计

网络结构如图 6.2.1 所示，Internet 上的终端 D 通过 L2TP VPN 方式接入并访问企业信息中心部门 LAN3 的 Web 服务器。同时，通过在防火墙配置安全策略，控制 LAN 之间的信息交换过程，防火墙与边缘路由器 R 相连，由边缘路由器 R 实现企业网与 Internet 之间的互联。边缘路由器 R 连接 Internet 的接口配置全球 IP 地址 220.1.1.1。

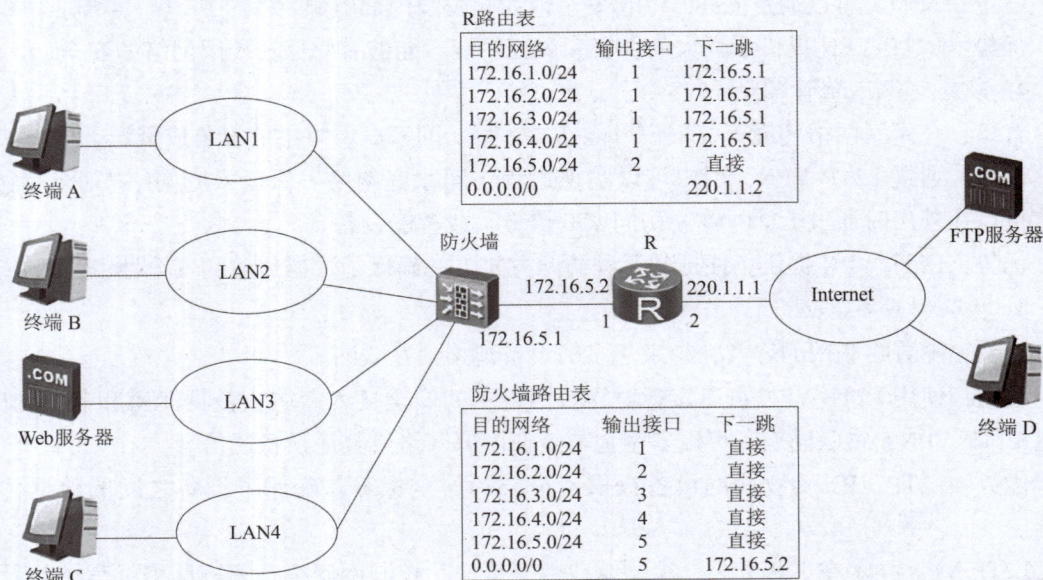

R路由表

目的网络	输出接口	下一跳
172.16.1.0/24	1	172.16.5.1
172.16.2.0/24	1	172.16.5.1
172.16.3.0/24	1	172.16.5.1
172.16.4.0/24	1	172.16.5.1
172.16.5.0/24	2	直接
0.0.0.0/0		220.1.1.2

防火墙路由表

目的网络	输出接口	下一跳
172.16.1.0/24	1	直接
172.16.2.0/24	2	直接
172.16.3.0/24	3	直接
172.16.4.0/24	4	直接
172.16.5.0/24	5	直接
0.0.0.0/0	5	172.16.5.2

图 6.2.1　网络结构

4. 路由表

防火墙中的路由项有两类。一类是用于指明通往直接连接的各个 LAN 的传输路径的直连路由项；另一类是下一跳为边缘路由器 R 的默认路由项。边缘路由器 R 中的路由项有两类，一类是下一跳为防火墙，用于指明通往企业网中各个 LAN 的传输路径的路由项；另一类是下一跳 IP 地址为 Internet 给出的默认网关地址的默认路由项。

5. PAT

由于允许 LAN1 和 LAN2 中的终端发起访问 Internet 的过程，需要在边缘路由器 R 启动 PAT 功能，允许进行 PAT 的源 IP 地址范围包括 17.16.1.0/24 和 172.16.2.0/24 。

6. VPN

边缘路由器 R 作为 VPN 接入服务器，完成以下功能：对远程接入用户进行身份鉴别；为远程终端分配属于网络地址 172.16.6.0/24 的私有 IP 地址，同时在路由表中创建一项将该远程终端和边缘路由器 R 之间的 IP 隧道与分配给该远程终端的私有 IP 地址绑定在一起的动态路由项；建立远程终端与边缘路由器 R 之间的双向安全关联，实现远程终端与边缘路由器 R 之间的安全传输过程。

7. 访问控制

在防火墙中划分四个安全区域，分别是安全区域 1、安全区域 2、安全区域 3 和安全区域 4，将连接 LAN1 和 LAN2 的接口分配给安全区域 1，将连接 LAN3 的接口分配给安全区域 2，将连接 LAN4 的接口分配给安全区域 3，将连接边缘路由器 R 的接口分配给安全区域 4。设置以下安全策略：

（1）禁止安全区域 1 发起访问安全区域 4 中网络 172.16.6.0/24。

（2）允许安全区域 1 与安全区域 3 之间相互通信。

（3）允许安全区域 1 发起访问安全区域 2。

（4）允许安全区域 1 发起访问安全区域 4。

（5）允许安全区域 4 发起访问安全区域 1。

（6）允许安全区域 4 中源 IP 地址属于网络地址 172.16.6.0/24 的终端发起访问安全区域 2。

【任务实施】

任务目标	1. 掌握 L2TP VPN 工作过程 2. 掌握 L2TP VPN 配置过程 微课–VPN
实施步骤	【启动 eNSP，按照图 6.2.2 所示的网络拓扑结构放置和连接设备】 完成设备放置和连接后的 eNSP 界面如图 6.2.2 所示，分别用交换机 LSW1、LSW2、LSW3 和 LSW4 仿真 LAN1、LAN2、LAN3 和 LAN4，用路由器 AR2 仿真如图 6.2.1 所示 Internet 路由器，AR2 成为路由器 AR1 通往 Internet 的传输路径上的下一跳路由器。

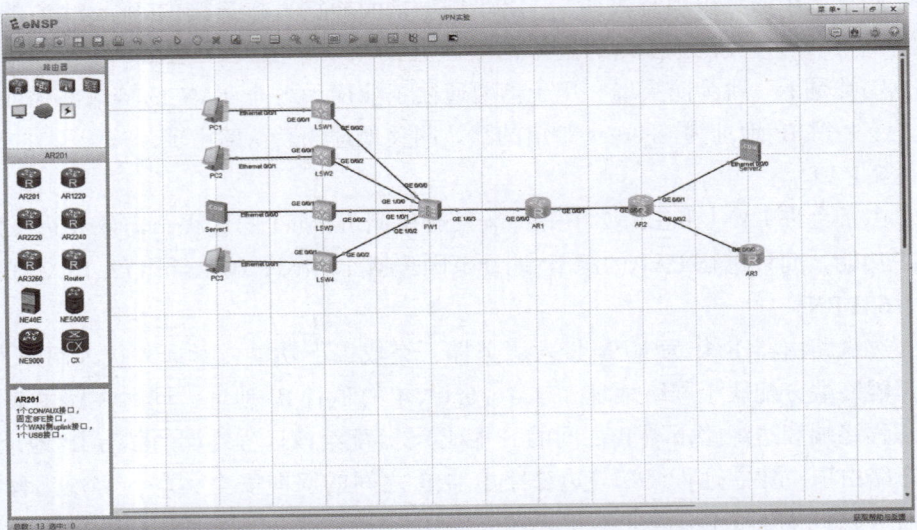

图 6.2.2　完成设备放置和连接后的 eNSP 界面

实施步骤

完成防火墙各个接口的 IP 地址和子网掩码配置过程，完成路由器 AR1 和 AR2 各个接口的 IP 地址和子网掩码配置过程，防火墙各个接口的状态如图 6.2.3 所示，路由器 AR1 和 AR2 各个接口的状态分别如图 6.2.4 和图 6.2.5 所示。

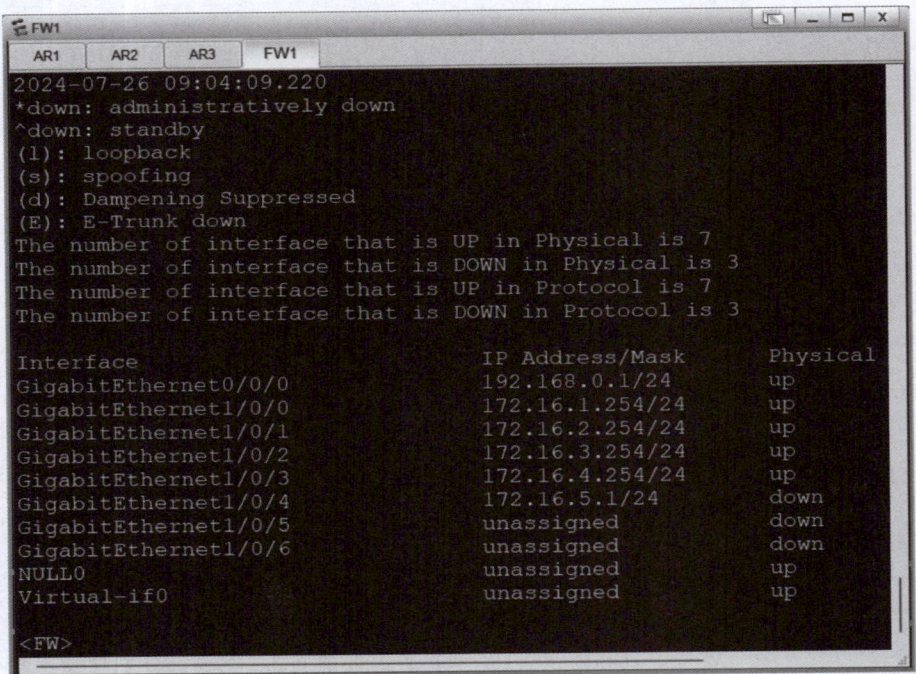

```
2024-07-26 09:04:09.220
*down: administratively down
^down: standby
(l): loopback
(s): spoofing
(d): Dampening Suppressed
(E): E-Trunk down
The number of interface that is UP in Physical is 7
The number of interface that is DOWN in Physical is 3
The number of interface that is UP in Protocol is 7
The number of interface that is DOWN in Protocol is 3

Interface                      IP Address/Mask       Physical
GigabitEthernet0/0/0           192.168.0.1/24        up
GigabitEthernet1/0/0           172.16.1.254/24       up
GigabitEthernet1/0/1           172.16.2.254/24       up
GigabitEthernet1/0/2           172.16.3.254/24       up
GigabitEthernet1/0/3           172.16.4.254/24       up
GigabitEthernet1/0/4           172.16.5.1/24         down
GigabitEthernet1/0/5           unassigned            down
GigabitEthernet1/0/6           unassigned            down
NULL0                          unassigned            up
Virtual-if0                    unassigned            up
<FW>
```

图 6.2.3　防火墙的接口状态

实施步骤

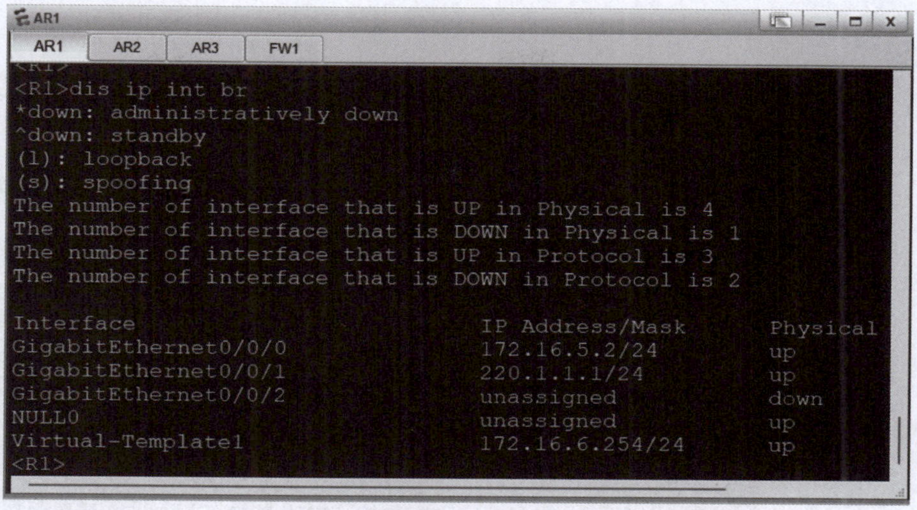

图 6.2.4　路由器 AR1 的接口状态

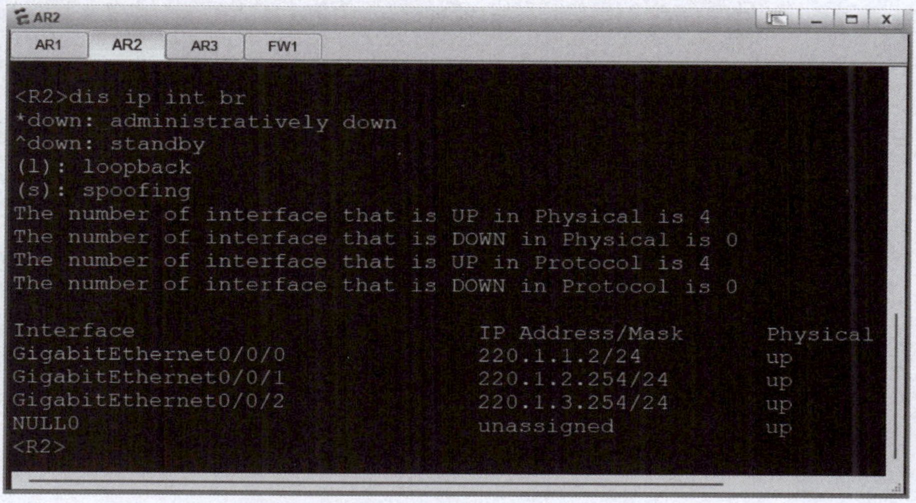

图 6.2.5　路由器 AR2 的接口状态

　　完成防火墙和路由器 AR1 静态路由项配置过程，防火墙和路由器 AR1 的完整路由表分别如图 6.2.6 和图 6.2.7 所示。

续表

实施步骤

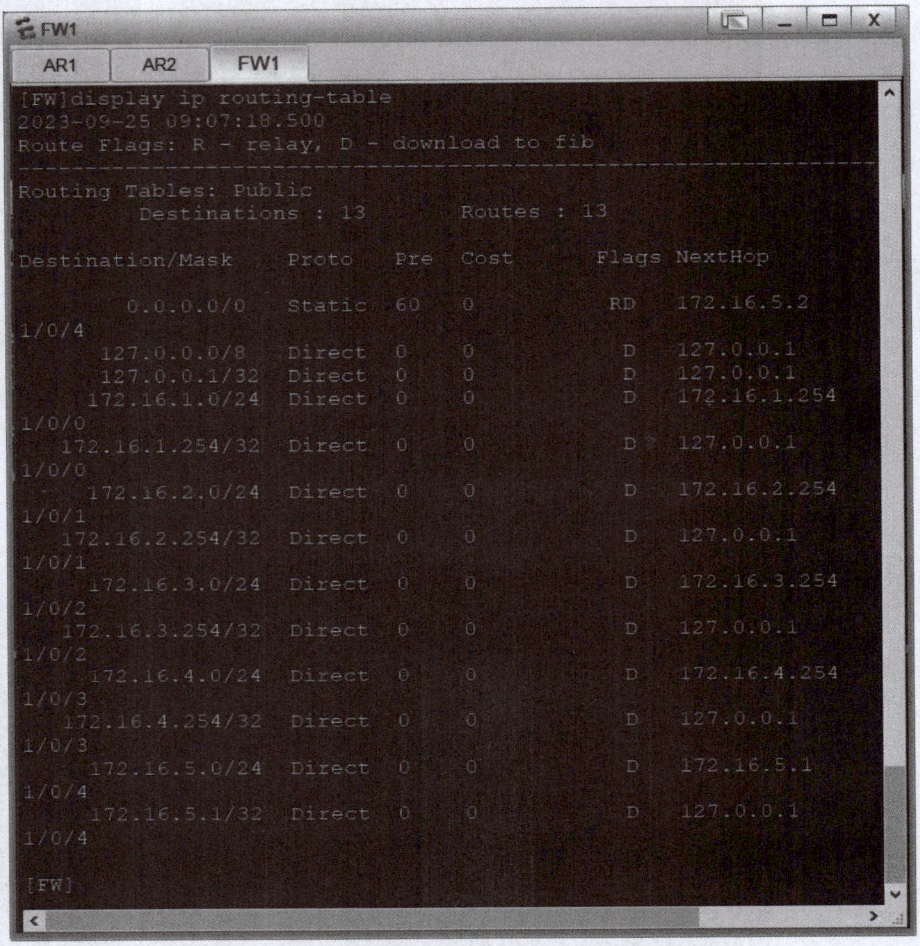

图 6.2.6　防火墙的完整路由表

续表

实施步骤

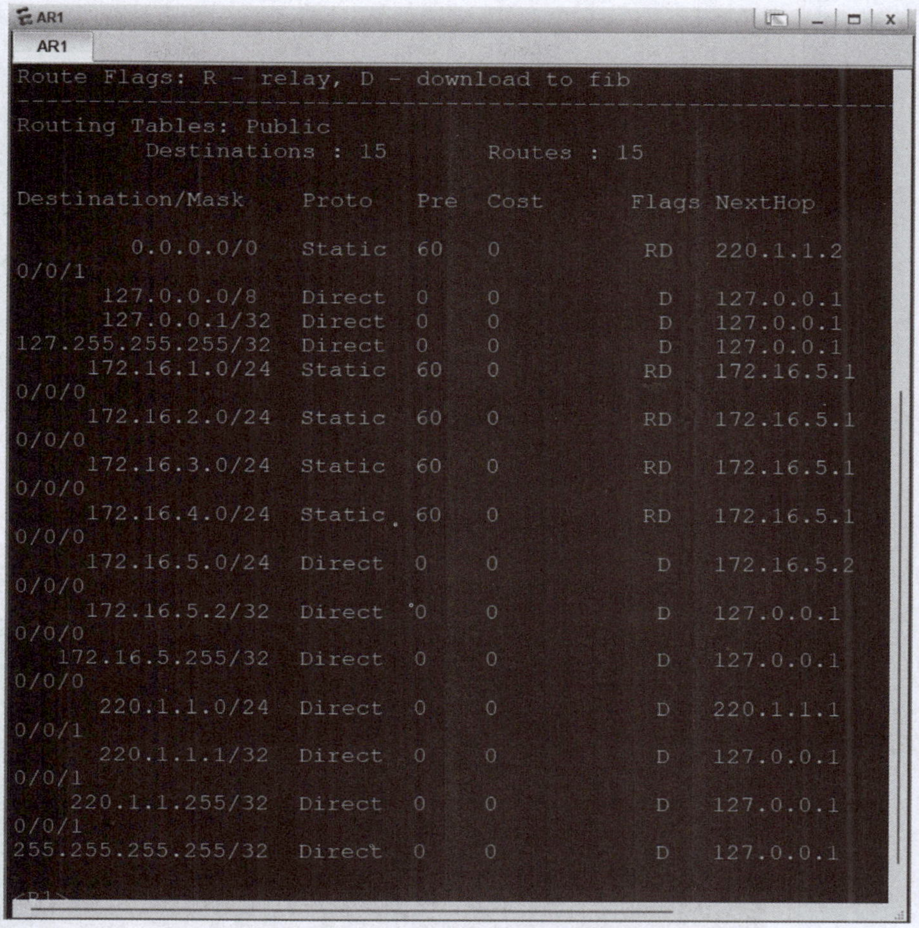

```
Route Flags: R - relay, D - download to fib
------------------------------------------------------------------------------
Routing Tables: Public
         Destinations : 15       Routes : 15

Destination/Mask    Proto   Pre  Cost      Flags NextHop

        0.0.0.0/0   Static  60   0           RD   220.1.1.2
0/0/1
      127.0.0.0/8   Direct  0    0            D   127.0.0.1
      127.0.0.1/32  Direct  0    0            D   127.0.0.1
127.255.255.255/32  Direct  0    0            D   127.0.0.1
     172.16.1.0/24  Static  60   0           RD   172.16.5.1
0/0/0
     172.16.2.0/24  Static  60   0           RD   172.16.5.1
0/0/0
     172.16.3.0/24  Static  60   0           RD   172.16.5.1
0/0/0
     172.16.4.0/24  Static  60   0           RD   172.16.5.1
0/0/0
     172.16.5.0/24  Direct  0    0            D   172.16.5.2
0/0/0
     172.16.5.2/32  Direct  0    0            D   127.0.0.1
0/0/0
   172.16.5.255/32  Direct  0    0            D   127.0.0.1
0/0/0
      220.1.1.0/24  Direct  0    0            D   220.1.1.1
0/0/1
      220.1.1.1/32  Direct  0    0            D   127.0.0.1
0/0/1
    220.1.1.255/32  Direct  0    0            D   127.0.0.1
0/0/1
255.255.255.255/32  Direct  0    0            D   127.0.0.1

<R1>
```

图 6.2.7　路由器 AR1 完整路由表

完成防火墙安全策略配置过程，安全策略中配置的规则如图 6.2.8 所示，名为 lan12tolan5 的规则是禁止 LAN1 和 LAN2 中的终端发起访问网络 172.16.6.0/24。名为 lam12tolan3 的规则是允许 LAN1 和 LAN2 中的终端发起访问 LAN3 中的终端。名为 lan12tolan4 的规则是允许 LAN1 和 LAN2 中的终端发起访问 LAN4 中的终端。名为 lan4tolan12 的规则是允许 LAN4 中的终端发起访问 LAN1 和 LAN2 中的终端。名为 lan5tolan3 的规则是允许属于网络 172.16.6.0/24 的终端发起访问 LAN3 中的终端。名为 lan12tolan5-1 的规则是允许 LAN1 和 LAN2 中的终端发起访问 Internet。名为 lan12tolan5 的规则和名为 lan12tolan5-1 的规则如图 6.2.9 所示。这两条规则一起决定允许 LAN1 和 LAN2 中的终端发起访问 Internet 中除已经通过 VPN 接入企业网的终端以外的其他所有终端。

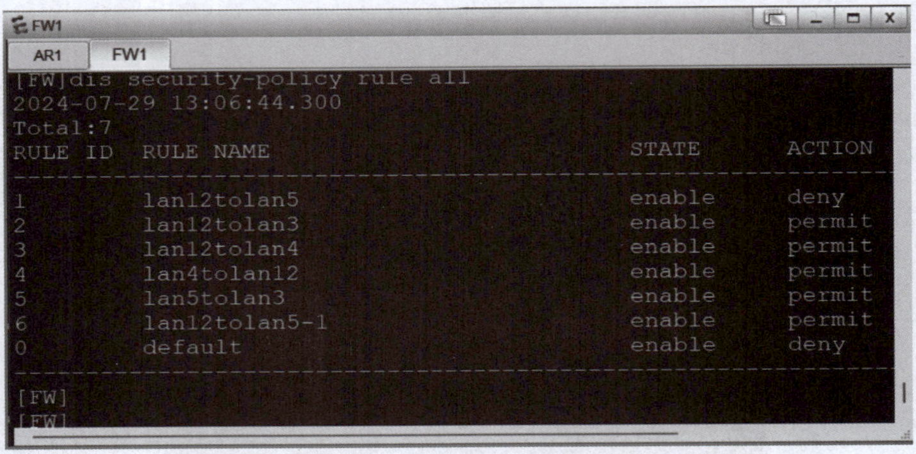

图 6.2.8　安全策略中配置的规则

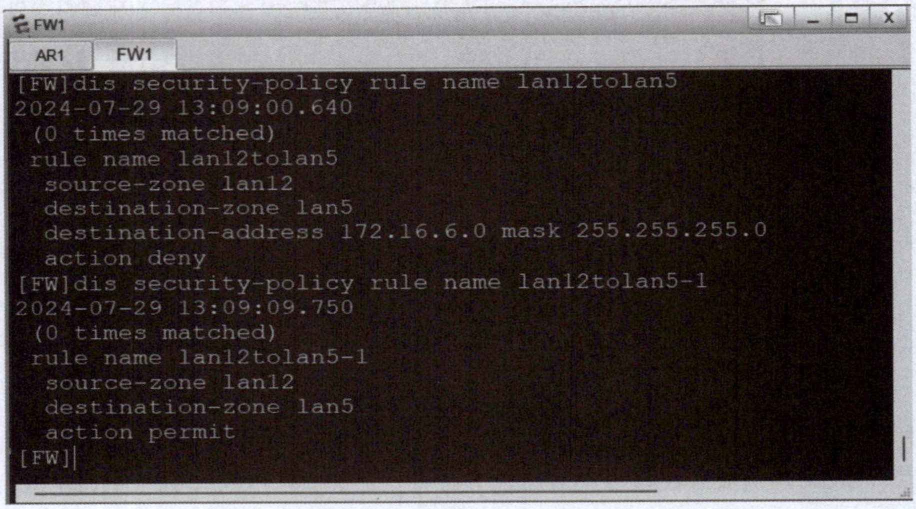

图 6.2.9　名为 **lan12tolan5** 的规则和名为 **lan12tolan5-1** 的规则

实施步骤

　　路由器 AR1 作为 L2TP 网络服务器（L2TP Network Server，LNS）路由器 Client 仿真 L2TP 接入集中器（L2TP Access Concentrator，LAC），完成 LNS 和 LAC VPN 配置过程，LNS 与 LAC 之间建立的 L2TP 隧道，LNS 一端的信息如图 6.2.10 所示，LAC 一端的信息如图 6.2.11 所示。LNS 配置的企业网私有 IP 地址池如图 6.2.10 所示，LAC 获取的企业网私有 IP 地址如图 6.2.11 所示。

续表

实施步骤

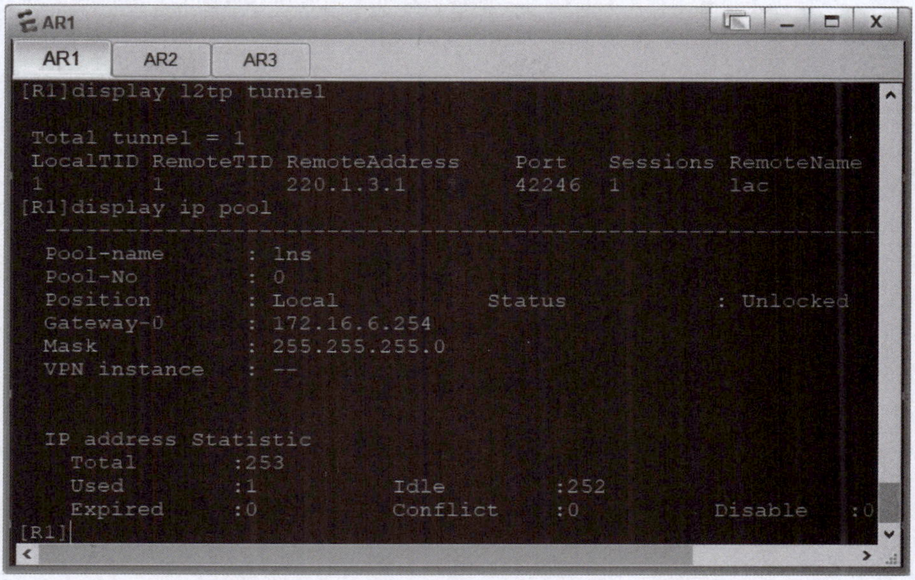


```
[R1]display l2tp tunnel

 Total tunnel = 1
 LocalTID RemoteTID RemoteAddress    Port   Sessions RemoteName
 1        1         220.1.3.1        42246  1        lac
[R1]display ip pool
  -----------------------------------------------------------------
  Pool-name       : lns
  Pool-No         : 0
  Position        : Local           Status            : Unlocked
  Gateway-0       : 172.16.6.254
  Mask            : 255.255.255.0
  VPN instance    : --


  IP address Statistic
    Total        :253
    Used         :1          Idle       :252
    Expired      :0          Conflict   :0          Disable    :0
[R1]
```

图 6.2.10　VPN LNS 一端相关信息

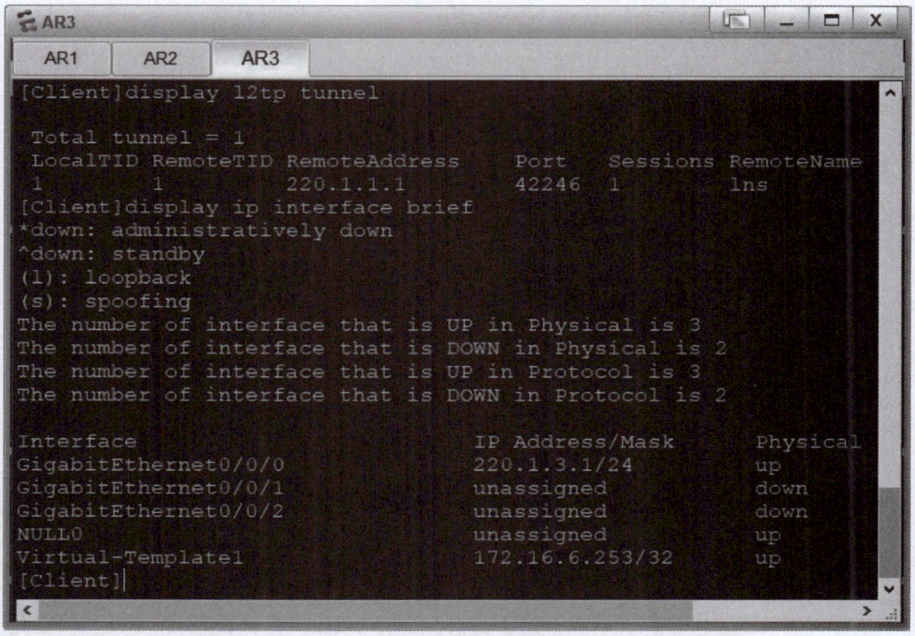


```
[Client]display l2tp tunnel

 Total tunnel = 1
 LocalTID RemoteTID RemoteAddress    Port   Sessions RemoteName
 1        1         220.1.1.1        42246  1        lns
[Client]display ip interface brief
*down: administratively down
^down: standby
(l): loopback
(s): spoofing
The number of interface that is UP in Physical is 3
The number of interface that is DOWN in Physical is 2
The number of interface that is UP in Protocol is 3
The number of interface that is DOWN in Protocol is 2

Interface                         IP Address/Mask      Physical
GigabitEthernet0/0/0              220.1.3.1/24         up
GigabitEthernet0/0/1              unassigned           down
GigabitEthernet0/0/2              unassigned           down
NULL0                             unassigned           up
Virtual-Template1                 172.16.6.253/32      up
[Client]
```

图 6.2.11　VPN LAC 一端相关信息

验证安全策略配置结果 LAN1 和 LAN2 中的终端与 LAN4 中的终端之间可以相互通信，允许 LAN1 和 LAN2 中的终端发起访问 LAN3，允许 LAN1 和 LAN2 中的终端发起访问 Internet，允许 Internet 中已经通过 VPN 接入企业网的终端发起访问 LAN3。禁止其他通信过程。LAN1 中 PC1 的基础配置界面如图 6.2.12 所示，PC1 成功发起访问 LAN2 中 PC2、LAN4 中

实施步骤	PC3 和 LAN3 中 Web Server1 的过程分别如图 6.2.13、图 6.2.14、图 6.2.15 所示。PC1 不能发起访问 Internet 中已经通过 VPN 接入企业网的终端的过程如图 6.2.16 所示。LAN4 中 PC3 成功发起访问 LAN1 中 PC1 的过程如图 6.2.17 所示。PC3 不能发起访问 LAN3 中 Web Server1 和 Internet 中已经通过 VPN 接入企业网的终端的过程分别如图 6.2.18 和图 6.2.19 所示。Web Server2 的基础配置界面如图 6.2.20 所示。PC1 成功发起访问 Internet 的过程如图 6.2.21 所示。PC3 不能发起访问 Internet 的过程如图 6.2.22 所示。Web Server1 不能发起访问 Internet 和 Internet 中已经通过 VPN 接入企业网的终端的过程分别如图 6.2.23 和图 6.2.24 所示。Internet 中已经通过 VPN 接入企业网的终端 Client 成功发起访问 LAN3 中 Web Server1 的过程如图 6.2.25 所示。Client 不能发起访问 LAN4 中 PC3 的过程如图 6.2.26 所示。 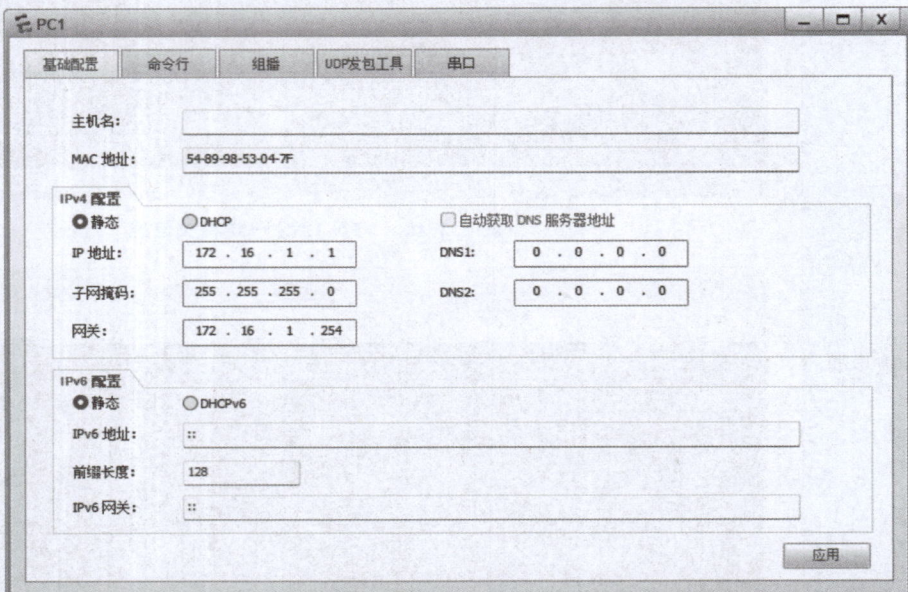 图 6.2.12　PC1 的基础配置界面 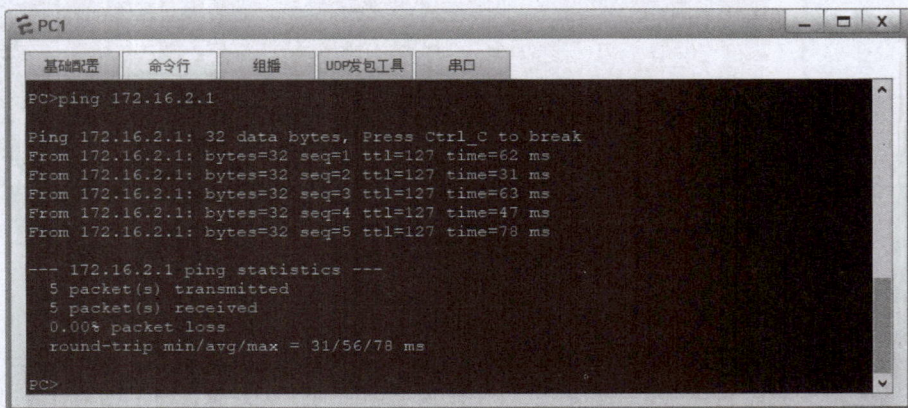 图 6.2.13　PC1 成功发起访问 LAN2 中 PC2 的过程

实施步骤

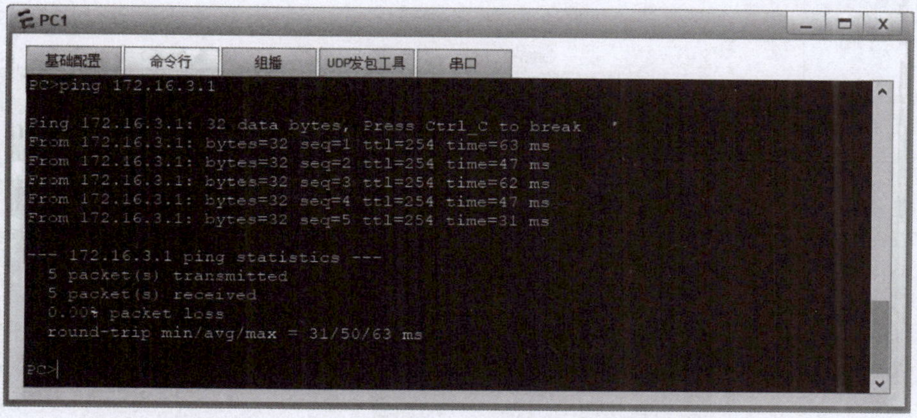

图 6.2.14　PC1 成功发起访问 LAN4 中 PC3 的过程

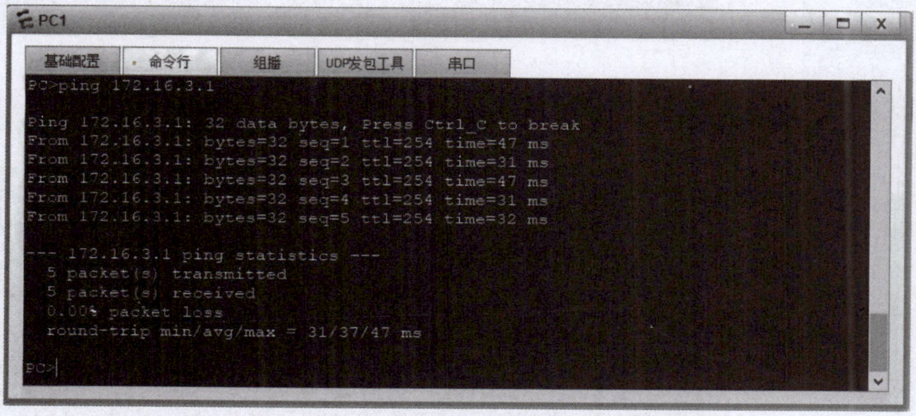

图 6.2.15　PC1 成功发起访问 LAN3 中 Web Server1 的过程

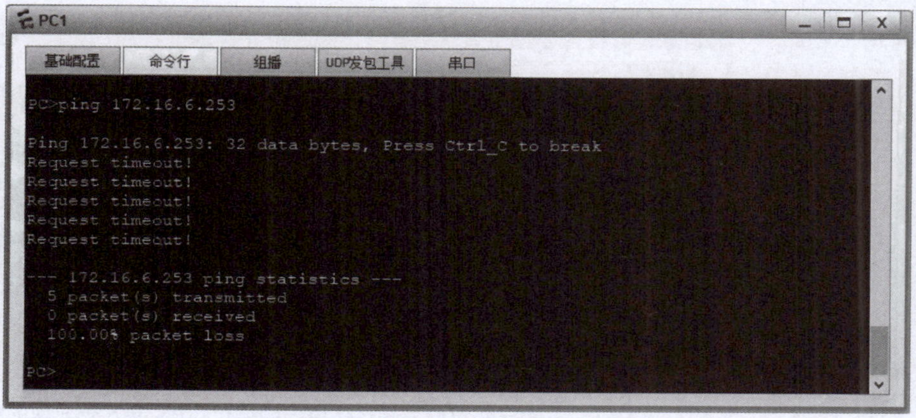

图 6.2.16　PC1 不能发起访问 Internet 中已经通过 VPN 接入企业网的终端的过程

实施步骤

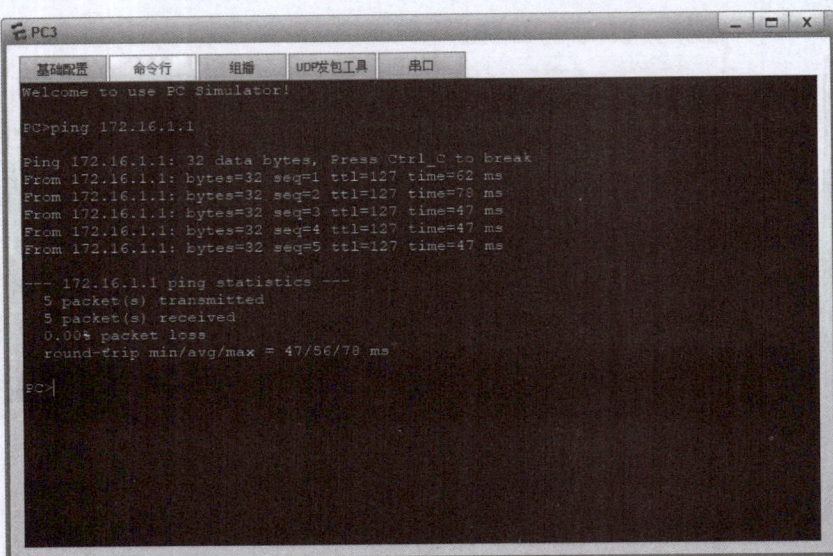

图 6.2.17　PC3 成功发起访问 LAN1 中 PC1 的过程

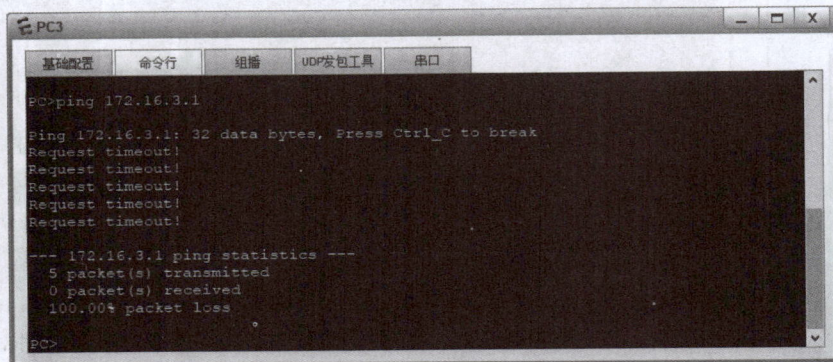

图 6.2.18　PC3 不能发起访问 LAN3 中 Web Server1 的过程

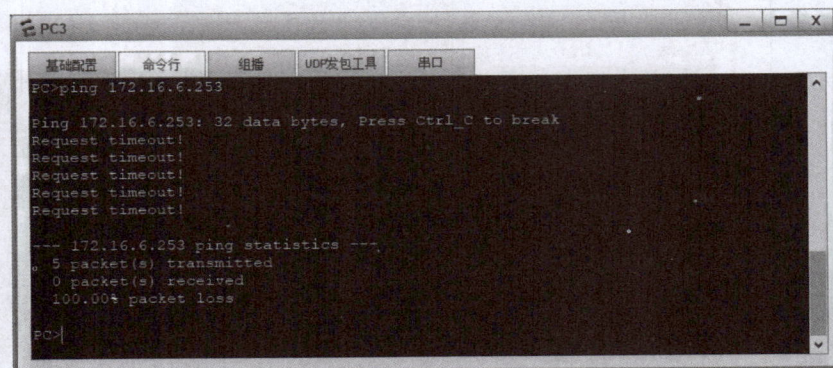

图 6.2.19　PC3 不能发起访问 Internet 中已经通过 VPN 接入企业网的终端的过程

实施步骤	

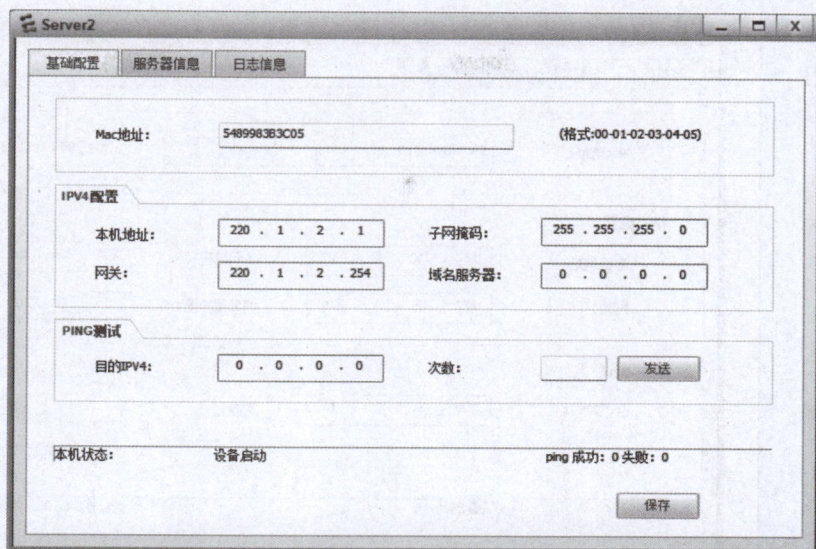

图 6.2.20 Web Server2 的基础配置界面

图 6.2.21 PC1 成功发起访问 Internet 的过程

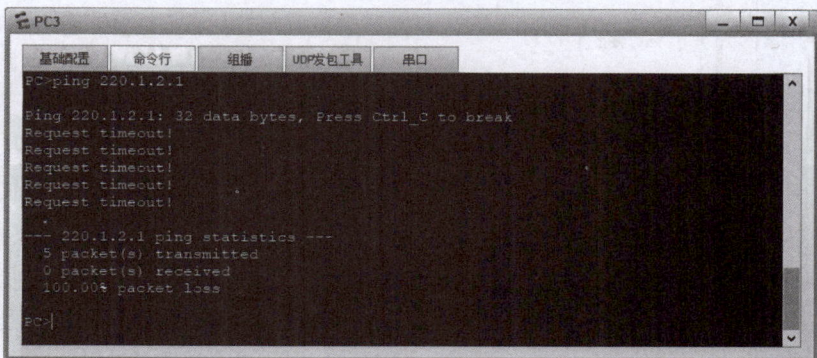

图 6.2.22 PC3 不能发起访问 Internet 的过程

实施步骤

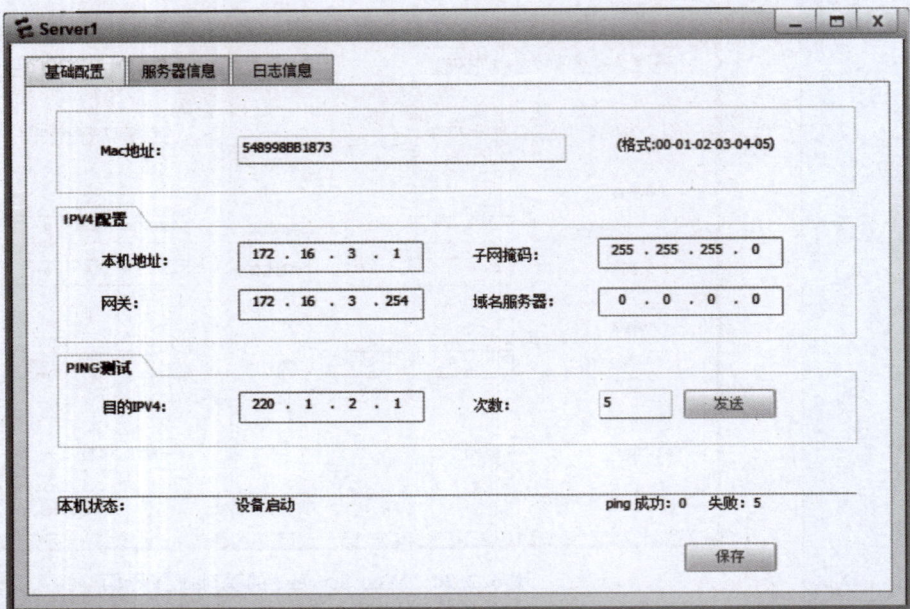

图 6.2.23　Web Server1 不能发起访问 Internet 的过程

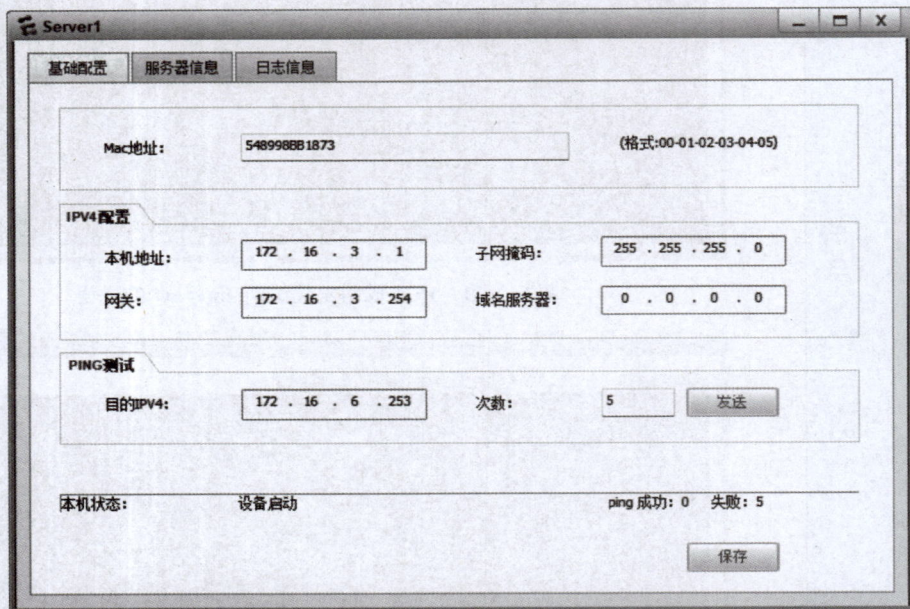

图 6.2.24　Web Server1 不能发起访问 Internet 中已经
通过 VPN 接入企业网的终端的过程

续表

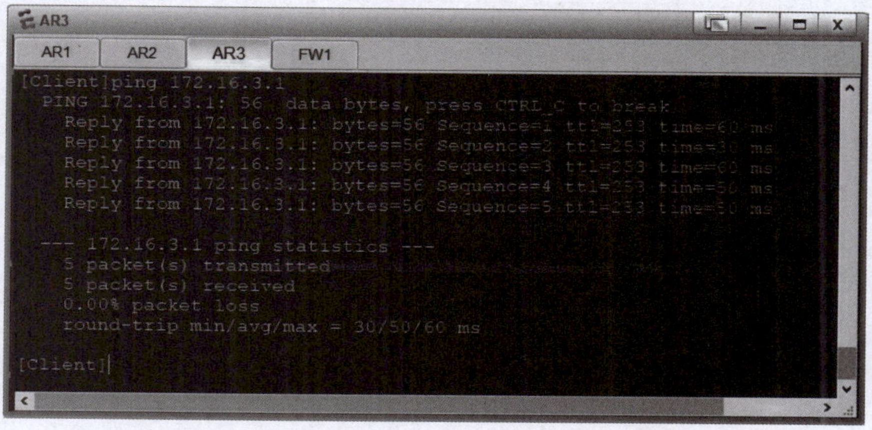

图 6.2.25 Internet 中已经通过 VPN 接入企业网的终端 Client
成功发起访问 LAN3 中 Web Server1 的过程

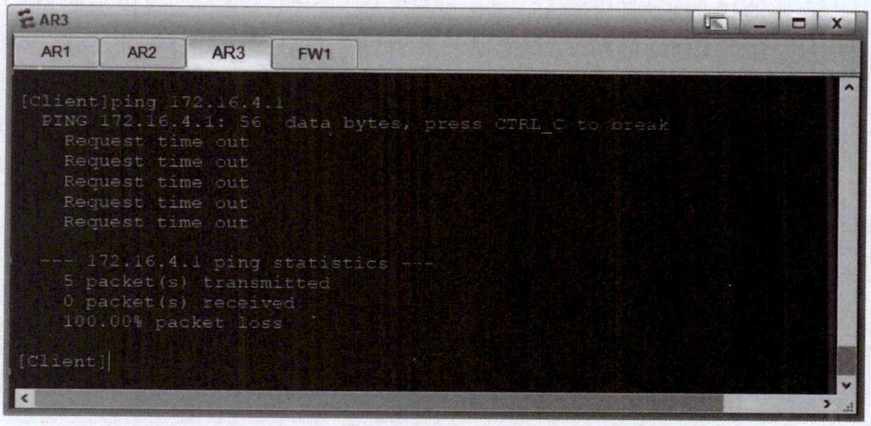

实施步骤

图 6.2.26 Client 不能发起访问 LAN4 中 PC3 的过程

　　IP 分组 LAN1 中的 PC1 至 Internet 中的 Web Server2 的传输过程中，IP 分组企业网内部中的格式如图 6.2.27 路由器 AR1 连接企业网的接口捕获的报文序列所示，IP 分组的源 IP 地址是 PC1 的私有 IP 地址 172.16.1.1。IP 分组 Internet 中的格式如图 6.2.28 路由器 AR2 连接路由器 AR1 的接口捕获的报文序列所示，IP 分组的源 IP 地址是路由器 AR1 连接路由器 AR2 的接口配置的全球 IP 地址 220.1.1.1。

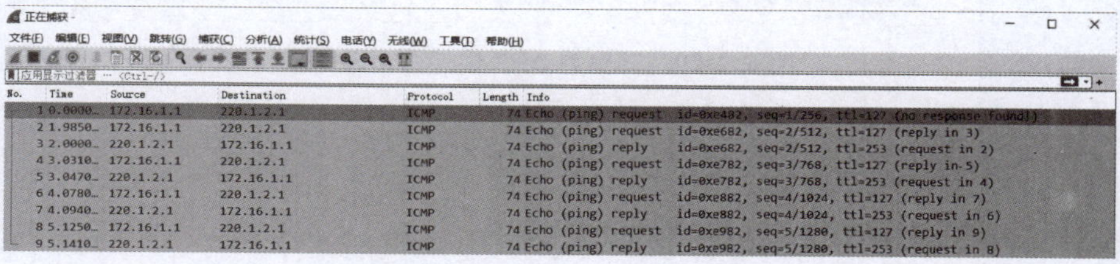

图 6.2.27 路由器 AR1 连接企业的接口捕获的报文序列

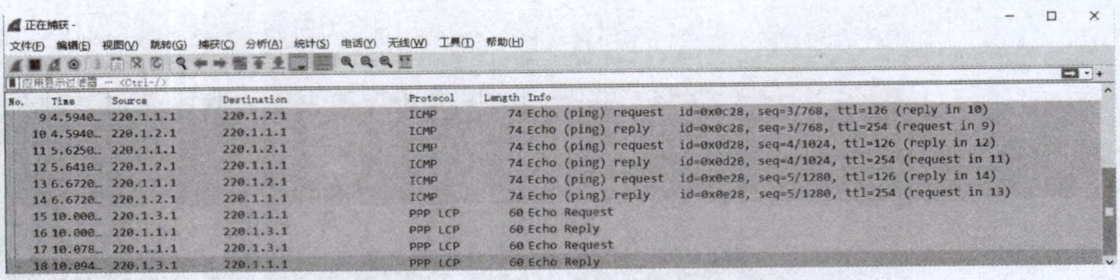

图 6.2.28　路由器 AR2 连接路由器 AR1 的接口捕获的报文序列

IP 分组 Client 至企业网中 Web Server1 的传输过程中，IP 分组 Internet 中的封装格式如图 6.2.29 路由器 AR2 连接路由器 AR1 的接口捕获的报文序列所示。源 IP 地址为 Client 获取的企业网私有 IP 地址 172.16.6.253、目的 IP 地址为 Web Server1 的私有 IP 地址 172.16.3.1 的内层 IP 分组被封装成 PPP 帧，PPP 帧被封装成 L2TP 报文格式，L2TP 报文被封装成 UDP 报文，UDP 报文被封装成源 IP 地址为 Client 的全球 IP 地址 220.1.3.1，目的 IP 地址为路由器 AR1 连接路由器 AR2 的接口配置的全球 IP 地址 220.1.1.1 的外层 IP 分组。即经过 Internet 传输的是源 IP 地址为 Client 的全球 IP 地址 220.1.3.1、目的 IP 地址为路由器 AR1 连接路由器 AR2 的接口配置的全球 IP 地址 220.1.1.1 的外层 IP 分组。IP 分组企业网中的封装格式如图 6.2.30 路由器 AR1 连接企业网的接口捕获的报文序列所示，是源 IP 地址为 Client 获取的企业网私有 IP 地址 172.16.6.253、目的 IP 地址为 Web Server1 的私有 IP 地址 172.16.3.1 的内层 IP 分组。

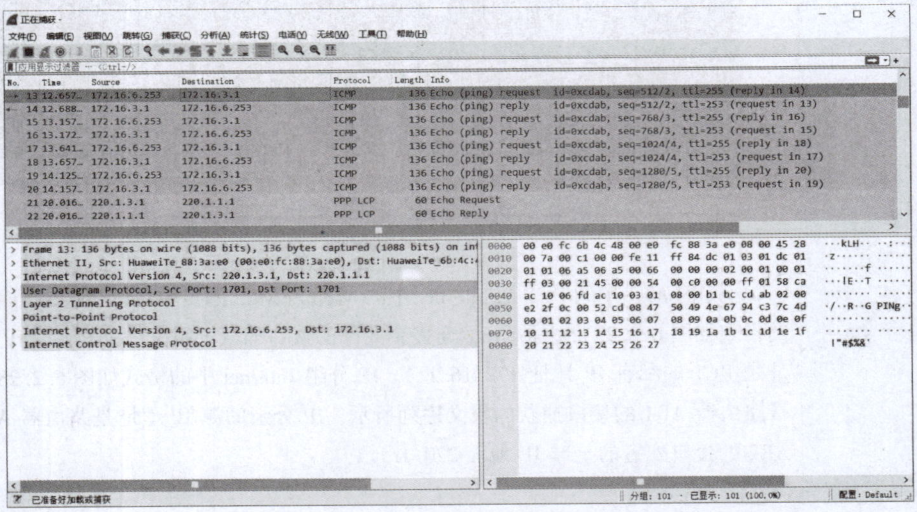

实施步骤

图 6.2.29　路由器 AR2 连接路由器 AR1 的接口捕获的报文序列

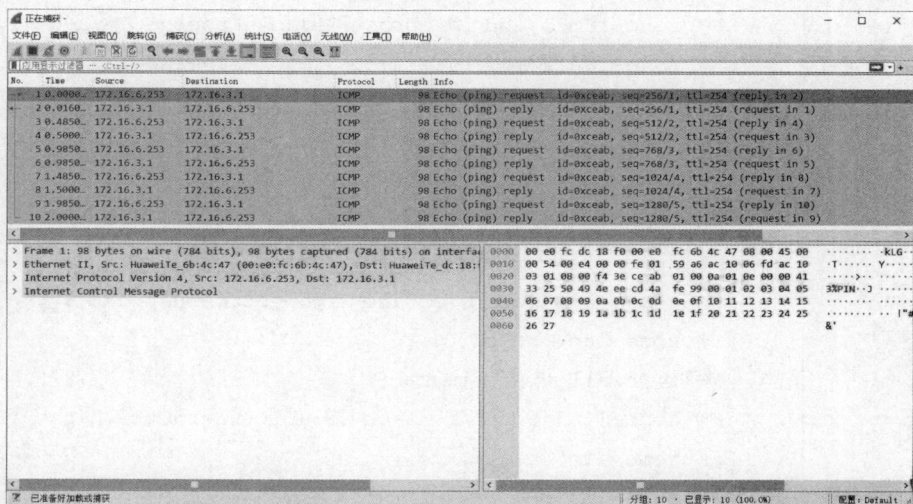

图 6.2.30　路由器 AR1 连接企业网的接口捕获的报文序列

实施步骤

【命令行接口配置过程】

1. 防火墙 USG6000V 命令行接口配置过程

```
Username:admin
Password:Admin@ 123(粗体是不可见的)
The password needs to be changed. Change now? [Y/N]: y
Please enter old password:Admin@ 123(粗体是不可见的)
Please enter new password:Admin@ 1234(粗体是不可见的)
Please confirm new password:Admin@ 1234(粗体是不可见的)
<USG6000V1>system-view
<USG6000V1>sysname FW
[FW]interface GigabitEthernet1/0/0
[FW-GigabitEthernet1/0/0]ip address 172.16.1.254 255.255.255.0
[FW-GigabitEthernet1/0/0]interface GigabitEthernet1/0/1
[FW-GigabitEthernet1/0/1]ip address 172.16.2.254 255.255.255.0
[FW-GigabitEthernet1/0/1]interface GigabitEthernet1/0/2
[FW-GigabitEthernet1/0/2]ip address 172.16.3.254 255.255.255.0
[FW-GigabitEthernet1/0/2]interface GigabitEthernet1/0/3
[FW-GigabitEthernet1/0/3]ip address 172.16.4.254 255.255.255.0
[FW-GigabitEthernet1/0/3]interface GigabitEthernet1/0/4
[FW-GigabitEthernet1/0/4]ip address 172.16.5.1 255.255.255.0
[FW-GigabitEthernet1/0/4]quit
[FW]firewall zone name lan12
```

| 实施步骤 | ```
[FW-zone-lan12]add interface GigabitEthernet1/0/0
[FW-zone-lan12]add interface GigabitEthernet1/0/1
[FW-zone-lan12]quit
[FW]firewall zone name lan3
[FW-zone-lan3]add interface GigabitEthernet1/0/2
[FW-zone-lan3]quit
[FW]firewall zone name lan4
[FW-zone-lan4]add interface GigabitEthernet1/0/3
[FW-zone-lan4]quit
[FW]firewall zone name lan5
[FW-zone-lan5]add interface GigabitEthernet1/0/4
[FW-zone-lan5]quit
[FW]security-policy
[FW-policy-security]rule name lan12tolan5
[FW-policy-security-rule-lan12tolan5]source-zone lan12
[FW-policy-security-rule-lan12tolan5]destination-zone lan5
[FW-policy-security-rule-lan12tolan5]destination-address
172.16.6.0 mask 255.255.255.0
[FW-policy-security-rule-lan12tolan5]action deny
[FW-policy-security-rule-lan12tolan5]quit
[FW-policy-security]rule name lan12tolan3
[FW-policy-security-rule-lan12tolan3]source-zone lan12
[FW-policy-security-rule-lan12tolan3]destination-zone lan3
[FW-policy-security-rule-lan12tolan3]action permit
[FW-policy-security-rule-lan12tolan3]quit
[FW-policy-security]rule name lan12tolan4
[FW-policy-security-rule-lan12tolan4]source-zone lan12
[FW-policy-security-rule-lan12tolan4]destination-zone lan4
[FW-policy-security-rule-lan12tolan4]action permit
[FW-policy-security-rule-lan12tolan4]quit
[FW-policy-security]rule name lan4tolan12
[FW-policy-security-rule-lan4tolan12]source-zone lan4
[FW-policy-security-rule-lan4tolan12]destination-zone lan12
[FW-policy-security-rule-lan4tolan12]action permit
[FW-policy-security-rule-lan4tolan12]quit
[FW-policy-security]rule name lan5tolan3
[FW-policy-security-rule-lan5tolan3]source-zone lan5
``` |
|---|---|
```

<table>
<tr><td rowspan="2">实施步骤</td><td>

```
[FW-policy-security-rule-lan5tolan3]destination-zone lan3
[FW-policy-security-rule-lan5tolan3]source-address 172.16.6.0
mask 255.255.255.0
[FW-policy-security-rule-lan5tolan3]action permit
[FW-policy-security-rule-lan5tolan3]quit
[FW-policy-security]rule name lan12tolan5-1
[FW-policy-security-rule-lan12tolan5-1]source-zone lan12
[FW-policy-security-rule-lan12tolan5-1]destination-zone lan5
[FW-policy-security-rule-lan12tolan5-1]action permit
[FW-policy-security-rule-lan12tolan5-1]quit
[FW-policy-security]quit
[FW]ip route-static 0.0.0.0 0.0.0.0 172.16.5.2
```

</td></tr>
<tr><td>

2. 路由器 AR1 命令行接口配置过程

```
<huawei>system-view
[huawei]sysname R1
[R1]interface GigabitEthernet0/0/0
[R1-GigabitEthernet0/0/0]ip address 172.16.5.2 255.255.255.0
[R1-GigabitEthernet0/0/0]interface GigabitEthernet0/0/1
[R1-GigabitEthernet0/0/1]ip address 220.1.1.1 255.255.255.0
[R1-GigabitEthernet0/0/1]quit
[R1]ip route-static 0.0.0.0 0.0.0.0 220.1.1.2
[R1]ip route-static 172.16.1.0 255.255.255.0 172.16.5.1
[R1]ip route-static 172.16.2.0 255.255.255.0 172.16.5.1
[R1]ip route-static 172.16.3.0 255.255.255.0 172.16.5.1
[R1]ip route-static 172.16.4.0 255.255.255.0 172.16.5.1
[R1]acl number 2000
[R1-acl-basic-2000]rule 5 permit source 172.16.1.0 0.0.0.255
[R1-acl-basic-2000]rule 10 permit source 172.16.2.0 0.0.0.255
[R1-acl-basic-2000]quit
[R1]interface GigabitEthernet0/0/1
[R1-GigabitEthernet0/0/1]nat outbound 2000
[R1-GigabitEthernet0/0/1]quit
[R1]aaa
[R1-aaa]local-user huawei password cipher huawei
[R1-aaa]local-user huawei service-type ppp
[R1-aaa]quit
```

</td></tr>
</table>

实施步骤	
| | ```
[R1]ip pool lns
[R1-ip-pool-lns] gateway-list 172.16.6.254
[R1-ip-pool-lns] network 172.16.6.0 mask 255.255.255.0
[R1-ip-pool-lns]quit
[R1]interface Virtual-Template1
[R1-Virtual-Template1] ppp authentication-mode chap
[R1-Virtual-Template1] remote address pool lns
[R1-Virtual-Template1] ip address 172.16.6.254 255.255.255.0
[R1-Virtual-Template1]quit
[R1] l2tp enable
[R1]l2tp-group 1
[R1-l2tp1] allow l2tp virtual-template 1 remote lac
[R1-l2tp1] tunnel authentication
[R1-l2tp1] tunnel password cipherhuawei
[R1-l2tp1] tunnel name lns
``` |

3. 路由器 AR2 命令行接口配置过程

```
<huawei>system-view
[huawei]sysname R2
[R2]interface GigabitEthernet0/0/0
[R2-GigabitEthernet0/0/0] ip address 220.1.1.2 255.255.255.0
[R2-GigabitEthernet0/0/0]interface GigabitEthernet0/0/1
[R2-GigabitEthernet0/0/1] ip address 220.1.2.254 255.255.255.0
[R2-GigabitEthernet0/0/1]interface GigabitEthernet0/0/2
[R2-GigabitEthernet0/0/2]ip address 220.1.3.254 255.255.255.0
```

4. 仿真终端的路由器 Client 命令行接口配置过程

```
<huawei>system-view
[huawei]sysname Client
[Client]interface GigabitEthernet0/0/0
[Client-GigabitEthernet0/0/0] ip address 220.1.3.1 255.255.255.0
[Client-GigabitEthernet0/0/0]quit
[Client]ip route-static 0.0.0.0 0.0.0.0 220.1.3.254
[Client] l2tp enable
[Client]l2tp-group 1
[Client-l2tp1] tunnel authentication
[Client-l2tp1] tunnel password cipherhuawei
[Client-l2tp1] tunnel name lac
```
```

续表

| 实施步骤 | [Client-l2tp1] start l2tp ip 220.1.1.1 fullusername huawei
[Client-l2tp1]quit
[Client]interface Virtual-Template1
[Client-Virtual-Template1] ppp chap user huawei
[Client-Virtual-Template1] ppp chap password cipherhuawei
[Client-Virtual-Template1] ip address ppp-negotiate
[Client-Virtual-Template1] l2tp-auto-client enable
[Client-Virtual-Template1]quit
[Client] ip route - static 172.16.3.0 255.255.255.0 Virtual - Template1 |

【知识考核】

1. 选择题

（1）关于华为的动态 NAT 技术，以下哪个描述是正确的？（   ）

A. 动态 NAT 将某本地地址静态映射到某全局地址池。

B. 动态 NAT 将某本地地址动态映射到某全局地址池。

C. 动态 NAT 将某本地地址的 80 端口静态映射到某全局地址的 80 端口。

D. 动态 NAT 将某本地地址的随机端口动态映射到某全局地址的固定端口。

（2）关于静态 NAT 技术，以下哪个说法是错误的？（   ）

A. 静态 NAT 可以实现 IP 到 IP 的精确映射。

B. 静态 NAT 只能实现同样数量的本地地址和全局地址之间的映射。

C. 静态 NAT 不支持将多个本地地址映射到同一个全局地址。

D. 静态 NAT 配置后，映射关系固定不变。

（3）PAT（端口地址转换）技术的主要作用是什么？（   ）

A. 将多个内部私有地址映射到同一个公网地址的不同端口。

B. 静态地将一个内部地址映射到一个外部地址。

C. 提供加密的 VPN 连接。

D. 用于实现路由的冗余和备份。

（4）在 VPN 技术中，哪种协议通常用于建立安全的隧道传输数据？（   ）

A. NAT

B. IPsec

C. PAT

D. OSPF

（5）关于 VPN 技术的特点，以下哪个描述是错误的？（   ）

A. VPN 可以在公共网络上提供安全的私有数据传输通道。

B. VPN 使用加密技术来保护传输的数据。

C. VPN 通常不需要专门的硬件设备支持。

D. VPN 技术不能用于远程访问公司内部网络。

2. 简答题

（1）华为的 NAT 网关技术是如何在保护内部网络免受外部网络攻击的同时，优化网络性能和流量控制的？

（2）在使用华为云 VPN 服务时，用户可以通过哪些方式实现远程访问控制和数据加密传输，以保护信息安全？

参 考 文 献

［1］华为技术有限公司. 网络安全技术与应用［M］. 北京：人民邮电出版社，2023.

［2］沈鑫剡. 网络安全实验教程——基于华为 eNSP［M］. 北京：清华大学出版社，2020.

［3］李锋. 基于华为 eNSP 网络攻防与安全实验教程［M］. 北京：人民邮电出版社，2022.

［4］王雨晨. 网络安全之道［M］. 北京：人民邮电出版社，2023.

［5］石淑华. 计算机网络安全技术［M］. 4 版. 北京：人民邮电出版社，2020.

［6］刘洪亮. 信息安全技术［M］. 北京：人民邮电出版社，2021.

［7］田果. 网络基础［M］. 北京：人民邮电出版社，2019.